通信新技术丛书

空天地井应急通信

李文峰　白　慧　常　姗　编著

科学出版社
北　京

内 容 简 介

近年来，世界各国突发公共事件频繁发生，造成了巨大的人员伤亡、经济损失和政治影响。突发公共事件应急保障体系离不开优质的应急通信服务。

应急通信兼有时间的突发性、地点的不确定性、容量需求的不确定性、信息的多样性以及环境的复杂性等特点，对信息的传输和交换都提出了更高的要求，构成了自身的行业特征，在通信技术领域形成一个新的学科分支。

本书理论和实践相结合，讲述应急通信的研究意义、发展历程、特点、要求、发展趋势以及种类和方式等，系统讲述卫星应急通信、无线应急通信、移动应急通信、网络应急通信、矿山救援通信、水下应急通信等应急通信方式的基本原理、系统结构、功能、技术指标以及典型应用系统等，并设计了“空天地井”一体化应急通信平台。

本书可作为高等院校相关专业的本科生、研究生教材，也可作为政府应急管理部门等从事应急通信工程设计、施工、管理和应用的救援队员、工程技术人员的培训教材。

图书在版编目(CIP)数据

空天地井应急通信/李文峰，白慧，常姗编著. —北京：科学出版社，2018.6
(通信新技术丛书)

ISBN 978-7-03-057393-3

Ⅰ. ①空… Ⅱ. ①李… ②白… ③常… Ⅲ. ①应急通信系统 Ⅳ. ①TN914

中国版本图书馆 CIP 数据核字(2018)第 095614 号

责任编辑：潘斯斯/责任校对：郭瑞芝

责任印制：吴兆东/封面设计：迷底书装

科学出版社出版

北京东黄城根北街 16 号

邮政编码：100717

http://www.sciencep.com

涿州市京南印刷厂印刷

科学出版社发行 各地新华书店经销

*

2018 年 6 月第 一 版 开本：787×1092 1/16

2019 年 11 月第二次印刷 印张：19 1/2

字数：462 000

定价：128.00 元

(如有印装质量问题，我社负责调换)

前言

就在本书成稿之际，2018 年 3 月 19 日，第十三届全国人民代表大会第一次会议通过了关于国务院机构改革的方案：国务院组建“中华人民共和国应急管理部”。中华人民共和国应急管理部将分散在国家安全生产监督管理总局、国务院办公厅、公安部(消防)、民政部、国土资源部、水利部、农业农村部、国家林业局、中国地震局以及国家防汛抗旱总指挥部、国家减灾委员会、国务院抗震救灾指挥部、国家森林防火指挥部等的应急管理相关职能进行整合，在很大程度上实现对全灾种的全流程和全方位的管理，有利于提升公共安全保障能力。

进入 21 世纪以来，人们明显地感受到突发公共事件显著增加。我国是灾害多发、频发的国家，为防范化解重特大安全风险，健全公共安全体系，整合优化应急力量和资源，推动形成统一指挥、专常兼备、反应灵敏、上下联动、平战结合的中国特色应急管理体制，提高防灾减灾救灾能力，确保人民群众生命财产安全和社会稳定，“应急管理部”的设立正是以一种国家行为来应对各种突发公共事件。

可以确定的是，应对各式各样的突发公共事件离不开一套比较完整、灵活的通信系统和一套比较稳定、可靠的通信设备。由于作业环境、用户分布和使用要求等因素，应急通信技术构成了自身的行业特征，在通信技术领域形成了一个新的学科分支。

从技术层面上，应急通信不是一种专门的通信技术，它是以应用场景或通信的目的来命名的，既有现有无线、有线通信技术手段的应用，又有专门的技术研发，如自“十一五”以来的专网建设以及一些特种技术装备的开发应用。

应急通信属于小众技术，市场小、用户少、技术要求高，投入产出比不高，离不开国家的资金投入。特别是“十三五”以来，科学技术部(简称科技部)连续两年发布国家重点研发计划有关“公共安全风险防控与应急技术装备”的重点专项，由此可见国家层面对应急通信技术装备研发的重视。例如，2017 年的综合应急技术装备课题，关于“融合应急通信关键技术研究与应用示范”的研究内容如下：针对各类突发事件对应急通信的不同需求，研究涵盖天空地多种通信技术的融合应急通信总体框架；研究突发事件现场多种通信网络技术融合的应急通信标准体系；研究应急环境下多网络互通及多媒体业务融合等关键技术；研发适应能力强、集成度高的融合应急通信终端；研究多网络、多业务的融合通信调度技术及应急调度系统；开展上述技术和系统的应用示范。考核指标如下：研制涵盖多种通信方式的融合应急通信技术标准体系；研制满足现场融合互通需求，不少于 4 种类型的应急通信一体化设备；研制不少于 3 种类型的应急通信融合互通设备，实现多网络互通，实现语音、数据、视频等不少于 3 种业务的融合；研发融合应急通信调度系统，实现跨多网络的多业务综合指挥调度功能。在不少于 3 个典型省份，针对不少于 3 种不同类型的典型环境、典型事件开展应用示范，制订国际/国家/行业标准(送审稿)不少于 5 项，申请发明专利不少于 5 项。

本书系统讲述卫星通信、无线通信、移动通信、网络通信、矿山通信、水下通信等技术在应急通信方面的应用，有些是通用技术，有些是专用技术，如井下救援通信、卫星应急通信车、移动应急通信车、高空移动驻留平台、“一键式”无线应急通信系统等。通信领域涵盖太空、大气层、地面、井下、水下等各个层面，最后举例说明“一体化”应急通信的技术方案。

本书第1、3、4、6、7章由李文峰编写，第2、5章由白慧编写，第8章由常姗编写。

本书的出版得到了国家重点研发计划(编号：2017YFC0703204)的支持，在此表示感谢。

限于作者水平，书中一定存在不足之处，希望广大读者批评和指正。联系方式：liwenfeng@xust.edu.cn 或 liwenfeng@zhongnanxinxi.com。

作　者

2018年3月于古城西安

目　　录

第 1 章　应急通信概述

1.1　研究应急通信技术的意义

在科学技术高速发展的今天，人们的日常生活已经越来越离不开智能手机、iPad、笔记本电脑等通信工具，一旦通信网络发生故障，就会给许多人造成工作和生活上的极大不便，有时还会引起社会混乱，甚至危及国家安全，造成严重的后果。因此，在关键时刻(如重要节假日、大型活动、野外科考、飓风、洪水、地震、瘟疫乃至战争等)如何保持国家、政府、企业、组织和个人之间的通信，也就是如何发展应急通信技术，已经引起了人们越来越多的关注。

生活在一个各层面都高速发展的时代，人们在面临机遇的同时，也面临着各种潜在的风险。事实上，进入 21 世纪以来，人们可以很明显地感受到突发公共事件的显著增加。如何以国家行为应对各种突发公共事件，成为一段时期以来社会关注的焦点。可以确定的是，应对各式各样的突发公共事件离不开一套比较完整、灵活的通信系统和一套比较稳定、可靠的通信设备，这就是应急通信。由于作业环境、用户分布和使用要求等因素，应急通信技术构成了自身的行业特征，在通信技术领域形成了一个新的学科分支。

下面盘点一下 2017 年世界各地部分突发公共事故，从中看一下应急通信技术研究的必要性：

2017 年 2 月 4 日至 6 日，由于持续大量的降雪，在阿富汗与巴基斯坦边界发生一系列雪崩事件。降雪导致阿富汗许多地区无法进入，全国 34 个省份中有 22 个受到影响。雪崩造成约 100 多人在灾难中死亡，几十个家庭和农场被摧毁，数百只动物死亡。大约有 2617 个家庭共 15702 人受到雪崩的影响。

2017 年 4 月 1 日黎明，大雨引发的山洪和山体滑坡袭击了哥伦比亚西南部普图马约省首府莫科阿市，造成至少 316 人死亡，332 人受伤，并有 103 人失踪，见图 1.1(a)。

2017 年 6 月 15 日，伦敦西区高层“格伦菲尔塔”公寓楼发生大火造成死亡人数约为 71 人，其中包括一名腹中胎儿，见图 1.1(b)。

2017 年 8 月 14 日，世界卫生组织公布的统计资料显示，也门感染霍乱的人数约为 503484 人，因霍乱而死亡的人数约为 1975 人。

2017 年 9 月 14 日，伊拉克南部发生两起自杀式炸弹袭击事件，导致至少 50 人死亡，超过 80 人受伤，死者包括数名伊朗人，见图 1.1(c)。

2017 年 9 月 19 日下午，墨西哥中部普埃布拉州和莫雷洛斯州交界处发生里氏 7.1 级地震，地震造成约 225 人遇难，见图 1.1(d)。

……

2017 年 2 月 13 日，寒流连日袭台造成全台湾“急冻”，4 天造成全台湾约 154 人猝死，猝死者大部分 50 岁以上，但最年轻的仅有 23 岁。

2017 年 6 月 24 日，四川阿坝州茂县发生特大山体滑坡灾害，岷江支流松坪沟河道堵塞 2 公里，造成约 62 户被埋，遇难 103 人。

2017 年 8 月 10 日，陕西省西汉高速安康段秦岭一号隧道一客车撞上隧道墙壁致 36 死 13 伤。

2017 年 8 月 28 日，贵州省毕节纳雍县张家湾普撒村发生山体垮塌致 27 人死亡、8 人受伤、8 人失联，紧急转移安置 575 人，250 余间房屋倒塌，直接经济损失 8400 余万元。

……

(a) 哥伦比亚莫科阿市山洪和山体滑坡

(b) 伦敦公寓楼大火

(c) 伊拉克自杀式炸弹袭击

(d) 墨西哥地震

图 1.1　部分突发公共事故

据民政部网站消息，民政部、国家减灾办发布 2017 年全国自然灾害基本情况。经核实，2017 年各类自然灾害共造成全国 1.4 亿人次受灾，881 人死亡，98 人失踪，直接经济损失 3018.7 亿元。

国家安全生产监督管理总局统计数据显示，2017 年 1～7 月，全国共发生各类生产安全事故 27478 起、死亡 19783 人。其中较大事故 377 起、死亡 1442 人；重大事故 17 起、死亡 225 人。

新华社 2018 年 1 月 29 日电(记者叶昊鸣)，国家煤矿安全监察局局长黄玉治 29 日表示，2017 年全国煤矿共发生事故 219 起、死亡 375 人。

一个个自然灾害、一起起安全事故、一件件城市突发事件给人们留下了沉重的记忆，人民生命财产高于一切，社会安全责任重于泰山。

近年来，我国每年因自然灾害、事故灾难、公共卫生和社会安全事件造成的损失都达到数千亿元。进一步建立和健全应急事故处理机制十分必要，而应急通信技术就显得至关重要。随着经济社会快速发展和现代化进程加快，我国公共安全还将面临诸多新的挑战。2003 年 7 月，胡锦涛总书记和温家宝总理提出加快突发公共事件应急机制建设的任务，并在国务院办公厅设立了国务院应急管理办公室。同时，要求各省、市也成立突发公共事件应急委员会，主任由省(市)长担任。

2005 年 7 月国务院召开全国应急管理工作会议，温家宝总理发表重要讲话，强调各地要把加强应急管理工作摆上重要位置，把人力、财力、物力等公共资源更多地用于社会管理和公共服务；同时指出要高度重视运用科技提高应对突发公共事件的能力，提高应急装备和技术水平，加快应急管理信息化建设，形成国家公共安全和应急管理的科技支撑体系。

我国作为一个幅员辽阔的国家，各种灾害事件出现的概率显然更高，而在现实中，突发公共事件在国内出现的高频率的确令人感到震惊，也让我们体会到了，加大对应急通信技术及装备研究的迫切性和必要性。

1.2　应急通信技术发展历史

应急是一种要求立即采取行动(超出了一般工作程序范围)的状态，以避免事故的发生或减轻事故的后果。应急可以定义为启动应急响应计划的任何状态。

预案是为进行危机管理提前制定的操作计划。

应急通信指在通信网设施遭受破坏、性能降级、异常高话务量或特殊通信保障任务情况下，国际、国家、地区或本地间的临时紧急通信。

按照通信方式与技术手段的不同，可以把应急通信分为以下几个历史阶段。

1.2.1　古代原始时期的应急通信

古代由于生产力水平不高，科技水平比较低，人们主要依靠自身的听觉和视觉来传递紧急信息，比较典型的应急通信方式有烽火通信和击鼓传声通信。

烽火作为一种原始的声光通信手段，服务于古代军事战争，始于商周，延至明清，延续几千年之久，其中汉代的烽火组织规模最大。这种通信方式是在边防军事要塞或交通要冲的高处，每隔一定距离修筑一架高台，俗称烽火台，亦称烽燧、墩堠、烟墩等。高台上有驻军守候，发现敌人入侵，白天燃烧柴草以“燔烟”报警，夜间燃烧薪柴以“举烽”(火光)报警。一台燃起烽烟，邻台见之也相继举火，逐台传递，须臾千里，以达到报告敌情、调兵遣将、求得援兵、克敌制胜的目的。著名的“周幽王烽火戏诸侯”的故事就说明了这种应急通信方式的重要性和普及程度。

击鼓是古代传递紧急警报的另一种方法。在公元前 16 世纪至公元前 11 世纪殷商时期，就有了击鼓传声的记载，它是声光通信中较早的一种。《周礼》中就有鼓人负责用击鼓传递信号的规定。各诸侯国在国内都设有大鼓，并规定了击鼓信号，鼓旁有通信兵守候，遇有敌情，乃击鼓传声报告。战国末期散文《韩非子·外储说》就记载了楚厉王设警鼓与百姓约定击鼓报信的故事。

除了烽火台和击鼓，还有一些特殊的应急通信工具，如现在每到特定季节天空中飞翔的五颜六色、形状各异的风筝，方向感很强的信鸽、大雁，信号枪，手电筒，闪光灯等都曾被古人用来传递过紧急信息和军事情报。

中国古代四大发明之一的火药也给人们提供了一种独特的应急通信方式——火箭。火药典型的应用是在早期的火箭上。从火箭的原理来说，中国是最早发明火箭的国家。据史籍记载，早在三国时期就出现了火箭这一名词。这种火箭是在箭或弩上绑上易燃物，用人力发射，用于在夜晚向人们报信或发出指令。直到唐末宋初才出现使用火药作为动力的火箭。火箭由于发射地点灵活多变，特别是在夜空中发出的火光在很远的地方都能看到，常被古人用来作为危急时刻的报信手段[1]。

伴随着文字及印刷术的出现，人们也有用不同的文书来传达不同紧急程度信息的应急通信方式，如古时候的八百里加急军报等就属于这一类应急通信。由此可见古代在应急通信方面已经有了很多例子。在现代社会中，交通警察的指挥手语、航海中的旗语等不过是古老通信方式进一步发展的结果。现在还有一些国家的个别原始部落，仍然保留着如击鼓鸣号这样古老的应急通信方式。

1.2.2 电气时代的应急通信

19 世纪中叶以后，许多重要的科学技术发明使人类通信领域产生了根本性的巨大变革。1837 年，美国人塞缪乐·莫尔斯(Samuel Morse)成功地研制出世界上第一台电磁式电报机，利用金属导线发出了人类历史上第一份长途电报。1876 年，苏格兰青年亚历山大·贝尔(A.G.Bell)发明了世界上第一台电话机。1878 年在相距 340 公里的波士顿和纽约之间进行了首次长途电话实验，并获得了成功，人类的声音首次传到了很远的地方，使神话中的“顺风耳”变成了现实。从此，人类的信息传递可以脱离常规的视听觉方式，用电信号作为新的载体。1888 年，电磁波的发现对通信领域产生了巨大影响。不到六年的时间，俄国的波波夫、意大利的马可尼分别发明了无线电报，实现了信息的无线电传播，其他无线电技术也如雨后春笋般涌现出来。常规通信的发展使应急通信技术也有了巨大的发展。人们开始用电报、电话来传递紧急信息。例如，战场上架设的用于指挥作战的专用电话线路等都是新的应急通信方式。用电磁波传输信息，早期是以中、短波通信为主，20 世纪 40 年代后，雷达、微波技术的迅猛发展使得通信技术进一步发展，出现了无线电话、对讲机等通信工具，它们都在紧急情况下发挥过很大的作用，特别是卫星通信的出现使得“通信不受时空限制”的愿望成为现实。无线通信由于其高机动性、超强的抗毁能力、快速组网等优点，逐渐成为应急通信的有效手段。

1.2.3 信息时代的应急通信

随着现代科学技术和社会经济的发展，社会对信息的传递、存储和处理要求越来越高，信源的种类越来越多，要传递的不仅有语言，还包括图像、数据和文本等。电磁波的发现也促使图像传播技术迅速发展起来。1922 年 16 岁的美国中学生费罗·法恩斯沃斯设计出第一幅电视传真原理图，使图像的传播成为可能。1946 年美国宾夕法尼亚大学的埃克特和莫希里研制出世界上第一台电子计算机，加上后来晶体管的发明和电路集成技术的出现使得信息的存储容量与处理速度迅速提高。

进入 20 世纪 90 年代，由于光通信技术的日益成熟及微电子技术的迅速发展，通信技术有了突飞猛进的发展，出现了移动应急通信、互联网应急通信等新的应急通信方式。

1.2.4　互联网时代的应急通信

近几年，随着无线、宽带、安全、融合、泛在的互联网技术的飞速发展，建设一个信息共享、互联互通、统一指挥、协调应急的应急通信平台成为可能。面向“互联网+”的应用，综合运用地理信息系统(GIS)、全球定位系统(GPS)、北斗卫星导航系统(BDS)、互联网、物联网(The Internet of Things)、大数据(Big Data)、云计算(Cloud Computing)、多媒体通信、移动通信、卫星通信、人工智能(Artificial Intelligence)、专家系统(Expert System)、虚拟现实技术(Virtual Reality，VR)、三维立体显示(Three-Dimensional Display)、高清显示(HDTV)等先进技术，出现了“空天地井”一体化应急通信方式。

未来，随着高新技术的不断涌现，量子通信、中微子通信、引力波通信等用于应急救援成为可能。

1.3　应急通信的特点及系统要求

1.3.1　应急通信的特点

1. 时间的突发性

大多数情况下，人们无法预知什么时候需要应急通信。也就是说，需要应急通信的时间是不确定的，人们根本无法事先准备。有谁会想到在 2001 年 9 月 11 日纽约世贸中心的大楼会遭到恐怖袭击呢？

有些情况下，虽然人们可以预知需要应急通信的大致时间，但却没有充分的时间做好应急通信的准备。例如，2002 年 9 月 11 日，虽然从气象台预先得知了强热带风暴“黑格比”将会袭击香港的消息，但是从气象台发布台风信息后的 12 时至下午 4 时，所有固话网和移动电话服务系统仍然出现了严重拥塞，造成了香港通信大瘫痪。

只有在极少数的情况下，人们可以预料到需要应急通信的时间，如重要节假日、重要足球赛事、重要会议和军事演习等。2002 年中秋之夜，广州及珠三角若干城市中国移动和中国联通网络就普遍发生了大塞车现象，多个时段的网络通信陷入瘫痪，直至次日凌晨才完全恢复正常。

2. 地点的不确定性

在少数情况下，可以确定需要应急通信的地点。这些地点包括城市的高话务区域，如体育场、广场、会议中心等。2002 年韩日世界杯时，韩国电信就将 10 辆移动应急通信车开到了首尔赛场。

在大多数情况下，需要应急通信的地点也是不确定的。不确定的地点如水灾、火灾、瘟疫、郊外大型活动以及恐怖袭击等发生的场合，尤其是犯罪分子可以在世界各地通过互联网络散发病毒或入侵服务器等设备。

3. 容量需求的不确定性

我们先看下面一组数据：据有关部门估计，2002 年中秋之夜广州及珠三角若干城市出现网络堵塞当天，全省一天的短信发送量粗略估计超过一亿条。

2002 年 9 月 11 日强热带风暴“黑格比”袭击香港期间网络阻塞时，固定电话的通话量就高达 2600 多万个/小时，移动电话的通话量为 1400 多万个/小时，而平日的繁忙时段，固定电话和移动电话系统的通话量各为 400 多万个/小时。

2001 年 9 月 11 日，就在美国纽约的世贸中心大楼被飞机撞击的消息在电视上播出不久，东海岸地区的电话通信陷入停顿状态，几个大型的 Web 新闻站点也发生混乱；在上午 10 点到 11 点，美国全国移动电话运营商 Cingular 无线公司的网络电话通信量比正常情况高出 400%；纽约地区和华盛顿特区固定电话与移动电话都出现了严重阻塞，其中移动电话呼叫骤增了 200%～600%；中美之间的越洋电话也骤然增加，只有约三成电话接通。

由上述数据可以看出，在通信突发时，容量需求增长了数倍之多，人们根本无法预知需要多大的容量才能满足应急通信的需求。

4. 信息的多样性

人们在进行应急通信时，除了语音通信，有时还需要视频通信，全面、准确地了解水灾、火灾、地震、传染性疾病等灾区现场情况，以便决策机构、抢险救援指挥部及时下达正确的指挥命令，对抢险、救灾工作作出科学的调度和快速反应；有时，还需要知道灾区现场环境参数数据，这就要求应急通信的信息多媒体化。有时，更希望应急通信系统具有多媒体信息的记录、回放功能，为以后进行事故原因分析、总结抢险过程的经验和教训提供基础资料。

5. 环境的复杂性

应急通信发生的地点多数情况下地形复杂多变、现场环境险恶。特别对于矿山救援，需要克服高温、浓烟、瓦斯和 CO 严重超限、井下光线不足、巷道狭窄、通风状况差等困难。

1.3.2　对应急通信系统的要求

由于应急通信同时兼有时间的突发性、地点的不确定性、容量需求的不确定性、信息的多样性以及环境的复杂性这五个主要特点，对信息的传输和交换都提出了更高的要求，网络的带宽、交换方式和通信协议都将直接牵涉能否提供应急通信业务，并影响通信质量。因而应急通信技术构成了自身的行业特征，在通信技术领域形成一门新的学科分支。对应急通信系统和设备的要求主要体现在以下几方面：

(1) 系统自备电源，自成系统、独立运行；

(2) 快速组网、使用方便；

(3) 装备便携式、功耗低；

(4) 信息多样化，能同时支持音频、视频和数据的实时传输，要求有足够的可靠带宽；

(5) 系统具有动态的拓扑结构，每个节点可随意移动；

(6) 具有良好的传输性能，如同步、时延和低抖动等必须满足要求；

(7) 服务质量(Quality of Service，QoS)、安全、网络管理等方面的保证。

1.3.3　应急通信技术发展趋势

应急通信技术发展主要体现在以下几个方面。

1. 军民技术的融合发展

2006 年 1 月 8 日国务院发布的《国家突发公共事件总体应急预案》的出台，标志着我国应急预案框架体系初步形成。截至 2016 年底，除政府机构、军队和国企外，参与应急通信系统建设和设备技术服务的地方企事业单位达到 5 万多家，涉及的行业包括 110、120、消防、救援、林业、水利、电力、交通、石油、矿业等众多领域。

(1) 平安城市、智慧城市等建设强化职能部门间的业务合作，创造了大量的商机，吸引了众多的企业单位加入该行业队伍。

(2) 应急保障不仅仅限于通信，其扩展到了地理信息系统和人工智能系统。

(3) 公安、消防、交通、城管、安监、环保等三级指挥中心统一纳入城市总指挥中心，进一步推动了“无线政务专网”的建设。

(4) 民间资本看好市场需求，军民融合同步发展，民营队伍逐渐成为主力。

2. 传统通信与多媒体通信的融合发展

应急通信指挥系统以可视化指挥调度、应急指挥为核心，同时实现指挥调度功能、视频会议功能、集群对讲功能、视频监控功能、移动指挥功能、执法记录功能、应急预案功能、报警联动功能、数据实时回传录播等功能。由此造成传统通信与高效指挥间的矛盾日益突出。

(1) 分布式音视频调度系统中基本指挥中心和现场(应急车)分别配备独立的调度系统，互相可作为主从关系，也可以独立工作。现场应急车中的设备可以实时将现场数据上传至指挥中心总服务器，在卫星链路有压力或失效的情况下，现场应急车调度系统自成体系，完全可以独立对现场进行指挥调度。这种二级分布式的调度结构，解决了多个公共事业部门之间协同作战的问题。各个部门之间既可以协同工作，又可以互为备份，可分担压力，具有更低的成本，这是分布式系统的优势所在。录音(像)系统全程记录整个应急作业过程中的任务下达、信息收集以及处理过程中的一言一行，既是宝贵的经验资料又为日后的排查提供证据。

(2) 指挥中心、救援现场以及其他任何装备多媒体交互终端的地方可进行集视频、语音、数据为一体的多媒体交互会议。实现高效实时的“扁平化”指挥。

(3) 远程数据网络中现场用户可通过车载网络电台连接计算机终端，远程查询指挥中心各类数据库服务器和其他各种业务服务器，以获取更多的有效信息用于现场的救援工作。指挥中心通信设备通过卫星链路可以和现场通信设备建立双向语音通话；通过安全网关设备与公网连接，可以将通用分组无线服务(General Packet Radio Service，GPRS)或 3G/4G 智能手机接入网络。可以建立自由的虚拟专用拨号网(Virtual Private Dial-up Networks，VPDN)逻辑网络供不同的业务部门使用，必要时又可以互联互通。

3. 窄带通信与宽带通信的融合发展

(1)窄带通信：一般采用大区制网络，覆盖范围大，高效稳定。接收机有较高的灵敏度，发射机功率高。占用较少的频谱资源，可以在较低的频段工作，穿透绕射能力强。传输速率低或不支持数据通信，保密性弱，以语音通信为主。

(2)宽带通信：大多数采用小区制加主干网回程互联方式，单站覆盖范围小，全网覆盖范围广。接收机具有中等灵敏度，发射机功率较小。占用较多的频谱资源，多采用正交频分复用(Orthogonal Frequency Division Multiplexing，OFDM)先进调制技术，工作在较高的频段，穿透能力弱。传输速率高，一般为几十至几百 Mbit/s。支持加密，安全保密性高，以多媒体数据通信为主。

(3)几种典型的宽窄带融合方案。美国联邦应急救援署(FEMA)：摩托罗拉 Tetra 窄带语音+LTE 数据。中国公安：海能达，PDT 语音+LTE 数据。中国电信：2G+4G(CDMA+LTE)。中国民航：EasyWork，自建基站+公网基站+VPN。

4. 公网与专网的融合发展

无论多么完善的应急通信指挥系统都是只能做到事后的仓促应对。应急专网可以变消极被动为积极主动，使突发事件造成的不利影响最小化。

(1)专网特点：市场占有率 1%，服务小众。典型生产商有摩托罗拉、爱立信、中兴、海能达。窄带语音+宽带数据，不需要 100%地域覆盖，有业务优先级要求，自建自用效益差。

(2)公网特点：市场占有率 99%，服务大众。典型生产商有华为、中兴等。“语音+窄带数据”过渡到“VoLTE+宽带数据”，尽可能 100%地域覆盖，平均利用业务资源，统建租用效益高。

1.4 我国突发公共事件应急保障体系

1.4.1 我国突发公共事件应急组织、保障体系

针对我国管理体制，我国突发公共事件组织体系自上而下有国务院安全生产委员会、国家安全生产监督管理总局、国家安全生产应急救援指挥中心、专业应急救援指挥中心以及专业应急体系等，见图 1.2。

从整个国家的角度来看，突发公共事件应急保障体系包括安全生产应急平台、应急联动中心、救援救护队伍、医疗消防队伍、救援装备和救灾物资，见图 1.3。

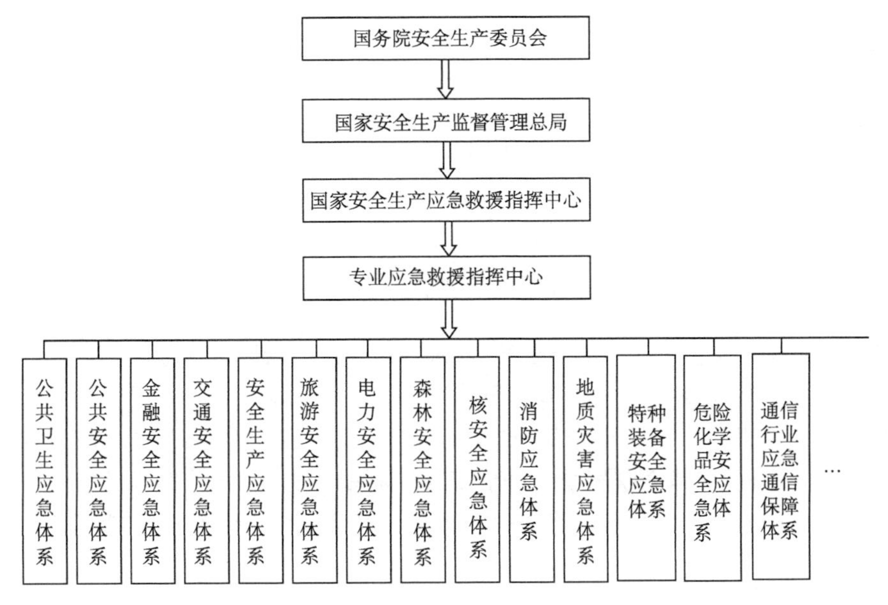

图 1.2　我国突发公共事件应急组织体系

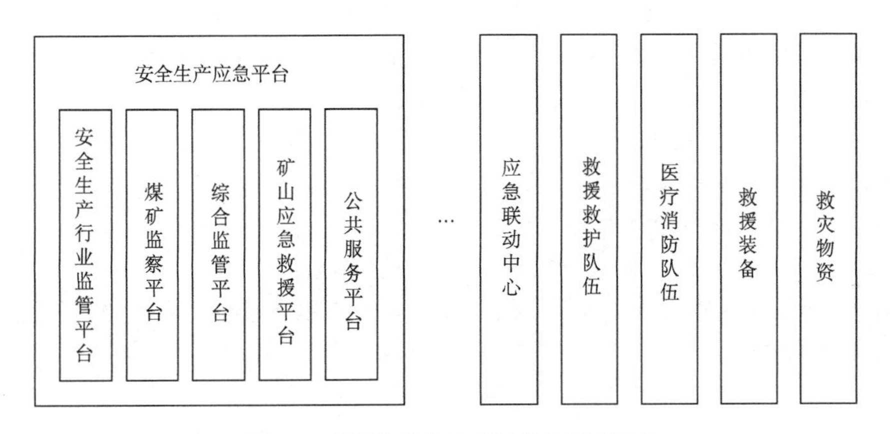

图 1.3　我国突发公共事件应急保障体系

从应对突发事件响应的角度来讲，应急救援工作分为事前-事中-事后三个主要阶段。事前更多体现在预防、预警、资源准备等工作方面；事中主要体现在备用资源的启用、应急措施的启用和故障排除方面；事后主要体现在总结、改进、完善和奖惩方面，也包括一些资源配置和项目建设等，图 1.4 为应急救援工作阶段划分。

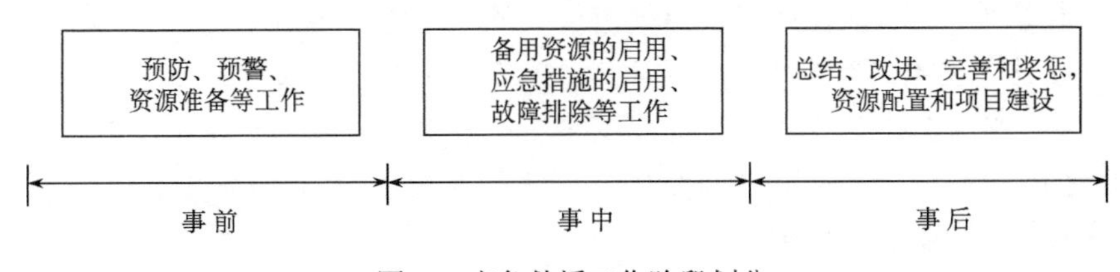

图 1.4 应急救援工作阶段划分

1.4.2 我国突发公共事件分类、等级、响应及步骤

1. 突发公共事件分类

2006年1月国务院颁布的《国家突发公共事件总体应急预案》规定，根据突发公共事件的发生过程、性质和机理，突发公共事件主要分为以下四类。

(1) 自然灾害，主要包括水旱灾害、气象灾害、地震灾害、地质灾害、海洋灾害、生物灾害和森林草原火灾等。

(2) 事故灾难，主要包括工矿商贸等企业的各类安全事故、交通运输事故、公共设施和设备事故、环境污染和生态破坏事件等。

(3) 公共卫生事件，主要包括传染病疫情、群体性不明原因疾病、食品安全和职业危害、动物疫情，以及其他严重影响公众健康和生命安全的事件。

(4) 社会安全事件，主要包括恐怖袭击事件、经济安全事件和涉外突发事件等。

2. 事故等级划分

根据生产安全事故造成的人员伤亡或者直接经济损失，事故一般分为以下等级。

(1) 特别重大事故，是指造成30人以上死亡，或者100人以上重伤(包括急性工业中毒，下同)，或者1亿元以上直接经济损失的事故。

(2) 重大事故，是指造成10人以上30人以下死亡，或者50人以上100人以下重伤，或者5000万元以上1亿元以下直接经济损失的事故。

(3) 较大事故，是指造成3人以上10人以下死亡，或者10人以上50人以下重伤，或者1000万元以上5000万元以下直接经济损失的事故。

(4) 一般事故，是指造成3人以下死亡，或者10人以下重伤，或者1000万元以下直接经济损失的事故。

3. 应急响应级别

按照安全生产事故灾难的可控性、严重程度和影响范围，应急响应级别原则上分为Ⅰ、Ⅱ、Ⅲ、Ⅳ级响应。

1) 出现下列情况之一启动Ⅰ级响应

(1) 造成特别重大安全生产事故。

(2) 需要紧急转移安置10万人以上的安全生产事故。

(3) 超出省(区、市)人民政府应急处置能力的安全生产事故。

(4) 跨省级行政区、跨领域(行业和部门)的安全生产事故灾难。

(5) 国务院领导同志认为需要国务院安全生产委员会响应的安全生产事故。

2) 出现下列情况之一启动Ⅱ级响应

(1) 造成重大安全生产事故。

(2) 超出市(地、州)人民政府应急处置能力的安全生产事故。

(3) 跨市、地级行政区的安全生产事故。

(4) 省 (区、市) 人民政府认为有必要响应的安全生产事故。

3) 出现下列情况之一启动Ⅲ级响应

(1) 造成较大安全生产事故灾难。

(2) 超出县级人民政府应急处置能力的安全生产事故灾难。

(3) 发生跨县级行政区安全生产事故灾难。

(4) 市 (地、州) 人民政府认为有必要响应的安全生产事故灾难。

4) 发生或者可能发生一般事故时启动Ⅳ级响应

※　本预案有关数量的表述中，“以上”含本数，“以下”不含本数。

4. 总体响应启动步骤

(1) Ⅰ级应急响应：在国务院安全生产委员会办公室 (简称国务院安委办) 或国务院有关部门的领导和指导下，市政府组织市安全生产应急救援指挥部或其他有关应急指挥机构组织、指挥、协调、调度全市应急力量和资源，统一实施应急处置，各有关部门和单位密切配合，协同处置。市安全生产应急救援指挥部办公室或市有关主管部门及时向国务院安委办或国务院有关部门报告应急处置进展情况[2]。

(2) Ⅱ级应急响应：由市安全生产应急救援指挥部或其他有关应急指挥机构组织、指挥、协调、调度本市有关应急力量和资源，统一实施应急处置，各有关部门和单位密切配合，协同处置。

(3) Ⅲ级应急响应：由事发地区县政府、市应急联动中心、市安全生产应急救援指挥部办公室或其他有关应急指挥机构组织、指挥、协调、调度有关应急力量和资源实施应急处置，各有关部门和单位密切配合，协同处置。

(4) Ⅳ级应急响应：由事发地区县政府及有关部门组织相关应急力量和资源实施应急处置，超出其应急处置能力时，及时上报请求救援。

1.5　应急通信种类及方式

说起应急通信，可能更多的人想到的是专用的通信设备或通信网络。事实也正是如此，卫星通信、微波通信、无线电台等通信手段由于天生就具备较强的抗毁能力，一直以来是应急通信的主要技术手段。这些通信系统一般不对普通大众开放，属于专用的应急通信系统。

相对专用系统而言，通过公众电信网提供应急通信服务，也是一种提供应急通信的方法，并且逐渐成为国际应急通信领域研究的重点。

从总体技术层面划分，应急通信分为有线和无线两种主要方式。

1. 有线应急通信

有线应急通信即常规国内、国际电话网，互联网等。特别是有线公众电信网是全国分布最广泛的信息交换网络，它通达范围广，适应性强，费用低，在自然灾害应急通信中是最基本的信息传递手段，利用有线公共电话交换网的语音信道，通过综合通信终端设备可以方便地实现国家救援指挥中心与各地救援指挥中心的电话、传真、计算机数据等综合信息的传递业务。但有线通信主要通过光缆、电缆进行传输，受到地理条件的限制且抗毁能力差，一旦被摧毁，通信立刻被阻断且很难恢复。

2. 无线应急通信

无线应急通信即以电磁波传输信息。早期以中、短波通信为主，20 世纪 40 年代后，超短波、微波通信业务得到迅猛发展，特别是卫星通信的出现使“通信不受时空限制”的愿望成为现实。无线通信抗毁能力强，具有机动灵活、组网方便的优点，是应急通信的有效手段。

目前我国具体拥有的应急通信方式有：固定电话，移动电话，Ku 频段卫星通信车，C 频段卫星通信车，100W 单边带通信车，一点多址微波通信车，用户无线环路设备，海事卫星 A 型站、B 型站、M 型站，24 路特高频通信车，1000 线程控交换车，移动电话通信车，自适应电台，对讲机，互联网等。

1.5.1 固定电话方式的应急通信

固定电话网具有覆盖范围广、受众群体大等优点。一般情况下，固定电话网络都是应急通信的首选网络，原因在于其费用较低，容量比较大。我们通常所说的 110、119、122 等紧急呼叫，其实是一种传统的应急通信手段。紧急呼叫的特点是：面向所有公众，任何人都可以使用这种通信手段；通信流向是汇聚式的，大量的通信流会指向几个有限的点，如 110 报警中心。紧急呼叫为公众提供的服务可以分成两类。第一类是个人救助，在某个个体需要医疗或安全救助时，可以通过紧急呼叫获得这些服务。这一类服务属于社会福利的范畴，严格来说不属于应急通信。第二类服务就是在出现紧急情况时，作为公众上报信息的渠道，同时在救灾和灾难恢复过程中作为公众汇报情况和位置、实现自救或营救他人的一种手段。这是紧急呼叫应用于应急通信的主要方式。

但是固定电话也有其不足之处，就是固定电话受到线缆的限制，并不是我们所期望的那样在任何时间、任何地点都可以使用。原有的应急通信构架并没有考虑由固定电话网来承担应急通信，一旦发生紧急情况，政府的决策机构和职能部门便会动用专用的应急通信系统(如卫星、微波等通信系统)，而企业用户和个人用户能够使用的应急通信手段就非常有限了，只能依靠紧急呼叫服务。而在固定电话网承担应急通信的情况下，各类用户能够获得的应急通信服务都会大大加强。

对于通过公众电信网提供应急通信服务，现在研究的方向主要包括三个：电信网络应急通信能力、紧急呼叫以及互联网应急响应。第一个方向研究如何提升电信网络的应急通信能力，使其可以承担应急通信的任务；第二个方向研究传统的紧急呼叫将向何处发展；第三个方向研究在出现紧急情况时，如何能够保证网络的畅通。

1.5.2 移动方式的应急通信

移动通信最大的优点就在于它的移动性，通信不受时间、地点的限制，只要在信号覆盖区内就可以自由通信。所以，自其问世以来，就在应急通信中发挥了巨大的作用。

目前，在应急通信中，移动通信已经不仅仅用来进行通话等简单应用，而且可以利用移动通信的定位业务和位置业务，进行安全救援、位置跟踪以及交通导航等。目前普遍使用的移动通信系统有数字集群通信系统、全球移动通信系统(Global System for Mobile Communication，GSM)、3G、4G 等。随着移动通信的发展，只要在移动通信覆盖区内，人们就可以在移动过程中进行通信，非常灵活方便，再加上手机价格和移动通信的费用也都已经逐步降低到普通民众所能接受的水平，这使得移动电话网络在应急通信中逐步占据了主力位置。

移动网络在应急通信中经常使用应急通信车，这种通信车实际上是一些特殊的基站，通过微波或卫星将终端用户接入移动网络中。这种应急通信手段可以应用于一些基站遭到破坏的灾害中，如地震，也可以用在一些通信量急剧增加的场合(如大型集会)临时扩容。应急通信车可以看作移动网络增强生存能力/抗毁性和提高恢复能力的一种手段。

1.5.3　卫星应急通信

卫星通信距离远，且不受地面条件的限制。其具有灵活机动的独特优势，能够以优异的性能及迅捷的速度实现在地面传输手段无法满足的地点之间进行通信，非常适合应急通信的需求。特别在面积大、地面通信线路不发达的地区，卫星通信手段更能提供性价比最优的解决方案。

2008 年四川汶川地震时全国调用了大批卫星手机和海事卫星电话，对救灾起到了重要作用。但由于天气原因和用户数量增加过多，卫星资源紧张，电话很不容易打通。另外卫星的通话费用很高，在基层单位推广使用有一定难度，当然在战争条件下还要考虑敌方破坏通信卫星的问题。

1.5.4　应急电台

短波电台通过电离层传播，通信的自主性比卫星更强，而且通信无费用，有利于大量推广。其不尽人意之处是天线体积较大，有时噪声较大等。短波频率自适应技术的发展和应用，极大提高了短波通信的可靠性和有效性。自适应应急电台设备体积小、运输安装方便、操作简单，比较适合应急通信使用。

四川汶川地震的应急通信有两个方面给业界留下深刻启示：一是地震损坏了几乎所有日常通信系统，包括有线电话和互联网、移动电话、超短波集群等；二是救灾初期的通信联络主要依靠两种工具，即短波电台和卫星移动电话。日常通信系统之所以在重大灾害中瘫痪，原因在于灾害常常大面积摧毁其赖以运行的基本条件：光缆和微波线路、电力系统、通信枢纽建筑、天线塔等。这说明这些日常通信系统的抗毁能力是很差的，面对灾害常常无能为力。

短波电台之所以能够在突发灾难时担当骨干应急通信工具，本质在于其无可替代的独立通信能力和抗毁能力。它们不依赖地面通信网络和电力系统而独立工作(车载电台靠汽车电瓶就可以工作一天至几天)。在灾害和战争中，短波电台全部被摧毁的概率是极低的。这些设备只要幸存少数，就能够及时报出灾情，初期的救灾通信也就不会成为难题。

1.5.5　互联网应急通信

与固定电话、移动通信、卫星通信相比，互联网应急通信可能并不被大多数人所了解。但互联网在应急通信中的的确确发挥着作用，而且其作用与上述三者相比有过之而无不及。

第一，互联网作为通信网络不仅进行 E-mail、QQ、微信等短消息的传递，而且传递着其他种类繁多、数据量超大的信息。

第二，电子商务和电子政务的发展离不开互联网。日常生活中，移动支付、互联网金融和电商平台的作用有目共睹。

第三，计算机网络一般都是与互联网相连的，而计算机网络的安全直接影响着国家军事及经济安全的关键基础设施的安全(尤其是在发达国家中更是如此)。这些关键基础设施主要包括电信、电力系统、天然气与石油储运系统、银行与金融系统、交通与供水系统，以及应急服务(包括医疗急救、公安、消防和救援行动)系统等。一旦控制上述基础设施的计算机遭受攻击而失灵，其结果可能造成一个地区甚至一个国家社会功能的部分或者完全瘫痪，有时可能会对整个世界造成毁灭性的打击。2017 年 5 月 12 日，全球 99 个国家和地区发生超过 7.5 万起计算机病毒攻击事件，罪魁祸首是一个名为“想哭”(WannaCry)的勒索病毒。感染病毒的计算机会被黑客远程锁定，如想找回重要资料，需向黑客缴纳高额比特币赎金。这场病毒爆发事件中，俄罗斯、英国、中国、乌克兰等国“中招”，其中英国医疗系统陷入瘫痪，大量患者无法就医。中国的校园网也未能幸免，部分高校计算机被感染，学生毕业论文被病毒加密，网络世界一时间陷入瘫痪。微软紧急发布补丁，用户关闭 445 端口，360 等安全厂商先后推出防疫软件，多方联动才使这场病毒攻击暂时告一段落。

第2章　卫星应急通信

2.1　空间的定义

2.1.1　大气空间

人们普遍认为，大气层的最高限度可达16000km，但由于100km是航天器绕地球运动的最低轨道高度，人们一般以距离地球表面100km(也有80km和120km等多种提法)的高空作为“空”与“天”的分水岭，100km以下称为大气空间。

飞机一般都有一个最高飞行速度，即静升限，对于普通军用和民用飞机来说，静升限一般为18～20km，这个高度也是对流层与平流层分界的高度，通常将这一空间称为航空空间。在飞机最高飞行高度与航天器绕地球运动的最低轨道高度之间有一层空域，对应高度为20～100km，这层空域称为临近空间，该空间自下而上包括大气平流层区域、中间大气层区域和部分电离层区域。随着技术和应用需求的发展，人们将传统的航空空间进一步向上扩展，将临近区间定义为航空空间的超高空部分。图2.1给出了大气空间具体分布示意图[2]。

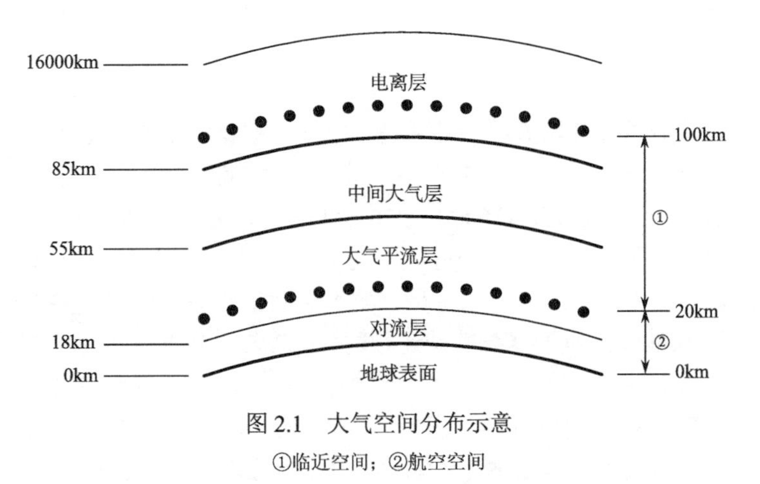

图2.1　大气空间分布示意

①临近空间；②航空空间

大气空间在垂直空间范围内包括对流层和平流层。对流层是地球大气中最低的一层。对流层中气温随高度增加而降低，空气的对流活动极为明显。对流层的厚度随纬度和季节而变化，它集中了大气中约3/4的质量和几乎全部水汽，是天气变化最复杂和对航空活动影响最大的层次。风暴、浓雾、低云、雨雪、大气湍流等对飞行构成较大影响的天气现象都发生在对流层中。平流层位于对流层之上，空气稀薄，底部距离地面约20km，层顶距离地面约85km，在平流层中，空气的垂直运动较弱，水汽和尘埃较少，气流平稳，能见度好。

按飞机的活动特点，航空空间一般分为超低空、低空、中空、高空和临近空间。

距地面高度 100m 以下的空间为超低空。超低空飞行，有利于作战飞机的突防、隐蔽地接近目标，但近地障碍严重威胁飞机的飞行安全，油料消耗大，续航能力低，观察地面的角度大，发现和识别目标困难。

距地面高度 100～1000m 的空间为低空。低空飞行，有利于隐蔽出航和准确突袭地面目标，但续航能力较低，机载电子设备作用距离近，易受高炮等防空火力杀伤。

距地面高度 1～7km 的空间为中空。这一空间是适合飞机飞行的最佳飞行高度，有利于发挥飞机的战术技术性能，是空中格斗的主要战场。但是，由于在中空飞行容易被雷达发现，且高射炮和地空导弹大多以中空为其主要打击空域，因此目前作战飞机的机动有向两极空间发展的趋势：向高空发展以增强飞机的生存能力，使对方一般的防空火力“鞭长莫及”；向超低空发展以避开对方地面雷达警戒，达到隐蔽突击的效果[2,3]。

距地面高度 10～20km 的空间为高空。飞机在高空飞行，航程和机载电子设备作用距离增大，但投掷普通炸弹的命中率降低，且易过早被敌方雷达发现，受地空导弹的威胁较大。

距地面高度 20～100km 的空间为临近空间，在这一区间布设的飞行器具有飞行高度高、滞空时间长的独特优势，同时又可以避免目前绝大多数的地面武器攻击，临近空间飞行器可执行快速远程投送、预警、侦察与战场监视、通信中继、信息干扰、导航等任务，在空间攻防和信息对抗中能发挥重要作用，其特殊的战略位置和特点，决定了临近空间信息系统将成为国家空、天、地一体化信息系统不可缺少的组成部分。

2.1.2 宇宙空间

宇宙空间是指地球大气平流层以外的外层空间，根据宇宙空间距离地球的远近，一般将宇宙空间分成近地空间(100～150km)、近宇宙空间(150～2000km)、中宇宙空间(2000～50000km)和远宇宙空间(50000～930000km)。目前 40%的航天器和 100%的洲际弹道导弹与潜射弹道导弹主要运行于近地空间和近宇宙空间，60%的不载人航天器运行于中宇宙空间。随着人类航天技术的进步，航天活动将会进一步向远宇宙空间发展。

距地球表面 100km 是航天器绕地球运行的最低高度，100km 以上空气稀薄，空气阻力近似于 0，无法借助空气产生的升力进行飞行。因此，要进行太空飞行必须使用火箭推进系统。人们将运载火箭从地面起飞到航天器入轨，这段轨道称为航天器的发射轨道。发射轨道中火箭发动机的工作段称为主动段，从火箭发动机停机到航天器入轨的这段轨道段称为自由飞行段。

航天器进入所设计好的轨道执行任务，这个轨道称为运行轨道。完成在轨任务之后，有的要求回收，为此制动发动机工作，航天器脱离运行轨道到地面的轨道称为返回轨道。对于星际飞行航天器从一个行星出发，飞向某一行星进行探测或者在此行星上着陆，为此设计执行的轨道称为行星际飞行轨道[2]。

从地球上看，太阳在空间走过的路线实际上就是地球绕太阳公转的轨道，称为黄道，黄道与赤道之间有 23.5° 的夹角，这个数值称为黄赤交角。这样，黄道和赤道之间有两个交点。人们规定太阳由南向北经过赤道的这两个点称为升交点，在天文上也称为春分点，用符号 γ 表示，太阳经过这一点的日子一般为 3 月 21 日。与升交点相对应那一点为降交点，即秋分点。航天器在运行轨道上围绕地球飞行时，其运行轨道可以利用倾角(i)、半长轴(a)、偏心率(e)、近地点幅角(ω)、升交点赤经(Ω)和过近地点时刻(t)等要素表示。

轨道平面与赤道平面的夹角称为轨道倾角，用 i 表示。当 i=0° 时，表示轨道面和赤道面重合，因而称为赤道轨道；当 i=90° 时，轨道面通过南北两极，称为极轨道；当 i >90° 时，卫星运动方向和地球自转方向相反，称为逆行轨道，太阳同步轨道即具有这个特点。

当 $i\neq0°$ 时，轨道和赤道也有两个交点，即卫星由南向北经过赤道时的点称为升交点；与之相对，卫星由北向南经过赤道的点称为降交点。由春分点沿赤道向东度量到升交点的这一段弧线，称为升交点赤经，用 Ω 来表示。

i 和 Ω 决定了轨道面相对于赤道面的位置，或者说决定了轨道面在空间的位置。轨道的形状(圆还是椭圆)和大小则用另外两个量，即偏心率 e 和半长轴 a 来表示，e=0 时，轨道为圆形；e<1 时，轨道为椭圆形；e=1 时，轨道呈抛物线，卫星就能脱离地球引力，进入太阳系飞行。e 越接近 1，椭圆形状越扁。轨道大小则由半长轴表示，a 越大，椭圆越大，卫星飞行一圈的时间越长[2]。

近地点在轨道面的位置由近地点幅角 ω 来表示，它决定了长半轴的方向，该角是测量从升交点沿航天器飞行方向起到近地点的一段弧线。

航天器轨道在空间的位置完全确定后，要知道什么时候航天器飞行到轨道的什么位置，还需要知道航天器过近地点时刻 t。这个时刻作为航天器在轨道上的起算时刻，通过公式即可计算出航天器在某一时刻到达轨道上哪个位置。

综上所述，由椭圆性质知道，距地心最近的点为近地点，距地心最远的点为远地点，近地点和远地点距离之和的 1/2 就是半长轴。航天器的椭圆轨道如图 2.2 所示。

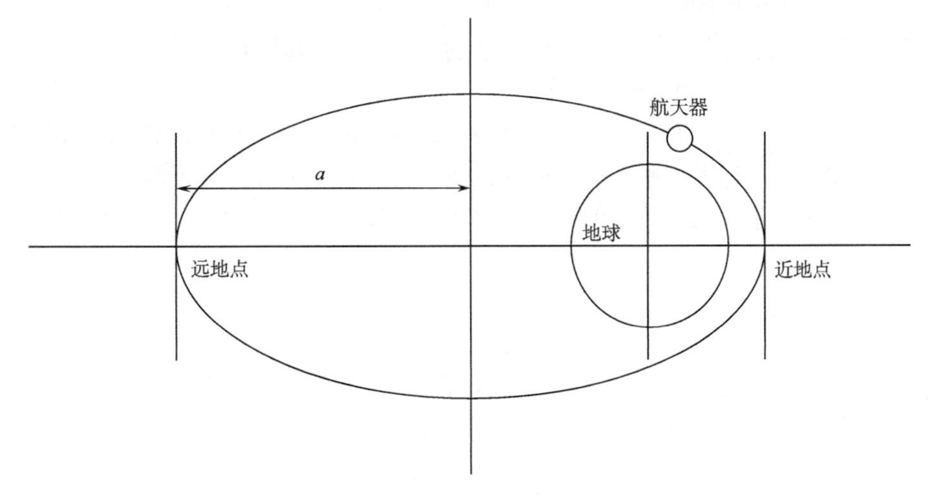

图 2.2　航天器的椭圆轨道示意图

在了解了航天器运行轨道要素的基础上，根据所承担的任务不同，航天器轨道有多种形式。

1. 圆轨道和椭圆轨道

根据开普勒定律可知，对应每个轨道高度都有一个确定的圆轨道速度与之对应。以500km高的轨道为例，如果入轨速度正好是7.613km/s，且入轨速度方向和当地水平线平行，那么就能形成圆轨道。这两个条件(入轨速度大小和方向)只要有一个不满足，就会形成椭圆轨道，严重时还不能形成轨道，而进入大气层损毁。因此，在实际运动的航天器轨道中没有一条偏心率等于0的圆轨道，但为了设计和计算上的方便，把偏心率小于0.1的轨道近似地看作圆轨道或近圆轨道，除此之外，都是椭圆轨道[2]。

2. 顺行轨道和逆行轨道

从北极看，凡飞行方向和地球自转方向相同的航天器轨道，就是顺行轨道，也就是说，航天器从西北向东南飞行，或是西南向东北飞行的轨道为顺行轨道，与此相反的为逆行轨道。从轨道倾角定义可知，顺行轨道的倾角小于90°，逆行轨道的倾角大于90°。从运载火箭发射方向看，向东北或东南方向发射卫星，形成的轨道将是顺行轨道；而向西北或西南方向发射将形成逆行轨道。

3. 极地轨道

倾角在90°附近的轨道称为极地轨道，简称极轨道。在这种轨道上运行的航天器每圈都经过南北两极，气象卫星、导航卫星、地球资源卫星常采用这种轨道来实现全球覆盖。

4. 地球同步轨道

地球自转一周的时间是23时56分4秒，运行周期与它相同的顺行轨道就是地球同步轨道。如果这条轨道的倾角为零，且为圆形的，则就是地球同步轨道。地面上的人看来，在这种轨道上运行的航天器是静止不动的，如果是卫星则称为静止卫星。它距地面35786km，飞行速度为3.07km/s，习惯上分别称它们为同步高度和同步速度。地球同步轨道的精度要求很高，稍有偏差航天器就会偏离静止位置。当轨道周期比地球自转周期大时，航天器均匀地向西漂移；轨道周期比地球自转周期小时，航天器向东漂移。即使航天器已经静止在某个地理经度的赤道上空，摄动也会使它的倾角、半长轴等发生变化，偏离静止位置[2]。

5. 太阳同步轨道

轨道面在空间不是固定不动的，它绕地球自旋轴转动，当转动的角速度(方向和大小)和地球公转的平均角速度一致时，这样的轨道称为太阳同步轨道，即轨道面要向东转动，且角速度为360°/年。太阳同步轨道的半长轴、偏心率和倾角要满足关系式：

$$\cos i = -4.7736 \times 10^{-15} (1-e^2)^2 a^{\frac{7}{2}} \tag{2.1}$$

由关系式可以得到：太阳同步轨道的倾角大于90°，即它是一条逆行轨道，运载火箭需向西北方向发射，因为是逆着地球自转方向发射的，故发射同样重量的航天器要选用推力较大的运载火箭；当倾角达到最大(180°)，且是圆轨道(e=0)时，太阳同步轨道的高度不会超过 6000km。

太阳同步轨道的特点是，航天器在这一轨道运行时，以相同方向经过同一纬度的当地时间是相同的。例如，当航天器由东南向西北方向飞行经过某地上空时为上午 10 时(当地时间)，那么以后航天器只要是同一方向飞过这个地方的时间都是当地时间上午 10 时。因此，只要选择好适当的发射时间，可使卫星飞过指定地区上空时始终有较好的光照条件。对地观测卫星(如气象卫星、地球资源卫星、侦察卫星)一般都采用太阳同步轨道。

6. 星际航行轨道

星际航行轨道是指航天器脱离地球引力进入太阳系航行，或脱离太阳系引力到恒星际航行的飞行路线，前者称为行星际航行，后者称为星际航行。目前尚未有真正意义上的星际航行，因为距离地球最近的比邻星，以光速飞行也需要 4.22 年才能到达，何况这么远距离的通信联络等问题目前也解决不了。至今，人类的星际航行局限于太阳系内，对太阳系内天体进行探测，因而本书涉及的星际航行轨道实质上是行星际航行轨道。

行星际航行轨道可分为靠近目标行星飞行的飞越轨道、环绕目标行星飞行的行星卫星轨道、在目标行星表面着陆的轨道、人造行星(绕太阳飞行)轨道和脱离太阳系轨道。鉴于篇幅有限，这里就不一一介绍了，感兴趣的读者可以参阅相关书籍。

2.1.3　地球大气层

根据大气的温度、密度及运动特征，大气层可分为 5 层，从海平面依次向上分开各层。大气层的简单结构如表 2.1 所示。

表 2.1　大气层的简单结构

各层名称	对流层	平流层	中间层	热层	外层	大气边界
层高上限/km	7～8	50	80	400	1500～1600	2000～3000

1. 对流层

对流层为接近海平面的一层大气，其厚度随着纬度与季节等因素而变化。南北极为 7～8km，质量大约占总大气质量的 3/4。该层中的风速与风向是经常变化的；空气中的压强、密度、湿度和温度也经常变化，一般随高度的增加而减少；风、雨、雷、电等气象现象发生在这一层。对流层的介电特性随时间和空间而变化，因此，在对流层中无线电波传播和在自由空间中不一样，传播路径会发生弯曲，传播速度异于真空光速，从而产生电波的大气折射效应[3]。

对流层内气体分子及水汽凝结物(云、雾、雨等)具有吸收和色散作用，会造成电波的衰减，衰减量与电波的工作频率密切相关。

在 20GHz 以下频率及其他大气窗口频率，对流层为非色散介质(电特性与频率无关)，但对氧分子和水汽分子强烈吸收的频率，它为色散介质。

2. 平流层

由对流层顶端到海平面以上 50km 处为平流层。其质量约占大气总质量的 1/4。高度在 20km 以内时，气温不随高度变化，保持在 216.65K；在 20～32km 高度时，气温则随着高度的升高而上升。该层没有水蒸气、雷、雨等现象，也没有大气的上下对流，只有水平方向的流动，故称平流层[3]。

由于平流层空气稀薄且不含水汽，对电波的折射和吸收等影响不大。

3. 中间层

中间层的范围是指从平流层 50km 高度伸展到 80km 的高度。该层的特点是：气温随高度上升而普遍下降，有相当强的垂直运动。在其顶层气温可低至 100～190K。其原因是这一层几乎无臭氧，而氮气和氧气等气体所直接吸收的更短波长辐射又已经大部分被上层大气所吸收。

4. 热层

热层位于中间层之上，其空气密度甚小。400km 高度以上空间中，空气密度已小到声波难以传播的程度，且越往上密度越小。由于热层空气稀薄，在太阳紫外线和宇宙线的作用下，氧分子和一部分氮分子分解为原子状态。除空气密度较小外，该层气温随高度升高而升高。因为所有波长小于 0.175μm 的太阳紫外辐射都被该层气体吸收，热层顶部温度高达 1500K，空气处于高度电离状态[3]。

5. 外层

热层上部 1500～1600km 以上的大气层有时也单独列为一层，称为外层或逃逸层，其上边界不明显。这一层大气极其稀薄，又远离地面，受地面引力小，故大气粒子不断向星际空间逃逸。

2.1.4 电离层

电离层是指分子处于电离状态的高层大气区域，它含有大量的自由电子与离子，对电波传播有显著的影响。造成大气电离的主要因素是太阳紫外线辐射、太阳日冕的 X 射线和太阳表面喷发的微粒子流等。对电离层所含电子浓度进行长期观测统计表明：层内存在着若干电子浓度不同的区域，即 D 层、E 层、F 层等[3,4]。

电离层空间某处的电离度，常用单位体积内含有电子数目，即电子浓度 N_e(cm^{-3})表示。电离层在空间某处的电子浓度，如表 2.2 所示，并参阅图 2.3。

表 2.2　电离层层次、高度和电子浓度

层次	高度/km	最大电子浓度/cm^{-3}	变化情况
D	70～90	10^3～10^4	夜间消失
E	100～120	2×10^5	电子浓度白天大，夜间小

续表

层次	高度/km	最大电子浓度/cm^{-3}	变化情况
F_1	160～180	3×10^5	多半在夏天白天存在
F_2	300～450(夏季)	1×10^6	电子浓度白天大，夜间小；冬季大，夏季小
	250～350(冬季)	2×10^5	

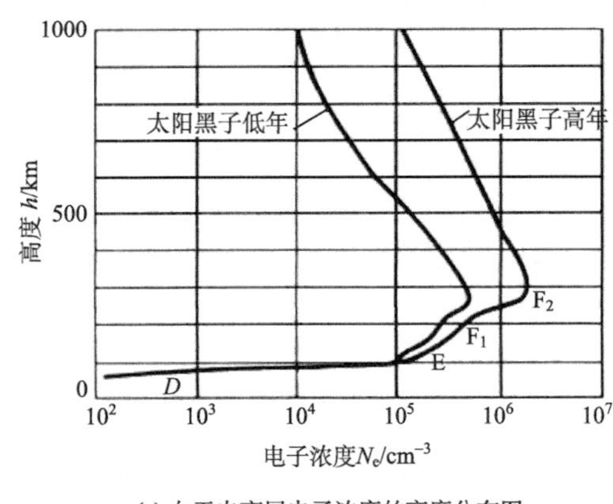

(a) 白天电离层电子浓度的高度分布图

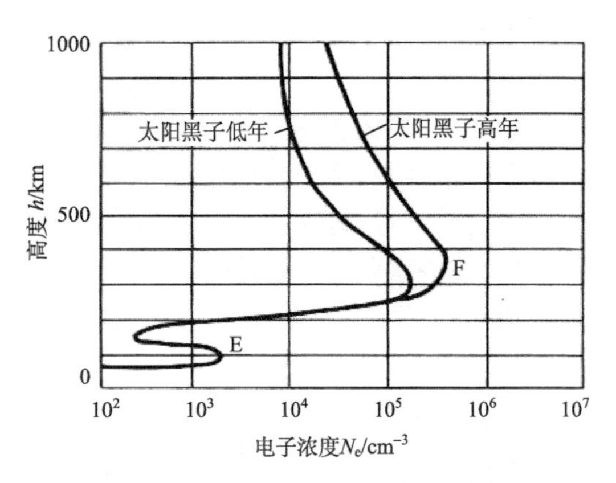

(b) 夜晚电离层电子浓度的高度分布图

图 2.3　电离层电子浓度的高度分布图

2.2　卫星通信原理

2.2.1　天地通信的基本概念

天地通信(Earth-Space Communication)是指空间飞行器与地面测控站之间的通信。天地通信包括空间飞行器通信分系统和地面测控站通信分系统，其主要功能是完成空间飞行器的遥测与遥控信息、视频图像信息、天地话音信息以及空间飞行器定位信息数据和定位示位标信息等的传输。天地通信有地基网和天基网两种形式。地基网是基于陆地布设测控通信站的通信网络，而天基网是相对于地基网而言的，是把地基测控通信站搬到太空中，由太空俯视空间飞行器的通信网络。地基站由陆上固定站、陆上车载站、海上船载站和空中机载站组成；天基站由中继卫星或导航卫星和地面通信站组成。通常，地基网受布站数量的限制，通信覆盖率比较低，而天基网由于采用高轨道中继卫星或导航卫星实现空间飞行器与地面通信，所以天基网的通信覆盖率远大于地基网的通信覆盖率。天地通信目前采用 Ka、Ku、C、S、L、VHF 和 HF 等频段设备[3]。

2.2.2　卫星应急通信技术

1. 语音编码

随着数字通信技术的发展，语音数字化编码技术得到了迅速发展。20 世纪 60 年代国际电报电话咨询委员会(CCITT)制定了第 1 个语音数字化编码标准，即 A 律或 μ 律脉冲编码调制(PCM)的 G.711 标准。此后研究开发了多种压缩编码技术，并形成了以波形匹配为目标的波形编码，主要有 PCM、增量调制(DM)和自适应差分脉冲编码调制(ADPCM)和以追求人的感知效果(即追求解码语音的可懂度和清晰度)为目标的参量编码(主要有线性预测编码(LPC)和多带激励编码(MBE)两大体系)，另外还有介于波形编码与参量编码之间的混合编码方式，如码激励线性预测编码(CELP)等。

不同的编码方式具有不同的比特传输速率。比特传输速率越低，所需要的信道带宽就越小。卫星通信系统的信道带宽极其有限，而且卫星通信系统的信道还很昂贵，因此系统倾向于选用较低速率的语音编码方式。但当编码速率低到一定程度时，语音质量将明显下降，其恶化程度与编码方式有关。

卫星通信对语音编码具有一定的要求。

(1)编码速率低，编码速率一般为 1.2～9.6Kbit/s。

(2)在一定编码速率下话音质量尽可能高。

(3)编解码时延应较短，控制在几十毫秒内。

1)波形编码

波形编码首先对语音波形进行抽样、量化，然后用二进制进行编码，其基本设想是尽可能保持语音波形不失真。这类方法有 PCM、DM 和 ADPCM 等。

最常见的语音编码方法是 PCM。它按 8kHz 抽样，每个样值依 A 律或 μ 律的对数压扩规律编为八位二进制码，因此编码后的传输速率为 64Kbit/s。

ADPCM 是 PCM 的改进方式，为了克服 PCM 方式编码后传输速率过高的缺点，ADPCM 对输入信号和预测信号的差值进行量化并编码(而 PCM 是对每个抽样值的绝对值进行量化并编码)，从而消除了信号的部分冗余度，降低了编码信号的传输速率。其中预测器和量化器的参数能根据输入信号的统计特性自适应地调整到最佳或接近最佳状态，使 ADPCM 在采用 32Kbit/s 的传输速率时，能达到与 PCM 采用 64Kbit/s 的传输速率时近乎相等的通话质量。

波形编码器结构较简单，没有充分利用语音信号的冗余特性，只有在较高速率上才能得到满意的语音质量。而当编码速率降低到 16Kbit/s 以下时，编码语音质量迅速下降，因此不适用于移动通信。

2)参量编码

为了克服波形编码信号速率高、占用频带宽的缺点，提出了参量编码概念。参量编码仅仅对反映语音信号特征的参量进行编码并传输，而不对语音信号的时域波形进行编码，从而大大降低了编码信号的速率。

典型的参量编码是 LPC。虽然 LPC 的指标不能很好地满足数字移动通信系统的要求，但它包含了参量编码的基本概念，也是低速率数字语音编码技术的发展基础。目前，在数字移动通信中采用的几种高质量低速率的语音编码，都是 LPC 的改进型。

利用线性预测技术对语音进行分析合成的系统称为 LPC 声码器。在经典的 LPC 声码器中，发送端将提取语音的线性预测系数、基音周期、清浊音判决信息以及增益参数，然后进行量化编码；在接收端则利用线性预测语音产生模型来恢复原始语音。LPC 声码器速率范围为 2.4～4.8Kbit/s，属于低速率压缩编码，所以语音质量不是太令人满意。因此，在卫星通信系统中应用较少。LPC 语音编码和解码技术原理框图如图 2.4 所示。

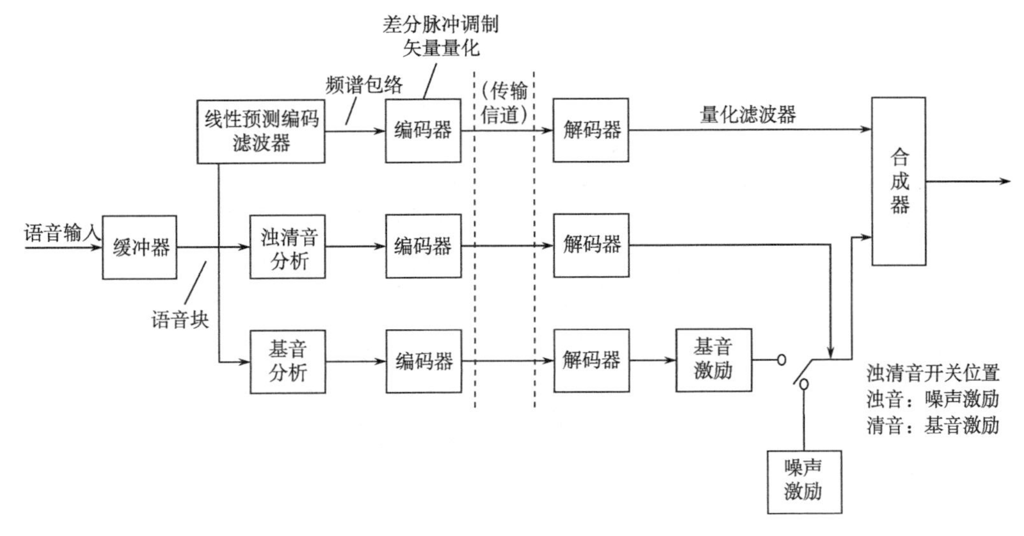

图 2.4　LPC 语音编码和解码原理框图

3) 混合编码

混合编码方式在 LPC 的基础上，采用了以下几种改进措施。

(1) 改善激励源，用更合理、更精确的激励信号源代替简单、粗糙的二元激励。

(2) 在编码器中除采用短时预测外，再加入长时预测。语音信号的短时相关性表征谱包络，而长时相关性则表征谱的精细结构。

(3) 采用合成分析法，使重建语音与原始语音的误差最小。

在编码器中加入感觉加权滤波器，使实际误差信号的谱有着与语音信号谱相似的包络形状，也就是使编码器具有波形编码的特点，从而使重建的语音信号有较好的自然度。

在数字移动通信中常用的混合编码方式有规则脉冲激励线性预测编码(RPE-LTP)、码激励线性预测编码、矢量和激励线性预测编码(VSELP)、短时延码激励线性预测编码(LD-CELP)和多带激励编码。在卫星通信中，后三种用得较多。

(1) 短时延码激励线性预测编码：使用后向自适应预测，其算法时延为 0.625ms，一路编码时延小于 2ms。它仍采用合成分析算法进行码本搜索和感觉加权矢量量化技术。LD-CELP 方案只传输激励矢量的标号。这个编码方案是由 AT&T 提交给 ITU-T 于 1991 年 11 月通过的，作为 ITU-T 16Kbit/s 语音编码的标准 G.728。

图 2.5 给出了 LD-CELP 编译码器的原理图。它的激励码本中共有 1024 个 5 维的矢量，因此码本标号采用 10bit 编码。

首先将语音信号进行均匀量化，然后取五个连续的语音样点 $\mathrm{Su}(5n)$、$\mathrm{Su}(5n+1)$、…、$\mathrm{Su}(5n+4)$，组成一个 5 维语音矢量 $s(n)=[\mathrm{Su}(5n),\ \mathrm{Su}(5n+1),\ \cdots,\ \mathrm{Su}(5n+4)]$。根据该语音矢量源，编码器利用合成分析法(A-B-S)从码本中搜索出最佳码矢量，将相应的 10bit 的码本标号送出去。图 2.5 显示，综合滤波器 LP 系数是用先前量化过的语音信号经过后向预测适配器来提取和更新的，每四个相邻的输入矢量(共20个样点)构成一个自适应周期，每周期更新一次 LP 系数。激励的增益也是利用先前的量化激励信号的增益信息经过后向增益适配器逐矢量进行提取和更新的。

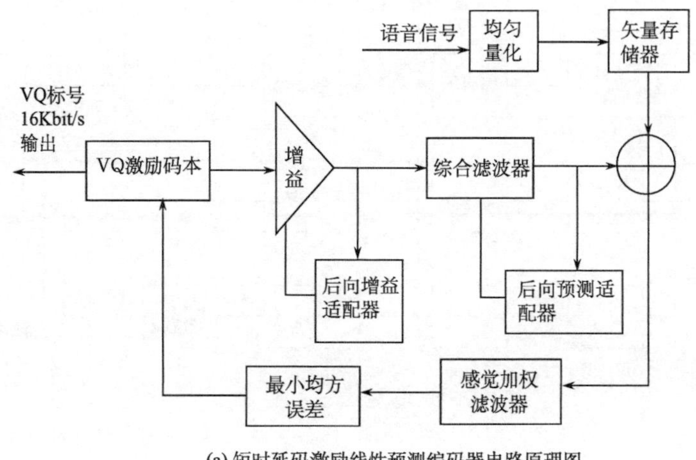

(a) 短时延码激励线性预测编码器电路原理图

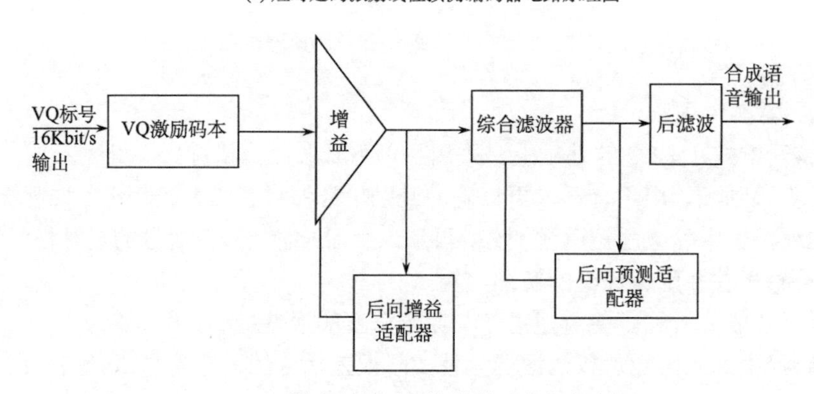

(b) 短时延码激励线性预测解码器电路原理图

图 2.5　LD-CELP 编译码器的原理图

解码操作也是逐个矢量进行的，根据接收到的 10bit 码本标号，从激励码本中找到相应的激励矢量，经过增益调整后得到激励信号。将激励信号输入综合滤波器，合成语音信号，再将合成语音信号进行自适应后滤波处理，增强语音的主观感觉质量。

LD-CELP 方案虽然编码后的比特速率较高，为 16Kbit/s，但此时的 MOS 也较高，可达 4.173，其优点是一路的编码时延小于 2ms。

(2) 多带激励编码：语音短时谱分析表明，大多数语音段都含有周期和非周期两种成分，因此很难说某段语音是清音还是浊音。传统声码器，如线性预测声码器，采用二元模型，认为语音段不是浊音就是清音。浊音采用周期信号，清音采用白噪声激励声道滤波器合成语音，这种语音生成模型不符合实际语音特点。人耳听觉过程是对语音信号进行短时谱分析的过程，可以认为人耳能够分辨短时谱中的噪声区和周期区。因此，传统声码器合成的语音听起来合成声重、自然度差。这类声码器还有其他一些弱点，如基音周期参数提取不准确、语音发声模型与有些音不符合、容忍讲话环境噪声能力差等，这些都是影响合成语音质量的因素。多带激励语音编码方案突破了传统线性预测声码器整带二元激励模型，它将语音谱按基音谐波频率分成若干个带，对各带信号分别判断是属于浊音还是属于清音，然后根据各带清、浊音的情况，分别采用白噪声或正弦产生其合成信号，最后将各带信号相加，形成全带合成语音。在分析过程中采用了类似于 A-B-S 的方法，提高了语音参数提取的准确性，在 1.2～4.8Kbit/s 速率上能够合成具有较好自然度和较强的容忍环境噪声能力的语音。图 2.6 给出了 MBE 编码和解码器原理框图。语音信号经过高通滤波、低通滤波及加窗处理后提出基音周期的粗估值，然后在粗估值的周围进行细搜索，找到基音周期的准确值，这样做可以减小运算量，得到基音周期准确值后，根据此值计算各带拟合误差，判断各带是属于浊音区还是清音区，并计算出各谐波的谱幅度值；最后将这些参数量化编码，传送给解码器。解码器根据这些参数，浊音带的各谐波采用正弦信号激励在时域合成；清音带则采用白噪声激励在频域合成，再经过逆 FFT 变换成时域信号；最后将它们相加，形成完整的合成语音。

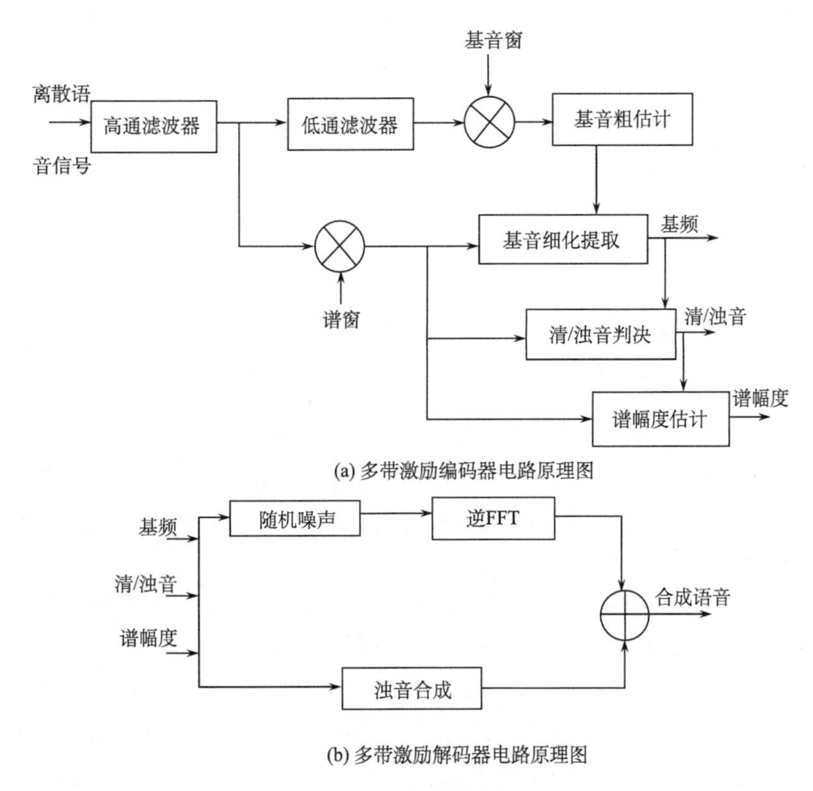

(a) 多带激励编码器电路原理图

(b) 多带激励解码器电路原理图

图 2.6　MBE 编码和解码器原理框图

2. 信道编码

卫星通信信道上既有加性干扰又有乘性干扰。加性干扰是由白噪声引起的，乘性干扰是由衰落引起的。白噪声将导致传输信号发生随机错误；而衰落则将导致传输信号发生突发错误。因此在卫星通信系统中，对信号必须进行差错控制编码。差错控制编码的思路是在发送端将被传送的信息码元序列中增加一些监督码元。这些监督码是以信息码为基础，按照某种规则产生的。发送端将信息码和监督码组合而成的码元序列送入信道。接收端收到该序列后，依照约定的编译码规则检验监督码元与信息码元之间的约束关系。一旦传输过程中发生差错，信息码元与监督码元之间的这种约束关系将遭到破坏，从而可发现差错，更进一步，接收端在检测出差错后还能在译码时予以纠正。显然，差错控制编码的检错和纠错能力是以增加所传信息的冗余度来换取的。也就是说，差错控制编码是以降低信道的传输有效性来换取信号传输可靠性的提高的。

差错控制的基本工作方式有四种，它们分别是自动重发请求(ARQ)、前向纠错(FEC)、混合纠错(HEC)和信息反馈(IF)。

(1)ARQ 差错控制编码：也称为检错重发方式。这种差错控制在发送端对数字信号序列进行分组编码，加入一定多余码元使之具有一定的检错能力，成为能够发现错误的码组。接收端收到码组后，按一定规则对其进行有无错误的判决，并把判决结果(应答信号)通过反馈信道送回发送端。如有错误，发送端把前面发出的信息重新传送一次，直到接收端认为已正确接收到信息。ARQ 系统组成框图如图 2.7 所示。

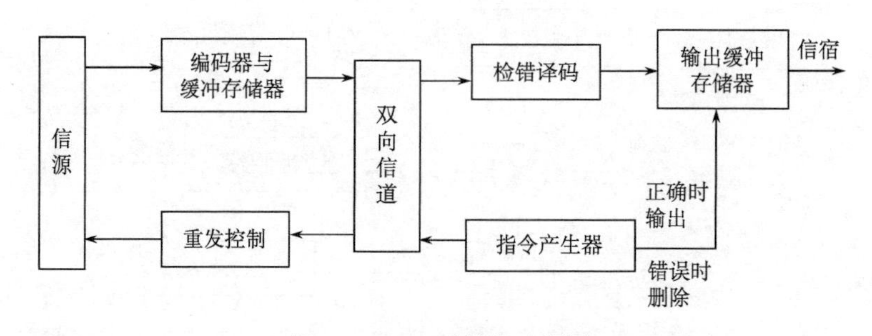

图 2.7　ARQ 系统组成框图

ARQ 方式包括三种主要类型：发送等待型(SWARQ)、连续工作型和混合型。在连续工作型中，又可分为两种：往返重发 N 次型(GBNARQ，或称退 N 类型)和选择性重发类型(SNARQ)。

ARQ 方式的主要优点是检查错误的结构比较简单，不需要复杂的解码设备，它对于防止信号衰落产生的突发错码特别有效。其工作原理是只需少量的监督码元(为总码元数的 5%～20%)就能获得极低的输出误码率，与所用信道的差错统计概率无关，即对信道有良好的适应能力。由于无须纠错，该方式所需的编译码设备简单。其缺点是要求双向信道，在信道干扰较大时，组码需要多次重发才能使接收端正常接收，通信效率较低。因此，对通信实时性要求较高的场合不适用。

(2)FEC 差错控制编码：也称为自动纠错。在传输过程中，将发送的数字信号按一定的数学关系构成具有纠错能力的码组。当在传输中出现差错，且错误个数在码的纠错能力内时，系统的接收端根据编码规则进行解码，并自动纠正错误。把这种能够实现自动纠错的码称为纠错码。由于这种纠错方式不需要反馈，故称其为前向纠错。图 2.8 是前向纠错工作方式的示意图。从图中可以看出信源发出的信息码元经编码、调制后送入信道发向接收端。接收端收到信号经解调后，在开关的控制下，将信息位码元送入缓冲存储器暂时存储，等待纠错，同时直接把整个码组的码元(包括信息位和监督位)送入纠错译码器译码，经纠错电路识别每一个码元是否有错。如果有错，则送出纠错信号“1”和相应的信息码元在模 2 加电路中相加，使差错得到纠正。如果原信息的第 1 位为“0”，受干扰后错成为“1”，则纠错电路识别有错时发出“1”信号到模 2 加电路和第 2 位信息码“1”相加，结果$1\oplus1=0$，输出“0”信号，错误得到了更正。如果无错，纠错电路输出“0”信号，信息码元取值不变。最后将经过纠错以后的信息码元送给信宿。

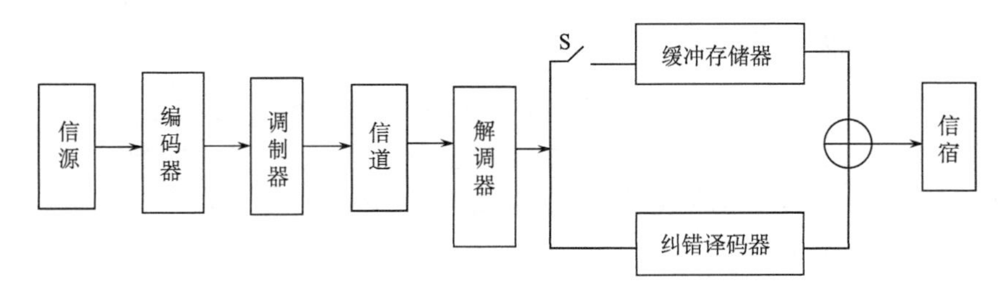

图 2.8　前向纠错的工作方式

这种工作方式的优点是可以单向通信，适用于数据实时性要求较高的通信系统；其缺点是码的结构和电路较复杂，在信道很差时差错严重。

(3) HEC 差错控制编码：是 ARQ 和 FEC 方式的结合，如图 2.9 所示。发送端送出具有检错和纠错能力的码，接收端收到码后，检查错误情况。如果传输错误少，且在码的纠错能力之内，则自动地进行纠正错码；如果信道的干扰严重，错码位数超过了抗干扰码本身的纠错能力，则可经反馈信道请求发送端重发这个码组。

HEC 方式具有 ARQ 和 FEC 两种方式的优点，还可弥补两者的不足，因而大大地提高了通信的可靠性。这种方式特别适用于环路时延大的高速传输系统，如卫星通信等。

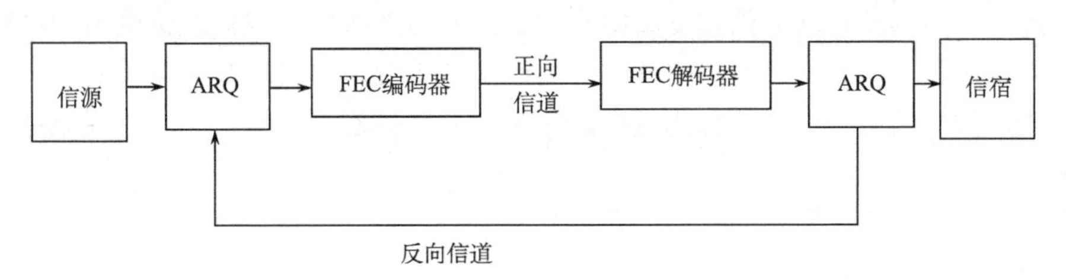

图 2.9　HEC 的系统框图

(4) IF 差错控制编码：也称狭义信息反馈或回程校验方式。在这种方式中，发送端在发出码组的同时，将码组存储起来。接收端在收到信号后，立即将该码组原封不动地通过反馈信道发回到发送端，并与先前储存的该码组进行比较。如果发现与原码组不同，说明码组传输有误，发送端将重发该码组，直至在发送端进行的码组校验正确；如果校验正确，则进行下一码组的发送。这种方式在原理上无须进行差错控制编译码，其工作方式本身就有纠错能力。

IF 的控制和检错设备较简单，但它需要用和信息传输信道(即前向信道)相同的反馈信道，而且每一码组至少要传输两次。另外，当接收码组中某一码元从“0”错为“1”，而在反馈回送时恰好该码元又由“1”错为“0”时，将造成接收端误码输出。由于此方式传输效率较低，因此只适用于信道差错统计概率较低、具有双向传输信道且对通信速率要求不高的数字通信系统中。

在数字卫星移动系统中，是否需要采用差错控制方式及采用何种差错控制方式，要根据实际情况与要求决定。通常应根据信道的差错统计特性、干扰的种类及对误码率大小的要求适当地进行选择。

3. *卫星通信的调制方式*

卫星通信的调制方式可分为功率有效调制和频带有效调制两大类。如果传输信道的频带有用率大于 2bit/s/Hz，定义此调制方式为频带有效调制方式；在线性加性高斯白噪声的信道上，如果 $P_e = 10^{-8}$ 时所要求的 E_b/N_0 值小于 14dB，定义此调制方式为功率有效调制方式。选择调制方式的原则是尽量使已调信号与信道相匹配，才能有较好的应用性能。

卫星通信信道的特点是带宽和功率都受限，同时具有非线性特性、衰落特性和多普勒频移特性。带宽受限是因为分配给卫星通信业务的带宽远窄于分配给卫星固定通信业务的带宽。功率受限是因为卫星的有效全向辐射功率小，而卫星通信距离远，则传输损耗大，移动终端天线直径小，其增益小更加重了功率受限，结果导致解调器输入端的信噪比很低，通常其 E_b/N_0 的值只有 5～10dB，远低于有线(光纤)通信系统及地面蜂窝移动通信系统(它们的 E_b/N_0 的值通常为 30～40dB)。卫星信道的非线性来自高功率放大器，原因是为充分利用卫星转发器的功率，其行波管放大器(或固态功率放大器)常常工作在非线性的饱和区；其次当通信终端的天线增益较低时，则要求高功率放大器工作在非线性的 C 类状态。卫星通信信道的衰落特性由遮蔽和多径引起，而多普勒频移由物体移动引起，这些都是移动通信信道所固有的。因此在选择适合卫星通信信道的调制方式时，首先要注意它与系统之间在信噪比方面的配置程度，并兼顾其对频带的要求；其次要考虑在非线性信道上性能的恶化量；最后要分析其抗衰落性能，并考虑采取适当的措施给予补偿。

目前，比较适合卫星通信系统的调制方式主要有以下几种。

1)经典恒包络调制

二进制相移键控(BPSK)、正交相移键控(QPSK)和交错正交相移键控(OQPSK)是经典恒包络调制方式，也是当前卫星通信中常用的调制方式。

(1)经典恒包络调制器原理。图 2.10 为一般化正交调制器原理框图。它适用于上述三种调制，其差别在于基带产生器：对于 BPSK，不需要基带产生器且只用调制器的上半部分；对于 QPSK，基带产生器为串/并转换器；对于 OQPSK，基带产生器除串并转换外，随后的 Q 信道还有 π/2 的延迟。

(2)经典恒包络解调器原理。图 2.11 为一般化正交解调器(相干解调)原理框图。它适用于上述三种调制，其差别就在于检测器和组合器：对于 BPSK，不需要组合器；QPSK 和 OQPSK 的检测器为积分清除电路，但对 OQPSK，I 信道的检测器后需要 π/2

的延迟。

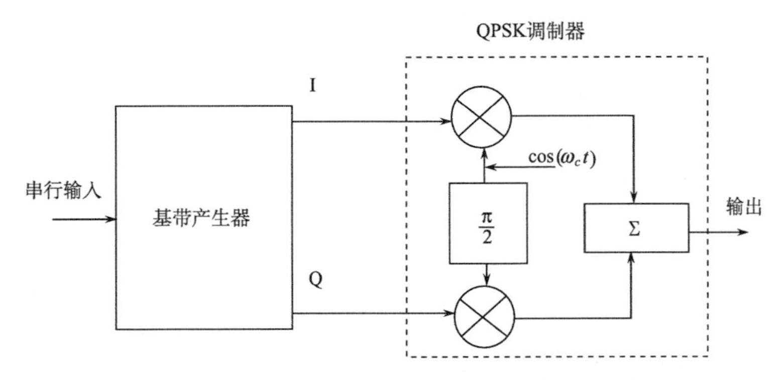

图 2.10　一般化正交调制器原理框图

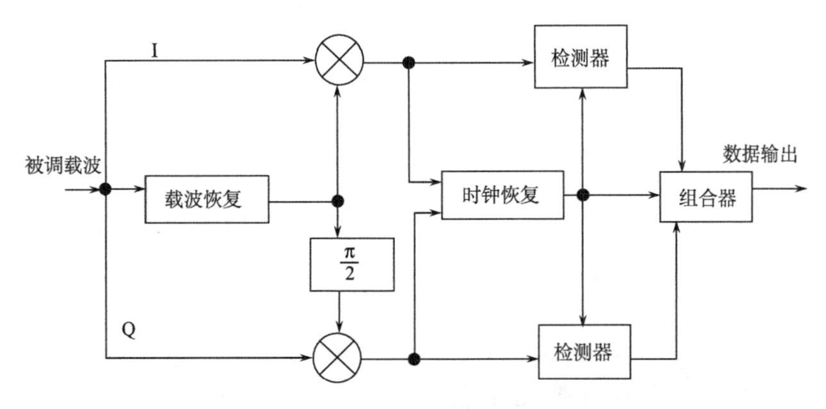

图 2.11　一般化正交解调器原理框图

(3) 经典恒包络调制误码性能。以上三种调制有大致相同的功率利用率，即对于相干检测，误比特率为

$$P_e = \frac{1}{2}\mathrm{erfc}\left(\sqrt{E_b/N_0}\right) \tag{2.2}$$

其中，$\mathrm{erfc}(x) = \frac{2}{\sqrt{\pi}}\int_x^{\infty} e^{-y^2}dy$（$x>0$）；$E_b$ 为比特能量；N_0 为白噪声单边功率谱密度。

(4) 差分调制。在相干解调中需将输入信号通过非线性电路来恢复载频，这就使恢复后载频出现相位模糊，从而使解调器出现误码。解决此问题的方法之一就是采用差分调制。

差分调制的基本方法是，在发射机插入差分编码器，使相邻传输符号的相位差代表调制器的输入信息。这样解调这种相位差就不受载波相位模糊的影响。

在实际应用中，有两种差分调制信号的解调方法：一种是具有载波恢复的解调器(相干检测差分译码)，另一种是无载波恢复的解调器(差分相位检测)。前者是相干检测后的数字序列再通过差分译码器变换成原始数字序列，而后者是用接收的前一个符号周期的已调信号作为参考，直接对相邻符号间的相位差进行检测恢复原始数字序列。对于第一种解调方式，由于对解调后的数字序列又进行差分译码，所以使误码率加倍；而对于第二种解调方式，为达到与相干解调相同的误码率，需要较高的输入信噪比，但解调器的硬件实现比较简单。

由于 OQPSK 难以进行差分解调，所以常用的是 BPSK 与 QPSK 的差分调制。图 2.12 为 BPSK 差分调制与解调原理框图。

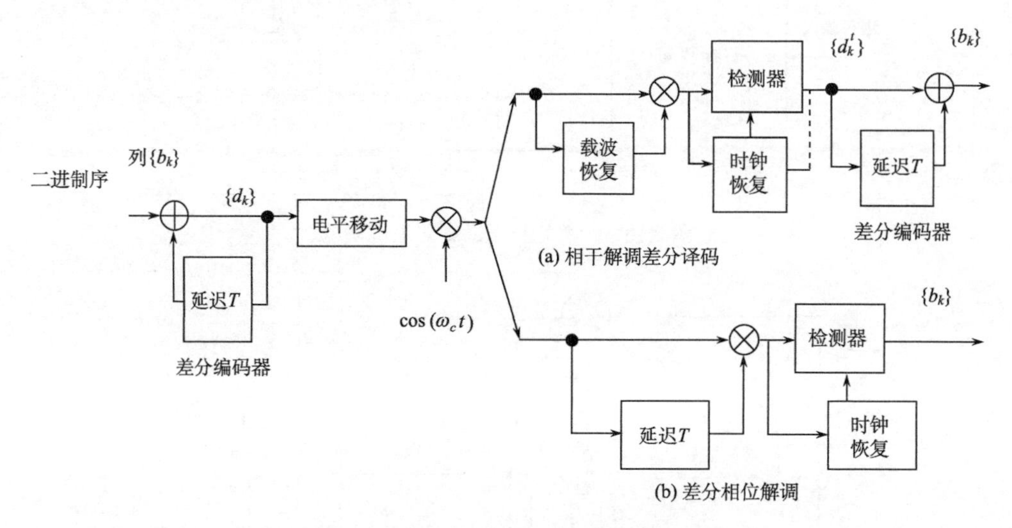

图 2.12　BPSK 差分调制与解调原理图

2) 多进制相移键控 (MPSK) 调制

多进制相移键控是频带利用率高的调制，其频带利用率理论上可达 $\log_2 M$ (bit/s/Hz)，其中，M 为进制。但功率利用率低于 QPSK，当 M=8 时，比 QPSK 约劣 5 dB。对于大的 M 值，为保持相同的符号错误率，M 每增加一倍，输入信噪比大约需要增加 6dB。MPSK 信号可用正交调制器产生，不过要将图 2.10 中的基带产生器变成串 / 并转换器后接二进电平到多电平的转换。解调器也可用正交解调器，其中检测器为积分清除电路（或低通滤波），后面为多电平判决以及多电平到二进电平的转换。

3) 最小频移键控 (MSK) 调制

最小频移键控可看成移频宽度为 $\frac{1}{4T}$ 或调制指数为 h =0.5 的连续相位频移键控 (CPFSK)。MSK 可用正交方式产生，并可用图 2.10 来代替。其中，基带产生器与 OQPSK 相同，但随后在 I、Q 信道上分别进行半符号速率的正弦和余弦加权。其解调也可用如图 2.11 所示的正交相干解调器。其中，检测器与 OQPSK 相同，但在其前面的 I 和 Q 信道分别有半符号速率的正弦和余弦加权。这种 MSK 的调制与解调方式也称并行 MSK (PMSK)。并行 MSK 调制的不利条件是对系统同步要求比较高，两个正交信道必须满足时间同步、幅度同步、相位正交以避免性能恶化。但随着数码率的提高很难精确达到上述要求。

4. 卫星通信的分集与均衡技术

1) 分集技术

分集和均衡是对付多径衰落的有效手段。分集利用多条信号路径传输相同信息，且各路径具有近似相等的平均信号强度和相互独立衰落特性，在接收端对这些来自不同路径的信号进行适当的合并，从而降低多径衰落的影响，降低误码率。常用的分集方法有如下几种。

(1) 空间分集。发送端采用一副发射天线，接收端采用多副接收天线。接收天线之间距离 $d \geqslant \frac{\lambda}{2}$，以保证各支路接收信号不相关。分集支路 M 越大分集效果越好，但 M 较大(>3)时设备复杂。

(2) 极化分集。在发送端将信号通过相互正交的两副天线发射出去，接收端相应采用两副正交的天线接收。水平极化和垂直极化正交；左旋圆极化和右旋圆极化正交。

(3) 角度分集。在接收端采用指向不同方向的两副以上方向性天线接收同一信号。

(4) 频率分集。信息通过不同的载波发射出去。该方法的优点是：与空间分集相比，减少了天线数目，缺点是占用了更多的频谱资源，发送端需多部发射机。

(5) 时间分集。信号在时间间隔大于相干时间(保证前后信号独立)的不同时间重复发送 M 次，就可得到 M 条独立的分集支路。

在采用上述方法获得相对独立的分集支路后，还需将各分集支路合并。合并技术通常有以下几种。

(1) 选择式合并。接收机从 M 个分集接收信号中选择具有最高基带信噪比(SNR)的基带信号作为输出。

(2) 最大比合并。M 个分集支路经过相位调整为同相，然后对各支路加权，使它们加权求和合并后的信号信噪比达到最大。

(3) 等增益合并。M 个分集支路经过相位调整为同相，然后按相同加权直接求和合并。

2) 均衡技术

多径传播引起码间干扰，均衡技术是一种用来克服码间干扰的算法和实现方法。图 2.13 为均衡器原理图。

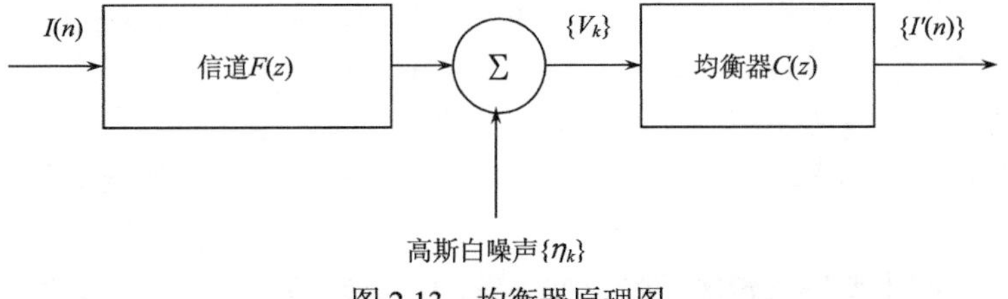

图 2.13　均衡器原理图

设信道冲激响应序列 $f(n)$ 的 Z 变换为 $F(z)$，均衡器的冲激响应序列 $c(n)$ 的 Z 变换为 $C(z)$，当信道输入序列 $I(n)$ 时，均衡器输出为 $I'(n)$。采用均衡技术的目的是根据信道的特性$F(z)$，按照某种最佳准则来设计均衡器的特性$C(z)$，使$I(n)$和$I'(n)$之间达到最佳匹配。

3）分集和自适应均衡相结合

对分集和均衡的分析表明，在非选择性（平坦）衰落的情况下，分集技术能有效地改善系统的性能。在选择性衰落中，则必须采用自适应均衡技术来补偿码间干扰的影响。但由于衰落引起的信噪比波动，均衡器的性能也受到了限制。为此，可以采用最佳分集合并和均衡相结合的结构。

5. 话音激活和数字话音内插（DSI）技术

统计分析表明，人们在相互通话时存在一个明显的特征，即α（α=35～40%）的时间处于讲话状态，而1−α的时间处于收听状态，一条单向的发送话音通路在通话时只利用了α的时间，而1−α的时间处于空闲，因此可以将通话期间内这一空闲时间的信道充分利用起来。

1）话音激活

在码分多址（CDMA）的系统中（包括卫星通信），由于其本身的技术特点，在不讲话时，不发送信号。这样降低了整个系统内的干扰，从而可使信道数增至原来的$1/\alpha$倍，即近于3倍，这种技术称为话音激活。在FDMA中也可以采用该技术，即无话音时不发载波，以让出信道，这种方式一样可使信道数增至原来的$1/\alpha$倍。

2）数字话音内插

数字话音内插是卫星通信中普遍使用的一项技术，它是利用人们相互通话时听多（65%的时间）说少（35%的时间）的特点来增加系统容量的技术，是TDMA卫星通信系统不可分割的一部分。DSI 包括时分话音内插（TASI）和话音预测编码（SPEC）两种方式。TASI是直接利用通话呼叫之间间隙，听话而未讲话以及讲话停顿的空闲时间，把空闲时的通道暂时用于其他用户的通话，以增加通信容量。SPEC是当某一时刻的PCM码样值与前面的PCM码样值有明显差别也就是不能预测时，才发此码组，否则不发，因而大大减小了需传输的码组数，留下的容量供其他用户使用，从而提高系统容量。

（1）TASI。图2.14是数字式TASI的原理框图，它的功能是：N路话音经编码后构成的时分复用（TDM）信号作为输入信号，在一帧内N个话路经话音存储器与TDM格式的M个输出话路连接。其各部分的作用如下。

①发送端的话音检测器依次检测各话路是否有话音信号，当检测到电平高于门限电平时判为有话音，否则判为无话音。若门限电平能随线路上的噪声电平的变化自动地快速调节，则可大大减少由于线路噪声所引起的错误检测。

②分配状态寄存器负责记录任一时刻的输入话路和输出话路的连接状态及各输入话路的工作状态。

③分配信号产生器用来每隔一帧时间在分配话路时隙内发出一个分配信号以传递话路间连接状态的信息，以便使接收端根据这一信息恢复原输入的数字话音信号。

④延迟线。使用延迟线的原因是话音检测及话路分配需要一定时间，并且新的连接信息应在该组信码存入话音存储器之前送入分配状态寄存器，延迟时间约为16ms。

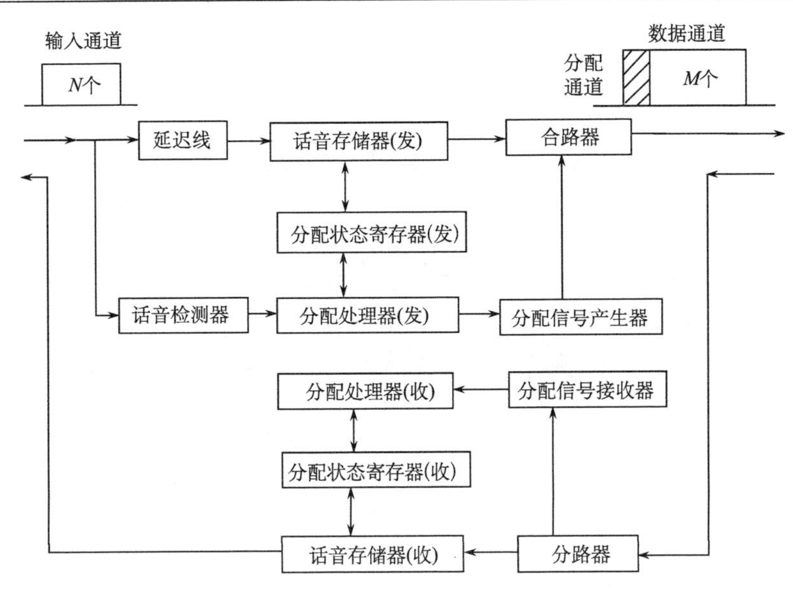

图 2.14　数字式 TASI 系统的基本组成

TASI 的工作过程：在发送端，话音检测器依次识别各输入话路的工作状态(有无话音)，当确认某个话路有话音时，立即通知分配处理机在分配状态寄存器的“记录”中搜索。如果原来没有给该话音信号分配输出话路，便寻找一个空闲的输出话路，找到以后，便由分配处理机立即发出命令，把该话音经延迟后的信码存入话音存储器内与将连接的输出话路对应的一个单元中，并在分配给该输出话路时隙位置“读出”该组信码。与此同时，要将输入话路和输出话路之间所建立的新的连接状态信息，送入分配状态寄存器和分配信号产生器以便通知接收端。如果这一话路连续有话音，就保持这一状态，直到无话音为止，再改变分配状态寄存器的记录。用以传递分配信息的分配通道与 M 个输出话路通道组成的信码经卫星链路发出。在接收端，当 TASI 接收端收到扩展后的信码时，由分配处理机根据收到的分配信号更新接收端分配状态寄存器的“分配表”，并将各组语音信码分别存到接收端话音存储器的有关单元中，再依次在一定的时间位置“读出”，恢复为原输入的 N 个通路的 TDM 帧格式。由此可知，经过这样的处理，输入信号无用的空闲时隙被压缩掉了，因而可用较小的话路传达较多路数的语音信号，节省了信道，提高了系统容量。

(2) SPEC。图 2.15 是 SPEC 发送端的原理框图。其工作过程是：话音检测器依次检测 TDM 复用 N 个通道的编码码组输入，当有话音信码时，打开传送门让这一组编码(PCM 是 8bit 编码)送到中间帧存储器和零级预测器，否则传送门不打开。延迟电路提供话音检测的时间约 5ms。零级预测器将“预测器帧存储器”中所存的上一次取样时该通道的那一组编码码组与刚收到的码组进行比较，计算出它们的差值。如果差值小于或等于某一规定值，则认为刚收到的一组 PCM 码是可预测的，将其舍弃。如果差值大于某规定值，则由中间帧存储器将此码组送入预测器帧存储器取代前一码组，以便下一次比较；同时，把此码组“写入”发送帧存储器，并在规定的时间“读出”。发送帧存储器是双

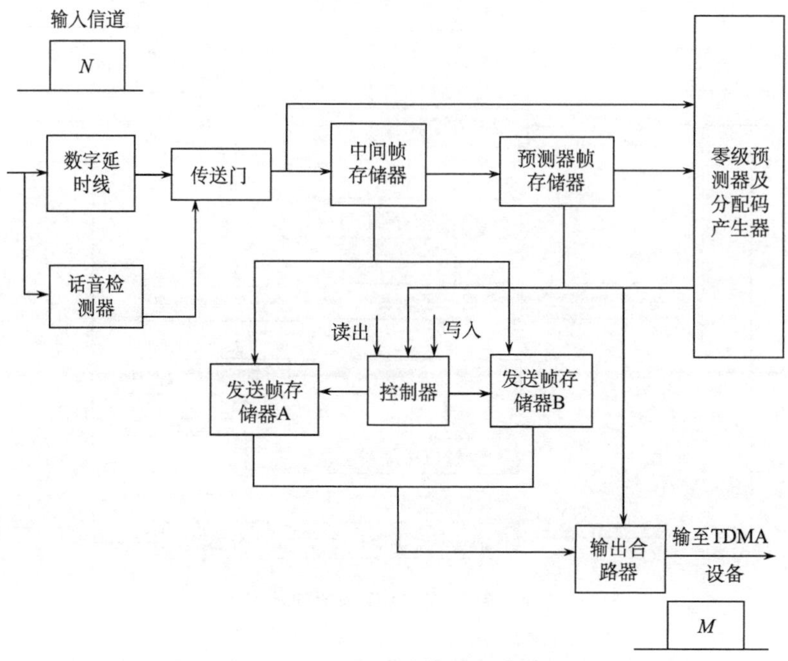

图 2.15　SPEC 发送端原理框图

缓冲存储器，一半读出时另一半写入，这样就有连续的信码送给输出合路器。零级预测器还将各次比较的情况编成分配码(SAW)，如可预测的为“0”，不可预测的为“1”，其 N 比特(一个通道对应一比特)送到输出合路器，从而形成有“分配通道”和“M 个输出通道”的结构，并送入卫星链路中，就可恢复出原发端输入的 N 通道的 TDM 帧结构。

SPEC 中也存在竞争，竞争导致了本来应该发的码组可能未发，而接收端却按前一码组内容输出，结果导致量比信噪比下降。设计时一般按信噪比下降不超过 0.5dB 来确定 DSI 增益 N/M。

6. 多址方式

多址方式是指在卫星天线波束覆盖区内的多个地球站，通过同一颗卫星的中继建立两个地址和多址之间的通信。目前，在卫星通信中使用的多址连接方式主要有频分多址、时分多址、空分多址和码分多址等四种方式。

1) 多址方式的信道分配技术

在卫星通信的多址方式中要涉及信道的分配技术。信道分配技术是指使用信道时的信道分配方法，具体来说可分为预分配方式和按需分配方式两种。

(1) 预分配方式。预分配方式又分为固定预分配和按时预分配方式。

①固定预分配方式。在卫星通信系统设计时，把信道按频率、按时隙或按其他无线电信号参量分配给各地球站，每个站分到的数量可以不相等，而以该站与其他站的通信业务量来决定。分配后使用时信道的归属一直不变，即各地球站只能使用自己的信道，不论业务量大小、线路忙闲，都不能占用其他站的信道或借出自己的信道。这种信道分配方式就是固定预分配方式。这种预分配方式的优点是通信线路的建立和控制非常简便，

缺点是信道利用率低，所以这种分配方式只适用于通信业务量大的系统中。

②按时预分配方式。按时预分配方式是要对系统内各地球站间业务量随“时差”或随其他因素在一天内的变动规律进行调查和统计的，然后规定通道一天内的固定调整方式。这种方式的通道利用率显然要比固定预分配方式高，但从每个时刻来看，这种方式也是属于固定预分配的，所以它也只适用于大容量线路，并且在国际通信网中较多采用。

(2) 按需分配方式。为了克服预分配方式的缺点，提出了按需分配方式，也叫按申请分配方式。按需分配方式的特点是所有的信道为系统中所有的地球站公用，信道的分配要根据当时的各站通信业务量而临时安排，信道的分配比较灵活。

显然，这种信道分配方式的优点是信道的利用率大大提高，但缺点是通信线路的控制变得复杂了，通常都要在卫星转发器上单独规定一个信道，作为专用的公用通信信道，以便各地球站进行申请、分配信道使用。

2) 常用的多址方式

(1) 频分多址(FDMA)。在这种多址方式中卫星所占用的频带按频率高低划分给各地面站。各地球站就在被分配的频带内发射各自的信号，而在接收端，则利用频带滤波器从接收信号中只取出本站的信号。

(2) 时分多址(TDMA)。在这种多址方式中各地球站分别在各自的时隙中进行通信，共用卫星转发器的各地球站使用同一频率载波。在接收端，根据接收信号的时间位置或包含在信号中的站址识别发射地球站，并取出与本站有关的时隙内的信号。

(3) 空分多址(SDMA)。空分多址是在卫星上装有多副窄波束天线，把这些指向不同区域的天线波束分配给各对应区域内的地球站，通信卫星上的路径选择功能向各自的目的地发射信号。由于各波束覆盖区域内的地球站所发出的信号在空间上互不重叠，即使各地球站在同一时间使用相同的频率工作，也不会相互干扰，因而起到了频率再用的目的。但实际上，给每个地球站分配一个卫星天线波束是很困难的，因而，只能按地区为单位来划分空间。可见这种空分多址不能单独使用，最好是与其他多址方式结合使用。

(4) 码分多址(CDMA)。在这种多址方式中，分别给各地球站分配一个特殊的地址编码，以便扩展频谱带宽，使网内的各地球站可以同时占用转发器的全部频带发送信号，而没有发射时间和频率的限制(可以互相重叠)。在接收端，只能用与发射信号相匹配的接收机才能检测出与发射地址码相符合的信号。

7. 功率控制

1) 下行链路的功率发射

在卫星通信系统的一个卫星发射天线的覆盖区内，下行链路(卫星→卫星通信终端、卫星→关口站)一般无须采用功率控制(即卫星天线的发射功率无须控制)，具体地说，对处理转发器只要固定发射功率，而对透明转发器，其输出功率只随输入功率的变化而保持近于线性的变化，输出功率的大小不受其他任何指令或部件的控制。下行链路采用上述的无控制功率发射方法基本能满足卫星通信的要求，即系统自身产生的各种干扰(如互调干扰、邻信道干扰、CDMA 的多址间干扰等)相对各路接收信号较小，系统中的各卫星通信终端和关口站的接收设备都能相互协调、彼此互无影响地正常工作，不会使各接收设备的输入载干比相差悬殊，导致一部分接收设备因接收信号载干比高而高性能地正常工作，一部分接收设备却因接收信号载干比太低而无法维持正常的工作(如误码率太低、同步丢失等)。

2)上行链路的功率控制

卫星通信中使用的转发器有处理转发器(如Iidiuan系统)和透明转发器(如Globalstar系统)。对处理转发器而言，地面上的发射功率控制影响到卫星上的各接收机能否有效地工作，而对透明转发器而言，地面上的发射功率控制影响到地面上的各接收机能否有效地工作。

由于卫星通信环境不断变化的影响，地面发射机以固定功率发射信号时，无论对处理转发器卫星上的接收机还是对使用透明转发器的地面接收机来说，其接收信号都是一个具有不同程度衰落的信号。因此，如果对地面各发射机的输出功率不加以控制而以同样功率发射，由于各发射机所处的移动环境差异较大(如城区、开阔地区等)，地面发射机所对应的卫星上的接收机或地面上的接收机所接收的信号功率就有较大的差异，造成各接收机输入信号载干比相差悬殊而使部分通信链路中断或无效。具体介绍如下。

(1)对FDMA的卫星通信系统，某一地面发射机的上行链路功率过高会侵占透明转发器分配给其他上行链路(信道)的功率而影响其他上行链路的通信质量。反之，功率低于额定值，自身的通信质量又会下降。对处理转发器而言，上行链路功率过高，对邻信道的干扰增加，功率过低时，卫星上的接收机却无法正常工作。

(2)对TDMA的卫星通信系统，移动环境的变化，如降雨、植被遮蔽等的损耗，也要求发射机随不同的移动环境调整其发射功率，如铱系统。

(3)对CDMA的卫星通信系统，主要的干扰是码间干扰，采用适当的上行链路功率控制以保持各接收机具有基本相同的输入载干比，进而提高系统容量。

上行链路功率控制的目标、方法和特点：上行链路功率控制的目标就是使透明转发器对应的所有地面通信终端接收机和处理转发器对应的卫星上的所有接收机所接收的信号功率达到该系统设计的范围内，并且在通信的过程中一直保持这个设定的范围。按上行链路功率控制的过程可以分为三类。

(1)开环法。地面通信终端根据接收到的卫星下行链路信号或导频信号功率而决定发射功率。在某些卫星通信系统中，卫星发射的下行链路信号功率是固定的，所以地面通信终端所接收信号的大小就代表了卫星与地面通信终端之间的链路损耗。这种方法简单，但精度不高。

(2)闭环法。地面通信终端发射信号后，相应的接收机将接收的信号电平大小告知系统的负责中心(关口站、网络操作中心等)，由它们对接收信号大小作出分析，并经下行链路反馈给地面通信终端一个调整其发射功率的信息，地面发射机按此命令调整发射功率。显然，这种方法比开环法复杂，但精度比开环法高。

(3)混合法。即上述两种方法的混合，在开始时先以开环法确定最初的功率电平，然后根据系统的功率发射调整指令进行调整。

上行链路的功率控制一般采取降梯式控制，每次调整一个或几个阶梯。

由于卫星链路距离长，通信延迟大，而衰落又具有一定的速率，此时，上行链路功率控制不可能非常精确，这是它不同于陆地蜂房移动通信系统的一个显著特点。

2.3　卫星应急通信系统

卫星通信距离远，且不受地面条件的限制。灾难突发时，具有独立通信能力和抗毁能力优势，不依赖地面通信网络和电力系统而独立工作，能够以优异的性能及迅捷的速度实现在地面传输手段无法满足的地点之间通信，非常适合应急通信的需求。特别在面积大、地面通信线路不发达的地区，卫星通信手段更能提供性价比最优的解决方案。

2.3.1　VSAT 系统

1. VSAT 卫星通信系统概述

VSAT 是英文“Very Small Aperture Terminal”(甚小口径终端)的缩写，所谓 VSAT，是指一类具有甚小口径天线的智能化小型或微型地球站，简称小站。通常，大量这类小站与一个大站协同工作，构成一个卫星通信网。它的出现是 20 世纪 80 年代一系列先进技术综合运用的结果。这包括：

(1) 大规模和超大规模集成电路技术；

(2) 微波集成和固态功率放大技术；

(3) 高增益、低旁瓣的天线小型化技术；

(4) 高效多址连接技术；

(5) 微机软件技术；

(6) 高效、灵活的网络控制和管理技术；

(7) 分组传输和分组交换技术；

(8) 扩频、纠错和调制解调技术；

(9) 数字信号处理技术；

(10) 卫星大型化技术等。

VSAT 的发展可以划分为三个阶段。

第一代 VSAT 以工作于 C 波段的广播型数据网为代表。

第二代 VSAT 具有双向多端口通信能力，但系统的控制与运行还是以硬件实现为主。

第三代 VSAT 以采用先进的计算机技术和网络技术为特征。系统规模大，有图形化面向用户的控制界面；有由信息处理器及相应的软件操控的多址方式；与用户之间实现多协议、智能化的接续。

VSAT 卫星通信网具有许多其他通信网不可比拟的优点，其中主要特点如下。

(1) 设备简单，体积小，重量轻，耗电省，造价低，安装、维护和操作简便。根据使用条件的不同，小站天线的直径可以为 0.3～2.4m，发射机功放为 1～2W。终端部分也很小，安装只需简单的工具和一般地基。因此可以直接放在用户室内外。例如，用户庭院、屋顶、阳台、墙壁或交通工具上。随着天线的进一步小型化还可以置于室内桌面上，只要天线能够通过窗口对准卫星而无障碍即可。可以迅速安装和开通业务，设备易于操作、使用和维护。目前用户年通信费用比地面线路可节省 40%～60%，建站费用比建一个微波中继站费用的 1/2 还少。

(2) 组网灵活、接续方便。网络部件模块化，易于扩展和调整网络结构。可以适应用户业务量的增长以及用户使用要求的变化。开辟新通信点所需时间短。

(3) 通信效率高、性能质量好、可靠性高、通信容量可以自适应，适于多种数据率和多种业务类型，便于向 ISDN 过渡。

(4) 可建立直接面对用户的直达电路，它可以与用户终端直接连接，避免了一般卫星通信系统信息落地后还需要地面线路引接的问题。特别适合于用户分散、业务量轻的边远地区以及用户终端分布范围广的专用和公用通信网。

(5) 集成化程度高，智能化(包括操作智能化、接口智能化、支持业务智能化、信道管理智能化等)功能强，可无人操作。

(6) VSAT 站很多，但各站的业务量较小。

(7) 有一个较强的网管系统。

(8) 独立性强，一般用作专用网，用户享有对网络的控制权。

(9) 互操作性好，可使采用不同标准的用户跨越不同地面网而在同一个 VSAT 网内进行通信。

自 1984 年中国成为世界上少数几个能独立发射静止通信卫星的国家以来，卫星通信已被国家确定为重点发展的高技术电信产业。VSAT 专用网和公用网不断建成投入使用。VSAT 已经应用在我国的国防、金融、能源、交通、邮电等许多领域，为所应用的行业的发展起到巨大的作用。特别是在应急安全方面，VSAT 通信网更是展现出巨大的优势，目前我国已经建立了专门的 VAST 卫星通信网。

2. VSAT 的组成及组网形式

1) VSAT 网的组成

VSAT 网主要由三部分构成：通信卫星、主站、许多远端小站。其示意图如图 2.16 所示。

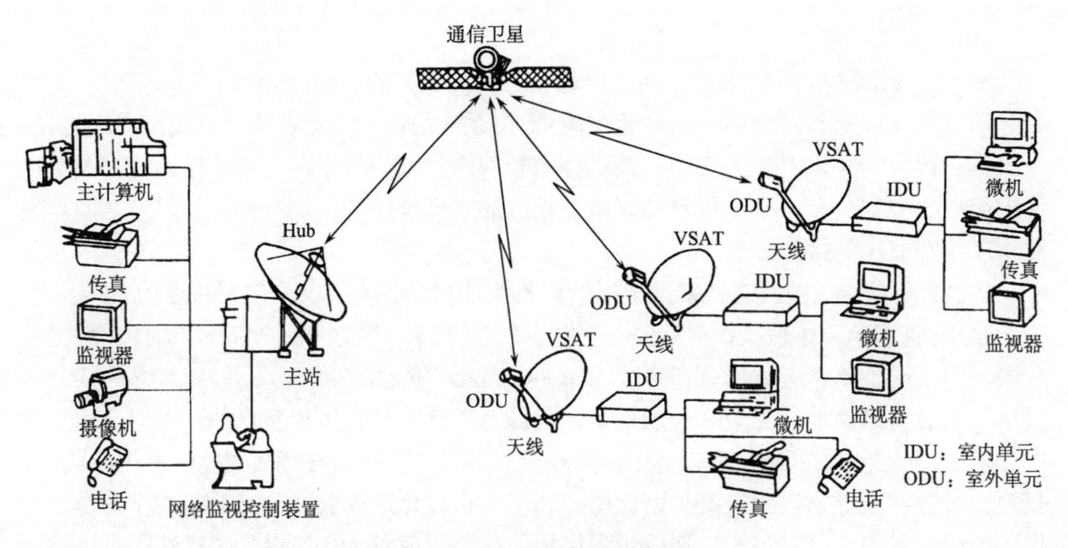

图 2.16　VSAT 网构成示意图

(1) VSAT 主站。主站又称中心站(中央站)或枢纽站(Hub)，它是 VSAT 网的心脏。它与普通地球站一样，其天线直径一般为 3.5～8m(Ku 频段)或 7～13m(C 波段)，并配有高功率放大器(HPA)、低噪声放大器(LAN)、上/下变频器、调制解调器及数据接口设备等。主站通常与主计算机放在一起或通过其他(地面或卫星)线路与计算机连接。

主站高功率放大器的功率要求与许多因素有关，例如，通信体制、工作频段、数据速率、发射载波数目、卫星特性以及远端接收站的大小及位置等。其额定功率一般为数百瓦(最小 1W，最大达数 kW)。当额定功率为 1～10W 时，一般采用固态砷化镓场效应管(CaAsFET)放大器，额定功率为 10～250W 时，一般采用行波管放大器(TWTA)，而为 500～2000W 时，一般采用速调管放大器。例如，采用 6～10 个发射载波的 C 波段 11m 地球站，HPA 的功率约为 300W。为了对全网进行监控、管理、控制和维护，一般在主站内(或其他地点)设有一个网络控制中心，对全网运行状况进行监控和管理，如实时监测、诊断各小站及主站本身的工作情况，测试信道质量，负责信道分配，统计，计费等。操作员可在控制台使用键盘进行操作，通过屏幕显示和打印结果。由于主站涉及整个 VSAT 网的运行，其故障会影响全网的正常工作，故其设备皆有备份。为了便于重新组合，主站一般采用模块化结构，设备之间采用高速局域网的方式互连。

(2) VSAT 小站。VSAT 小站由小口径天线、室外单元和室内单元组成。VSAT 天线有正馈和偏馈两种形式，正馈天线尺寸较大，而偏馈天线尺寸小、性能好(增益高、旁瓣小)，且结构上不易积冰雪，因此常被采用。室外单元主要包括 GaAsFET 固态功放、低噪声场效应管放大器、上/下变频和相应的监测电路等。整个单元可以装在一个小金属盒子内直接挂在天线反射器背面。室内单元主要包括调制解调器、编译码器和数据接口设备等。室内外两单元之间以同轴电缆连接，传送中频信号和供电电源，整套设备结构紧凑、造价低廉、全固态化、安装方便、环境要求低，可直接与其数据终端(微计算机、数据通信设备、传真机、电传机等)相连，不需要地面中继线路。

(3) 空间段。VSAT 网的空间部分是 C 频段或 Ku 频段同步卫星转发器。C 频段电波传播条件好、降雨影响小、可靠性高、设备简单、可利用地面微波成熟技术、开发容易、系统费用低。但由于与地面微波线路干扰问题，功率通量密度不能太大，限制了天线尺寸进一步小型化，而且在干扰密度强的大城市选址困难。C 波段通常采用扩频技术降低功率谱密度，以减小天线尺寸。但采用扩频技术限制了数据传输速率的提高。通常 Ku 频段与 C 频段相比具有以下优点。

①不存在与地面微波线路相互干扰问题，架设时不必考虑地面微波线路而可随意安装。

②允许的功率通量密度较高，天线尺寸可以更小，传输速率可以更高。

③天线尺寸一样时，天线增益比 C 频段高 6～10dB。

虽然 Ku 频段的传播损耗特别是降雨影响大，但实际上线路设计时都有一定的余量，线路可用性很高，在多雨和卫星覆盖边缘地区，使用稍大口径的天线即可获得必要的性能余量。因此目前大多数 VSAT 系统主要采用 Ku 频段。只有 Contel ASC(原赤道公司)的扩频系统主要工作在 C 频段。当其他非扩频系统工作在 C 频段时，则需要较大的天线和较大的功率放大器，并占用卫星转发器较多的功率。我国的 VSAT 系统工作在 C 频段，这是由目前所拥有的空间段资源所决定的。

由于转发器造价很高，空间部分设备的经济性是 VSAT 网必须考虑的一个重要问题，可以只租用转发器的一部分，地面终端网可以根据所租用卫星转发器的能力来进行设计。

2) VSAT 的网络结构

VSAT 系统组网形式十分灵活，可以组成各种复杂的网络，以满足不同用户的需求。

VSAT 通信网的基本结构有星状、网状及两者的混合形式，网络拓扑如图 2.17 所示。在星状网中，外围各远端小站只与中心站直接联系，它们互相之间不能通过卫星直接互通。如有必要，各小站经中心站转接方能建立联系(形成逻辑上的网状网)，星状网络拓扑如图 2.17(a)所示。它是目前 VSAT 网中应用最广泛的网络形式。

建立星状网的主要指导思想是：①考虑那些采用从上到下或从下到上的方式作决策的机构的需要，在这种方式中上级根据下级提供的信息，制定政策或作出决策；在上下级或总部与分部(或基层)之间交换信息；②支持计算机采用分级机构，用主机起“高级管理”作用，个人计算机用户与主机数据库相联系。因此这种卫星数据网，特别适用于全国性或全球性的分支机构很多，并有大量数据信息需要传送和集中处理的行业或企事业建立专用的数据通信网来改善自动化管理，或发布、收集行情和信息，如新闻、银行、民航、交通、联营旅馆和商店、供应商的销售网、股票行情、气象、地震预报以及政府计划、统计等部门使用。在星状网中 VSAT 之间以双跳形式进行通信时，两跳延时对大多数数据传输影响不大，但话音质量要受影响，一般采用音频编解码通话。随着星上处理大功率卫星的发展，交换功能在星上完成，最终将解决双跳延时问题，从而提高了双向话音的传输质量。

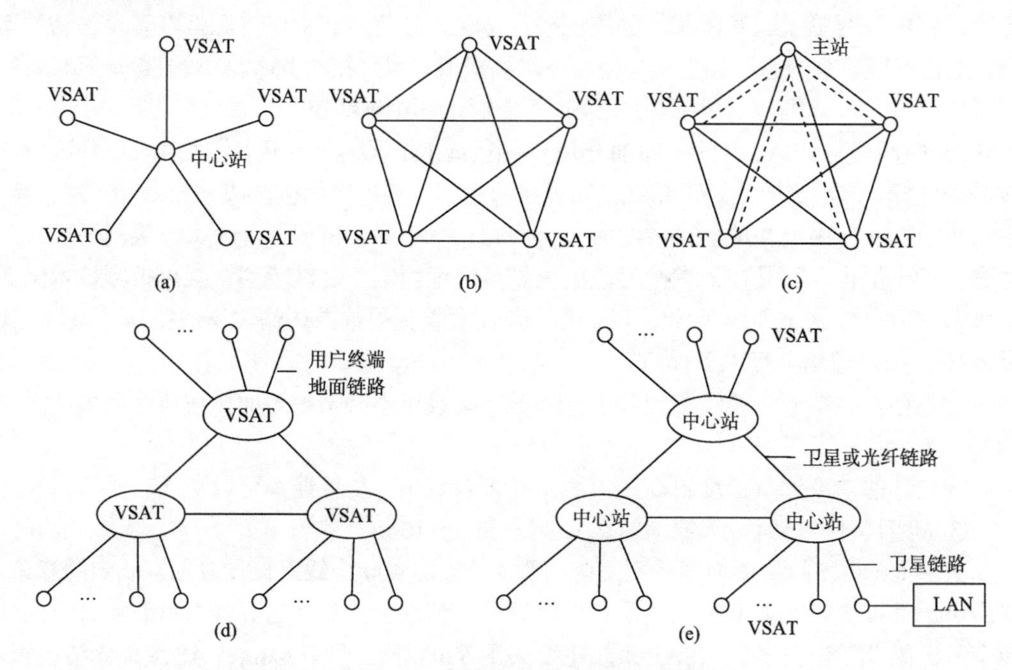

图 2.17　VSAT 通信网的网络拓扑结构

在网状网中，各站彼此可经卫星直接沟通，如图 2.17(b)所示。在以话音为主的小站网中，为了避免双跳延时，需要采用这种网络结构。这种类型的 VSAT，其数据率可增大到传输数字电视信号所需要的 1.544Mbit/s。有 T_1 速率的 VSAT，必须要有区域波束和点波束的较高功率卫星，如果使用一般的卫星，则地球站就需要有较高的功率或较大的天线。

图 2.17(c)所示为星状和网状混合结构网。它在传输实时性要求高的业务(如话音)时，采用网状结构，而在传输实时性要求不高的业务(如数据)时，采用星状结构，当进行点对点通信时采用星状结构。需要指出在话音 VSAT 网中，网络的信道分配、网络监测、管理、控制等由网控中心负责，而控制信道是星状网(虚线所示)，话音信道是网状网(实线所示)。

VSAT 通信网是用大量模块化网络部件实现的，使用灵活、易于扩展，能适应各种用户需要，能将传输和交换功能结合在一起。因此它能为各种网络业务提供预分配和按需分配窄带与宽带链路，并能在任意网络结构中应用。图 2.17(d)是一种点-点或卫星单跳结构。其中 VSAT 作为低速率数据终端和话音业务的网关(Gateway)，这些用户可以是个人计算机或某商业系统的各机构。在图 2.17(e)中 VSAT 作为远端终端，用来向一组末端用户终端或局域网(LAN)收集/分配数据。在这种应用中，一组 VSAT 与一个特定的中心站连接，中心站是一些经卫星或光纤链路连接的大型卫星地球站，它们一般位于机构中心或数据中心，一个中心站所服务的 VSAT 数目没有特别的限制，它由业务量的分布及要求的中心站规模来确定。

VSAT 网既可组成独个用户使用的专用网，也可组成中心站共用网，即几个用户独立共用一个中心站，但彼此之间并不相通。有的国家由电信部门建立公用共享网，一个网内容纳多个专用子网。它可以为众多小型和中型用户提供服务，这些用户可以共用一个或多个内向载波。中型和大型用户可以租用一个或多个内向载波，并建立它们自己的专用子网，与其他用户只共享中心站设施。通过先进的软件控制把各个用户群互相隔离，使它们的中心或部门只能与属于自己的小站连通，并且通过远程控制终端进行控制，就像专用网一样，从而保证了用户数据的保密和可靠。电信部门则按各用户单位使用的小站数目和数据的多少收取一定的租金。

3. VSAT 系统在中国境内运营情况

中国自 1993 年开放 VSAT 经营业务以来，工业和信息化部(简称工信部)已经为十多家卫星通信经营公司颁发了经营许可证，并加强了行业指导与管理，目前地面服务业务主要由中国电信运营。证券业方面，深圳、上海证券交易所都建立了 VSAT 卫星通信专用网。全国各大证券公司均为方便用户，又为发展自己建立 VSAT 专用网。目前我国每天的证券交易都通过卫星通信进行。期货业方面，上海金属交易所、深圳金属交易所、上海粮油交易所、上海商品交易所、郑州粮油交易所等，全部采用 VSAT 系统用于行情发布以及成交撮合。银行业方面，中国人民银行、中国银行已经有了 VSAT 卫星通信网，建立 VSAT 网是全国金融业电子化的重要内容。另外，许多中央部委都建立了 VSAT 网，如中国气象局、中华人民共和国海关总署、中央人民政府贸易部、中华人民共和国水利部、中华人民共和国农业农村部等。

1) 中国电信 VSAT 应急通信现状

中国电信应急通信 VSAT 网是一个覆盖全国的大型话音数据网，主要用于保障各种紧急状况下的通信，如发生洪水、地震等自然灾害使地面通信线路中断时，因该网具有较高的机动性及灵活性，能够快速组网，迅速恢复重要通信，对组织抢险救灾、防汛、应对突发事件、保持信息畅通发挥着极其重要的作用，完成应急通信等特殊时期的话音和传真等任务。中国电信应急 VSAT 网既可通过固定站与公网内的用户建立双向通信，也可以和其他移动小站通过卫星直接通信。

2002 年中国电信被分成南北两个公司后，按照属地划分的原则，应急通信 12 个机动通信局(北京、上海、湖北、辽宁、黑龙江、河北、内蒙古、新疆、福建、四川、陕西、广东)也被分成南北两部分，七个机动通信局划到中国电信，五个机动通信局划到中国网通。每个省、直辖市主要配有 VSAT 机动通信设备或一个固定站或若干移动站，没有能力支撑较大的应急通信任务。各省均采用美国科学亚特兰大公司的卫星通信设备，经"中卫二号"卫星转发器，加入全国 VSAT 应急卫星通信网。本网既可自成体系，又可作为公网的延伸和补充。在网内任何两移动小站既可通过卫星建立直达通信，又可通过固定站进入公网，与公网用户建立通信，固定站与长途交换中心相连可提供 30 条长途中继电路。

2) 中国电信 VSAT 系统主要技术指标

(1) Ku 频段 VSAT 应急卫星通信移动小站主要技术指标如下。

通信频段：发信 14000～14500MHz；收信 10950～12750MHz。

系统容量：两路话音。

天线口径：1.8m、1.2m。

发信功率：2.5W。

中频频率：(70±11) MHz。

发信天线增益：43.2dBi。

收信天线增益：41.6dBi。

(2) Ku 频段 VSAT 应急卫星通信固定站主要技术指标如下。

网络规模：主控站为北京、上海。两站功能完全相同，互为备用；移动站 200 多个，分布于各省。

独立组网号：0ABC。

天线口径：主控站为 4.5m；固定站为 3.6m。

系统容量：30 路话音。

3) VSAT 应急无线通信链路与固定电话网有线通信链路的连接

现以两个实际通话过程来介绍宁夏 VSAT 应急通信设备(小站)与地面固定电话网的通信链路是通过西安 VSAT 固定站连接的。

(1) 固定电话 0951-1234567 呼叫宁夏 1 号 VSAT 小站的过程：固定电话"0951-1234567"拨叫 1 号 VSAT 小站的"0ABC+XXXXXXX"号码后，经过宁夏银川长途交换关口局、西安长途交换关口局后，再通过西安 VSAT 固定站发射到空中的卫星转发器，最后到达宁夏 1 号 VSAT 小站；应答过程则相反。其中，西安 VSAT 固定站负责将西北地区的地面有线通信链路转换为空间的无线通信链路。

(2) 宁夏1号VSAT小站呼叫固定电话027-12345678的过程：宁夏1号VSAT小站的“ABCXXXXXXX”拨叫地面固定电话“027-12345678”用户号码后，先经过空中的卫星转发器到西安VSAT固定站，再经过西安长途交换关口局，通过地面的长途干线传输网络到达武汉的长途交换关口局，又经过市话交换局，最后到达武汉的“027-12345678”电话用户；应答过程则相反。

4) VSAT小站之间的通信过程

以宁夏1号VSAT小站呼叫宁夏2号VSAT小站的过程为例：宁夏1号VSAT小站的第一路0ABCXXXXXXX电话呼叫2号VSAT小站第一路0ABC+YYYYYYY电话，只通过空中的卫星转发器即可完成；应答过程则相反。其中，北京(上海)VSAT主控站负责通信秩序的监管、控制软件版本升级后的下发、小站通信参数的配置，不参与小站之间每次的呼叫、应答过程。小站与固定站之间的通信过程基本同上。

2.3.2 Inmarsat系统

Inmarsat是“International MARritime SATellite Organization”的简称，中文名称为“国际海事卫星组织”。Inmarsat是全球移动卫星通信网络的领跑者，由其管理和运行的Inmarsat移动卫星通信系统在国际上有着重要的影响，在应急管理中也有着极其重要的应用。在数十年的发展历程中，Inmarsat移动卫星通信系统凭借其安全、可靠、高效和稳定的优势，不但成为全球航运、航空通信的主要通信系统，而且在陆地各行业的应急通信、广域移动通信、移动目标定位监控和移动目标图像采集高速传输等领域有着广泛的应用，是全球应急管理领域中具有重要地位的卫星通信服务系统。

1. Inmarsat卫星通信系统概述

固定业务卫星通信的发展，尤其是Intelsat(国际通信卫星)系统的发展，使一些靠海的国家产生了利用卫星提供海上通信的想法。因为当时进行海上通信的唯一手段是短波通信，这在某些海域是很难建立通信的，于是在1966年，国际海事咨询组织(IMCO)开始研究海事卫星通信系统的运行要求和潜在优势。1968年IMCO还开始考虑把同一卫星用于航空通信。1973年IMCO召开全会决定在适当时间举行成立Inmarsat的大会，后来在1976年的会议上各国签署成立Inmarsat的协议，但当时并没有现存的卫星或计划中的卫星来提供业务。在IMCO筹建Inmarsat的同时，美国也在积极开发海事卫星通信。1976年2月，他们在大西洋上空发射了Marisat卫星，正式开放海事通信，接着在太平洋和印度洋上空又分别发射了一颗卫星。到1979年末形成第一个覆盖全球的商用海事移动卫星通信系统。

1979年7月16日国际海事卫星组织宣告正式成立，共有28个成员国。后来先后租用美国Marisat、欧洲宇航局和Intelsat的卫星来运营海事卫星通信。1982年形成了以国际海事卫星组织管理的Inmarsat系统，开始提供全球海事卫星通信服务。1985年对公约作修改，决定把航空通信纳入业务之内，1989年又决定把业务从海事扩展到陆地。目前它是唯一的全球海上、空中和陆地商用及遇险安全卫星通信服务的提供者。中国交通部和中国交通通信中心分别代表中国参加了该组织。

作为世界上全球移动卫星系统的唯一运营者，Inmarsat 可以解决几乎所有通信要求的挑战，补充固定和蜂窝网不能覆盖的盲区，克服系统的不兼容性，确保人们在世界的任何地方都有通信手段。优势主要集中在以下几点。

(1)及时、可靠、无干扰、容易使用，在应急需要时能够立竿见影。

(2)全球任何地点、任何时间都能使用，尤其适用于边远地区呼叫城市，是商务旅客、新闻记者、出外专家的好帮手。

(3)保密性好，本身编码及交换结果已极具保密性，透明信道使得终端易于加装保密机。

(4)与全球电信网相连，可通世界各地，且该网对遇险呼叫优先接续。

(5)没有月租费，只按通信时间计费；收话不收费。

(6)便携可移动，能在移动中实现通信，不需基建。

Inmarsat 系统由卫星、固定站(岸站、航站等)、网络协调站和移动站(船站、机站、车载站等)组成，如图 2.18 所示。

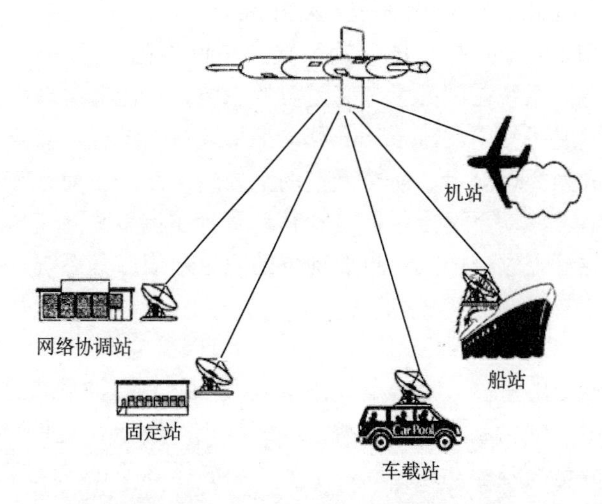

图 2.18　Inmarsat 卫星系统组成示意图

Inmarsat 系统的一系列优点，使得它在我国得到广泛应用，不仅作为地面网的一个有力补充和延伸，与地面系统共同发展，致力于解决偏远地区的移动通信问题，在地面系统覆盖不到的地区得以迅速发展，而且在抢险救灾、行业安全等领域发挥着重要作用，成为应急通信不可缺少的一部分。

下面分别从海事卫星通信系统和 Inmarsat 航空移动系统两方面对 Inmarsat 系统进行详细说明。

2. 海事卫星通信系统

1) 系统组成

海事卫星通信系统由卫星、岸站(CES)、船站(SES)、网络协调站(NCS)组成，如

图 2.19 所示。

(1) 卫星。1997 年 6 月 3 日，Inmarsat-3 第 4 颗卫星发射成功，从而实现了第三代卫星系统的全球覆盖(大约 95%的陆地面积)，四颗主用卫星分别位于大西洋东区(西经 15.5°)、印度洋区(东经 64°)、太平洋区(东经 178°)和大西洋西区(西经 54°)。每颗卫星由相应的遥感、遥测和控制(TT&C)站监控，由伦敦卫星控制中心(SCC)对所有卫星进行监测和集中管理。由于第三代卫星引入了点波束技术，卫星功率集中在地球的某些区域，从而使地面设施功率相对减小，性能得到改善；每颗卫星具有五个高功率的点波束和一个全球波束，采用双极化方式，其功率和容量分别是第二代卫星的 10 倍和 6 倍以上。对于我国来说，位于东经 64° 的印度洋区卫星的东北点波束，可以覆盖全中国，位于东经 178° 的太洋区卫星的西北点波束可以覆盖中国东部。

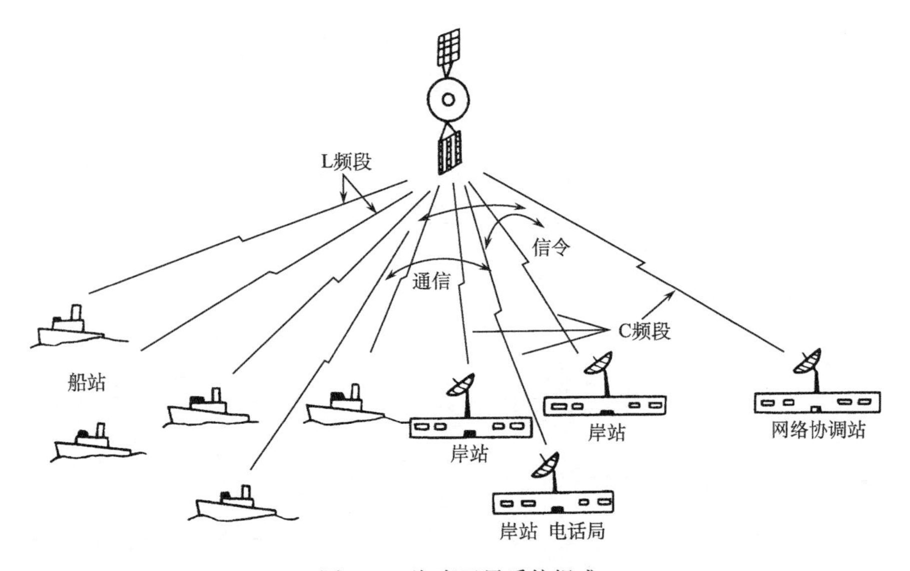

图 2.19　海事卫星系统组成

(2) 岸站。岸站是指设在海岸附近的地球站，归各国主管部门所有，并由其经营。它既是卫星系统与地面系统的接口，又是一个控制和接入中心。其主要功能如下。

①对从船舶或陆地上来的呼叫分配和建立信道。

②信道状态(空闲、正在受理申请、占线等)的监视和排除的管理。

③船站识别码的编排和核对。

④登记呼叫，产生计费信息。

⑤遇难信息的监收。

⑥卫星转发器频率偏差的补偿。

⑦通过卫星的自环测试。

⑧在多岸站运行时的网络控制功能。

⑨对船舶终端进行基本测试，每个海域至少应有一个岸站具备这种功能。

典型的岸站抛物面天线直径为 11～14m。图 2.20 是岸站主要设备框图。岸站是双频段工作方式(C 频段和 L 频段)。C 频段用于话音，L 频段用于用户电报、数据、分配信道。为了实现双频段工作，可采用两种办法。其一是使用单一天线、双极化方式，通常采用具有双频段馈源的抛物面天线，另一种办法是使用两副分开的天线，每个频段用一副。C 频段天线因馈源简化而便宜，L 频段天线则小得多。但这两副天线还必须耦合在一起，以便跟踪卫星[5]。

岸站的射频部分由 C 频段收发子系统、L 频段收发子系统和自动频率控制(AFC)子系统组成。C 频段接收部分由低噪声放大器和下变频器组成。LNA 的噪声温度为 40K，G/T 值等于 32dB/K。下变频器的 70MHz 输出信号被送至 FM 解调器。C 频段发送部分由 HPA 和上变频器组成。HPA 常用 3kW 速调管放大器。AFC 系统能使船站接收信号的频率控制在中心频率的± 230Hz 以内。L 频段收发子系统采用了噪声温度为 220K 的 LNA 和 5W 线性放大器。控制和接收设备也与岸站射频系统接口，并与基带系统装在一起。

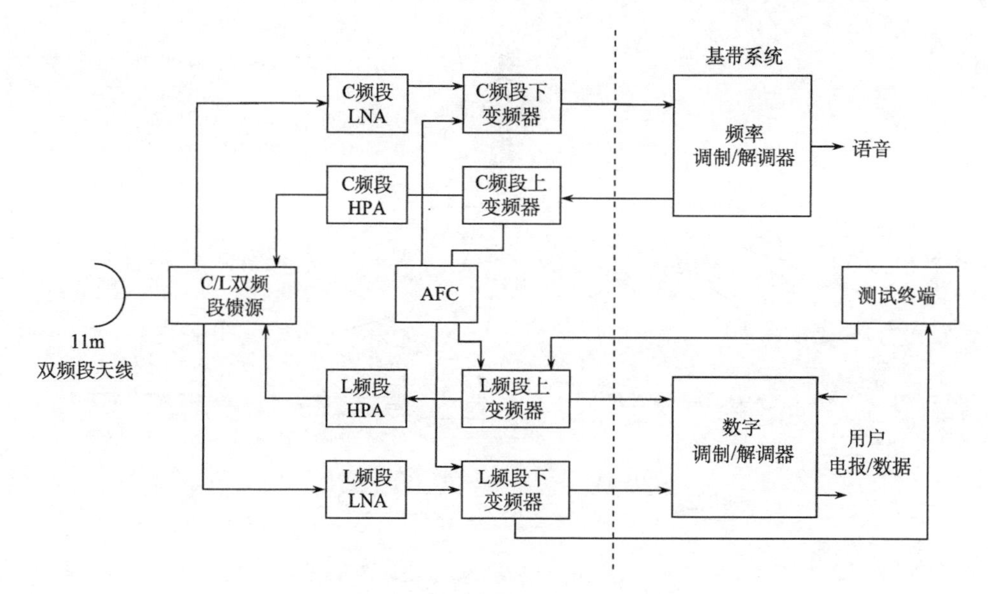

图 2.20　海事卫星岸站主要设备框图

(3) 船站。船站即设在船上的地球站，其组成框图如图 2.21 所示，由室外和室内部分组成。甲板以上的室外部分由天线及其控制机构、大功率放大器、低噪声放大器等组成。为了防止风雨、海水和冰雪的袭击，将上述设备安装在一个硬质天线罩内。室内部分由上下行变频器、调制解调器、信道控制单元、操作监控台及终端设备组成。此外，供电系统及旋转罗盘输出等由船只提供。以上室内外两部分之间的信号传输使用 L 频段系统。甲板上的天线罩通常是一个直径为 1.8m、高 2m 的圆柱半球状，室内通信设备安装在一个标准机舱上。由于船站设备经常在海洋恶劣条件下工作，所以对它的工作环境需给予保障。

船站中较难解决的一个问题是满足船站天线稳定度要求，船站天线必须跟踪卫星，同时还要排除船身移位及船身测滚、纵滚、偏航的影响。

船站的另一个难题是它必须设计得小而轻，使其不影响船的稳定性，或者它可以利用船上现有的设施，同时要设计得有足够带宽，能提供各种通信业务。这两个要求往往是矛盾的。

为此，对船站采取了以下措施。

①选用 L 频段。

②采用 SCPC/FDMA 体制，以及话音激活技术以充分利用转发器带宽。

③卫星采用偶极子碗状阵列天线，使全球波束的边缘地区也有较强的场强。

④采用高功率放大器来弥补天线增益(因天线尺寸小)的不足，使 EIRP 达到 36dBW(A 型站)。

⑤L 波段的各种波导分路和滤波设备广泛采用表面声波(SAW)器件，体积小、重量轻、价格低。

⑥采用四轴陀螺稳定系统来确保天线跟踪卫星。

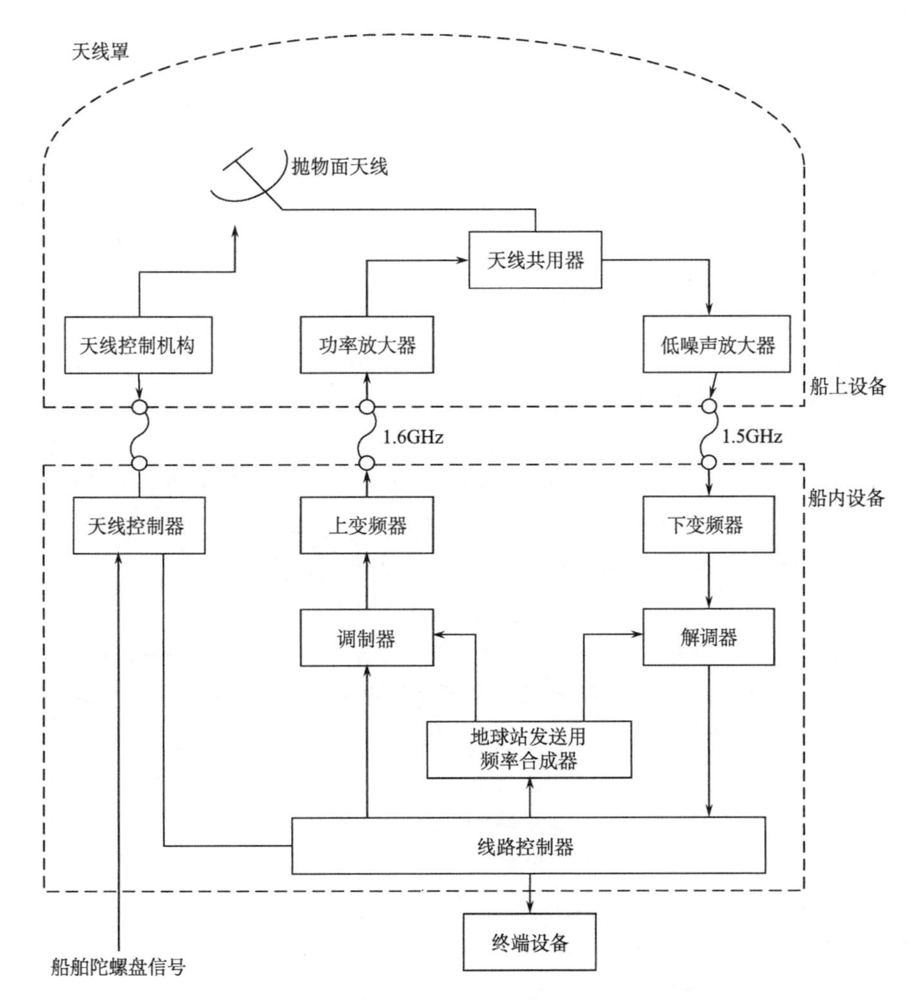

图 2.21　海事卫星船站构成框图

(4) 网络协调站。网络协调站是整个系统的一个重要组成部分。每个海域设一个 NCS。大西洋的 NCS 设在美国的 Southbury，太平洋的设在日本的 Ibaraki，印度洋的设在日本的 Namaguchic。NCS 与任一海岸地球站一样，除执行本站的通信业务外，主要作用是统一管理海域内的全部音频电路和高速数据通信电路，并将其分配给各岸站和船站；对岸站调用电话电路的要求进行卫星电路的分配和控制；管理船舶地球站的占线状态；监视管理音频级电路的使用状态；对于遇险呼救优先分配电路。具体业务和具备的能力有以下几个方面。

①发射包括公共信令信号在内的公共 TDM 时分多路载波。

②管理来自岸站的电报分配消息，并通过公共信令信道传送给船站。这就要求 NCS 具有接收洋区内所有各站发射的 TDM 载波的能力。

③管理网中来自所有岸站的电话电路和高速数据电路中的“要求分配”信息，并通过公共 TDM 载波对电话和高速数据电路进行分配。

④如果一个船站正在和其他站讲话，此时另一用户呼叫它，NCS 就发出一个该站占线的信号。

⑤卫星操作站(SOS)有优先申请权，一旦它呼叫正在联络业务的任何站，NCS 就安排拆除其通话线路，优先给 SOS 接通。

⑥保存电话和高速数据电路的激活表，该表标明岸站和船站所有信道的使用情况。保存申请信道、公共信令信道和电话信道的使用报告。

2)系统工作过程

在 Inmarsat 系统中基本信道类型可分为四类：电话、报文、电报、呼叫申请(船→岸)和呼叫分配(岸→船)。对电话传输，在船→岸和岸→船方向均采用 SCPC-FM 方式。而对电报，则在船→岸方向采用 PSK-TDMA 方式，在岸→船方向采用 TDMA-PSK 方式。在申请信道时，用 PSK 随机接入系统，而分配信道与电报信道采用同一 TDM-PSK 载波。

Inmarsat 系统规定在船站与卫星之间采用 L 频段，岸与卫星之间采用双重频段，数字信道采用 L 频段，调频信道采用 C 频段。因此，对 C 频段来说，船站至卫星的 L 频段信号必须在卫星上变频为 C 频段信号再转发至岸站，反之亦然。

系统内信道的分配和连接受岸站与网络协调站的控制。如果某船站发出呼叫，它先利用随机接入 TDMA 信号在 L 频段申请信道上发出一个呼叫申请信号，该信号被送至相关岸站和网络协调站，经后者的协调，最后通过公共分配信道传令，由岸站分配信道频率，建立电路。如果呼叫由地面某地发出，则该呼叫经岸站被送至网络协调站，岸站选出两个信道频率，要求网络协调站进行分配。最后网络协调站不仅要进行分配，而且要把分配结果通过公共分配信道告诉岸站和船站，以建立电路。如果某船站通过 L 频段申请信道发出用户电报申请，该申请信号也先由岸站接收，并分配一个信道，但必须经网络协调站同意，方可建立电路。如果从某地拍发用户电报，则先由岸站分配信道，然后经网络协调站同意，并由它通知等待连接的船站，建立岸到船 TDM 电报电路。

网络协调站为了完成其功能，必须存储有关整个海域电话信道使用状况的信息，以保证它不仅知道信道活动程度，而且知道每一呼叫的始发点和终结点。因此，这些信息不但可使它控制整个海域，而且包含了话务分析数据，可供将来作规划时使用。在紧急情况下网络协调站还可强行插入正在进行的通话，发送呼救信号。

3. Inmarsat 航空移动系统

利用 Inmarsat 卫星传输飞机乘客电话的第 1 次试验在 1988 年成功之后，进行了小规模的试用，并于 1991 年进入了实用阶段。利用机载的航空地球站(AES)把有关飞机位置、操作状态等数据连续不断地通过卫星传输到地面，实现飞机和空中交通管制人员、自动相关监视(ADS)设备之间的连续可靠的数据通信，对于保障飞行安全正常、提高运营效率、增加经济效益具有重大的现实意义，它是国际民航组织(ICAO)提出的新航行系统的重要组成部分。实现 ICAO 提出的基于卫星的通信、导航、监视 / 空中交通管理(CNS / ATM)系统，每年能为全球航空公司节约大量的运营费用，在提高飞行安全方面能产生无法估量的社会效益。到 1998 年，已经有超过 1500 架飞机安装了 AES。

1) Inmarsat 航空卫星通信系统的组成

航空卫星通信系统如图 2.22 所示。

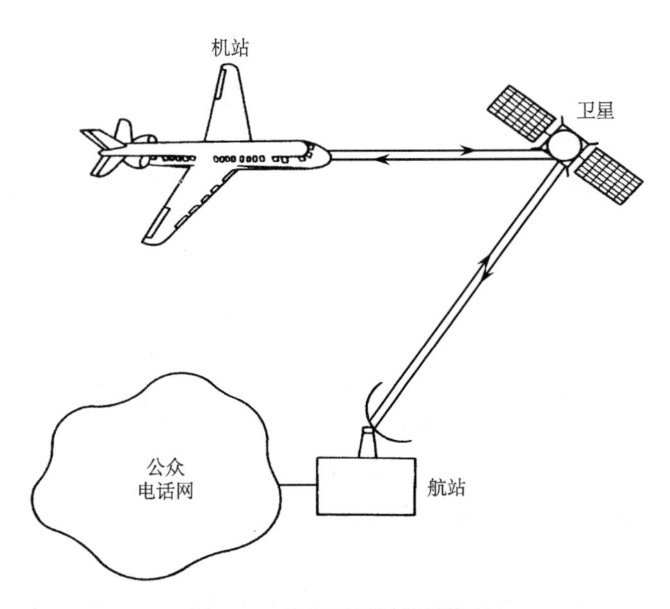

图 2.22　航空卫星通信系统图

图 2.23 所示为 Inmarsat 航空卫星通信系统组成图。它分为初级系统和增强系统两类：初级系统包括卫星、机载站和地面地球站；增强系统包括一个网络协调站，负责协调系统中所有 GES 对信道资源的使用。目前此系统还属于初级系统阶段。

Inmarsat 航空卫星通信系统可提供多种速率的话音和数据业务，如话音、传真、电传、自动相关监视、空中交通管制(ATS)、自动操作控制(AOC)、声音管理系统(AMS)和自适应预测编码(APC)等。数据业务的信道速率可以是 600bit/s、1200bit/s、2400bit/s、4800bit/s、8400bit/s 和 10500bit/s 等。而话音业务的信道速率可以是 6Kbit/s、10.5Kbit/s、21Kbit/s 等。

2) 信道类型

Inmarsat 航空卫星通信系统中，进行业务和信令信息传输的信道主要有以下几种。

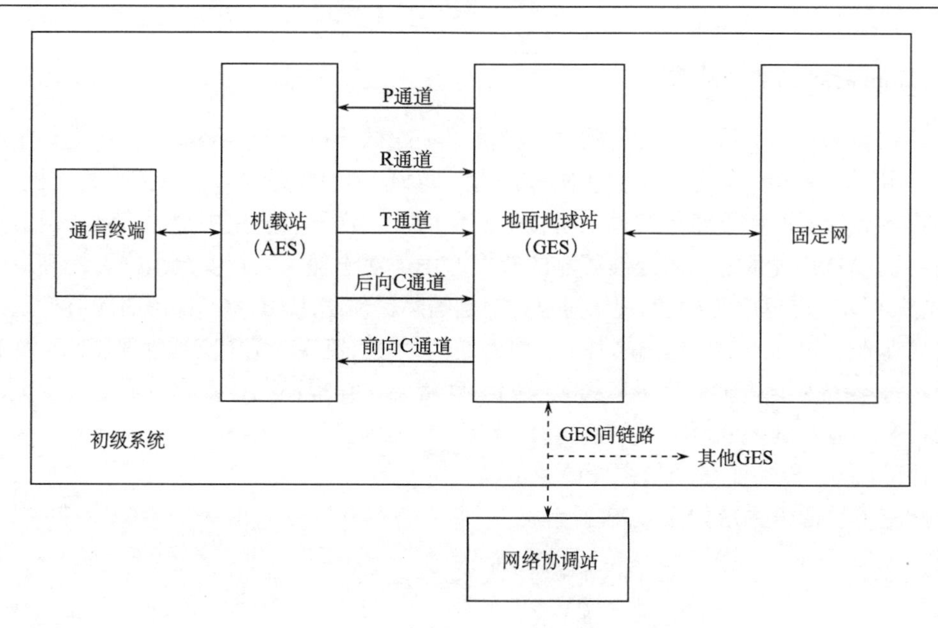

图 2.23　Inmarsat 航空卫星通信系统的组成

(1) P 信道：是一条由 GES 连续发送的前向(GES→AES) TDM 信道，用来传输分组信令和分组数据。它可分为系统管理功能用的 P 信道(记为 P_{smc})和作业信息传输用的 P 信道(记为 P_d)。P_{smc} 和 P_d 可以是同一条信道或不同的信道，信道速率为 600bit/s、1200bit/s、2400bit/s、4800bit/s 和 10500bit/s。信道速率不超过 2.4Kbit/s 的 P 信道采用 DBPSK 调制方式，高于该速率的采用 OQPSK 调制方式。信道采用 1/2 的 FEC。

(2) R 信道：是一条由 AES 以突发方式发送的后向(AES→GES) S-ALOHA 信道，用来传输分组信令和分组数据。R 信道可分为用作系统管理的 R 信道(记为 R_{smc})和用作业务信息传输的 R 信道(记为 R_d)。R_{smc} 和 R_d 可以是同一条信道或不同的信道，信道速率为 600bit/s、1200bit/s、2400bit/s 和 10500bit/s。信道速率不超过 2.4Kbit/s 的 R 信道采用 DBPSK 调制方式，高于该速率的采用 OQPSK 调制方式。信道采用 1/2 的 FEC。

(3) T 信道：是一条由 AES 以突发方式发送的后向(AES→GES)预约 TDMA(R-TDMA)信道，用来传输用户的分组数据。GES 根据 AES 要发送的信息块的长度来分配时隙，AES 只能在分配的时隙内按照优先等级依次发送信息，其发送时隙是根据 P 信道超帧得来的。信道速率为 600bit/s、1200bit/s、2400bit/s 和 10500bit/s。信道速率不超过 2.4Kbit/s 的 T 信道采用 DBPSK 调制方式，高于该速率的采用 OQPSK 调制方式。信道采用 1/2 的 FEC。

(4) C 信道：是一条用在前后向的、采用按申请分配方式的每载波单路(SCPC/DA)信道，用于传输话音、传真和高速数据。GES 根据 AES 的申请进行信道的分配。前向 C 信道采用话音激活方式，后向 C 信道采用连续发送方式。在每条 C 信道中包括一条用于传输带内信令的子带信令信道，其等效信道速率为 576bit/s。C 信道速率为 5.25Kbit/s、6Kbit/s、10.5Kbit/s 和 21Kbit/s，话音采用 9.6Kbit/s 的编码速率，调制方式为 OQPSK。信道速率为 6Kbit/s 和 21Kbit/s 时采用 1/2 的 FEC，其余两种信道速率不采用 FEC。

3) 机载站

AES 是安装在飞机上的小型站，工作在 L 波段。每个 AES 至少应配备 1 个 P 信道的接收机(600bit/s)和 1 个 R 信道发信机(600bit/s 和 1200bit/s)。其他数据信道(P/R/T)和话音信道(C)可根据 AES 的类型及用户要求来配置。Inmarsat 航空卫星通信系统有 3 种 AES 标准，即标准 L(低天线增益，提供低速业务)、标准 H(高天线增益，提供高速业务)和标准 I(中等天线增益，提供中速业务)的 AES，可分别简写为 Aero-L、Aero-H、Aero-I，其中前两个在 1990 年已投入使用，而后一个在 1998 年已投入使用。

(1) Inmarsat 标准 L(AES)：指采用低增益天线的 AES，通常采用安装在飞机机身上方的一元刀形天线，其天线增益大约只有 0dBi，其 G/T 值约为–26dB/K，信息速率最高为 600bit/s，采用 1/2 的 FEC，只能提供实时分组数据业务，主要用于飞机的操作和管理。

(2) Inmarsat 标准 H(AES)：指采用高增益天线的 AES，其天线增益不低于 12dBi，要求的 G/T 值为–13dB/K，最高信息速率为 10.5Kbit/s。其天线有较强的方向性并能有源跟踪卫星，主要有两种形式。较常用的是安装在机身上方的相控阵天线，通过调整各天线移相器的相位来使天线波束指向卫星。为改善飞机低仰角飞行时的天线性能，可在机身两侧各装一副天线。为减小空气阻力，天线安装在一个特殊的天线罩内。以 Ball 航天技术公司的相控阵天线为例，其形状似一块矩形平板，长 0.81m、宽 0.41m、厚 9.5mm。另一种天线形式采用机械结构来跟踪卫星，如 Racal 航空电子公司的四心螺旋天线阵。

除了具有分组数据通信能力(配置 P/R/T 信道)，标准 H 还配备了能收发 6 条 C 信道载波的设备。

(3) Inmarsat 标准 I(AES)：它在 1998 年已投入使用，填补标准 H 和标准 L 之间的间隔。Aero-I 充分利用了 Inmarsat-3 卫星的点波束能力，此标准 AES 的天线增益只有约 6dBi，典型的天线尺寸为长 90cm、宽 5～6cm、高 5～6cm，这使得它可以比早期的 Aero-H 更小、更轻，并更便宜，能更好地满足中短距离民航客机及轻型飞机、货运飞机和军用运输机等的需要。Aero-I 采用了新的编码速率为 4.8Kbit/s 的话音编码器，它具有与 Aero-H 中 9.6Kbit/s 话音编码器同样的话音质量。当飞机处在点波束内时，可以为机组和乘客提供话音与电路交换模式的传真和数据业务；当处在全球波束时，只能提供 600bit/s～4.8Kbit/s 的分组数据业务和应急电话业务。每个 AES 可以最多支持七条信道。

另外，提供低速数据业务的 Inmarsat 标准 C 系统也可以提供飞机使用的 Aero-C 移动站，1998 年已有超过 850 个 Aero-C 终端使用在商用飞机、直升机和军用运输机上。

(4) 地面地球站(GES)：是安装在地面的大型地球站，工作在 C 波段和 L 波段。每个 GES 应至少配备 1 个 P 信道发信机(600bit/s)、4 个 R 信道接收机(600bit/s)和 1 个 P 信道接收机(600bit/s)。其他数据信道(P/H/T)和话音信道(C)可根据 GES 操作者的选择来配置。

航空卫星通信受以下几个因素的限制：带宽限制；机站由于在飞机上，受限于天线尺寸及高功率放大器的功率，因此不能过大；飞机高速运动引起的多普勒效应比海上船只航行时大得多；多径衰落效应比海事系统严重得多，要大 10～20 倍。

为了克服上述限制，在系统中采取了许多技术措施，如通信频率复用来克服带宽限制；采用 C 类高功率放大器来提高 EIRP；采用前向纠错编码、比特交织与偏置调制等办法来去除多普勒效应；使机站天线仰角大于 25° 来减小多径衰落。

(5)系统操作过程：数据通信业务由数据信道(P/R/T)提供。信令和用户数据都格式化为96bit的标准长度信号单元(SU)或152bit的扩展长度信号单元。标准长度信号单元用在P/T/C信道上，扩展长度信号单元只用在R信道上。

话音和传真业务由C信道提供，其呼叫建立信令则由P/R信道传送，随后的信令由C信道上的子带信令信道传送。下面以AES主叫为例谈一下Inmarsat航空卫星通信系统的话音通信工作过程。AES首先通过R信道发送呼叫请求，GES收到后进行信道分配，然后在P信道上广播信道分配信息。AES收到信道分配命令后，便在后向C信道的子带信令信道中发呼叫信息作为测试信号，其中含有被叫号码和信用卡号。这些信息被连续不断地发送，直至收到试呼结束信号或超时。GES收到AES发来的呼叫信息信号单元后，便开始发送测试信号单元，呼叫信息和测试信号均被连续不断地发送，直至AES收到GES发来的试呼结束信号时，便停发呼叫信息，然后AES发电话应答信号单元，之后就可接通主叫和被叫用户，开始正常的双向话音或数据通信。如果超时后AES仍未收到试呼结束信号，则释放信道，关闭载波。当通话结束时，来自AES主叫方的挂机信号将在C子带信道上发出一串信道释放信号，发送完成就关闭载波。GES则监视AES的载波，直到确定它已消失。

4. Inmarsat的BGAN服务

2005年3月11日，Inmarsat第四代卫星中的第一颗在美国卡纳维拉尔角顺利发射升空，这标志着宽带全球局域网(Broadband Global Area Network，BGAN)服务进入了一个全新的开端。整个BGAN系统耗资16亿美元，其中第三颗卫星于2008年8月19日正式发射成功，这标志着海事卫星移动宽带服务实现了全球覆盖。BGAN系统充分响应了通信技术宽带化和个性化发展的潮流，并在实现固定网络、无线移动网络、IP网络和卫星网络的全面融合方面迈出了实质性的步伐。

1)BGAN的主要特性

BGAN具有多方面的业务特性：一是具有多重网络融合的特性，一机在手，即可实现电话、短信、邮件、数据、传真和视频会议等多种业务功能，用户无须携带多种设备，就可以在办公室、行进的汽车中、野外或出国、探险和应急等多种环境下满足信息通信需求；二是具有移动宽带化特性，其提供的各种基于IP的宽带服务，速率最高可达492Kbit/s，可以满足移动多媒体(视频)、移动办公和移动娱乐等多方面的业务需求；三是可以提供各种不同的设备来满足用户对移动网络的个性化趋势的需求。BGAN业务已经具备了3G的全部能力，以高层次应用、高扩展力、高频变的信息与网络服务融入了人们生活的各个层面，率先拉开了宽带移动通信的序幕。

2)BGAN提供的基本业务

BGAN提供的基本业务包括以下两大类。

(1)IP数据业务。IP数据业务具体包括两种：共享型数据业务，数据最高速率可达492Kbit/s，通过轻便的终端即可实现类似ADSL式的全球Internet接入，永远在线连接并按流量计费；流媒体(Streaming Class)IP业务，可确保充裕的宽带。

(2)电路交换业务。电路交换业务具体包括以下几种。

①直播语音：使用压缩技术实现与 GSM 同质量的语音(4Kbit/s)，在室内使用时，主机可以和手柄分离，并具有紧急呼叫功能，支持模拟语音和 IP 数据会议。

②短信：包括与 BGAN 终端间的短信、与 GSM 等移动电话网络间的短信及与 Web 间的短信。

③位置信息服务。

④漫游(与 3G 网络互连)：蜂窝网 SIM 卡可直接在 BGAN 终端使用，可通过手机终端系统计费(SIM 卡兼容)。

⑤预付费业务。

⑥所有的手机附加业务，包括呼叫转移、呼叫等待、呼叫保持、呼叫限制、限制用户组、来电显示、语音信箱和电话会议等。

3) BGAN 的设备

BGAN 终端的设计以轻便易携、功能齐全和便于操作为基本理念，其初期的设备质量为 1～2.2kg，最大的如杂志大小，适合各种专业和商务用户；最小的只有 PDA 大小，特别适合商务旅行和应急管理人员使用。可以说，一台 BGAN 终端在手，即可获得全方位的应急管理通信保障。

4) BGAN 在应急通信中的主要应用

(1) 图像传输业务：BGAN 的宽带数据功能支持高速数据传输，使得网络在全球任何地点、任何时间和条件下传输高质量的图像成为可能，可以轻而易举地实现灾害现场与指挥中心之间的图像实时传输，并可进行视频通信，召开视频会议。

(2) 短信业务：BGAN 提供短信服务，可实现 BGAN 终端之间、BGAN 与公众通信网之间的短信通信，而且短信的形式既可以是文本，也可以是彩信，这对发布灾害预警等信息来说十分方便。

(3) 移动办公和即时数据通信：BGAN 强大的网络和数据通信能力，可让应急管理人员进行移动办公，方便进行数据、语音和图像等大文件的传输，并可进行远程指挥调度，实现信息的共享。

(4) 卫星 IP 电话：在与 BGAN 终端相连的计算机上安装 Skype 等语音软件或外接 VoIP 电话机，陆地端使用网络系统或采用 VoIP 电话机，即可通过 Share IP 业务进行语音通信。该业务也可应用于临时地面网络的建设，使多数用户共享信道。

(5) 共享 IP 节点：BGAN 提供的可共享的宽带 IP 业务可用作 IP 公用节点，满足应急管理作业多人同时上网的要求。

(6) 位置信息服务：BGAN 的短信业务所提供的位置服务具有自定位导航和指挥中心监控功能，可同时提供有关的信息服务内容。如果将 BGAN 的远程图像监控功能与位置服务功能融合使用，则可动态获取应急管理车辆和人员等方面的位置及实时图像信息。

2.3.3　高通量通信卫星

1. 高通量通信卫星的概念

高通量通信卫星的概念于 2008 年由美国航天咨询公司北方天空研究所(NSR)率先

提出，将其定义为“采用多点波束和频率复用技术，在同样频谱资源的条件下，整星的通信容量(简称通量)是传统固定通信卫星(FSS)数倍的卫星”。高通量通信卫星概念由宽带卫星演化而来，但与它有所区别。宽带卫星以“运行在 Ka 频段、大容量、提供宽带互联网接入”为特点，开辟了卫星互联网接入的新业务，因此称为“宽带”。如今，产业界对于高通量通信卫星的概念逐渐达成共识，即“高通量通信卫星是以点波束和频率复用为标志，可以运行在任何频段，通量有大有小，取决于分配的频谱和频率复用次数，可以提供固定、广播和移动等各类商业卫星通信服务的一类卫星系统”。

高通量通信卫星最基本的特征是多点波束和频率复用。对比传统固定通信卫星的宽波束，点波束的覆盖范围仅为 300～700km，宽波束的覆盖范围在 2000km 左右。采用点波束的通信卫星的优势在于通过减小天线波束的孔径角，提高卫星天线的增益，实现不同波束之间频率的复用，提高卫星系统的通量。

一直以来，卫星运营商大多选择部署地球静止轨道(GEO)卫星，率先进行技术和市场验证，之后增加卫星数量以扩展业务能力。如今，越来越多的商业航天企业计划部署中低轨卫星星座，寻求全球范围内的服务能力。例如，欧洲的“另外三十亿人”网络公司(O3b Networks)部署中轨星座系统，美国的一网公司(ONEWEB)、太空探索技术公司(Space X)和低轨卫星公司(LeoSat)计划部署低地球轨道(LEO)卫星星座系统。

2. 国外典型中低轨高通量星座系统

从 2004 年首颗高通量卫星发射以来，截至 2016 年底，国外共计发射了 56 颗高通量卫星，其中 GEO 卫星占绝大多数，为 44 颗，还有 28 颗 GEO 高通量卫星在研。高通量卫星中低轨星座部署目前只有 O3b 星座，在轨 12 颗卫星，并有 8 颗卫星在研，O3b Networks 公司表示 2016 年还将新增 44 颗卫星。此外，一网公司、太空探索技术公司、加拿大电信卫星公司(Tele Sat)、低轨卫星公司等运营商计划部署低轨高通量卫星星座，在研卫星数量达到上千颗。

欧洲 O3b 卫星系统是目前全球唯一在轨的高通量星座系统，运行在中圆轨道(MEO)，轨道高度 8072km，倾角 0.03°，周期 287.93min，地面站单颗卫星的可见时间约 45min，为全球 45°(S)～45°(N)的区域提供高通量卫星通信服务，扩展服务的覆盖范围为 62°(S)～62°(N)。O3b 卫星系统目前由 12 颗 MEO 卫星组网，其中 10 颗工作星，2 颗在轨备份星，工作在 Ka 频段。2015 年，又额外签订了 8 颗卫星订单，预计 2018 年发射，主要用于增加在轨容量，提高保密性，降低干扰。2016 年，O3b 公司向美国联邦通信委员会(FCC)申请了 3 个星座的许可：第一个申请是对现有 8 颗新增 O3b 卫星的申请，O3b 公司希望将 8 颗改为 12 颗卫星；第二个申请是希望发展一个由最多 24 颗 Ka 频段卫星组成的星座，称为 O3bN，同样运行在 MEO 轨道；第三个申请是发展一个由最多 16 颗 Ka 频段卫星组成的星座，运行在倾斜轨道和轨道高度为 8062km、倾角为 70°的轨道。该星座称为 O3bI，将会位于两个轨道面，每个轨道面有 8 颗卫星。O3bI 星座将会把当前 63°(S)～63°(N)的覆盖服务扩展到全球覆盖。O3b 卫星采用“扩展寿命平台”(EliTeBUS)，该平台继承自“全球星”(Globalstar)二代卫星。O3b 卫星发射质量约 700kg，设计寿命 10 年，功率 15kW。卫星采用透明转发有效载荷，载有 12 台 Ka 频段转发器，带宽最高可达 20MHz。星上载有 12 副天线，其中 10 副天线用于用户波束，2 副天线用于信关站波束，波束尺寸 720km。卫星采用灵活有效的载荷设计，每个波束均为可移动波束，单个波束既可以分别覆盖不同的服务区域，也可以叠加在一起，用于同一覆盖地区获得更高的容量，O3b 卫星单个用户波束前向和反向链路的带宽各为 216MHz，总带宽为 432MHz，单个波束的容量最高可扩展至 1.6Gbit/s。O3b 卫星采用有效载荷，支持同一波束内的“环回”(Loopback)。同一波束覆盖内用户之间可以实现单跳通信，用户可以部署任意的地面平台，并且能够选择适合的网络拓扑(如星状网、网状网、分布式星状网)。卫星采用开放的系统架构，使用户可以按需选择数据速率和网络容量，以及网速共享或专享的使用方式。O3b 卫星还支持不同波束间的“铰链”(Crosslinked)，即同一卫星间不同波束间的单跳通信。1 颗 O3b 卫星最多可支持 4 个波束间的铰链，对于系统的军事应用意义重大。军用终端可以绕过 O3b 公司的信关站与军用信关站直接通信，保证通信的安全性。

O3b 系统主要面向集团级用户，提供干线传输和蜂窝电话回程、企业网络和海事业务，未来还将提供军用卫星通信业务。O3b 公司提供的干线传输服务下行速率 650Mbit/s，上行速率 600Mbit/s，终端天线口径 4m；蜂窝电话回程服务下行速率 20Mbit/s，终端天线口径 1.8m；海事服务下行速率 400Mbit/s，上行速率 150Mbit/s，终端天线口径 1.2m。

其他在研的低轨星座继 O3b 星座之后，涌现了多个卫星星座计划在研。一网公司计划部署一个低轨高通量卫星(LEO-HTS)系统，由 650 颗工作星组成，容量约 5Tbit/s，运行在 Ku 频段，为偏远地区提供互联网接入服务和个人消费类服务；低轨卫星公司关注企业级通信服务，计划为大型通信、能源企业提供服务；太空探索技术公司计划发射 4425 颗卫星，为消费者、企业和政府机构提供宽带与通信服务。此外，加拿大电信卫星公司、空间诺威公司(Space Norway)、开普勒通信公司(Kepler)也宣布了类似的星座计划。这些低轨星座大多将在 2020 年前完成部署。其中，只有一网公司获得了国际电信联盟(ITU)的频率轨位授权。根据国际电信联盟的要求，2020 年前将会完成星座部署，2016 年，一网公司和空客防务与航天公司(ADS)合作，在美国建立卫星制造工厂，首批 10 颗卫星在法国研制，之后的卫星均在美国的工厂完成。其他星座系统目前还在进行频率轨位协调。

3. 中国首颗高通量通信卫星(HTS)——实践 13 号

2017 年 4 月 12 日，中国首颗高通量通信卫星(HTS)——实践 13 号由长征三号乙运载火箭成功发射入轨。该卫星采用了 Ka 频段、激光通信和电推进等一系列新技术，具有较高的性能。这是长征三号乙运载火箭的第 43 次发射。2018 年，中国还将发射首颗采用新一代大容量试验卫星平台东方红 5 的实践 18 号通信卫星、首颗国产电视直播卫星中星 9A 号和中星 6C 号通信卫星等 5 颗通信卫星，从而掀起中国通信卫星发射的新高潮。

实践 13 号卫星工程于 2013 年 4 月 27 日由国家国防科技工业局(简称国防科工局)与财政部联合批复立项，是一颗验证东方红 3B 卫星平台和载荷等新技术的高轨技术试验卫星。卫星的设计寿命 15 年，起飞质量 4600kg，定点于地球同步轨道(GSO)110.5°(E)，见图 2.24。

图 2.24 实践 13 号高通量卫星

1) 实践 13 号卫星在国内高轨卫星领域创造了多个“第一”

第一颗采用全配置东方红 3B 卫星平台的卫星，该卫星平台包括综合电子分系统、测控分系统、供配电分系统、控制分系统、化学推进分系统、电推进分系统、结构分系统和热控分系统，将实现我国卫星平台技术水平跨越式提升。

第一颗采用电推进技术的高轨卫星，无须消耗化学推进剂即可完成全寿命期内南北位保任务，这对于我国高轨卫星来说具有革命性的技术突破，卫星承载能力显著提升。

第一次在我国通信卫星上应用 Ka 频段多波束宽带通信系统，通信总容量超过 20Gbit/s，它将引领我国高通量卫星通信技术的发展。

第一次在我国高轨卫星上搭载激光通信系统。

第一次在我国高轨道长寿命通信卫星上 100%工程化应用国产化产品，改变了相关产品长期依赖进口的局面。

第一次在我国卫星上把技术试验和示范应用相结合。作为我国首颗 Ka 宽带通信卫星，实践 13 号卫星在完成东方红 3B 卫星平台和载荷新技术一系列在轨试验验证后，卫星将纳入“中星”卫星系列，命名为中星 16 号卫星，开展 Ka 频段宽带通信系统的试验应用，提供双向宽带通信运营服务。这样可加速科研成果的应用转化，既满足了新技术在轨试验的目的，又满足了载荷示范应用的要求，提高了工程综合效益。

实践 13 号/中星 16 号卫星有 26 个用户点波束，总体覆盖我国除西北、东北的大部分陆地和近海近 200km 海域。用户终端可以方便快速地接入网络，下载和回传速率最高分别达到 150Mbit/s 和 12Mbit/s，实现了真正意义上的卫星宽带通信应用，填补了我国在该领域的技术空白。

实践 13 号/中星 16 号卫星通信系统空间段卫星资源、地面段网络系统及业务运营系统采用了天地一体化设计，以及卫星网络与地面网络的互联互通，所以用户无须建设主站，仅需购买终端站就可使用宽带卫星服务，终端站通过卫星的用户波束接入所属信关站，这就为用户节省了网络建设的投资。系统可支持宽带接入、基站回传、视频内容分发、视频新闻采集、机载/船载/车载通信、企业联网、应急通信等方面的应用；除支持固定终端外，该卫星还支持机载、车载和船载等移动终端的应用，能够实现跨波束自动无缝切换。其 3 个信关站可支持 30 万部终端接入，并可扩展至百万量级。

实践 13 号/中星 16 号卫星工程由卫星、火箭、发射场、测控、运控和试验应用六大系统组成。国防科工局负责工程组织实施管理和大总体协调，战略支援部队航天系统部负责卫星测控和发射，中国空间技术研究院、中国运载火箭技术研究院分别负责实践 13 号/中星 16 号卫星、长征三号乙火箭的生产研制，中国卫星通信集团有限公司负责卫星运行管理、试验应用系统以及河北怀来站、喀什站的建设，并牵头组织平台和试验项目的在轨考核，哈尔滨工业大学承担星地激光链路试验研究，负责河北涞水激光通信地面站的建设。

2) 高通量通信卫星的特点

(1) 新卫星平台亮相。实践 13 号/中星 16 号卫星是采用全配置东方红 3B 卫星平台的首发星。作为东方红 3 卫星平台的改进型，东方红 3B 卫星平台是我国研制的最新一代中等容量通信卫星平台，它采用了综合电子、电推进、高效热控和锂离子蓄电池等先进技术，使卫星平台技术水平得到跨越式发展。这些技术可推广应用至其他平台，有效促进了卫星平台能力提升。

(2) 电推进工程应用。实践 13 号/中星 16 号是我国首颗电推进工程化应用的卫星。卫星采用的电推进分系统选用了中国空间技术研究院下属兰州空间技术物理研究所研制的 LIPS-200 氙离子电推进系统，用于执行卫星在轨的南北位置保持任务。卫星在轨寿命为 15 年。该卫星的研发标志着我国新一代航天电推进技术跻身世界一流，将为我国高轨卫星带来革命性技术突破，为未来我国“全电推”卫星平台的应用奠定坚实的基础。

电推进系统的优点是比化学推进系统的推进效率高 10 倍左右，具有比冲高、省燃料、振动小、寿命长、较安全和综合性能好等一系列优点。所以，采用电推进系统的卫星比采用化学推进系统的卫星，在完成同样任务时所需的推进剂少得多，这样就可以显著降低发射质量，从而大幅降低发射成本；或明显增加卫星上的有效载荷数量，从而提高商业竞争力；或大大增加推进剂携带量，从而延长卫星的使用寿命。过去，1 颗卫星维持 15 年的寿命周期需要 675kg 化学燃料，而使用离子电推进后仅需 90kg。

(3) 卫星通信容量大。由于首次搭载了 Ka 频段通信载荷，实践 13 号/中星 16 号的通信总容量达到 20Gbit/s，超过了之前我国研制的所有通信卫星容量的总和。这是我国卫星通信进入高通量时代的标志，真正意义上实现了自主通信卫星的宽带应用，将填补我国在该领域的空白，也会对我国卫星通信产业的发展起到极大的促进作用。

实践 13 号/中星 16 号是国内迄今容量最大的宽带卫星，能够覆盖我国除西北、东北的大部分陆地和近海百千米以上海域。地面无线网络信号覆盖不到或光缆宽带接入达不到的地方，都可以通过实践 13 号/中星 16 号卫星方便地接入网络。通过实践 13 号/中星

16 号卫星，机载终端可支持高达 400Mbit/s 的下载速率，而用传统手段，整架飞机只能获得 10Mbit/s 的网速。列车上网也是如此，4G 基站能为高速行驶的整列火车提供不足 10Mbit/s 的下载速率，实践 13 号/中星 16 号卫星可提供破百兆比特的下载速率。

随着互联网应用的日益普及、卫星通信带宽需求的不断扩大，以及传统 C、Ku 频段轨位和频率资源的日趋稀缺，卫星通信向 Ka 频段宽带方向发展就成为一个必然的趋势。Ka 频段卫星通信的特点是频带宽、容量大、资源多、覆盖广、成本低、增益大、终端小等，其系统容量是传统通信卫星的数十倍，因此，可广泛用于高速卫星通信、千兆比特级宽带数字传输、高清晰度电视、卫星新闻采集、VSAT 业务、直接到户业务及个人卫星通信等新业务。

(4) 高轨道激光通信。实践 13 号/中星 16 号是我国首次在地球同步轨道卫星上开展对地高速激光通信技术试验的卫星。卫星激光通信具有通信容量大、传输距离远、保密性好等优点，在高速空间信息网络数据传输方面具有不可替代的作用，是国际科技竞争的重要战略高地。此前，我国曾在海洋-2 上开展过低轨卫星与地面激光通信试验。这次在实践 13 号/中星 16 号卫星上开展高轨卫星与地面的双向激光技术通信，速率可最高达到 2.4Gbit/s，试验成功后，将标志着我国在该领域的研究达到国际先进水平。

卫星激光通信的信息传输能力远大于微波卫星通信，能够有效解决现代卫星技术发展所带来的数据传输瓶颈问题，使卫星具有前所未有的信息传输能力。

(5) 实现无缝“动中通”。实践 13 号/中星 16 号卫星可以助力运营商实现无缝“动中通”。“动中通”是指车辆、轮船、飞机等移动载体在运动过程中的卫星通信保障。据统计，我国平均每天的飞机乘客超过 120 万人，平均每天的铁路客运量达到 760 万人，但乘客的上网体验却非常不佳：飞机机舱内无法上网，高铁列车上手机信号时断时续，游轮驶离港口后变成信息孤岛，乘客随时随地上网的需求长期得不到满足。以上问题是由于地面移动网络无法实现全面覆盖，或即使能覆盖，但跨越不同区域导致切换过于频繁，难以为高速交通工具提供服务。由于实践 13 号/中星 16 号卫星采用天地一体化设计理念，其中一项重要业务就是提供高速“动中通”，通过多波束无缝切换配合机载、车载或船载终端的自动跟踪捕获功能，可以为航空、航运、铁路等各类交通工具上的乘客联通世界，有效改善上网体验。

(6) 用户终端尺寸小。由于实践 13 号/中星 16 号卫星搭载了频率更高的 Ka 频段通信载荷，所以它不仅容量大，可传送高清视频，而且可使卫星的用户终端小，容易装备、携带和使用，还有就是无须单独建网，性价比高。

我国有超过 6000 万人参与徒步、登山、越野、骑行、海钓、自驾游等户外项目，但因为户外地区通信信号差甚至完全没有信号，每月有近千起迷路或失联事件发生。更重要的是，当发生地震、水灾、海啸等应急突发事件时，一旦地面固定和移动通信业务发生损毁或瘫痪，就无法与外界取得联系，不能及时、快速、准确地传递灾情信息，导致不可挽回的生命和财产损失。采用 Ka 频段通信的实践 13 号/中星 16 号卫星，有效缩小了用户终端天线尺寸，非常便于携带。所以，无论户外游客还是受灾民众，配备了这种用户终端后都可以随时与卫星建立语音、数据和视频的传输，把途中或灾区的情况第一时间传递出去，为展开救援提供通信保障，将损失降至最小，发挥“应急通信”的关键作用。非常期待中国生产的卫星电话的面世。

(7) 国产化水平高。实践 13 号/中星 16 号卫星的国产化水平在我国高轨长寿命通信卫星中达到了新的高度，首次实现了 100V 电源控制器(PCU)、动量轮、地球敏感器、Ka 频段宽带接收机和多功能组件等国产化产品的工程应用，改变了相关产品长期依赖进口的局面，关键核心单机实现自主可控，平台产品国产化率达到 100%。这对推动我国商用卫星国产化进程，对我国后续卫星载荷技术发展起到至关重要的作用。

该卫星在国内高轨卫星领域首次采用了多口径多波束天线、固面反射器高形面精度控制等一系列先进技术，并且首次将空间技术试验和示范应用相结合，提供双向宽带通信示范化运营服务。

4. 高通量通信卫星的前景

经过 40 多年的发展，我国通信卫星的研制与应用取得了较大的成就，但与欧美等相比，在卫星技术水平、产业规模等方面还有较大差距。例如，国内民商通信卫星多为传统的 C、Ku 频段转发器，容量有限；通信卫星平台整星功率及有效载荷功率与国际先进水平差距明显；在宽带多媒体通信卫星、移动多媒体广播等新领域的应用尚属空白等。为了进一步推动我国通信卫星技术及产业的发展，后续我国将积极推进以下工作。

加快新一代大容量卫星公用平台——东方红-5 卫星平台的研制。为进一步提升我国通信卫星技术水平和国际竞争力，2015 年，国防科工局联合财政部批复了新一代大容量通信卫星公用平台——东方红-5 卫星平台的攻关立项，该卫星平台是我国第 5 代通信卫星平台，整星输出功率为 28kW，有效载荷质量 1500kg，有效载荷功率 18kW(可承载 120 台通信转发器)，卫星平台设计寿命 16 年，主要性能指标超过目前现役的国际主流卫星平台。

推进国家民用空间基础设施的实施。2015 年，国务院正式批准了《国家民用空间基础设施中长期发展规划(2015—2025 年)》(简称《规划》)。按照《规划》安排，至“十四五”，我国将新增建设 22 颗通信广播卫星，其中全新研制的通信卫星有 5 颗，包括 L 频段移动多媒体广播卫星、大容量宽带通信卫星、超大容量宽带通信卫星、高承载比宽带通信卫星、全球移动通信星座科研星等。例如，超大容量宽带通信卫星主要用于满足教育部提出的远程教育容量需求，同时兼顾远程医疗、应急救灾等公益应用，并牵引个人和企业宽带多媒体接入等商业应用，采用东方红-5 卫星平台，整星容量超过 100Gbit/s，达到国际宽带卫星领先水平，对于促进我国宽带卫星技术进步和产业发展以及推动国际宽带卫星市场开拓具有重大意义。

启动天地一体化信息网络重大科技工程建设。天地一体化信息网络工程是国家面向 2030 年科技创新，新一轮启动的重大工程之一。该工程按照“天基组网、地网跨带、天地互联”的思路，以地面网络为依托、天基网络为拓展、天地一体化为手段，通过天基骨干节点、天基接入节点及地面骨干节点构成全球覆盖的天地一体化网络。计划于 2020 年左右完成典型示范，2025 年前实现有效应用，2030 年前实现全面服务。其中，天基接入点主要采用政府主导，积极吸纳社会和商业资本，新增建设我国全球低轨移动卫星通信星座系统。该工程建设完成后，将大幅提升我国卫星通信服务能力，并推动我国电信服务网络向全球服务的转型升级。

从总体上看，当前和今后一段时期是我国卫星通信产业实现跨越发展的机遇期。国家有关部门也相继出台了一系列政策，鼓励和支持商业航天发展，尤其是2016年国防科工局联合国家发展和改革委员会正式印发了《关于加快推进"一带一路"空间信息走廊建设与应用的指导意见》，明确提出"鼓励企业参与投资建设和合作运营通信卫星电信港"。中国有句古话叫"众人拾柴火焰高"，我国通信卫星事业的发展离不开政府和企业的参与，更离不开全社会的支持。政府做好政策保障的同时，也需要企业和社会各界积极推动。如何充分发挥企业的主体作用，搭建更好的平台，也是后续工作的重点。

2.3.4 北斗卫星导航系统

1. 北斗卫星导航系统概述

中国北斗卫星导航系统(BeiDou Navigation Satellite System，BDS)是中国自行研制的全球卫星导航系统，是继美国全球定位系统、俄罗斯格洛纳斯卫星导航系统(GLONASS)之后第三个成熟的卫星导航系统。

北斗卫星导航系统的方案于1983年提出，并制定了三步走的战略规划。

第一步是建成北斗一代全天候区域性的卫星定位系统，为用户提供快速定位、简短数字报文通信和授时服务。目前中国分别于2000年10月31日、2000年12月21日、2003年5月25日及2007年2月3日发射了四颗北斗一代导航卫星，组成了完整的卫星导航定位系统，确保全天候、全天时提供卫星导航信息。

第二步是到2012年建成覆盖亚太区域的北斗二代区域导航定位系统，目前中国共发射了16颗北斗二代导航卫星，其中14颗卫星顺利组成由5颗静止轨道卫星、5颗倾斜地球同步轨道卫星和4颗中地球轨道卫星组成的导航网络。2012年12月27日，中国发布了《北斗系统空间信号接口控制文件正式版1.0》，正式开始为亚太地区的用户提供无源定位、导航、授时等各项北斗导航业务。2013年12月27日，在国务院新闻办公室召开的北斗卫星导航系统正式提供区域服务一周年新闻发布会上，又发布了《北斗系统公开服务性能规范(1.0版)》和《北斗系统空间信号接口控制文件(2.0版)》两个系统文件，标志着中国北斗卫星导航系统开始走向成熟的应用阶段。

第三步是到2020年建成由5颗地球静止轨道和30颗地球非静止轨道卫星组网而成的全球卫星导航系统，提供全球的卫星导航、定位和授时服务。目前中国正处于第三步战略规划的快速建设过程中[6]。

经过多年的建设，目前的北斗卫星导航系统已经初具规模，并开始为亚太区域的用户提供区域无源定位、导航、授时等各项业务，为战时中国的经济和国防安全提供了有效保障。随着北斗卫星导航系统的进一步建设和发展完善，北斗卫星导航系统的性能和可靠性将得到进一步的提升，并日益深入人们生活和国防建设的方方面面，发挥其巨大的影响力。

北斗卫星导航系统主要有以下几个特点。

(1)开放性。北斗卫星导航系统的建设、发展和应用将对全世界开放，为全球用户提供高质量的免费服务，积极与世界各国开展广泛而深入的交流与合作，促进各卫星导航系统间的兼容与互操作，推动卫星导航技术与产业的发展。

(2) 自主性。中国将自主建设和运行北斗卫星导航系统，北斗卫星导航系统可独立为全球用户提供服务。

(3) 三频信号。北斗使用的是三频信号，GPS 使用的是双频信号，这是北斗的后发优势。三频信号可以更好地消除高阶电离层延迟影响，提高定位可靠性，增强数据预处理能力，大大提高模糊度的固定效率。而且如果一个频率信号出现问题，可使用传统方法利用另外两个频率进行定位，提高了定位的可靠性和抗干扰能力。北斗是全球第一个提供三频信号服务的卫星导航系统。

(4) 有源定位及无源定位。有源定位就是接收机自己需要发射信息与卫星通信，无源定位不需要。有源定位技术只要两颗卫星就可以完成定位，但需要信息中心数字高程模型(DEM)数据库支持并参与解算。

(5) 短报文通信服务。正是基于这个功能，北斗非常适合用于短信应急通信，且这个功能为中国独有。

(6) 境内监控。卫星定位系统一般由三部分组成：空间星座部分、地面监控部分和用户接收机部分。其中，地面监控部分又由三部分组成：监控站、主控站、注入站。

2. BDS 的基本原理

1) BDS 的组成

北斗卫星导航系统是我国自主建设、独立运行，并与世界其他卫星导航系统兼容共用的全球卫星导航系统，其空间星座由三部分组成，即空间站、地面站和用户终端。全部建设完成后空间站将由 5 颗 GEO 卫星、27 颗 MEO 卫星和 3 颗倾斜地球同步轨道(IGSO)共 35 颗卫星组成。而地面站则由主控站、注入站和监测站等对整个系统进行控制和监测的若干个地面站点组成。用户终端用来从导航卫星获取位置信息，并给用户提供定位、导航和授时等各项服务的终端。截至目前，北斗卫星导航系统在轨工作卫星有 14 颗，包括 5 颗 GEO 卫星、4 颗 MEO 卫星和 5 颗 IGSO 卫星，可为中国及周边地区提供定位、授时及短报文通信(需授权)服务。性能稳定，使用方便，具有覆盖范围广、组网灵活、不易受环境影响等优势，因而也适用于灾后应急通信。

(1) 定位。北斗卫星导航系统可向公众提供标准定位和广域增强定位两种服务，其中标准定位服务精度优于 10m；通过北斗 GEO 播发广域增强信息(轨道/钟差/电离层延迟)提供广域增强服务，其定位精度优于 1m，可广泛用于灾害地点、救援人员、救灾物资等的位置定位。

(2) 授时。北斗卫星导航系统可提供优于 20ns 的精密授时服务，基于北斗精密授时功能，可为电网电力传输与分配、金融系统运行交易、通信基站信息传输等提供精确的时间同步服务，北斗与其他卫星导航系统的兼容特性可为用户授时需求提供互备保障，确保系统安全稳定地运行。

(3) 短报文通信。北斗卫星导航系统还可向用户提供短报文双向通信服务(需授权)，可实现在基础通信设施遭到破坏的情形下的无缝通信连接，满足减灾救灾过程的应急通信需求，实现灾情、指挥调度、位置等信息的传输。

2）BDS 的工作原理

北斗卫星导航系统的基本工作原理是：空间站部分的各个卫星不间断地向地球发射广播信号，地面站通过接收卫星发射的信号并进行处理后确定各个卫星的运行轨迹，并将其反馈回卫星，加入卫星发射的广播信号中；用户终端接收多个卫星的广播信号后可以获得多个卫星的轨道信息，通过计算即可获得接收者本身的空间地理位置，并可以同时得到卫星原子钟时间，完成定位、导航和授时功能。

北斗卫星导航系统计划使用三个频段(B1、B2 和 B3)播发导航信号，为全球用户提供高质量的定位、导航和授时服务。其提供的服务可分为开放服务和授权服务两种，开放服务向全球用户免费提供定位、测速和授时服务，定位精度可以达到 20m，测速精度为 0.2m /s，授时精度为 10ns。而授权服务则是为有高精度、高可靠导航需求的用户提供定位、测速、授时和通信等服务。B1 频段用来提供开放服务，其中心频率为 1561.098MHz，使用伪码速率为 2.046Mcps(码片速率 chips per second)的 QPSK 载波调制方式，码片长度为 2046。B2 频段通过同时发射彼此正交的开放服务信号(I 路)和授权服务信号(Q 路)达到同时提供开放服务和授权服务的目的。由于 I 路采用速率为 2.046Mcps 的普通精度伪码，而 Q 路采用速率为 10.23Mcps 的高精度伪码，因此可以达到不同的定位精度。B2 频段的中心频率为 1207.14MHz，载波调制方式均为 QPSK。B3 频段只用来提供军用授权信号，其中心频率为 1268.52MHz，采用伪码速率为 10.23Mcps 的 QPSK 载波调制方式。

3）BDS 的工作流程

BDS 的基本工作流程是：首先由中心控制系统向卫星 S1 和卫星 S2 同时发送询问信号，经卫星转发器向服务区内的用户广播。用户响应其中一颗卫星的询问信号，并同时向两颗卫星发送响应信号，经卫星转发回中心控制系统。中心控制系统接收并解调用户发来的信号，然后根据用户的申请服务内容进行相应的数据处理。对于定位申请，中心控制系统测出两个时间延迟，即从中心控制系统发出询问信号，经某一颗卫星转发到达用户，用户发出定位响应信号，经同一颗卫星转发回中心控制系统的延迟，并从中心控制系统发出询问信号，经上述同一卫星到达用户，用户发出响应信号，经另一颗卫星转发回中心控制系统的延迟。由于中心控制系统和两颗卫星的位置均是已知的，因此由上面两个延迟量可以算出用户到第 1 颗卫星的距离，以及用户到两颗卫星距离之和，从而知道用户处于一个以第 1 颗卫星为球心的球面和以两颗卫星为焦点的椭球面之间的交线上。另外中心控制系统从存储在计算机内的数字化地形图查询到用户高程值，又可知道用户处于某一与地球基准椭球面平行的椭球面上。从而中心控制系统可最终计算出用户所在点的三维坐标，这个坐标经加密由出站信号发送给用户。

4）BDS 的技术实现方案

北斗卫星导航应急通信指挥系统集定位、导航、短报文通信功能于一体，由北斗系统、应急中心的指挥型用户机以及短报文指挥调度和 GIS 软件、数据库系统、应急现场的北斗手持式用户机、车载式用户机等组成。在应急通信现场，为相关应急通信人员配备成熟的单兵设备、车载设备，为参与现场抢险的救援车配备车载机，完成对现场单兵人员和应急抢险车辆的定位、导航和短信应急通信功能，在现场应急接入设备中内置北斗导航模块，完成现场设备对定位功能和短信收发功能的实现。

在应急中心通信设备上，通过配置基于北斗导航的指挥型用户机设备，并在应急指挥台上开发基于北斗导航系统的具有定位、导航功能的 GIS 软件和 SMS 短报文指挥调度等软件模块，也可以结合原有的应急通信有线、无线、3G、卫星等传输网络来完成应急现场与应急中心一体的应急定位、导航功能，增加北斗导航系统所独有的短信息实时调度功能。

基于北斗通信功能的短报文指挥调度界面，显示所属各用户终端上传的短报文信息，并对单个用户或用户群下发指挥调度信息及其他通播信息。可实现点对点通信、组播通信、实时短信接收、通信查询、预置电文等功能。

应急中心建立基于北斗定位导航系统的应急 GIS 信息平台，通信平台和 GIS 信息平台可以起到相辅相成的作用，共同为现场抢险救援工作保驾护航。GIS 平台可显示应急救援现场详细地图、救援人员、救援车辆等分布信息；可根据应急现场需要，生成导航路径；可根据北斗终端的定位信息显示不同报警状态；可实现对地图进行放大、缩小、查看等功能；具有距离量算功能等。

(1) 北斗通信模块。北斗卫星导航应急通信终端输入需要发送的北斗短信息，然后通过 RS-232 标准串口传输给北斗接收发射机，然后北斗接收发射机通过卫星发送给地面控制中心。北斗通信分为 3 个步骤。

①通过导航终端发送通信申请，其信号加密后通过卫星转发到地面控制中心站。

②控制中心站接收通信申请信号，并将获得的信号解密然后再加密，最后发送给用户。

③导航终端收到控制中心的电文后，解调出信号，然后再解密出电文。通过北斗通信模块，控制中心可以获得位置、速度等信息，然后存储相关信息，方便指挥人员查询分析。如果遇到紧急情况，控制中心可以发送调度指令，终端获取指令作出紧急调度。

(2) GIS。以地理空间数据库为基础，在计算机软硬件的支持下，运用系统工程和信息科学的理论，科学管理和综合分析具有空间内涵的地理数据，以提供管理、决策等所需信息的技术系统。GIS 具有地图显示、图层控制、定位显示等功能。GIS 核心是空间数据库，其中存放的是表示地理信息的空间数据，空间数据是与准确位置的坐标联系在一起的，通过与终端通信获得的位置和状态信息，然后通过地图可以将位置准确地显示出来。

(3) 数据库设计。应急地面控制中心是监控与管理中心，根据应急控制中心所要实现的功能，该数据库主要设计的表单有终端信息、用户信息、报警事件信息、北斗定位数据信息等。本系统采用 SQL Server 2008 数据库存储定位及状态信息，并且存储了大量的地理空间数据，可以方便查询位置及报警记录。SQL Server 2008 能为关键应用程序带来强大的安全特性、可靠性和扩展性。

5) BDS 与 GPS 的比较

BDS 与 GPS 的比较如表 2.3 所示。

表 2.3 BDS 与 GPS 的比较

技术特性 \ 定位方式	BDS	GPS
定位原理	主动式双向测距二维导航，由地面中心站解算出位置后再通过卫星转发给用户，用户接收并显示接收到的信息	被动式单向测距三维导航，只需要接收 4 颗卫星的位置信息，由用户设备独立解算自己的三维定位数据
星体轨道	在赤道面上设置两颗地球同步卫星，卫星的赤道角距为 60°	共有24颗卫星，分布在六个轨道面上，轨道倾角55°，轨道面赤道角距为 60°，其高度约为 20000km，属于中轨道卫星，绕地球一周约 11h58min
覆盖范围	区域性卫星导航系统	全球导航定位系统，在全球的任何一点，只要卫星信号未被遮蔽或干扰，都能接收到三维坐标
系统容量	系统的用户容量取决于卫星的可用频带宽度、信号的调制和编码方式以及地面中心站的运算速度，它的用户容量有限	用户容量无限
定位精度	三维定位精度为几十米，系统的水平定位精度取决于用户高度信息的精度，如果用户的高度信息精度低，则误差可以达到几百米。另外，由于卫星的几何分布的关系，赤道区域的精度较低，而极高纬度区因不能有效覆盖而无法使用	三维定位精度民用码在取消选择可用性(SA)后约为 15m
通信能力	同时具备定位与双向通信能力，可以独立完成移动目标的定位与调度功能	本身不具备通信能力，需要和其他通信系统结合才能实现移动目标的远程定位与监控功能

3. 基于 BDS 与无线传感器网络融合的应急救灾指挥系统

1) 系统组成与功能

基于北斗卫星导航系统和无线传感器网络(WSN)的三级指挥系统层次结构如图 2.25 所示。

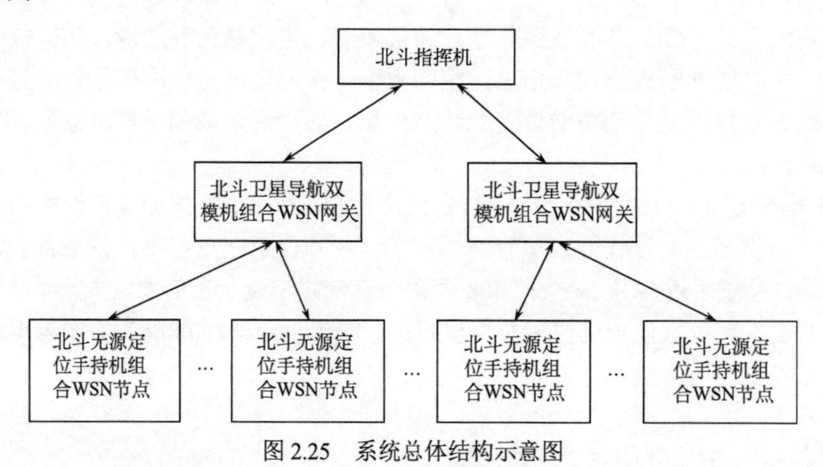

图 2.25 系统总体结构示意图

第一级为北斗指挥机，该接收机基于北斗一代卫星导航系统，具有发送/接收短信的功能，当自然灾害导致地基通信系统出现故障时，北斗一代卫星导航指挥机可以通过卫星短信方式，继续与外界通信。第二级由北斗卫星导航双模机组合 WSN 网关构成，北斗导航双模机可实现定位和信息的远距离发送与接收功能，WSN 网关具有收集短距离 WSN 节点传输信息的功能，收集位置坐标信息。第三级由北斗无源定位手持机和 WSN 节点组成，利用北斗接收机得到精确位置，利用 WSN 网络节点，将定位及其他相关信息传递到网关。

众多 WSN 节点结合手持用户机使用，可以将位置信息上报到 WSN 网关，网关与节点间的距离较近，可通过无线传感网络方式进行传输，这类网络传输距离近，但是不需要额外建立地基的中继站，在灾害发生时，网络可迅速建立。网关收集各个网络节点的位置信息进行汇总，利用北斗双模机，通过短信方式传递给北斗指挥机，指挥机根据位置信息，再通过短信方式下发命令，通过网关下发到各子网节点，实现指挥控制功能。

2) 系统模块设计

(1) 北斗指挥控制子系统设计。北斗指挥控制子系统由指挥型北斗用户机、北斗卫星终端、指挥信息系统构成。北斗卫星终端通过指挥型北斗用户机获得指挥控制中心自身定位信息，以及其下辖用户机位置信息，并提供定位信息接口、简短报文发送接口等功能。指挥型北斗用户机可直接定位获得当前位置或通过简短报文的形式向指挥控制中心上报情况。

其中指挥系统的核心软件设计如下，系统软件采用 C/S 结构，包含北斗接口软件、用户管理软件、定位管理软件、命令发送软件和图形显示软件，包括如下内容。

①北斗接口软件。它负责对指挥型北斗用户机进行控制，并向业务软件提供定位、信息查询、信息收发等接口。该软件还可以对北斗机的波束、天线高度、当地海拔等参数进行设置。北斗接口软件通过网络连接指挥控制系统服务器，将所连接的指挥型北斗用户机的下属用户信息保存在数据库中。

②用户管理软件。根据数据库中所辖用户机的信息，对特定用户机和部队或物资进行关联管理。

③定位管理软件。指挥人员通过定位管理软件由北斗接口软件向北斗用户机发出申请后，直接将定位信息以军标或部队番号形式在电子地图上显示。

④命令发送软件。指挥人员通过命令发送软件由北斗接口软件向指定用户(机)发送指挥命令，也可以通过图上作业在电子地图上选取用户向其发送指挥命令。另外命令发送软件也可以接收来自所辖用户的上报信息。

⑤图形显示软件。图形显示软件将收到的定位信息或指挥命令在计算机屏幕上通过电子地图直观地显示出来，方便指挥人员查看。

各软件之间的数据流程如图 2.26 所示。

(2) WSN 体系结构设计。WSN 体系结构包括大量 WSN 节点、WSN 网关和应用接口等，如图 2.27 所示。

它由一定数目的节点以无线自组织的方式构成网络。WSN 节点具有一定的数据处理和通信能力，负责搜集周围环境的各种信息，然后通过多跳、无线通信的方式向汇聚节点发送数据。汇聚节点具有较强的数据处理和通信能力。

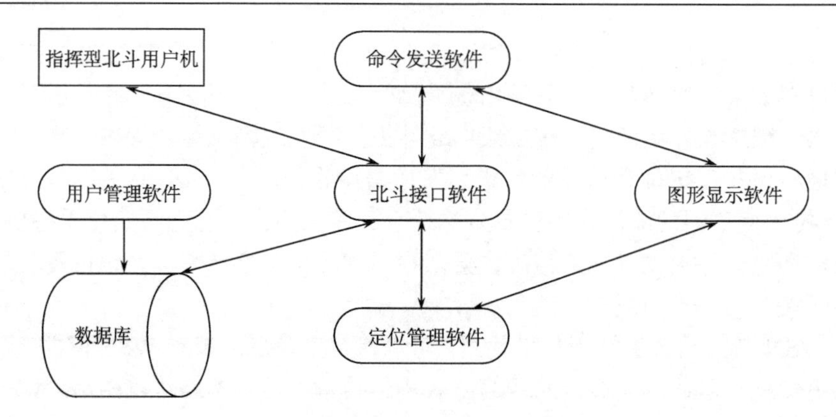

图 2.26　软件数据流程

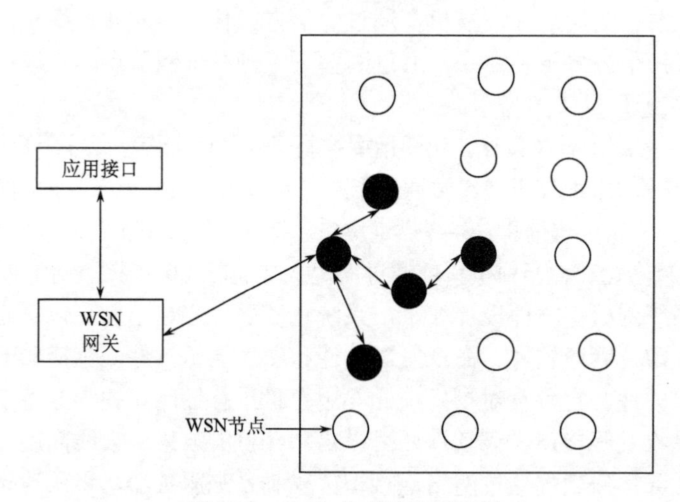

图 2.27　WSN 体系结构示意图

网关是 WSN 与有线设备连接的中转站，它将 WSN 节点传输来的所有数据通过无线通信方式传送给终端用户。同时也负责发送上层命令(如查询、分配 ID 地址等)，接收下层节点的请求和数据，具有数据融合、请求仲裁和路由选择等功能。

3) 系统应用架构与特点

在应急救灾指挥应用中，专业识读器、各类传感器或者手动输入采集到的有效信息通过统一编码与格式化后传输到 WSN 节点，无源定位手持机的定位信息也可以传输到 WSN 节点。WSN 节点将编码与格式化后的信息通过无线网络汇聚到网关，然后可以通过北斗卫星链路以短信的方式发送到指挥所。同时，指挥所下达的命令可以通过北斗卫星链路下发到北斗双模机，并通过网关发送给下属节点。实现了系统指挥控制信息的上传和下达。系统应用网络架构如图 2.28 所示。

系统的主要特点如下。

(1) 强大的指挥调度功能，实时管理多个(50～200)终端用户。

(2) 可以对所管辖用户群发或单发短信息电文，方便用户组成广域的位置报告和通信系统。

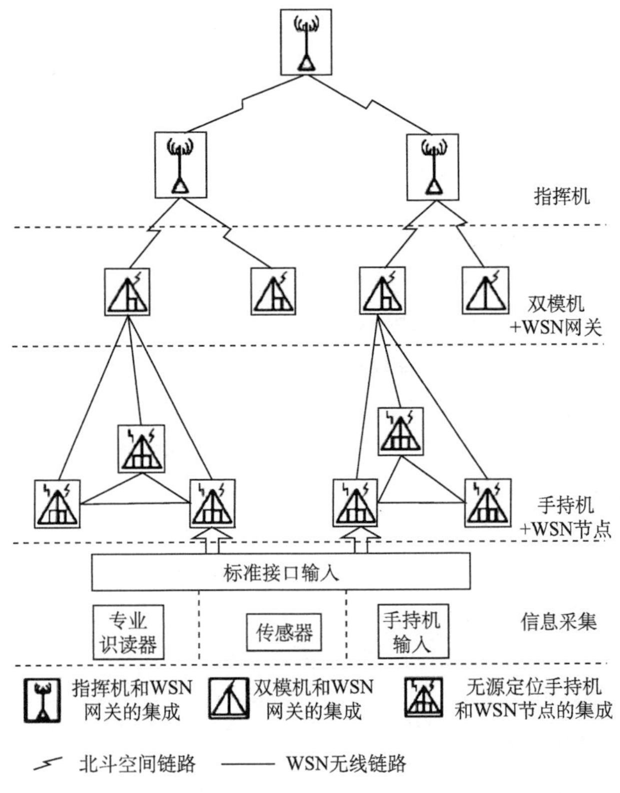

图 2.28　系统应用网络架构图

(3) 通过传感器节点相互间的协作，系统可以实时、全面地获得终端信息。

(4) 使用无源定位手持机，提升了系统的经济性与小型化建设。

2.3.5　典型卫星电话设备

卫星电话相当于一种卫星通信系统的手持式移动用户终端，具体针对某卫星系统而设计，所以卫星电话的技术原理、功能、性能、收费等参数具体与卫星通信系统有关。

目前，国际上主要有海事卫星、铱星和欧星等卫星服务商。中国的卫星通信业务基本由中国航天科技集团有限公司下属的中国卫星通信集团公司运营。

2016 年 8 月 6 日，我国在西昌卫星发射中心使用长征三号乙运载火箭成功发射天通一号 01 星，这是我国卫星移动通信系统首发星，天通一号只负责通话及网络信号卫星传输。以目前的技术，一颗通信卫星足以覆盖地球 40%的面积，所以天通一号至少还要再发射两颗卫星，才能成为全球通信卫星系统。中国版卫星电话暂时还没有面世。

(1) 技术方面：铱星有 66 颗卫星覆盖全球，包括地球的南北极，海事卫星、欧星和天通一号卫星是静止轨道的卫星，也就是同步卫星，位于赤道的上空。

(2) 信号方面：静止轨道的卫星，优点是只要卫星手机有信号就永远有信号，因为卫星相对于地球是静止的；同样如果海事卫星手机现在没信号，那么就永远没信号。铱星则不同，铱星是运动的卫星，原则上设计的是在开阔的地方能同时有 2～3 颗卫星可以用，但是由于是低轨卫星，卫星很容易被建筑物遮挡，在有些情况下暂时没有信号时，等卫星转过来就可以有信号了，就算是有信号，也可能在同一个地方通话的时候切换卫星，导致“掉线”。

1. 海事卫星电话二代——EXPLORER 710

海事卫星电话二代——EXPLORER 710为在野外工作及活动的用户提供高速数据传输、电话、传真业务。终端设备的天线配有指南针，能提供方向指示，用户可以将天线对准卫星方向建立卫星链路。输入PIN码后就可进行通话，收发传真及短信息。具有电话号码簿、信息和呼叫记录等。设备轻巧，可放进口袋。

1)海事卫星电话EXPLORER 710的功能特点

(1)卫星电话，同时支持话音和数据通信(E-mail、大文件传输、网页浏览)。

(2)数据传输速率432Kbit/s。

(3)卫星电话上网终端无缝隙全球覆盖。

(4)提供稳定的32Kbit/s、64Kbit/s、128Kbit/s IP数据业务。

(5)卫星电话上网终端电视电话会议。

(6)标准的LAN，USB，蓝牙和电话，传真接口。

(7)通过VPN接收内部信息。

(8)系统安装及使用简单方便。

(9)坚固，防尘，防潮设计。

海事卫星电话EXPLORER 710外形照片见图2.29，具体参数见表2.4。

图2.29　海事卫星电话二代——EXPLORER 710外形照片

表2.4　海事卫星电话EXPLORER 710参数

项目	项目明细	特征
尺寸和重量	尺寸	169mm×75mm×36mm
	重量	318g，含电池

续表

项目	项目明细	特征
服务	网络注册时间	≤45s
	卫星电话	2.4Kbit/s 语音编解码器
	语音信箱	快速拨号 1
	附加语音服务	通信记录、呼叫者 ID、呼叫等待、呼叫转移、呼叫保留、电话会议、呼叫限制、快速拨号、固定拨号
	短信至短信	160 个拉丁～74 个非拉丁字符、标准和智能文本输入
	GPS 定位数据	查看位置以短信/电子邮件方式发出
其他功能	功能日历	闹钟、计算器、分钟提示、麦克风静音
	支持多语言操作	英语、法语、俄语、日语、中文、阿拉伯语、葡萄牙语、西班牙语
	安全	分为键盘、电话、SIM 和网络级别
显示屏	高分辨率彩色液晶显示屏	
接口	微型 USB、音频插孔、天线插口、蓝牙 2.0	
防水、防尘保护	IP65；IK04	
使用温度范围	–20～+55℃	
储存温度范围	–20～+70℃(带电池)	
充电温度范围	0～+45℃	
耐湿范围	0～95%	
电池	锂离子，3.7V、3180mA；通话时间 8 小时；待机时间 160 小时	

2) 国际卡呼叫拨号方式

(1) 主叫。

①海事卡用户拨打海事卡用户：00+对方卫星电话号码。

②海事卡用户拨打中国国内固定用户(北京)：0086+长途区号(10)+固定电话号码。

③海事卡用户拨打国内移动用户：0086+13*********(对方移动电话号码)。

④海事卡用户拨打国际及港澳台用户：00+国际码+对方电话号码。

(2) 被叫。

①国内固定用户拨打海事卡用户：00870+*******(对方卫星电话号码)。

②国内移动用户拨打海事卡用户：00870+*******(对方卫星电话号码)。

③国际及港澳台用户拨打海事卡用户：00870+*******(对方卫星电话号码)。

3) 国内套餐(仅供参考)

(1) 充值 1200 元，每分钟 1.8 元，有效期一年。

(2) 充值 500 元，每分钟 1.8 元，3 个月有效期。

4) 国际套餐(仅供参考)

(1) 话费套餐：400 元可通话 50 分钟，一般有效期 1 个月。

(2) 话费套餐：700 元可通话 100 分钟，有效期 3 年。

(3) 话费套餐：3500 元可通话 500 分钟，有效期一年。

5) 参考价格

8000～12000 元人民币。

2. 铱星 9575 卫星电话

铱星 9575 卫星电话符合美国国防部军事标准等级 810F 和防护等级 IP65，防尘、防振、防冲击、防水溅。具有可编程的位置业务(LBS)菜单，卫星紧急通知装置，兼容可编程的 SOS 按钮。设计了高增益的天线，可实时跟踪(具有启用 GPS 的 SOS)，可连接 Iridium Extend 以创建一个 WiFi 热点，与信任的设备保持联系。

图 2.30　铱星 9575 卫星电话外形照片

铱星 9575 卫星电话提供语音和数据业务，包括短信和数据共享。集成了增强的、完全集成的 GPS 和在线跟踪业务，以及应急选项(包括内置可编程的 SOS 报警按钮，可定制的位置通知)，外形照片见图 2.30。

1) 技术参数

(1) 尺寸/重量：140mm× 60mm×27mm，247g。

(2) 电池：待机 30 小时，连续通话 4 小时。

(3) MIL STD 810F(灰尘、冲击、振动、雨)，IP65(防尘、防水溅)。

(4) 显示：200 个字符，发光的图形显示；音量、信号和电池电量；发光的耐恶劣天气的键盘。

(5) 接口：Mini-USB 数据端口。

(6) 电话功能：集成的喇叭扩音器；快速连接到铱星语音信箱；双向短信和短电邮；预编程的国际接入码(00 或＋)；邮箱用于语音、数字和文本信息；可选的铃声和报警声(8 个)。

(7) 存储：100 个条目的内部电话簿，多个电话号码、电邮地址和注释；电话记录包括接听的、未接的、已拨号的。

(8) 使用控制：用户可设定通话定时以管理费用；键盘锁和 PIN 码锁。

2) 商务信息

(1) 资费套餐见表 2.5。

表 2.5　铱星卫星电话资费套餐

SIM 卡	充值金额	有效期
中国海区优惠卡(中国海区适用)		
沿海 500 分钟	1200 元	无

续表

SIM 卡	充值金额	有效期
中国大陆卡		
国内 100 分钟	1200 元	无
国内 500 分钟	3500 元	一年
国际卡		
国际 75 分钟	1200 元	无
国际 500 分钟	5500 元	一年

(2)销售价：9500.00 元(仅供参考)。

3. 欧星 XT-LITE 卫星电话

1)功能

(1)主要服务：卫星电话语音，卫星短信。

(2)电池使用：6 小时的通话时间和 80 小时的待机时间。

(3)定位：位置服务，包括跟踪和帮助按钮。

(4)操作：直观的 GSM 风格界面；戴着手套也能操作的键盘。

(5)网络连接：拥有全球同步卫星，显著减少电话中断的可能性。

(6)可读：易于使用的界面，防刮半透显示屏，即使在明亮的阳光下也能使用。

2)易用性

(1)只需将手机充电，并确保 SIM 卡是否工作。然后，可以编程到 Thuraya XT-LITE 的 12 种语言中的任何一种。

(2)支持欧星卫星网络，其中包括大约 160 个国家或三分之二的地球，在欧洲、非洲、亚洲和澳大利亚等覆盖范围内的连接均可使用。

3)技术参数与外形

技术参数见表 2.6，外形照片见图 2.31。

表 2.6　欧星 XT-LITE 卫星电话技术参数

项目	项目明细	特征
尺寸和重量	尺寸	长：128mm；宽：53mm；厚：27mm
	重量	重量 185g(包括电池)
服务	卫星电话	2.4Kbit/s 语音编解码器，扬声器选项
	短信至短信	160 个拉丁～74 个非拉丁字符，多达 10 个拆分短信标准和智能文本输入
	GPS 定位数据	查看位置以短信/电子邮件方式发出
其他功能	功能	地址簿，报警，计算器，日历，通话记录，电话会议，联络小组，快速拨号，秒表，世界时间等
	支持多语言操作	阿拉伯语、俄语、法语、葡萄牙语、日语、西班牙语、英语、中文
	安全	分为键盘、电话、SIM 和网络级别
显示屏	高分辨率彩色屏幕	
接口	微型 USB，音频插孔，天线端口	

续表

项目	项目明细	特征
使用温度范围	–20～+45℃	
储存温度范围	–20～+60℃（带电池）	
充电温度范围	0～45℃	
耐湿范围	0～95%	
电池	锂离子，3.7V；通话时间 6 小时；待机时间 80 小时	

图 2.31　欧星 XT-LITE 卫星电话外形照片

4. 北斗智能手持终端

北斗智能手持终端以其兼具位置报告和短信服务渔业带来了新的技术支撑手段。渔船上安装北斗智能手持终端有以下优势：一是及时了解掌握渔船的运行情况；二是为渔民出海安全、渔业收入、效益增长提供有效支撑；三是渔民可以通过北斗与家人进行联系，或与移动通信手机联系，解决了通信急迫的需求问题，渔民出海以后一个月、两个月与家人进行短信通信，这对渔民的精神收获是很大的。

现在海上环境非常复杂，北斗海洋渔业位置信息服务中心在渔船遭遇天气、海况、火灾等险情时，能够通过 SOS 按钮发送紧急报警信息，相关部门及时组织救援。渔船行驶在海域上都有禁渔区或者国家海上边界，超过了边界就会以短信通信的方式自动报警，避免渔船受到不必要的损失。

1）功能

（1）具有北斗卫星双定位导航系统，可采用通用的导航地图。

（2）具有北斗短信通信功能。北斗系统用户终端具有双向短信通信功能，用户每次可传送 32 个汉字的短信息，在远洋航行以及许多公网通信信号弱的区域中有着十分重要的应用价值。

（3）具有基线追踪模式，随时更新经纬度位置。

（4）支持电信移动联通 4G LTE，支持 2G/WCDMA 制式通话功能。

（5）工业 IP67 三防功能（防水、防尘、防跌落）可以应用到更多残酷的使用环境中。

（6）具有 SOS 紧急报警功能。

2）技术参数与外形

技术参数见表 2.7，外形照片见图 2.32。

表 2.7　北斗盒子一代手持机技术参数

项目	项目明细	特征
北斗参数	通信通道	支持 6 通道北斗短信收发
	北斗发射功率	5W
	工作频率	北斗 L 波段(发射)
		北斗 S 波段(接收)
硬件参数	外观尺寸	110mm×62mm×25 mm
	重量	180g
	电池容量	5000mAh
	防护等级	IP65，1.2m 自然跌落
	工作温度	–20～+50℃
	蓝牙范围	10m
	连接要求	Android 4.3 以上，蓝牙 BLE4.0
	续航时间	常规使用续航：>30 天
		北斗追踪模式：240 小时(每两分钟定位一次)

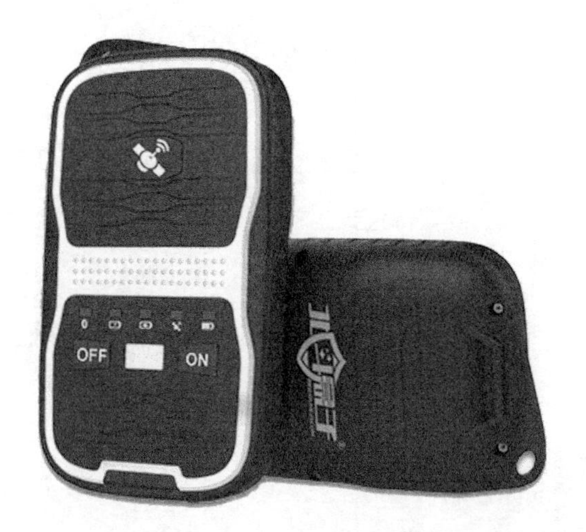

图 2.32　北斗盒子一代手持机外形照片

第 3 章　无线应急通信

3.1　无线通信原理

电磁波是指在真空或物质中通过传播电磁场的振动而传输电磁能量的波。电磁波是通过电场与磁场之间相互联系和转化传播的，是物质运动能量的一种特殊传递形式。空间任何变化的电场都将在它的周围产生变化的磁场，而变化的磁场又会在它的周围感应出变化的电场。

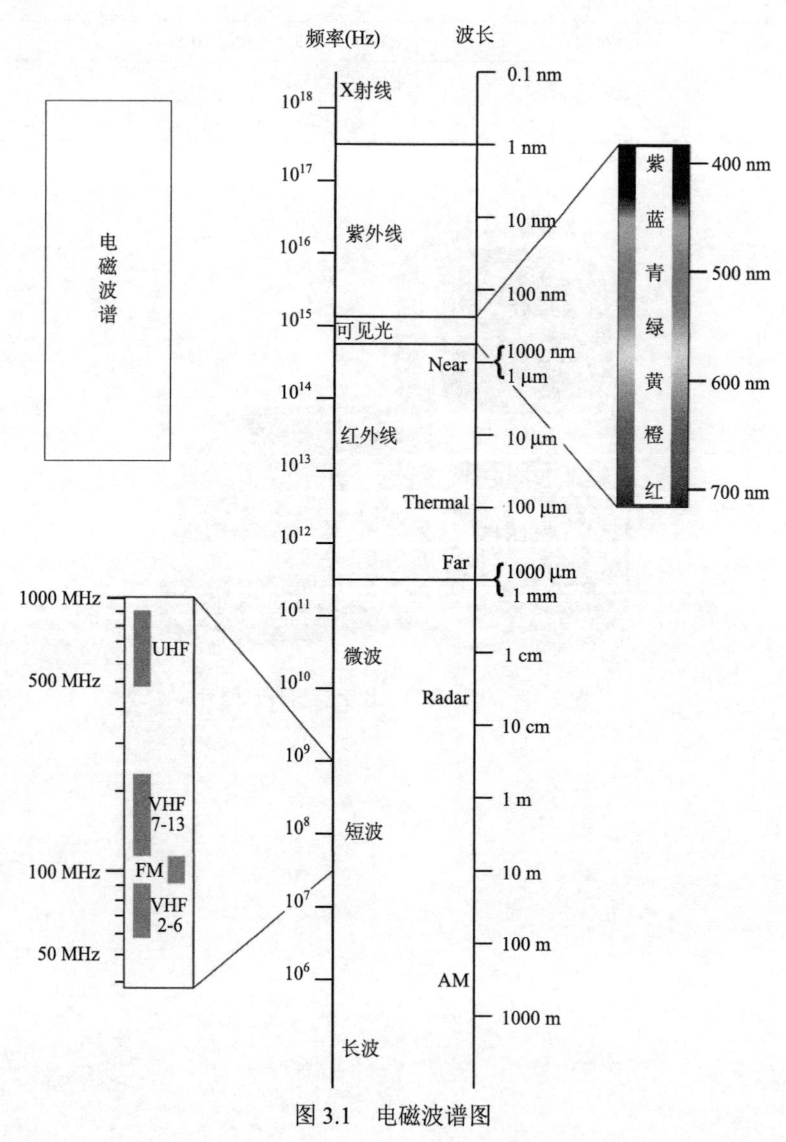

图 3.1　电磁波谱图

电磁波是一种具有波动性的波，同时它也是一种带有能量的波，其能量由所谓的一个一个“光子”所携带，光子也是一种粒子，具有粒子性，即能量的量子化。连续的波动性和不连续的粒子性是相互排斥、相互对立的，但两者又是相互联系并在一定条件下可以相互转化的。波是粒子流的统计平均，粒子是波的量子化。

电磁波的产生有许多方式：电磁振荡、晶体或分子的热运动、电子能级跃迁、原子核的振动与转动、原子核内的能级跃迁等，产生的电磁波的波长变化范围也很大，为 10^{-11}～10^{6}cm。无线电波、微波、红外线、可见光、紫外线、X 射线、γ 射线等都是电磁波。

依据 $C=\lambda \cdot f$ 和 $E=h \cdot f$ 可知：波长越短，频率越高，能量越大。

将电磁波在真空中按照波长或频率的大小顺序划分成波段，排列成谱即称为电磁波谱，如图 3.1 所示。

根据图 3.1 可知，电磁波谱由以下几种电磁波组成：无线电波 0.3mm～3000m（含微波 0.1～100cm），红外线 0.75μm～0.3mm（其中，近红外为 0.76～3μm，中红外为 3～6μm，远红外为 6～15μm，超远红外为 15～300μm），可见光 0.4～0.7μm，紫外线 10nm～0.4μm，X 射线 0.1～10nm，γ 射线 1pm～0.1nm，高能射线小于 1pm。

通常无线通信按工作频段可分为以下几个：极长波、超长波、特长波、甚长波、长波、中波、短波、超短波和微波。表 3.1 列出了无线通信各工作频段所对应的频段名称、频率范围、波段名称和波长范围。

表 3.1　无线通信按工作频段的划分

<table>
<tr><th>序号</th><th>频段名称</th><th>频率范围</th><th colspan="2">波段名称</th><th>波长范围</th><th>传播特性</th><th>主要用途</th></tr>
<tr><td>1</td><td>极低频（ELF）</td><td>3～30Hz</td><td colspan="2">极长波</td><td>10～100Mm</td><td rowspan="4">空间波为主</td><td rowspan="4">海岸潜艇通信、远距离通信、超远距离导航等</td></tr>
<tr><td>2</td><td>超低频（SLF）</td><td>30～300Hz</td><td colspan="2">超长波</td><td>1～10Mm</td></tr>
<tr><td>3</td><td>特低频（ULF）</td><td>300～3000Hz</td><td colspan="2">特长波</td><td>100～1000km</td></tr>
<tr><td>4</td><td>甚低频（VLF）</td><td>3～30kHz</td><td colspan="2">甚长波（万米波）</td><td>10～100km</td></tr>
<tr><td>5</td><td>低频（LF）</td><td>30～300kHz</td><td colspan="2">长波（千米波）</td><td>1～10km</td><td>地波为主</td><td>越洋通信、中距离通信、地下岩层通信、远距离导航等</td></tr>
<tr><td>6</td><td>中频（MF）</td><td>300～3000kHz</td><td colspan="2">中波（百米波）</td><td>100～1000m</td><td>地波与天波</td><td>船用通信、业余无线电通信、移动通信、中距离导航等</td></tr>
<tr><td>7</td><td>高频（HF）</td><td>3～30MHz</td><td colspan="2">短波（十米波）</td><td>10～100m</td><td>地波与天波</td><td>远距离短波通信、国际定点通信等</td></tr>
<tr><td>8</td><td>甚高频（VHF）</td><td>30～300MHz</td><td colspan="2">超短波（米波）</td><td>1～10m</td><td>空间波</td><td>电离层散射通信、流星余迹通信、人造电离层通信、对空间飞行体通信、移动通信</td></tr>
<tr><td>9</td><td>特高频（UHF）</td><td>300～3000MHz</td><td>分米波</td><td rowspan="4">微波</td><td>1～10dm</td><td rowspan="4">空间波</td><td></td></tr>
<tr><td>10</td><td>超高频（SHF）</td><td>3～30GHz</td><td>厘米波</td><td>1～10cm</td><td rowspan="3">地面微波通信、对流层散射通信、卫星通信等</td></tr>
<tr><td>11</td><td>极高频（EHF）</td><td>30～300GHz</td><td>毫米波</td><td>1～10mm</td></tr>
<tr><td>12</td><td>至高频</td><td>300～3000GHz</td><td>丝米波</td><td>1～10 丝米</td></tr>
</table>

3.1.1 微波通信

微波通信(Microwave Communication)，是使用波长为 1mm～1m 的电磁波——微波进行的通信。该波长段电磁波所对应的频率范围是 300MHz(0.3GHz)～300GHz。与同轴电缆通信、光纤通信和卫星通信等现代通信网传输方式不同的是，微波通信是直接使用微波作为介质进行的通信，不需要固体介质，当两点间直线距离内无障碍时就可以使用微波传送。利用微波进行通信容量大、质量好并可传至很远的距离，因此是国家通信网的一种重要通信手段，也普遍适用于各种专用通信网，当前主流的微波通信工作频率为 6～80GHz。

1. 微波通信原理

微波通信利用微波的地面视距传输特性，采用中继站转发方式实现无线通信。为满足微波沿地面直线视距传播的特点，考虑到地球曲率半径以及空间传输损耗的影响，一般在平原地区，当天线高架 50～60m 时，最大通信距离约为 50km(利用更高的天线塔或山区地形地貌其通信距离还可加大，甚至单跳的距离可达 100km)。因此，为实现远距离通信，必须每隔 50km 左右设置一个微波中继站，以中继转发方式将来自上一微波中继站的无线电波信号放大再转发至下一微波中继站。

2. 微波通信的调制方式

调制方式是微波通信的重要部分，调制方式对于提高通信容量和质量都有重要的影响。微波通信的调制方式有相移键控(PSK)、频移键控(FSK)、多进制正交调幅调制(QAM)、最小频移键控(MSK)、高斯滤波最小频移键控(GMSK)。

1) 相移键控

相移键控是根据数字基带信号的两个电平使载波相位在两个不同的数值之间切换的一种相位调制方法。相移键控调制方式比较简单，抗干扰能力强，但是通信容量有限，整体性价比较高，是中小容量微波通信系统常采用的调制方式。目前的微波通信调制常常采用的是 QPSK 调制方式。

产生 PSK 信号的两种方法如下。

(1) 调相法：将基带数字信号(双极性)与载波信号直接相乘的方法。

(2) 选择法：用数字基带信号对相位相差 180° 的两个载波进行选择。

2) 频移键控

FSK 是信息传输中使用得较早的一种调制方式，它的主要优点是实现起来较容易，抗噪声与抗衰减的性能较好。在中低速数据传输中得到了广泛的应用。所谓 FSK 就是用数字信号去调制载波的频率，同样也适合中小容量数字微波通信系统，在当前的微波通信系统中，已经很少使用甚至不再使用这种调制方式[7]。

调制方法：2FSK 可看作两个不同载波频率的 ASK 已调信号之和。

解调方法：相干法和非相干法。

3) 多进制正交调幅调制

多进制正交调幅调制是利用正交载波对两路信号分别进行双边带抑制载波调幅形成的，是目前最广泛应用于大容量数字微波通信系统中的调制方式。这种方式频谱利用率高，产生的带宽容量大。目前较常使用的是32QAM、64QAM、128QAM、256QAM、512QAM等调制方式。

信道间隔越大，调制方式的进制越高级，获得的通信容量就越大。信道间隔、调制方式与通信容量的关系见表3.2。

$$C = B\log_2\left(1+\frac{S}{n_0 B}\right)$$

其中，C为信道容量(bit/s)；B为信道带宽(Hz)；S为信号功率(W)；n_0B为噪声功率(W)。

表3.2　波道间隔、调制方式与通信容量的关系

信道间隔/MHz	信道容量		
	C-QPSK	16 QAM	128 QAM
3.5	2×2		
7	8	2×8	17×E1
14	2×8	34+2	35×E1
28	34+2	2×34	75×E1

注：E1为自然对数，值约为2.718。

4）最小频移键控

当信道中存在非线性问题和带宽限制时，幅度变化的数字信号通过信道会使已滤除的带外频率分量恢复，发生频谱扩展现象，同时还要满足频率资源限制的要求。因此，对已调信号有两点要求，一是要求包络恒定；二是具有最小功率谱占用率。因此，现代数字调制技术的发展方向是最小功率谱占用率的恒包络数字调制技术。现代数字调制技术的关键在于相位变化的连续性，从而减少频率占用。近年来新发展起来的技术主要分为两大类：一是连续相位调制技术(CPFSK)，在码元转换期间无相位突变，如MSK、GMSK等；二是相关相移键控技术(COR-PSK)，利用部分响应技术，对传输数据先进行相位编码，再进行调相(或调频)。MSK是FSK的一种改进形式。在FSK方式中，每个码元的频率不变或者跳变一个固定值，而两个相邻的频率跳变码元信号，其相位通常是不连续的。所谓MSK方式，就是FSK信号的相位始终保持连续变化的一种特殊方式。可以看成调制指数为0.5的一种CPFSK信号。

实现MSK调制的过程为：先将输入的基带信号进行差分编码，然后将其分成I、Q两路，并互相交错一个码元宽度，再用加权函数$\cos[\pi t/(2Tb)]$和$\sin[\pi t/(2Tb)]$分别对I、Q两路数据加权，最后将两路数据分别用正交载波调制。MSK使用相干载波最佳接收机解调。

5）高斯滤波最小频移键控

高斯滤波最小频移键控是使用高斯滤波器的连续相位频移键控，它具有比等效的未经滤波的连续相位频移键控信号更窄的频谱。在GSM系统中，为了满足移动通信对邻信道干扰的严格要求，采用高斯滤波最小频移键控调制方式，该调制方式的调制速率为270833Kbit/s，每个TDMA帧占用一个时隙来发送脉冲簇，其脉冲簇的速率为33.86Kbit/s。它使调制后的频谱主瓣窄、旁瓣衰落快，从而满足GSM系统要求，节省频率资源。

3.1.2　超短波通信

超短波是指频率为30～300MHz，相应波长为10～1m的电磁波。超短波通信主要依靠地波传播和空间波视距传播。由于超短波的波长为1～10m，所以也称米波通信，整个超短波的频带宽度有270MHz，是短波频带宽度的10倍。由于频带较宽，广泛应用于电视、调频广播、雷达探测、移动通信、军事通信等领域。

1. 超短波的传播方式

图3.2描绘了几种无线电波的主要传播方式，超短波通信主要依靠地波传播和空间波视距传播。

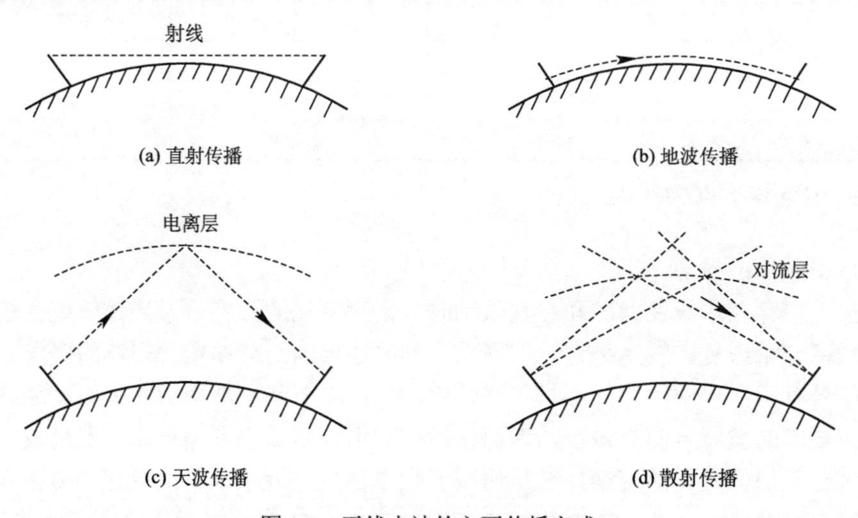

图3.2　无线电波的主要传播方式

超短波通信优点：频段宽，通信容量大；视距以外的不同网络电台可以用相同频率工作，不会相互干扰；可用方向性较强的天线，有利于抗干扰；受昼夜和季节变化的影响小，通信较稳定。

超短波通信缺点：通信距离较近；受地形影响较大，电波通过山岳、丘陵、丛林地带和建筑物时，会被部分吸收或阻挡，导致通信困难或中断。

2. 超短波通信信道

超短波通信为视距通信，在进行传输信道设计时应考虑自由空间传播损耗、多径衰落、电离层闪烁的影响、天线方向跟踪误差损耗、极化误差损耗和大气损耗等。

1) 视距通信

由于超短波频段电波的直线传播特性和地球表面的弯曲，其传输距离受视线距离的限制。所谓视线距离是从一定高度天线顶端所能看到的最远距离。

2) 自由空间传播损耗

自由空间传播损耗 L_f 与距离 d 的平方成正比，与波长的平方成反比，通常以分贝计量，即

$$L_f = 10\lg(4\pi d/\lambda)^2 = 20\lg(4\pi df/c) \tag{3.1}$$

当距离用 km 表示、频率用 MHz 表示时，可用下式计算：

$$L_f = 32.45 + 20\lg(\text{km}) + 20\lg f(\text{MHz}) \ (\text{dB}) \tag{3.2}$$

3) 多径衰落

由于超短波通信的天线波束较宽，进行通信时接收机除接收来自发信机的直射波外，还会接收到从地面或海面经不同反射（漫反射或镜面反射）来的幅度与相位各不相同的反射波。此外，建筑物、森林等还产生遮蔽效应，运动中的通信设备还会发生多普勒效应。因而超短波接收机的信号会发生相当大的随机起伏，产生所谓的多径衰落。通常用多径衰落深度，即接收到的直射波与各种非直射波的合成信号的瞬时功率相对于平均功率的分贝数，并取绝对值来度量多径衰落的程度，且标明不超过此值的概率值。

多径衰落大致有以下三种情况。

(1) 一般的漫反射情况：一般的漫反射是指一般的陆地或非海面所形成的反射，并且没有遮蔽的情况。接收机接收到的信号是幅度恒定的直射信号与漫反射的多径干扰信号（概率密度函数服从瑞利分布）的合成，合成信号的概率密度函数服从赖斯分布。

(2) 镜面反射的情况：对于平滑海面、大湖泊以及平坦地面等环境，应使用镜面反射理论来分析。

(3) 有遮蔽的情况：对于漫反射环境，若直射信号受到建筑物、森林等遮挡，那么接收机接收到的信号是直射信号（概率密度函数服从对数正态分布）与多径干扰（概率密度函数服从瑞利分布）的合成。

遮蔽对陆地超短波通信电波传播影响很大。实验表明，在轻微遮蔽情况下，衰落大致与 C/M=6dB 的赖斯分布接近；较密的遮蔽情况下，信号电平大大跌落，甚至可达 20～30dB。

多径衰落是个随机过程。多径衰落与天线形式、天线安装位置及天线安装方式等有关。飞机机翼、机尾和船甲板上的其他装置也可能引起反射。

多径衰落储备余量：在进行超短波通信系统设计时，要留有适当的余量，以保证在多径衰落环境系统中仍能正常工作。

(1) 当未采取抗多径衰落措施时，多径衰落储备余量一般为 5～15dB。

(2) 对于无遮蔽的情况，典型的衰落储备余量为 6dB。

(3) 对于有遮蔽的情况，则取 10dB 或更多一些。

减少多径衰落影响的措施有以下几种。

(1) 交织编码。R-S 编码、BCH 编码、卷积编码、交织编码及其相结合编码，能显著减小多径的影响。

(2) 多单元天线及空间分集。合理设计的多单元天线，可提供最大的信号强度，同时

又能抑制多径衰落。

(3)合理选择站址。条件允许时，在一定的范围内适当选择站址，抑制多径信号，可能将衰减减小几分贝甚至十几分贝。

4)电离层闪烁的影响

当无线电波通过电离层时，受电离层结构不均匀性和随机时变性的影响，信号的振幅、相位、到达角、极化状态等短周期不规则变化，形成电离层闪烁现象。这种现象与工作频率、地理位置、地磁活动情况以及当地季节、时间等有关，且与地磁纬度和当地时间关系极大。工作频率较低的超短波通信系统，必须考虑电离层闪烁现象；当频率高于 1GHz 时，电离层闪烁的影响大为减轻，但在地磁低纬度地区电离层闪烁的影响仍然很明显。

国际上通常将地磁赤道及其南北 20° 以内区域称为赤道区或低纬度区，地磁 20°～50° 为中纬度区，地磁 50° 以上为高纬度区。地磁赤道附近及高纬度区(尤其地磁 65° 以上)电离层闪烁最严重且频繁。

地磁中纬度区的电离层闪烁：在普通的中纬度区(地磁 20°～50°)，电离层闪烁造成的信号起伏一般不大，并且不少地方与地磁活动几乎不相关。表 3.3 是 CCIR 1982 年提供的普通中纬度区电离层闪烁的数据。

表 3.3　地磁中纬度区非闪烁增强带电离层闪烁造成的衰落

衰落/dB 时间百分比 \ 频率/MHz	100	200	500	1000
1.0	5.9	1.5	0.2	0.1
0.5	9.3	2.3	0.4	0.1
0.2	16.6	4.2	0.7	0.2
0.1	25.0	6.2	1.0	0.3

(1)地磁低纬度区的电离层闪烁：地磁低纬度区(地磁 20° 以下)电离层起伏衰落的特点是衰落快而深，多发生在夜间，时间主要在傍晚 8:00 左右到第 2 天凌晨 6:00 左右；闪烁区出现后有向东漂移的趋势；闪烁强度在春分、秋分时最大，并与太阳黑子数成正比；闪烁的低潮在冬至和夏至。冬季很少发生衰落现象，春季、夏季发生闪烁严重且频繁，其引起的衰落通常比平均电平要低 10～20dB，甚至 30dB，而某些时刻的增强比平均电平高 6dB。

(2)电离层闪烁的时间频度及对付电离层闪烁的措施：电离层闪烁的幅度变化比较缓慢，出现 3dB 的幅度变化，每秒大约只有 0.2 次。即使在超短波频段，受衰落影响的带宽也很宽，3dB 相关带宽超过 100MHz。如果要对闪烁进行有效的频率分集，需要频率间隔远大于 100MHz，因而是不现实的。电离层不规则区会漂移，直观的漂移速度可达 280m/s，相隔一定距离的两个站有时候不相关，有时候可能又相关，所以不宜用空间分集对付电离层闪烁衰落，有效方法是时间分集或编码分集。

5) 天线方向跟踪误差损耗

由于大气折射引起波束指向的起伏和天线跟踪系统的跟踪精度等原因，天线的指向常偏离实际方向。宽波束天线很难使波束最强点对准目标。

6) 极化误差损耗

由发射天线极化与接收天线极化不匹配引起的接收电平下降称为极化误差损耗。空间飞行器姿态随时间变化、降雨以及收发设备轴比的不一致，都会引起极化损耗。实际上收发天线都不可能做成理想的圆极化或线极化，而是椭圆极化。

7) 大气损耗

电波在大气中传输时，将受到电离层中自由电子和离子的吸收，受到对流层中氧分子、水蒸气分子和云、雾、雪的吸收和散射，从而形成损耗。这种损耗与电波的频率、波束的仰角以及气候条件有密切关系。在 100MHz 以下频段，电离层中自由电子或离子的吸收是主要的大气损耗源，频率越低，损耗越大。在日间、低仰角情况下，电波单程衰减与频率的关系见表 3.4。在 300～1000MHz 频段，大气损耗最小。当仰角大于 5° 时，电离层中自由电子和离子，对流层中氧分子、水蒸气分子和云、雾、雪的吸收与散射造成的损耗基本上可以忽略不计。

表 3.4　超短波通过电离层的吸收衰减

频率/MHz	30	50	100
衰减/dB	2.5	1.0	0.3

3. 超短波通信的特点

(1) 超短波通信利用视距传播方式，比短波天波传播方式稳定性高，受季节和昼夜变化的影响小。

(2) 天线可用尺寸小、结构简单、增益较高的定向天线。这样，可用功率较小的发射机。

(3) 频率较高，频带较宽，能用于多路通信。

(4) 调制方式通常用调频制，可以得到较高的信噪比，通信质量比短波好。通信距离较近；受地形影响较大，电波通过山岳、丘陵、丛林地带和建筑物时，会被部分吸收或阻挡，使通信困难或中断。

3.1.3　短波通信

1. 短波通信原理

短波通信，也称高频通信，是波长为 10～100m，频率范围为 3～30MHz 的一种无线电通信技术。与长、中波一样，短波可以靠表面波和天波传播。由于短波频率较高，地面吸收较强，用表面波传播时，衰减很快，在一般情况下，短波的表面波传播的距离只有几十公里，不适合进行远距离通信和广播。与表面波相反，频率增高，天波在电离层中的损耗却减小。因此可利用电离层对天波的一次或多次反射进行远距离无线电通信。

短波利用天波反射实现远距离通信。天波发射信号由天线发出后射向电离层，经电离层反射回地面，又由地面反射回电离层，可以反射多次，不受地面阻碍物阻挡，因而传播距离很远(几百至上万千米)。

短波利用地波实现短距离通信。当地面障碍物与地波的波长相当时，容易阻挡无线电传播，导致短波最多只能沿地面传播几十千米。短波传播示意图如图 3.3 所示。

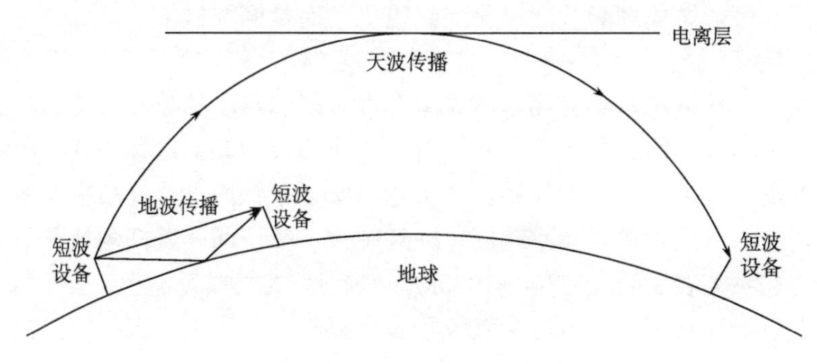

图 3.3　短波传播示意图

与卫星通信、地面微波、同轴电缆、光缆等通信手段相比，短波通信有着许多显著的优点。

(1) 短波通信不需要建立中继站即可实现远距离通信，因而建设和维护费用低，建设周期短，且短波通信不用支付话费，运行成本低。

(2) 通信设备简单，体积小，容易隐蔽，可以根据使用要求固定设置，进行定点固定通信；也可以背负或装入车辆、舰船、飞行器中进行移动通信；便于改变工作频率以躲避敌人干扰和窃听，破坏后容易恢复。

(3) 电路调度容易，临时组网方便、迅速，具有很大的使用灵活性。

(4) 对自然灾害或战争的抗毁能力强。短波是唯一不受网络枢纽和有源中继体制约束的远程通信手段，一旦发生战争或灾害，各种通信网络都可能受到破坏，卫星也可能受到攻击。无论哪种通信方式，其抗毁能力和自主通信能力与短波都无法相比。

当然，短波通信也存在一些明显的缺点。

(1) 可供使用的频段窄，通信容量小。按照国际规定，每个短波电台占用 3.7kHz 的频率宽度，而整个短波频段可利用的频率范围只有 28.5MHz。为了避免相互间的干扰，全球只能容纳 7700 多个可通信道，通信空间十分拥挤，并且 3kHz 通信频带宽度在很大程度上限制了通信的容量和数据传输的速率。

(2) 短波的天波信道是变参信道，信号传输稳定性差。短波无线电通信主要是依赖电离层进行远距离信号传输的，电离层作为信号反射媒质的弱点是参量的可变性很大，它的特点是路径损耗、延时散布、噪声和干扰都随昼夜、频率、地点不断变化。一方面，电离层的变化使信号产生衰落，衰落的幅度和频次不断变化；另一方面，天波信道存在着严重的多径效应，造成频率选择性衰落和多径延时。选择性衰落使信号失真，多径延时使接收信号在时间上扩散，成为短波链路传输的主要限制。

(3) 大气和工业无线电噪声干扰严重。随着工业电气化的发展，短波频段工业电气辐射的无线电噪声干扰平均强度很高，加上大气无线电噪声和无线电台间的干扰，大气和工业无线电噪声主要集中在无线电频谱的低端，随着频率的升高，强度逐渐降低。

2. 短波通信信道

1) 地波传播

(1) 地波传播形式：沿地面传播的无线电波叫地波。当天线架设较低，且其最大辐射方向沿地面时，主要是地波传播。其特点是信号比较稳定，基本上不受气象条件的影响，但随着电波频率的升高，传输损耗迅速增大。因此，这种方式更加适合短波的低频传输。

地波传输情况主要取决于地面条件。地面条件的影响主要表现在两个方面：一是地面的不平坦性；二是地面的地质情况。前者对电波的影响随波长不同而变化，而后者是从土壤的电气性质来研究对电波传播的影响。描述大地电磁特性的参数有介电系数 ε（或相对介电常数 ε_r）、电导率 σ、磁导率 μ。根据实际测量，不同土壤的电参数见表 3.5。

表 3.5　不同土壤的电参数

地质	相对介电常数		电导率 σ /(S/m)	
	范围	平均	范围	平均
海水	80	80	0.6～0.66	4
淡水	80	80	0.6～0.66，10^{-3} ～2.4×10^{-2}	10^{-3}
湿土	10～30	20	3×10^{-3}～3×10^{-2}	10^{-2}
干土	2～6	4	1.1×10^{-5}～2×10^{-3}	10^{-3}

(2) 地波传播的基本特征：对地波传播的理论分析是相当复杂的，在此只给出一些基本的结论，并加以定性的分析。

①受到大地的吸收。当电波沿地面传播时，在地面要产生感应电流。由于大地不是理想导电体，所以感应电流在地面流动要消耗能量，这个能量是由电磁波供给的。这样，电波在传播过程中，就有一部分能量被大地吸收。

大地对电波能量吸收的大小与下列因素有关。

a.地面的导电性能越好，吸收越小，则电波传播损耗越小。因为电导率越大，地电阻越小，故电波沿地面传播的损耗越小。因此，电波在海洋上的传播损耗最小，湿土和江河湖泊上的损耗次之，干土和岩石上的损耗最大。

b.电波的频率越低，损耗越小。因为地电阻与电波频率有关，频率越高，由于趋肤效应，感应电流更趋于表面流动，使流过电流的有效面积减小，损耗增大。所以，利用地波传播的频率使用范围一般为 1.5～5MHz。

c.垂直极化波较水平极化波衰减小。这是因为水平极化波的电场与地面平行，导致地面的感生电流大，故产生较大的衰减。

②产生波面倾斜。理论分析指出，沿实际半导体表面传播的垂直极化波是横磁波（TM波），即沿电磁波传播方向有电场纵向分量。地面波传播过程中的波面倾斜现象就有很大的实用意义。可以采用相应形式的天线以便有效接收。

③具有绕射损失。电波的绕射能力与其波长和地形的起伏有关。波长越长，绕射能力越强；障碍物越高，绕射能力越弱。在地面波通信中，长波的绕射能力最强，中波次之，短波较小，超短波最弱。当传播距离较远时，必须考虑地球曲率的影响，此时到达接收点的地面波是沿着地球表面绕射传播的。此外，地面障碍物对电波有一定的阻碍作用，因此有绕射损失。

④传播稳定。地波是沿地球表面传播的，由于地球表面电性能及地貌、地物等不会随时间很快地变化，所以在传播路径上，地波传播基本上可以视为不随时间变化。所以，接收点的场强较稳定。

2）天波传播

依靠电离层反射来传播的无线电波称为天波。离地面 50km 以上的大气层，空气极其稀薄，同时，太阳辐射和宇宙射线辐射等作用很强烈，使空气产生电离，故称电离层。电离层大致分为三层：离地面 60～90km 为 D 层；离地面 100～120km 为 E 层；离地面 170～450km 为 F 层，F 层白天分裂为 F_1 和 F_2 层，晚上合并成 F 层。电波达到电离层后，一部分能量被电离层吸收，一部分能量被反射或折射回地面，形成天波。利用电离层通信可供采用的频率一般为 1.5～30MHz 频段。电离层的密度随昼夜、季节、太阳活动周期和经纬度变化而变化，机理比较复杂。

一般情况下，对于短波通信线路，天波传播具有更重要的意义。因为天波不仅可以进行远距离传播，可以跨越丘陵地带，而且可以在非常近的距离内建立无线电通信。

3）短波信道的特性

⑴D 层：是最低层，出现在地球上空 60～90km 处，最大电子密度发生在 70km 处。D 层出现在太阳升起时，而消失在太阳降落后，所以在夜间，不再对短波通信产生影响。D 层的电子密度不足以反射短波，所以短波以天波传播时，将穿过 D 层。但是，在穿过 D 层时，电波将遭受严重的衰减，频率越低，衰减越大。而且在 D 层中的衰减量将远远大于 E 层和 F 层，所以称 D 层为吸收层。在白天，D 层决定了短波传播的距离，以及为获得良好的传播所必需的发射机功率和天线增益。研究表明，在白天 D 层有可能反射频率为 2～5MHz 的短波。在 1000km 距离的信道试验中，通过测量所得到的衰减值和计算值比较一致。

⑵E 层：出现在地球上空 90～150km 的高处，最大电子密度发生在 110km 处，在白天认为基本不变。在通信线路设计和计算中，通常都以 110km 作为 E 层高度。和 D 层一样，E 层出现在太阳升起时，而且在中午电离达到最大值，而后逐渐减小，在太阳降落后，E 层实际上对短波传播已经不起任何作用。在电离开始后，E 层可以反射高于 1.5MHz 的电波。

⑶E_s 层：称为偶发 E 层，是偶尔出现在地球上空 120km 高处的电离层。E_s 层虽然是偶尔存在，但是它具有很高的电子密度，甚至能将高于短波波段的频率反射回来，因而，目前在短波通信中，许多人都希望能选用它来作为反射层。当然，E_s 层的采用应十

分谨慎，否则有可能使通信中断。

(4)F层：对短波通信来讲，F层是最重要的，在一般情况下，沿距离短波通信都使用F层作为反射层。这是由于与其他导电层相比，它具有最高的高度，所以可以传播最远的距离，习惯上称F层为反射层。

在白天，F层有两层：F_1层和F_2层。F_1层位于地球上空150～200km高度处；F_2层位于地球上空200～1000km高度处。它们的高度在不同季节和一天内的不同时刻是不一样的。对F_2层来讲，其高度在冬季的白天最低，而在夏季的白天最高。F_2层和其他层不同，在日落之后并不会完全消失，仍然会保持有剩余的电离。其原因是在夜间F_2层的电子密度低，以及天黑后数小时内，粒子辐射仍然存在。虽然夜间F_2层的电子密度较白天降低了很多，但是仍然可以反射短波某频段的电波，显然，夜间能反射的电波频率要远低于白天。所以，要保持昼夜不间断通信，工作频率必须昼夜更换，且夜间工作频率要低于日间工作频率。

电离层分层情况，见表3.6。

表3.6　电离层分层情况

层名	D层	E层	F_1层	F_2层
区域范围/km	60～90	90～150	150～200	200～1000
最大电子密度处高度/km	70	110	180～200	300
最大电子密度N_{max}/(个/cm^3)	10^3～10^4	10^3～10^5	10^5	10^5～10^5
中性分子密度/(个/cm^3)	4×10^{13}～10^{15}	7×10^{10}～10^{13}	8.5×10^9～10^{10}	2×10^8～10^9
大气成分	N_2，O_2，NO	N_2，O_2，O	N_2，O_2，O	N_2，O_2，O
电离成因	X射线和莱曼α射线的光电离；宇宙射线的碰撞电离	X射线及紫外线的光电离	$\lambda_0=(200～800)\times10^{10}$m的紫外线	
基本特点	夜间消失	电子密度白天大夜间小	F_1层夜间消失，常出现于夏季	F_2层电子密度白天大夜间小，冬季大夏季小

4)电离层变化规律

电离层的变化分为规则变化和不规则变化。

(1)规则变化：电离层的规则变化包括日夜变化、季节变化、11年周期变化和随地理位置变化。

①日夜变化。由于日夜太阳的照射不同，所以白天电子密度比夜间大；中午密度比早晚大；D层在日落之后很快消失，E层、F层电子密度减小。总的来说，日照越强烈，电子密度越大。

②季节变化。不同季节，太阳的照射也不尽相同。一般夏季的电子密度大于冬季，但是F_2层例外，F_2层冬季的电子密度反而大于夏季电子密度，其原因至今还不清楚。有一种解释是，由于F_2层大气在夏季因高温膨胀使电子密度减小。

③11 年周期变化。当太阳黑子活动数目增加时，太阳所辐射出的能量增强，使电离层各层的电子密度增大。因为太阳黑子的活动周期是 11 年，电离层的电子密度也随着太阳黑子的变化而变化，所以电离层的变化周期也是 11 年。

④随地理位置变化。电离层的特性随地理位置不同也是存在差异的。这是因为不同地点的太阳辐射不同，赤道附近太阳辐射最强，两极最弱。所以，赤道上空电子密度高，两极上空电子密度低。

(2) 不规则变化：电离层除了上述规则变化，还存在一些随机的、非周期的或突发的急剧变化，我们称这种变化为不规则变化。它主要包括突发 E_s 层(突发 E 层)、电离层暴、电离层突然骚扰等。电离层的不规则变化，往往导致通信中断。

①突发 E_s 层(E 层)。E_s 层的出现是偶然的，结构不均匀，但是形成后在一定时间内很稳定。在中纬度地区，E_s 层夏季出现较多。从全球来看，远东地区 E_s 层出现概率较大，我国上空 E_s 层强且多，特别是在夏季频繁出现。E_s 层对短波有时呈半透明特性，即入射电波的部分能量被反射，另一部分能量被吸收。有时，由于受到 E_s 层的反射，入射电波无法达到 E_s 层以上的区域，形成“遮蔽”现象。

②电离层暴。当太阳黑子数目急剧增多时，太阳所辐射的紫外线、X 射线和带电微粒都急剧增加，正常的电离层状态就会遭到破坏，这种电离层的异常变化称为电离层暴或电离层骚扰。电离层暴在 F_2 层表现最为明显。出现电离层暴常常使 F_2 层的临界频率大大降低，一次就可能使原来正常使用的高频率电波穿透 F_2 层而无法被反射，造成通信中断。电离层暴的持续时间可以从几小时到几天之久。当太阳出现耀斑时，喷射出大量微粒流，也常常引起地磁场的很大骚动，即产生磁暴。由于磁暴经常伴随着电离层暴，且又比电离层暴出现早，所以目前它是预报电离层暴的重要依据之一。此外，发生磁暴时，由于地磁场的急剧变化，会在大地中产生感应电流，这种电流会在通信电路中引起严重干扰。

③电离层突然骚扰。当太阳发生耀斑时，常常辐射出大量的 X 射线，以光速到达地球(时间约为 8 分 18 秒)，当穿透高层大气到达 D 层所在高度时，会使 D 区电离度大大增强，这种现象称为电离层突然骚扰。它的持续时间从几分钟到几小时不等。因为这种现象是由太阳耀斑引起的，所以只发生在地球上的太阳照射区。电离层突然骚扰，对不同频段的无线电波产生不同的影响。由于 D 层的电子密度大大增强，需要在 D 层以上各层反射的短波信号遭到强烈的吸收，甚至导致通信中断，这种现象称为“短波消逝”。此外，D 层的高度明显下降(有时下降幅度可达 15km)，因此导致 D 层反射的电磁波信号的相位产生突然的变化，这种现象称为“相位突然异常”。

5) 短波在电离层中的传播特性

(1) 最高可用频率(MUF)：指给定通信距离下的最高可用频率，是电波能返回地面和穿出电离层的临界值，如果频率高于此临界值，电波会穿过电离层到达外层空间。MUF 和反射层的电离密度有关，所以凡影响电离密度的诸因素，都将影响 MUF 的值。当通信线路选用 MUF 作为工作频段时，由于只有一条传播路径，所以一般情况下，有可能获得最佳接收。考虑到电离层的结构变化和保证获得长期稳定的接收，在确定线路的工作频率时，取的是低于 MUF 的频率 OWF，OWF 称为最佳工作频率，一般情况下：

$$\text{OWF} = 0.85\text{MUF} \tag{3.3}$$

选用 OWF 之后，能保证通信线路有 90%的可通率。

(2) 多径传播：主要带来两个问题，一是衰落，二是时延。

多径衰落是指在微波信号的传播过程中，由于受地面或水面反射和大气折射的影响，会产生多个经过不同路径到达接收机的信号，通过矢量叠加后合成时变信号。

多径时延是指多径中最大传输时延与最小传输时延之差。多径时延与通信距离、工作频率和工作时刻有密切关系。

多径时延随着工作频率偏离 MUF 的增大而增大。工作频率偏离 MUF 的程度可用多径缩减因子(MRF)表示。MRF 的定义如下：

$$\text{MRF} = \frac{f}{\text{MUF}} \tag{3.4}$$

其中，f 代表工作频率。显然，MRF 越小，表示工作频率偏离 MUF 越大。

多径时延还与工作时刻有关。例如，在日出日落时刻，多径时延现象最严重、最复杂，中午和子夜时刻多径时延一般就较小而且稳定。多径时延随时间变化，其原因是电离层电子密度随时间变化，从而使 MUF 随时间变化。电子密度变化越剧烈，多径时延的变化也就越严重。

(3) 衰落：在电离层内短波传播的过程中，电离层电特性的随机变化，引起传播路径和能量吸收的随机变化，使得接收电平呈现不规则变化。短波通信中，即使在电离层的平静时期，也不可能获得稳定的信号。接收信号振幅总是呈现随机变化，这种现象称为“衰落”。衰落分为快衰落和慢衰落。

慢衰落主要是吸收型衰落，它是由电离层电子密度及高度的变化造成电离层吸收特性的变化而引起的，表现为信号电平的变化，其周期可从数分钟到数小时。日变化、季节变化及 11 年周期变化均属于慢衰落。吸收衰落对短波整个波段的影响程度是相同的。在不考虑磁暴和电离层骚扰的情况下，衰落深度可能低于中值 10dB。

要克服慢衰落，应该增加发射机功率，以补偿传输损耗。根据测量得到的短波信道小时中值传输损耗的典型概率分布，可以预计在一定的可通率要求下所需增加的发射功率。通常要保证 90%的可通率，应补偿的传输损耗约为–130dB。

快衰落是一种干涉型衰落，它是由随机多径传输引起的。电离层媒质随机变化，各径相对时延也随机变化，使得合成信号发生起伏，在接收端看来，这种现象是由于多个信号的干涉造成的，因此称为干涉衰落。干涉衰落具有明显的频率选择性。实验证明，两个频率差值大于 400Hz 后，它们的衰落特性的相关性就很小了。干涉衰落的电场强度振幅服从瑞利分布。干涉衰落的衰落深度可达 40dB，偶尔会达到 80dB。

为了减小快衰落的影响，不仅需要增加发射功率，还需要采用抗衰落技术，如分集接收、时频调制和差错控制等。

(4) 相位起伏(多普勒频移)：信号相位起伏是指相位随时间的不规则变化。引起相位起伏的主要原因是多径传播。此外，电离层折射率的随机变化及电离层不均匀体的快速运动，都会使信号的传输路径长度不断变化从而出现相位的随机起伏。

信号相位随时间变化时，必然会产生附加的多普勒频移。必须指出，即使只存在一条射线，也就是在单一模式传播的条件下，由于电离层经常性的快速运动，以及反射层高度的快速变化，传播路径的长度会不断变化，信号相位也会随之产生起伏不定的变化。从时间域的角度来看，短波传播中存在时间选择性衰落。多普勒频移在日出和日落期间较为严重，在电离层平静的夜间，不存在多普勒效应，而在其他的时间，单跳模式下多普勒频移一般在 1～2Hz 的范围内。当发生磁暴时，频移最高可达 6Hz。

6) 短波信道的噪声和干扰

短波信道的噪声主要包括大气噪声、人为噪声、宇宙噪声等。其中，人为噪声在大部分地区都处于主导地位。

人为噪声也称为工业干扰，它是由各种电气设备、电力网和点火装置等产生的。特别需要指出的是，这种干扰的幅度除了与本地噪声源有密切关系，同时也取决于供电系统。这是因为大部分的人为噪声的能量是通过商业电力网传送来的。人为噪声短期变化很大，与位置有密切的关系，而且随着频率的增加而减小。人为噪声辐射的极化具有重要意义。当接收相同距离、相同强度的干扰来源的噪声时，可以发现接收到的噪声电平的垂直极化比水平极化高 3dB。

3. 短波通信技术

1) 自适应技术

短波信道受多径时延、幅度衰落、天气变化等因素的影响变化莫测，要保证通信的可靠性，需要系统根据短波信道的变化自适应改变系统结构和参数。现在的短波自适应通信技术主要是指频率自适应技术，而未来的短波自适应通信技术应该是全方位的，包括自适应选频与信道建立技术、传输速率自适应技术、自适应信道均衡技术、自适应天线技术等。

(1) 自适应选频与信道建立技术。现在的自适应选频与信道建立技术都是与通信结合在一起的，这样选频质量会低于专用实时选频系统提供的频率质量。今后的发展方向应该是将专用选频系统和自适应通信系统结合起来，进一步提高短波通信质量。

(2) 传输速率自适应技术。短波通信在选定工作频率后，要在随时间变化的信道上得到最大数据吞吐量，就必须采用传输速率自适应技术。通常在允许的误码率条件下应选择尽可能高的数据传输率，这需要系统所采用的编码和调制方法与信道条件相互关联，当信道传播特性良好时用较高传输速率发送信息，而当传播特性变差时则降低传输速率，使误码率始终能满足通信质量的要求。

(3) 自适应信道均衡技术。在短波时变信道中传输信号时，为了消除多径效应、多普勒频移等带来的严重码间干扰，必须采用自适应信道均衡技术。判决反馈均衡器(Decision Feedback Equalizers，DFE)是目前短波通信系统普遍采用的一种均衡技术。近几年提出了一种新的均衡技术——Turbo 均衡技术，它结合信道编解码技术，充分利用了信道信息，经比较，在短波通信系统中应用 Turbo 均衡技术较之 DFE 又提高了 2～3dB。

(4) 自适应天线技术。自适应天线技术的原理是通过对接收到的信号进行实时处理，控制和调节天线阵元的相位来改变天线方向图特性，完成自适应波束形成，使天线波束的零位对准干扰方向，信号方向的增益达到最大，从而有效地提高系统抗多径衰落和抗干扰能力。

2) 高速调制解调技术

目前广泛应用的窄带短波电台的调制解调器有串行和并行两种体制，串行体制使用单载波调制发送信息，目前最高速率为 9.6Kbit/s，对均衡的要求很高；并行体制是将发送的数据并行分配到多个子载波上传输，传统的并行体制中各个子载波在频谱上互相不重叠，在接收端用滤波器组来分离各个子信道，各个子信道之间要留有保护频带，频带利用率低，而且多个滤波器的实现也有难度，目前最高速率仅为 2.4Kbit/s。正交频分复用(Orthogonal Frequency Division Multiplexing，OFDM)调制方式以其传输速率快、频带利用率高和抗多径干扰能力强等优点越来越受到人们的重视，也开始逐步应用于短波通信领域。相对于单载波和非正交频分复用方式，OFDM 应用于短波通信具有以下优势。

(1) 抗频率选择性衰落。OFDM 系统把高速数据流通过串并转换，使得每个子载波上的数据符号持续长度相对增加，从而可以有效地减小无线信道的时间弥散所带来的 ISI(Intersymbol Interference)，这样就减小了接收机内均衡的复杂度，有时甚至可以不采用均衡器，仅通过采用插入前缀的方法消除 ISI 的不利影响。

(2) 频谱利用率高。OFDM 系统由于各个子载波之间存在正交性，允许子信道的频谱相互重叠，因此与常规的频分复用系统相比，OFDM 系统可以最大限度地利用频谱资源。

(3) 实现简单。采用 IDFT(Inverse Discrete Fourier Transform)/DFT(Disc-rete Fourier Transform)实现 OFDM。即使对于子载波个数很多的系统，随着大规模集成电路技术与 DSP 技术的发展都是很容易实现的。

(4) 有利于 MIMO(Multiple-Input/Multiple-Output)技术的应用。MIMO 技术利用多个天线实现多发多收，在不需要增加频谱资源和天线发送功率的情况下，可以成倍地提高信道容量，充分开发了空间资源。而 OFDM 系统中由于每个子载波内的信道可看作平坦衰落信道，MIMO 系统带来的额外复杂度可以控制在较低的水平。相反，单载波 MIMO 系统的复杂度与天线数量和多径数量乘积的幂成正比，不利于 MIMO 技术的应用。

3) 抗干扰技术

短波通信是战事状态下指挥唯一可靠的途径，随着干扰手段向宽频域、多样式、多层次的方向发展，抗干扰措施也应趋于综合化、智能化以及多体制并存，具体的发展方向如下。

(1) 信号处理。自适应跳频系统在常规跳频通信的基础上加上了链路质量分析(Link Quality Analysis，LQA)，通过可靠的通信链路质量分析，确定被干扰的频点，给出可以使用的跳频频率集，并把该频率集通过反馈信道传送给发射方，使双方自动适应信道变化情况，同时删除被干扰的全部频率，然后在无干扰或干扰很小的频点进行可靠通信。

(2) 空间处理。例如，采用自适应天线调零技术，当接收端受到干扰时，使其天线方向图零点自动指向干扰方向，以提高通信接收机的信噪比。

(3) 时间处理。例如，猝发传输技术和先进的纠错编码技术。猝发传输技术是先将信息存储起来，然后在某一瞬间以正常时 10～100 倍或更高速率猝发。一方面可使用较大的脉冲功率来抵御有意干扰，另一方面由于发射时间的随机性和短暂性，侦收概率大大降低；采用接近香农极限的 Turbo 码结合交织技术、迭代技术以及抗干扰技术在一定程度上可提高系统的抗干扰性能。

4) 组网技术

传统的短波通信业务(话、报、点对点数据)已不能适应数字化战场的应用需求，当前的短波网络需要支持更多的应用，并希望成为 Internet 的一部分，短波通信正同其他通信一样，已稳步迈入了网络化时代。第三代短波通信网络开始发展，它建立在美国军用标准 MIL-STD-188-141B 的基础上，在自动链路建立(Auto Link Establishment，ALE)、信道效率、网络管理、路由协议及与 Internet 互连等方面的性能都较第二代网络有很大进展。但是由于短波信道的特殊性，全网各电台如何实时选频以及频率复用等问题都有待进一步解决。

3.1.4 中波通信

中波是指频率为 300kHz～3MHz，相应波长为 1km～100m 的电磁波。中波能以表面波或天波的形式传播，这一点和长波一样。但长波穿入电离层极浅，在电离层的下界面即能反射。中波较长波频率高，故需要在比较深入的电离层处才能发生反射。波长为 2000～3000m 的无线电通信用无线或表面波传播，接收场强都很稳定，可用以完成可靠的通信，如船舶通信与导航等。波长为 200～2000m 的中短波主要用于广播，故此波段又称广播波段。

1. 中波通信信道

中波段无线电波能以地波或者天波方式传播，天波要求在比较大的电子密度处才能发生反射。电离层的 D 层对于天波的影响较大，在白天，由于这层对于中波的吸收强度较高，中波在天波传播时衰减很大，因此主要靠地波来传播，而到了夜间时，由于 D 层消失，天波从 E 层反射，吸收损耗也减小。在 150～200km 以外就有天波存在，故在晚间天波和地波同时存在，所以中波的传播除了受昼夜变化的影响和晚上有衰落现象，还受季节变化的影响。

由于中波的电波波长(100～1000km)较长，在地波方式传播时，绕射能力较强，可以越过山川和较大的建筑物，且地面波信号稳定、通信可靠、不随季节或昼夜而变化。夜间经 E 层反射回的天波与地波产生干涉，会出现显著的衰落现象。因此，中波信道白天主要通过地波传播，基本上没有多径效应，不会引起衰落现象。在夜间，由于吸收中波电波的 D 层消失，中波会出现天波与地波同时传输引起干涉的现象。根据电离层的特性，由于其层次多，分布密度不均匀，并且随着时间的变化也会产生相应的变化，其密度与天气、时间、季节等因素有很大的关系，所以总体来说，中波在电离层中，白天的传播稳定性高，而到了夜间，中波通信信道符合随机信道的特点。

1) 地波传播

地波主要是沿着大地和空气的临界面传播，中波在白天的时候主要是以地波的形式来传播，故它传播的距离在一定程度上随着电离层与气候特性的变化而变化，而其频率几乎覆盖中波频段的大部分。

中波通信在地波上传播时，由于电离层与气候特性的性质会随时变化，所以传播的距离有时候可达到上千公里。在陆地上传播时，通信距离在通常情况下只有几十公里。地波信道传输与天波传输相比，不需要考虑电离层的变化，这是中波传播的主要优点。根据上述能够看出，中波通信的应用范围主要为海上的岸舰和舰船之间的通信，还有陆地上的短距离通信。同时，由于地波传播的特性，其传输容易被大气和人为噪声干扰，并且天波信号的存在也会对地波信号产生一定的干扰，在收信端产生信号的衰落。

2)多径衰落

由于中波信道在夜间主要是天波和地波同时存在，所以会有很大的在天波传播时所特有的信道特点，如多径、频移、多普勒效应等。与有线信道相比，无线信道往往都是时变的，这个性质取决于无线通信的传播介质的时变性、多变性。因此在建立无线信道的信道模型时，需要采用的一般都是时变的信道模型。

2. 中波通信调制方式

中波通信调制可分为连续相位调制和串行连续相位调制两种。

1)连续相位调制

CPM(Continuous Phase Modulation)是一种特殊的调制体制，它的特性决定了它具有记忆性。这种调制体制的包络恒定且有高效的频带和功率利用率，在数字通信领域中应用广泛，这种调制体制把数字信息加到载波相位上，并且保证了相位是以时间为参照的连续性函数。相对于 FSK 和 PSK 等其他相位调制体制而言，连续相位调制信号载波的相位在时间间隔处是连续的，这使需要传输的信号带宽变窄，获得更高效的频带使用率。另外，它产生的波形具有包络恒定的特性，对功放所产生的非线性这种特性不是特别敏感。当然，由于这种特性的关系，信号在收信端的检测和分析具有一定的复杂性。

这种调制体制下，信号的相位是连续的，即前一个相位和后一个相位之间有一定的联系。这种特性使信号具有很多突出的优良性。

(1)频谱利用率高，单位带宽能传送的比特率高，即 bit/s/Hz 比较大。

(2)功率谱在主瓣以外衰减比较快，带外功率比较小，对相邻信道的干扰比较小。

(3)已调信号具有恒包络性质，有利于在非线性特性的信道中传输，同时允许使用非线性功率放大器以降低设计复杂度。

(4)CPM 信号的基带调制器相当于一个卷积编码器，这使得 CPM 信号具有一定的编码增益。

此后随着编码技术的发展，CPM 调制开始和各种编码计算相融合。随着 Turbo 码的提出，人们一直在寻找一种性能更加优异的编码方式，而串行级联卷积码(Serial Concatenated Convolutional Code，SCCC)通过反复的实验和方案修改，最终被证明比 Turbo 码有着更加优异的性能。结合上述两种级联码和 CPM 调制体制的特点，可以组成串行级联连续相位调制(Serial Concatenated Continuous Phase Modulation，SCCPM)。

2)串行连续相位调制

Turbo 码作为编码理论的一个里程碑，随着技术的不断发展，证实 SCCC 比 Turbo

码在性能上更优异，当网格编码调制与 SCCC 结合起来时，通过实验证明其带宽效率要远远高于简单地采用串行级联相移键控载波调制。

串行级联连续相位调制体制的频谱和功率使用程度相比 SCCC 更高效，不仅具有类似 Turbo 码的系统性能，而且在动态和衰落等信道环境下会变得十分稳定。SCCPM 将 SCCC 中的内码用 CPM 调制器代替，整体结构与 SCCC 很相似，译码也采用了迭代译码算法，加上交织器的存在，SCCPM 中的卷积码编码器(Convolutional Code Encoder)与 CPM 调制解调器的设计是相互独立的。

SCCPM 系统充分地采用了 SCCC 与 CPM 的特点，取得了比较好的系统性能。SCCPM 系统发送端是由卷积码编码器、交织器和 CPM 调制解调器组成的，将调制好的信号传送到信道。接收部分是由与发送端的卷积码编码器相对应的两个后验概率译码器组成的，所使用的算法分别是基于 CPM 系统的后验概率算法与基于卷积码的后验概率算法，通过交织器与解交织器来转换两个译码器的外信息，从而完成迭代译码的过程，最后通过判决将译码后的数据输出。

3.1.5 长波通信

长波通信是指利用波长大于 1000m(频率低于 300kHz)的电磁波进行的无线电通信，它可细分为在长波(1～10km)、甚长波(10～100km)、超长波(1000～10000km)和极长波(10000～160000km)波段的通信。

长波通信也称低频通信，主要以地波形式传播，由于电离层反射等很少采用天波传播；地波传播比较稳定，当天波、地波同时存在时会产生干涉现象。地波在海面上传播距离比陆地要远得多。在频段高端，可通电话和电报，广泛用于海上通信。长波具有穿透岩石和土壤的能力，也用于地下通信，但只能通电报或低速数据[8]。

甚长波通信也称甚低频通信，甚长波的波长比长波更长，传播衰减更小，距离可达数千公里乃至覆盖全球，并且通信可靠。甚长波通信系统庞大、占地广、功率大，只能通电话或低速数据。

超长波通信也称超低频通信。这一频段的电磁波传播十分稳定，可用于远距离和在大深度下航行的战略导核舰艇的通信，天线效率很低，在接收端还需采用许多先进技术。

极长波通信也称极低频通信。这一频段的电磁波适于对数百米海水下的舰艇进行通信。

长波以地波及天波的形式传播。在一定范围内，长波通信以地波传播为主，当通信距离大于地波的最大传播距离时，则靠天波来传播信号。长波通信的优点是：通信距离远，能透入岩层、海水一定的深度，受太阳耀斑和核爆炸的影响小，通信比较稳定可靠。其缺点是：发信设备及天线系统庞大，造价高；通频带窄，不适于多路和快速通信；易受天电干扰。长波通信主要用于潜艇通信、远洋通信、地下通信及导航等。其通信方式主要是人工报和低速印字报，频段高端也可通单边带话。

长波通信距离可达数千公里甚至上万公里，波长越长，传输衰减越小，穿透海水和土壤的能力也越强，但相应的大气噪声也越大。多用于海上通信、水下通信、地下通信和导航等；由于传播稳定，受太阳耀斑或核爆炸引起的电离层骚扰的影响小，也可用作防电离层骚扰的备用通信手段。

3.2　无线应急电台

无线电台按使用频段分类，可分为长波电台(30～300kHz)、中波电台(300～3000kHz)、短波电台(3～30MHz，也称高频电台)、超短波电台(30～300MHz)、微波电台(300MHz～300GHz)等。短波电台通过电离层传播，不依赖地面通信网络和电力系统而独立工作(车载电台靠汽车电瓶就可以工作一天至几天)，通信的自主性比卫星更强，而且通信没有费用，在灾害和战争中，短波电台全部被摧毁的概率极低，因此在现在和将来都是不可替代的战时和灾时应急通信手段，适合大量推广，见图 3.4。

图 3.4　背负便携式短波单边带电台

本节主要讲述短波电台的相关知识，包括短波自适应电台系统及设备等。

1. 无线短波电台基本组成

最基本的短波单边带电台框图如图 3.5 所示。

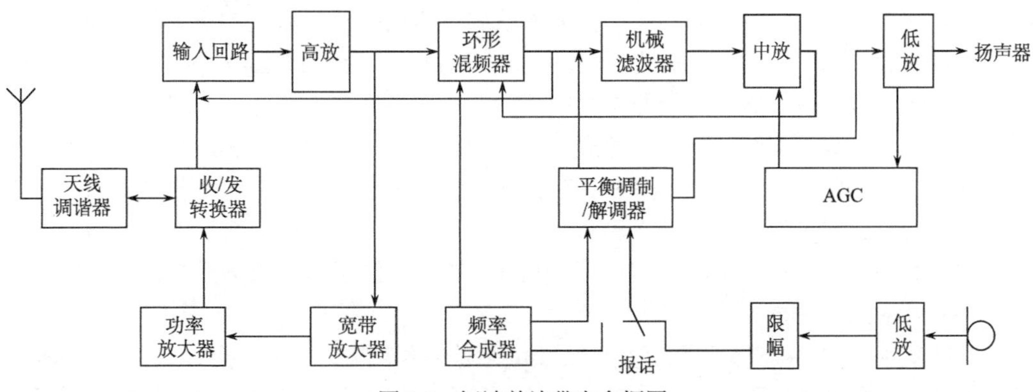

图 3.5　短波单边带电台框图

1）发射部分

话筒、低放和限幅产生发射的射频载波信号，经过调制、上变频、宽带放大、功放，产生额定的射频功率，经过收/发转换器、天线调谐器组成的发射回路，抑制谐波成分，然后通过天线发射出去。

2）接收部分

接收部分将来自接收回路的射频信号放大，并与来自环形混频器的信号混频生成中频信号，再通过机械滤波器进一步消除杂波信号后，被放大、自动增益控制和进行电声转换，产生音频信号。

2. 短波无线电台技术发展

短波无线电台技术发展主要体现在以下几个方面。

1）信道技术

(1)信道自适应技术：如频率自适应、速率自适应、功率自适应等。

(2)抗干扰技术：如跳频、自适应跳频、直扩、跳时等。

(3)分集接收技术：如空间分集、时间分集等。

2）终端技术

(1)调制解调技术：如多音并行、单音串行、格状编码、OFDM等。

(2)差错控制技术：如ARQ、FEC(交织码、扩散卷积码)等。

(3)数字技术：全数字、软件无线电等。

3）数字化网络化技术

(1)数字化技术：微电子、频率合成、宽带功放、天调、软件等。

(2)网络化技术：数据组网、网络管理、频率管理、IP等。

3.2.1 自适应选择技术

1. 自适应选择技术概述

世界上第一个窄脉冲斜入射探测实时选频系统是美国国防通信局为了给只有短波通信可利用的那些用户提供最佳信道而首先提出的公共用户无线电传输探测系统，即CURTS。早在20世纪60年代，美国国防通信局就为研制这种系统制定了长远规划，投入了大量资金，进行了广泛的基础研究，并在横跨欧洲、亚洲和北美大陆，穿越太平洋、大西洋地区的范围内开展了系统网络的测试。进入20世纪70年代，CURTS正式在太平洋地区的通信干线上运转，并不断改进、完善和扩大服务区域。在它的影响和带动下，又相继出现了一些其他的独立探测和频率管理系统，如Chirp、CHEC等探测系统。有实测数据表明，采用了无线电传输探测和频率管理系统后，短波通信在电路质量和频率资源利用方面都有很大提高。我国在20世纪80年代也研制了这类选频系统，投入运行，取得了良好的通信效果。

尽管早期的CURTS探测和后来的Chirp探测这类系统有众多优点，但像这样一种探测体制基本上独立于通信设备的RTCE系统，其庞大的设备、高昂的造价显然不利于在短波通信电路上普遍推广应用。一种更为合适的选择是在通信系统中直接采用 RTCE 技术。事实上，进入 20 世纪 80 年代以来，世界各国所提出和研制的实时短波信道参数估算设备基本上都属于这一类型。目前，世界上已有多种短波自适应通信系统，如美国 Harris 公司的 RF-7100、RF-7166，Rockwell Collins 公司的 AN/ARC-190（又叫 SEI、SCAN 系统），德国 R/S 公司的 ALIS 系统，西门子公司的 CHX200 等，这些都是较为先进的自适应通信电台。

2. 基本功能

虽然短波自适应电台产品繁多，但基本功能大同小异。例如，美国生产的 RF-7100 系列自适应通信系统，其商标为 Autolink，含义为能自动建立线路；又如生产的 ALIS 系统，全名为自动线路建立（Automatic Link Set-Up）。可见，短波自适应选频通信系统是利用信令技术沟通电离层，自动选择和建立线路的通信系统，它的基本功能可归纳为以下四个方面。

1）RTCE 功能

短波自适应通信能适应不断变化的传输媒质，具有 RTCE 功能。这种功能在短波自适应通信设备中称为线路质量分析，简称 LQA。为了简化设备，降低成本，LQA 都是在通信前或通信间隙中进行的，并且把获得的数据存储在 LQA 矩阵中。通信时可根据 LQA 矩阵中各信道的排列次序，择优选取工作频率。因此严格地讲，已不是实时选频，从矩阵中取出的最优频率，仍有可能无法沟通联络。考虑到设备不宜过于复杂，LQA 试验不在短波波段内所有信道上进行，而仅在有限的信道上进行。因为 LQA 试验一个循环所花费的时间太长，所以通常信道数不宜超过 50 个，一般以 10～20 个信道为宜。

2）自动扫描接收功能

为了接收选择呼叫和进行 LQA 试验，网内所有电台都必须具有自动扫描接收功能。即在预先规定的一组信道上循环扫描，并在每一信道停顿期间等候呼叫信号或者 LQA 探测信号的出现。

3）自动建立通信线路

短波自适应通信电台能根据 LQA 矩阵全自动地建立通信线路，这种功能也称 ALE（Automatic Link Establishment）。自动建立通信线路是短波自适应通信最终要解决的问题。它是基于接收自动扫描、选择呼叫和 LQA 综合运用的结果。这种信道估计和通信合为一体的特点，是高频自适应通信区别于 CURTS 探测系统和 Chirp 探测系统的重要标志。

自动建立通信线路的过程简单描述如下。

假定通信线路上只有甲、乙两个电台，甲台为主叫，乙台为被叫。

(1) 在线路未沟通时，甲、乙两台都处于接收状态，即甲、乙台都在规定的一组信道上进行自动扫描接收。扫描过程中每一个信道上都要停顿一下，监视是否有呼叫信号。

(2) 若甲台有信息发送给乙台，则要向乙台发出呼叫，即键入乙台呼叫号，并按下“呼叫”按钮。此时系统就自动地按照 LQA 矩阵内频率的排列次序，从得分最高的频率开始向乙台发出呼叫。呼叫发送完毕后，等待乙台发回的应答信号。若收不到应答信号，就自动转到得分高的频率上发送呼叫信号。以此类推，一直到收到应答信号。

(3)对于乙台，在接收扫描过程中当发现某信道上有呼叫信号时，就立即停止扫描接收，检查该呼叫信号是否为本台呼号，若不是本台呼号，则自动地继续进行扫描接收；若检查结果确定为本台呼号，就立即在该信道上(以相同的频率)给主呼发应答信号，通常就用本台呼号作为应答信号。此时接收机就由“接收”模式转入“等待”(WAIT)模式，等待对方发送来的消息。

(4)甲台收到乙台发回的应答信号后，与发出的呼叫信号核对，确认是被叫的应答后，立即由“呼叫”模式转为“准备”(READY)模式，准备发送消息。

到此，甲、乙两台的通信线路宣告建立，整个系统就变成传统的短波通信系统，甲、乙两台在优选的信道上进行单工方式的消息传送。

4)信道自动切换功能

短波自适应通信能不断跟踪传输媒质的变化，以保证线路的传输质量。通信线路一旦建立后，如何保证传输过程中线路的高质量就成了一个重要的问题。短波信道存在的随机干扰、选择性衰落、多径等都有可能使已建立的信道质量恶化，甚至达到不能工作的程度。所以短波自适应通信应具有信道自动切换的功能。也就是说，即使在通信过程中，碰到电波传播条件变坏，或遇到严重干扰，自适应系统也应能作出切换信道的响应，使通信频率自动跳到 LQA 矩阵中次佳的频率上。

3.2.2 短波自适应电台典型系统及网络

1. 美国 RF-7100 Autolink 系列自适应通信系统

RF-7100 Autolink 系列自适应通信系统是美国 Harris 公司生产的能自动选频和建立线路的通信系统。图 3.6 是该系统的组成方框图。RF-7100 系列自适应通信系统中，其核心器件自适应控制器 RF-7110 都是相同的，差别在于所使用的收发设备不同，见表 3.7。

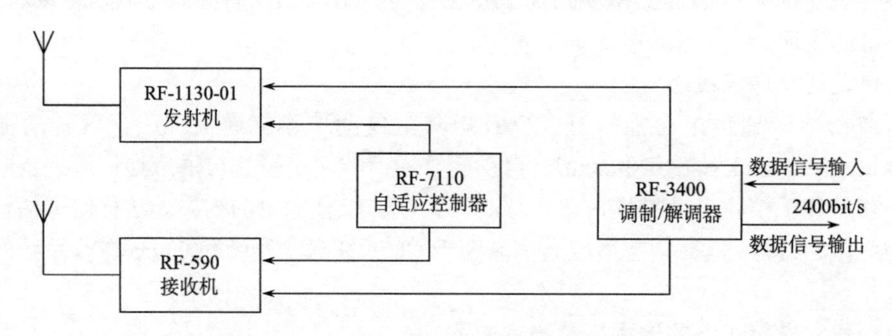

图 3.6 RF-7100 系列自适应通信系统组成框图

表 3.7 RF-7100 Autolink 系统

系统型号	收发信机型号	自适应控制器型号
RF-7100-01	RF-11300-01 型 1W 发射机	RF-7110
	RF-590 接收机	

续表

系统型号	收发信机型号	自适应控制器型号
RF-7100-03	RF-2301　　125W 收发信机	RF-7110
RF-7100-04	RF-350　　100W 收发信机	RF-7110
RF-7100-05	RF-230　　125W 收发信机	RF-7110

1) RF-7110 自适应控制器

RF-7110 是一个以微处理器为基础的自适应控制器，通过选择呼叫、LQA 和无线电台控制的综合运用来提供自动的频率管理。RF-7110 自适应控制器具有自动线路建立、最佳信道选择、LQA 预置信道扫描、易于操作、选择呼叫(群、网、通播和单台)、微机控制、100 个可编程设置和数字静噪等特点。接收信道扫描的功能允许在高达 100 个信道上进行监视，以求对输入选择呼叫的检测。

利用 RF-7110 面板上的键盘输入由四个数字组成的选择呼叫。单元间所有信息的传输均采用格雷前向纠错编码，用以在低信噪比下减少错误启动和改善选择呼叫的检测。RF-7110 最多可以编制 50 个单台地址，这 50 个地址可以是任何一个群或网的一部分。在 LQA 期间，控制器在操作员选择的时间间隔内，自动向每一个信道发送探测信号。信号质量的测试结果可以从接收到的选择呼叫信号中取得，并且把它储存在控制器内的信道选择矩阵内[9]。

2) RF-7100 Autolink 系统功能

在 RF-7100 Autolink 系统内由 RF-7110 自适应控制器所提供的功能可以简单归纳如下：

(1) 自动最佳信道选择；

(2) 选择呼叫和自动线路建立；

(3) 人工无线电控制；

(4) 四级网络能力；

(5) 实时 LQA(对单台或群)；

(6) 通话前的自动收听(发前探测)；

(7) 无线电沉默；

(8) 遥控；

(9) 由微机控制的机内测试；

(10) 数字静噪。

从以上功能可见，RF-7100 Autolink 系统兼有接收信道扫描、LQA 和适应信道条件变化的自动线路建立作用。有了扫描功能，就可以使操作员能在许多信道上监视输入的呼叫信号。在 RF-7110 的程序控制下，可自动地进行 LQA。对给定的所有通信信道估值，并按照估值后的得分来排队。自动线路建立保证了通信线路建立在可利用的最佳信道上。

3) RF-7100 Autolink 系统的自动选择呼叫

选择呼叫采用标准的四个数字呼叫格式。这种数字格式是每一个单台的标志符，这与用电话号码来标志用户一样。RF-7110 可以编制 50 个单台呼号。在一个网络里，单台呼叫的第一位和第二位数字都是相同的。表 3.8 列出了四种呼叫形式所采用的不同呼叫格式。

表 3.8　RF-7110 系统四种呼叫格式

呼叫形式	呼号	呼叫对象
单台	1234	特定的呼号
群	1200	具有 12XX 的所有呼号
网	1000	具有 1XXX 的所有呼号
通播	0000	所有呼号

在自动选择呼叫时，RF-7100 Autolink 系统基于寄存在 LQA 矩阵中的数据，可以为线路提供最佳信道。换句话说，自动选择呼叫时根据 LQA 矩阵中信道得分排队次序，按照最佳信道、次佳信道的顺序依次发送呼叫信号。

操作员想启动自动呼叫时，首先应按下 RF-7110 面板上的自动呼叫(AUTO CALL)按钮。此时在数字-字母显示屏上立即出现“CALLSIGN?”的字符，而且在此字符的后面还显示上一次呼叫的呼号。此时操作员用键盘送入被呼叫的呼号，按下 Enter 键后，新的呼号以全亮度显示在显示屏上。此时 RF-7110 就进入了自动选择呼叫过程。在呼叫过程结束前，显示屏上始终显示“CALL IN PROGRESS”。

为了建立单台间的通信线路，呼叫启动后，两个 Autolink 系统之间要进行数据头(Preamble)和三种消息(Sound、Respond 和 Probe)的传送。作为主呼的 Autolink 系统根据 LQA 矩阵中的信道得分次序，在最佳信道上首先发出数据头。设置数据头的目的是使网内所有正在扫描的单台，在收到该数据头后，立即停止扫描，等待接收 Sound 消息，被呼的呼号就包含在 Sound 信号之中。主呼在数据头发送结束后，紧跟着发送 Sound 消息，同时等待被呼的应答信号(Respond)。主呼接收到被呼的应答信号后，立即给被呼发送 Probe 消息，至此，两个单台间的通信线路宣告建立。

若在最佳信道上未能沟通联络，即呼叫失败，Autolink 系统就自动转到次佳信道上呼叫。同样，仍未沟通联络，就转到第三最佳信道上呼叫。这一呼叫过程一直延续到沟通联络或所有信道都轮流一遍为止，见图 3.7。

4) RF-7100 Autolink 系统的网络操作

RF-7100 Autolink 系统组网采用随意网络法，这意味着网络内任一节点都可以随意地和网内任一 Autolink 系统建立线路、中断线路和搜索 LQA 数据，而不需要像直接网络系统那样，网内任一节点要与网内任一单台联络，都必须向网络控制中心申请，获准后才能实施。所以随意网络法缩短了沟通时间，降低了信道上流通的平均业务量，节省了网络中心控制器。当然，在组织区域内的通信联络时，必须明确各级的权限，规定哪些 Autolink 系统可以发起通播、网呼或群呼。对于大量的单台，只允许发起单台呼叫。

网络操作除了需要明确呼叫格式(如通播 0000，网呼号 1000，群呼号 1200)，还必须考虑共用信道问题，没有共用信道就无法建立通播、网呼和群呼。例如，要发起通播，至少要有一个信道为区域内所有信道所共用。同样，要发起网呼和群呼，网内和群内也至少有一个共用信道。

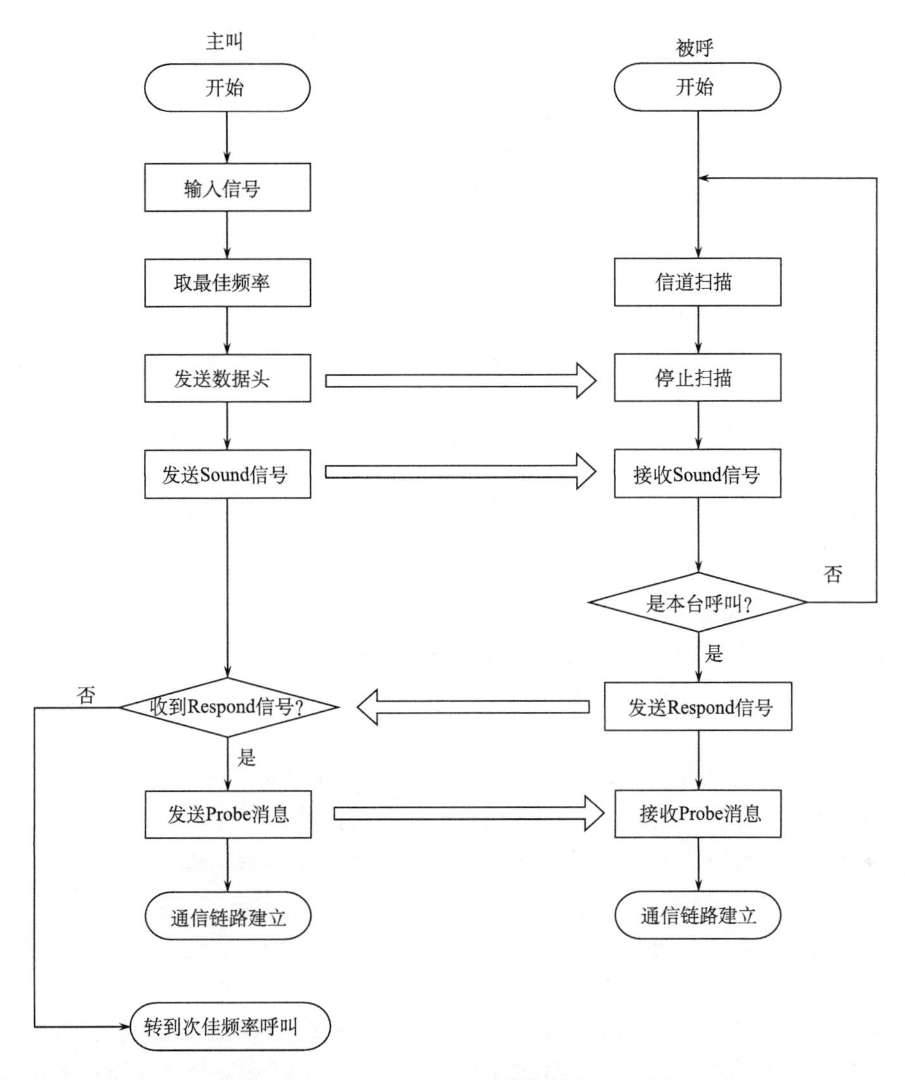

图 3.7　RF-7100 Autolink 系统自动呼叫过程

5) RF-7100 Autolink 系统的 LQA

RF-7110 自适应控制器使 RF-7100 Autolink 系统在发送选择呼叫时，之所以能选择最佳信道，是基于呼叫前定期的 LQA 试验，并把试验中获得的数据存储在 LQA 矩阵中，根据线路质量对信道进行排队。LQA 的时间间隔及所要通信的电台呼号由操作员编程设置，LQA 试验将根据编程中输入的自适应控制器参数自动地进行。

RF-7110 Autolink 系统能进行单台和群两种 LQA 试验。

(1) 单台 LQA 试验。单台 LQA 试验是在两个电台之间进行的。只要一个电台知道另一个电台的呼号，而且该呼号已被对方的操作员编入网络结构内，就可以进行单台 LQA 试验。试验时对两台间所有预置信道进行估值，并把结果存储在 LQA 矩阵内。

(2)群 LQA 试验。群 LQA 试验和单台 LQA 试验不同，它是在群内各单台之间所有预置信道上进行的，即在电台呼号前两位数字相同的单台之间进行的。例如，在进行会议电话时，群 LQA 将提供对所有路径而言的最佳信道，并在该信道上发起群呼。以上所指的最佳信道不是指主呼和被呼之间的最好信道，而是指对全群通信来讲的最好信道。

信道估计测量的参数是信道传输数据的误比特率和信噪比。即在被测的某个信道上发送测试信号，测试信号具有和要传送的数据相同的参数，在接收端就可以通过计算求得信道的信噪比和误码率。因此发起 LQA 试验和发起选择呼叫，它们在两个单台之间交换消息的过程是完全相同的。

LQA 试验过程和发起选择呼叫后的过程类似。LQA 启动后，甲台(主呼)首先发出数据头使正在扫描的被呼停止扫描，等候接收 Sound 信号。Sound 信号中包含 RTCE 中的探测信号。乙台(被呼)检测 Sound 信号，确认是呼叫自己时，就开始计算表示该信道(甲→乙)误码率的“得分数”。被呼把测量得到的信道(甲→乙)得分数通过 Respond 信号发送给主呼。主呼通过计算被呼发回的应答信号计算信道(乙→甲)的得分数。计算完毕后又将此得分数通过 Probe 信号发回给被呼。主呼收到从乙台发回的信道(甲→乙)得分数也包含在 Probe 信号内，以便被呼校核。此时甲、乙两单台都得到信道(甲→乙和乙→甲)的得分数，这些得分数在各自的 LQA 矩阵中合并。

LQA 试验与选择呼叫的不同之处在于 Sound、Respond 和 Probe 三个消息在甲、乙两台间交换完毕后，双方就自动转到下一个信道上进行以上三个消息的交换和 LQA 数据的收集。

在 LQA 试验中，被探测信道的数目和次序将按以下两种模式进行。

(1)Best3 试验模式。Best3 试验是指 LQA 只在最好的三个信道上进行。只要主呼和被呼之间存在三个得分大于零的 LQA 信道，通常就按 Best3 试验模式进行。得分大于零说明该信道仍然可以用。LQA 试验从得分最高的最佳信道开始，紧跟着试验得分为第二和第三的信道。一旦三个最佳信道测试完毕，甲、乙两台都自动返回 LQA 试验前单台所处的模式。假如被探测的信道中有一个未能沟通，或者被测的三个信道中有一个得分不能继续保持前三名，LQA 试验就要从 Best3 试验模式转到 ALL 试验模式。

(2)ALL 试验模式。ALL 试验模式是指 LQA 试验在主呼和被呼之间预置的所有信道上进行，试验次序是从最高频率至最低频率。假如 Best3 试验失败或者在过去的 LQA 矩阵中找不到得分大于零的三个有用信道，就需要进行 ALL 试验。在 ALL 试验中，每一个信道只试验一次，若未能沟通，主呼就自动地转到下一个信道上试验，见图 3.8。

2. 美国 CHESS 短波跳频通信系统

新型的短波跳频通信系统——CHESS 系统是美国马丁公司下属的 Sanders 公司研制的。全名为相关跳频增强扩展频谱(Correlated Hopping Enhanced Spread Spectrum)。它的主要性能如下。

(1) 频点数：64 个，256 个。

(2) 跳速：5000 跳/s。

(3) 每跳持续时间：200μs 。

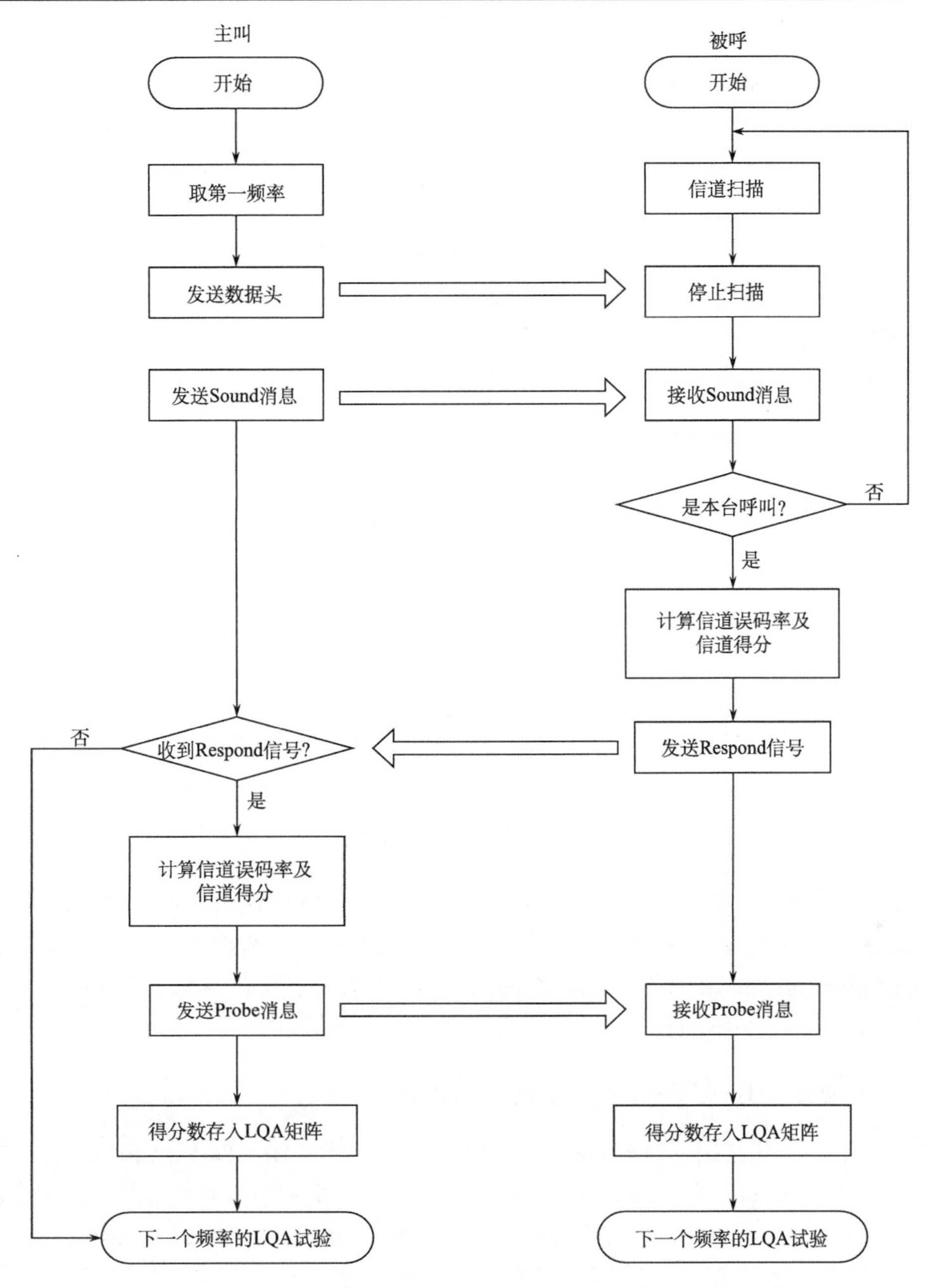

图 3.8 LQA 试验过程示意图

(4) 跳频宽度：2.56MHz。

(5) 每跳比特数：1～4bit。

(6) 波特率：2400B、2800B、7200B、9600B、14400B、19200B。

(7) 纠错编码：(8，4)码，信息速率 4.8Kbit/s 时，误码率可达到10^{-5}。

(8) 宽带功率放大器输出功率：100～200W。

CHESS 系统是一个全面基于 DSP 的通信系统，它的结构如图 3.9 所示。整个通信装置包括两个部分：射频前端和信号处理单元。射频前端直接与天线相连，包括发射部分的 D/A 转换、功率放大和接收部分的直接数字合成下变频、A/D 转换；信号处理单元由数字接收单元、数字激励单元、中央处理单元(CPU)组成。数字接收单元对 A/D 转换后 14bit 的数字信号进行 FFT 处理。信号处理板的采样频率是 5.12MHz，经过希尔伯特变换后得到采样频率为 2.56MHz 的复数信号。对时间长度为400μs 的采样序列进行 1024 点的复数 FFT，并且保留其中 512 个频率间隔为 5kHz 的点的值。相邻两次 FFT 的交叠时间为300μs 。然后使用特定的信号检测算法对各个频点进行检测，并负责帧同步，结果交由 CPU 进行进一步的处理。数字激励单元负责发射频率的合成。信号处理单元通过 RS-232C 接口与终端相接。

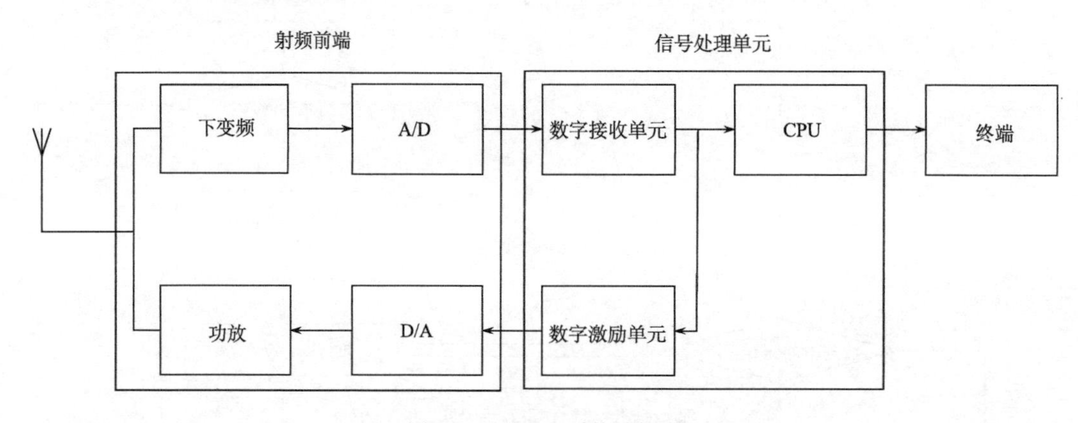

图 3.9　CHESS 系统结构图

CHESS 系统中的每帧信号由帧头和数据组成。在一个包括 64 个频点的 CHESS 系统中，帧头由 64 跳组成，每跳频率各不相同。余下 1600 跳传输数据，一帧信号共 1664 跳。对于 5000 跳/s 的 CHESS 系统，大约每秒传输三帧，帧头信息除了用于产生同步，还可以用于信道特性的估计。

3. 美国海军的 HF-ITF 网络和 HF 舰/岸(HFSS)网络

20 世纪 80 年代初期，美国海军研究实验室(NRL)提出 HF-ITF 网络和 HF 舰/岸网络(HFSS)，其中 HF-ITF 用于海军特遣部队内部军舰、飞机和潜艇间通信的 HF 通信试验系统，它工作于 2～30MHz，地波传播模式，扩频通信，其目的是为海军提供 50～1000km 的超视距通信手段，其特点是利用节点间分散的链接算法组织网络，使其能够适应短波网络拓扑的不断变化。HF-ITF 网络采用灵活的分布式自组织网络技术来提高抗毁和抗干扰性能。网络内部节点组成一组节点群，每个节点至少属于一个节点群，每群有一个充当本群控制器的群首节点，本群中所有节点在群首的通信范围之内，群首通过网关连接起来为群内其他节点提供与整个网络的通信能力。充当本群控制器的群首节点、网关节点和普通节点的生成是各个节点分别运行一套分布链接算法 LCA 与相邻节点交换信息而动态完成的。HFSS 网络是 HF 无线舰/岸远程通信网络，网络采用集中网控构造，由岸站和大量水面舰船节点构成，依靠天波传播模式。通常，HFSS 网络由岸站充当中心节点，所有网络业务需通过中心节点。中心节点根据自己的选择序列决定激活网络内部某一条双向链路。北美试验的改进型 HF 数字网络 IHFDN 则综合 HF-ITF 和 HFSS 网络，混合使用天波、地波构成大范围的 HF 无线通信系统。

4. 澳大利亚的 LONGFISH 网络

澳大利亚于 20 世纪 90 年代中期开始实施短波通信系统现代化计划 MHFCS，该系统是澳大利亚第一个数字化短波通信网络系统，在 21 世纪初完成，试图为澳大利亚的战区军事指挥互联网 ADMI 提供远距离的移动通信手段，将澳大利亚现存的各种短波通信网络升级纳入 MHFCS 中。其中 LONGFISH 是澳大利亚防御科学与技术组织(DSTO)为实施 MHFCS 而研制的短波实验网络平台。LONGFISH 网络的许多设计概念来自于 GSM 系统，网络结构类似于 GSM，网络是分层的，并且是多星状拓扑(Multiple Stars)。网络由四个在澳大利亚本土的基站和多个分布在岛屿、舰艇等处的移动站组成。基站之间用光缆或卫星宽带链路相连。自动网络管理系统将共同的频率管理信息提供给所有基站，每个基站使用单独的频率组用于预先分组的移动站的通信，以便减少频率探测和网络访问所需的时间。在物理层上，采用 TCM-16 Modem 和 PARQ 协议。联网功能由 IP 和基于用户数据报(UDP)的文件传输协议完成。在传送层上应用了一种新的协议 FITFEEL，以适应在较差信道上传送信息。LONGFISH 网络利用 TCP/IP 通过 HF 执行多种任务，可以发送 HF E-mail，完成 FTP 和遥控终端，通过网络传送电视分辨率的图像，将计算机中的执行代码传送给移动站等。

网络内部算法包括自动节点选择算法(路由)(NSA)、频率选择算法(FSA)、链路释放算法(USA)和带宽释放算法(BSA)等。图 3.10 是节点移动的 HF 网络示意图，其中 B 是基站，M 是移动站。

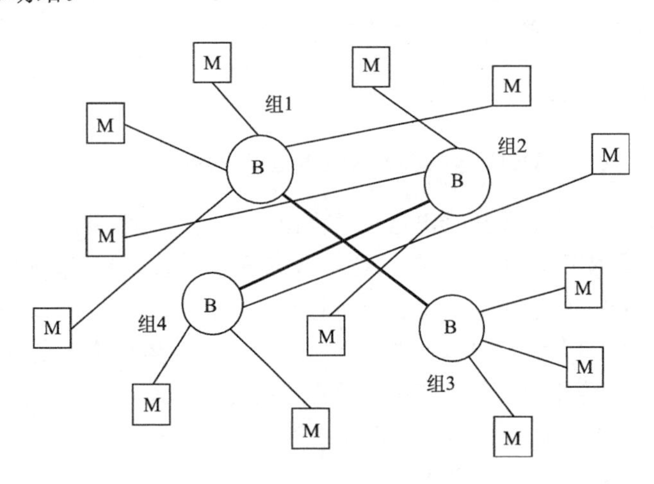

图 3.10　节点移动的 HF 网络

(1) NSA 使网络适应电离层和业务的不断变化，在网络负载较轻时提供最好的链路给移动站，负载较重时提供最好的链路给优先级高的业务以保证其链路的维护和频率的分配。网络维护并定期更新链路数据库，该数据库为二维不规则的矩阵，以基站号和频率号为索引。内部元素包括频率值、频率使用指示、移动站号和链路平均信噪比。数据库按信噪比排序。

(2) FSA 在协助数据库升级时使用，以为基站和移动站提供最好的传播路径。每个基站和移动站之间有一组频率，相互之间可以有或没有共同的频率，以便网络可以作为一个网络或几个独立或共同的子网络存在。

(3) LSA 允许链路将低优先级的业务释放掉以适应高优先级的业务。当网络中没有空闲的收发信机和现存的链路时执行 LSA，候选链路的选择根据业务类型、业务优先级、信噪比、可用收发信机和频率决定。

5. 美国 Collins 公司的 HF MESSENGER 网络

美国 Collins 公司开发了一种名为 HF MESSENGER 的数据通信产品，这种网络提供一种服务器，帮助用户使用短波调解器和电台传送各种数据，并控制 HF 网络中各种设备，将 HF 链路连接到个人计算机网络中。

HF MESSENGER 具有多种应用，可以为广播或多点通信提供无连接的服务，为点对点通信提供 ARQ 的服务，还可以在一条 HF 链路上提供特殊的委托业务，将该链路配置为独占或共享的短波链路，HF MESSENGER 可以根据用户需求选配各种电台、调解器的驱动和 SMTP、Z-Modem、PPP 等。

6. 美国加利福尼亚的 Global-Wireless 公司的 Maritime Data Network

美国加利福尼亚的 Global-Wireless 公司的海上数据网络(Maritime Data Network)，通过短波通信为全球的海上舰船提供廉价的通信和广播服务。公司通过在全球设立多个中继站，通过短波 24 小时为全球的海上舰船提供气象、新闻等多种广播服务，提供岸到舰和舰到岸的双向邮件、文件传输等数据通信服务。

3.2.3 短波电台设备介绍

1. 国产烽火系列 XD-D9B1 型 20W 短波单边带电台

XD-D9B1 型 20W 短波单边带电台主要供山区、丛林及平原背负行进间通信联络。配 2.4m 鞭天线，通信距离 20～30km；配 15m 斜天线，通信距离 200km；配 44m 双极天线，通信距离 500km；配上保密手机可进行话音保密通信，外接 Modem 可传数据。

电台具有机内自动天调，可自动调谐各种天线，具有体积小、重量轻、操作简便等特点。采用铝合金压铸外壳，具有防潮、防霉、防盐雾措施，可满足野外操作使用。

XD-D9B1 型 20W 短波单边带电台性能参数如下：

(1) 频率范围：3.0000～15.9999MHz；

(2) 工作种类：上边带话、下边带话、报；

(3) 频率稳定度：$\pm 2\times 10^{-6}$；

(4) 存储波道：24 个；

(5) 电源：直流 12V，负极接地；

(6) 消耗：收信状态小于 450mA，发信状态小于 4.5A；
(7) 调谐时间：< 3s；
(8) 调谐精度：< 2；
(9) 外形尺寸：226mm (*W*) ×80mm (*H*) ×265mm (*D*) (不含电池箱)；
(10) 重量：主机小于 4.2kg；
(11) 输出功率：大功率 20W，小功率 5W；
(12) 互调失真：≤–20dB；
(13) 无用边带抑制：≤–40dB；
(14) 载频抑制：≤–40dB；
(15) 话路输入电平：≤–35dBm；
(16) 灵敏度：上、下边带话 ≤1μV ((*S*+*N*) /*N*=12dB)，报 ≤ 0.5μV ((*S*+*N*) /*N*=12dB)；
(17) 选择性：上、下边带话 6dB 带宽≥2.3kHz，40dB 带宽≤4.5kHz；
(18) 中、像频抑制：≥75dB；
(19) AGC：从天线端输入 12μV 信号增大 80dB，输出变化小于 6dB；
(20) 失真：≤ 8%；
(21) 音频响应：400～2700Hz，不劣于 6dB；
(22) 音频输出：额定输出 10mW，最大输出 100mW。

2. 国产烽火系列 XD-D9A 型 20W 小型短波单边带电台

外形见图 3.11。

图 3.11　XD-D9A 型 20W 小型短波单边带电台外形

XD-D9A 型 20W 小型短波单边带电台主要供山区、丛林及平原背负行进间通信联络。配 2.4m 鞭天线，通信距离 10～20km：配 15m 斜天线，通信距离 200km；配 44m 双极天线，通信距离 500km；内置保密模块，可进行加密数据和话音通信。

电台内置自动天调，可自动调谐各种天线。具有语音音节静噪功能，采用铝合金套箱式结构，可防潮、防霉、防盐雾，电台具有体积小、重量轻、操作简便、便于维修等特点，适合于野外操作。

1) XD-D9A 型 20W 小型短波单边带电台整机性能

(1) 频率范围：2.0000～29.9999MHz；

(2) 工作种类：上边带话、下边带话、报；

(3) 频率稳定度：$\pm 2\times 10^{-6}$；

(4) 存储波道：24 个；

(5) 电源：直流 14.4V(负极接地)；

(6) 功率消耗：收信状态小于 380mA，发信状态小于 3.8A；

(7) 外形尺寸：210mm(W)×72mm(H)×245mm(D)(不含电池箱)；

(8) 重量：主机小于 3.1kg。

2) 接收机性能

(1) 灵敏度：上、下边带话、报≤ 1 μV((S+N)/N=12dB)；

(2) 选择性：上、下边带话　6dB 带宽≥2.3kHz，40dB 带宽≤4.2kHz；

(3) 中、像频抑制：≥70dB；

(4) AGC：从天线端输入 12μV 信号增大 80dB，输出变化小于 6dB；

(5) 失真：≤8%；

(6) 音频响应：350～2700Hz，不大于 6dB；

(7) 音频输出：额定输出 10mW，最大输出 50mW。

3) 发射机性能

(1) 输出功率：话功率　大功率 20～1dB(峰包功率)，小功率 5W；报功率　15W-1dB(平均功率)；

(2) 互调失真：≤–20dB；

(3) 无用边带抑制：≤–40dB；

(4) 载频抑制：≤–40dB

(5) 调谐时间：≤5s；

(6) 调谐精度：VSWR≤2。

4) 附件(表 3.9)

表 3.9　XD-D9A 型 20W 小型短波单边带电台附件名称及型号

名称	型号
手持话筒	OSC-3M
头戴式耳机话筒组	OSK-633M
2.4m 鞭天线	
12m 斜天线	
电池组	4.5Ah Li-ion
44m 双极天线	
电源	Y-121C
手摇发电机 FSD-40L	

3. 国产烽火系列 XD-D12 型 125W 短波自适应电台

外形见图 3.12。

图 3.12　XD-D12 型 125W 短波自适应电台外形

XD-D12 型 125W 短波自适应电台可用于固定台之间的中远距离通信。配 15m 斜天线，通信距离 500km；配 44m 双极天线，通信距离 1000km 以上，也可作为车载或船载台移动通信使用。

该电台应用当代先进的自动选择最佳信道和自适应链路建立(ALE)技术，采用数字信号处理(DSP)，实现了声码话、降噪、数字加密。内置 Modem，可进行数据传输。该电台采用铝合金压铸外壳，可防潮、防霉、防盐雾。

1) 主要技术指标

(1) 频率范围：2.0000～29.9999MHz；

(2) 工作种类：上边带话、下边带话、报；

(3) 频率稳定度：$\pm1\times10^{-6}$；

(4) 存储波道：100 个；

(5) 电源：直流 13.8V，负极接地；

(6) 功率消耗：收信状态小于 2A，发信状态小于 30A；

(7) 外形尺寸：292mm×100mm×345mm；

(8) 重量：主机小于 7kg。

2) 发射机性能

(1) 输出功率：大功率 125W，小功率 50W；

(2) 互调失真：$\leqslant -25$dB；

(3) 无用边带抑制：$\leqslant -40$dB；

(4) 载频抑制：$\leqslant -40$dB。

3) 接收机性能

(1) 灵敏度：$\leqslant 1\mu V((S+N)/N=12dB)$；

(2) 像频抑制：$\geqslant 80$dB；

(3) 中频抑制：$\geqslant 80$dB；

(4) AGC：从天线端输入 12μV 信号增大 80dB，输出变化小于 6dB；

(5) 音频响应：350～2700Hz 不劣于 6dB；

(6) 输出功率：500mW。

4) 自动链路建立性能

(1) 自适应呼叫种类：单呼、网呼、全呼；

(2) 信道扫描速度：5ch/s；

(3) 符合 MIL-STD-188-141A 标准。

5) 声码话性能

(1) 话音编码方式：AMBE 或 IMBE；

(2) 话音编码速率：2400/1200bit/s；

(3) 话音质量：2400bit/s 无误码时，汉字单字清晰度大于 90%，语句可懂度大于 99%；1200bit/s 无误码时，汉字单字清晰度大于 86%，语句可懂度大于 99%。

6) 数传性能

(1) 工作方式：半双工、同步/异步；

(2) 数据速率：75/150/300/600/1200/2400bit/s 可选。

7) 密码指标

(1) 加密算法：DES 或 3 重 DES 或按用户需求；

(2) 密钥量：256 或 2168。

4. 澳大利亚柯顿(CODAN)系列 2110 短波便携电台

柯顿 2110 型便携电台专门为在运动等恶劣的通信环境中工作而设计。用户只需少的花费即能实现和满足他们的要求。2110 电台低功耗功能可使电台长时间工作，且它的电池管理系统可以使用户清楚地了解电池的使用状态。2110 电台采用了友好的人机界面，全自动的天线调谐器，自我检测功能确保用户可以简单操作及维护。2110 电台可以和柯顿 NGT 系列电台，以及其他商业、军队的电台兼容。2110 电台还拥有自动链路管理系统(CALM)、语音加密功能、GPS 定位功能以及轻松谈(数字消噪)功能。

1) 主要特点

(1) 呼叫及协作功能。具有语音呼叫、选择呼叫、GPS 呼叫、状态呼叫、远程诊断呼叫及信息呼叫等多项呼叫功能。紧急报警呼叫可以在发射紧急呼叫时将 GPS 位置信息发射出去。自动链路管理系统包含自适应功能技术，在 24 小时链路质量分析基础上，它可以智能提供优选信道，缩短链路建链时间。

(2) 内置天线调谐器。2110 开机 50ms 即可搜索到已存储的 100 多个调谐频率，天线调谐时间少于 2.5s。

(3) 可长时间工作。120mA 的待机电流，可使标配电池的便携电台工作几天。

(4) 语音加密功能。为了其他安全方面的考虑，2110 对传送信息及位置信息也是加密的，可确保语音信息传输安全。

(5) 符合 MIL-STD-810F 指标。可以在恶劣的环境中工作。防水性能好，2110 提供的防水连接头，包括手咪话筒、扬声器、按键以及扩展的数据端口等。可浸没在 1m 深的水中而不损坏。

(6) 重量轻。2.5kg，电台和电池外壳采用超轻合金及超性能工程塑料制成，是当今世界经过认证的短波便携台之一。

2) 技术指标

(1) 频率范围：发射 1.6～30MHz；接收 250kHz～30MHz；

(2) 信道容量：400 个信道，10 个网络组；600 个信道，20 个网络组(符合军标 MIL-STD-188-141B ALE)；

(3) 工作方式：单边带(J3E) USB，LSB；可 USB，LSB；AM(H3E)；CW(J2A)；AFSK(J2B)；

(4) 频率稳定度：±1.5ppm(ppm=频率差/中心工作频率 $\times 10^6$) 或±0.5ppm(–30～+60℃)；

(5) 射频输入/输出接口：金属鞭/长线天线经过内置天调调谐成 50Ω 阻抗；

(6) 灵敏度：频率 0.25～30MHz，射频放大关闭：1.25μV PD-105dBm；频率 1.6～30MHz 射频放大打开：0.12μV PD-125dBm；

(7) 音频功率及失真：内置喇叭为 1W 8Ω 5%失真，GPIO 连接外置喇叭为 2W 4Ω 5%失真；

(8) 功率输出：25W PEP ±0.5dB(高功率)；5W PEP ±0.5dB(低功率)；

(9) 供电电压：12V DC 电池供电，负极接地；

(10) 天线调谐时间：标准快速调谐时间 2.5s；存储调谐 50ms，对已存储的调谐频率；

(11) 电池供电时间：13Ah NiMH 电池盒为 50 小时，8Ah NiMH 电池盒为 30 小时，7Ah SLA 电池盒为 15 小时，以上均为语音发射的 10%工作循环；

(12) 环境：环境温度为–30～+60℃；海平面以上每上升 330m 适应温度减少 1℃；

(13) 冷却：自然通风；

(14) 尺寸及重量：2110 电台包括电池组为 245 mm(W) × 350 mm(D) × 92 mm(H)；只有 2110 电台为 245 mm(W) × 250 mm(D) × 92 mm(H)；只有 2110 电台为 2.5kg；13Ah NiMH 电池盒为 2.9kg；8Ah NiMH 电池盒为 2.1kg；7Ah SLA 电池盒为 3.2kg；

(15) 密封：IP68；浸没在 1m 深水中一小时；

(16) 电量标准：符合或超过 AS/NZS 4770：2000，AS/NZS 4582：1999，CE，NTIA 和 FCC；

(17) 物理标准：低压(高度)为 MIL-STD-810F，Method 500.4，Procedure 1；

(18) 湿度：MIL-STD-810F，Method 507.4；

(19) 振动(3 小时/每个轴向)：MIL-STD-810F，Method 514.5；

(20) 冲击：MIL-STD-810F，Method 516.5，Procedure 1；

(21) 密封(浸没)：MIL-STD-810F，Method 512.4，Procedure 1；

(22) 菌类：MIL-STD-810F，Method 508.5；

(23) 盐雾：MIL-STD-810F，Method 509.4，Procedure 1；

(24) 沙尘：MIL-STD-810F，Method 510.4，Procedure 1；

(25) 电台性能：MIL-STD-188-141B(要求 ALE)；

(26)接口：串口 RS-232，红外线(IrDA)。

选件/附件见表 3.10。

表 3.10　柯顿 2110 短波便携电台选件名称及描述

选件	描述
GPS	GPS 接收模块
NBF	窄带滤波器(500Hz)
WBF	宽带滤波器(2700Hz)
COMSEC	语音加密模块
FED-STD-1045 ALE(CALM)	带 CALM 的增强型 FED-STD-1045 自适应
MIL-STD-188-141B ALE	完整的 MIL-STD-188-141B 自适应，600 个信道及 20 个网络组

5. 日本 ICOM 系列 HF 全波段 IC-718 电台

日本 ICOM 系列 HF 全波段 IC-718 电台外形见图 3.13，具有以下特点：操作简单，单触式波段开关，通过键盘直接输入频率，自动调节步进(TS)，轻松操控前面板各按键和旋钮。可选购安装 DSP；RIT 微调功能，减少频率误差；IF 中频变换；多种扫描方式；语音压缩功能，增加麦克风平均功率，减少语音失真；RF 增益控制增加弱信号时的接收灵敏度，减少强信号时引起的失真；可调噪声抑制；RF 衰减器和前置放大器；101 存储信道；丰富的 CW 功能特征；为 CW 发烧友内置电键；VOX 声控发射；可变滤波器选择；数字式 S/RF 测试仪表；高频稳定性；可选语音合成单元；通过选购安装 CT-17，具备 CI-V 接口能力。

图 3.13　HF 全波段 IC-718 电台外形

HF 全波段 IC-718 电台技术指标如下。

1)一般指标

(1)频率范围：接收 0.030～29.999999MHz；发射 1.800～11.999999MHz，3.500～3.999999MHz，7.000～7.300000MHz，10.100～10.150000MHz，14.000～14.350000MHz，18.068～18.168000MHz，21.000～21.450000MHz，24.890～24.990000MHz，28.000～29.700000MHz。

(2)模式：USB、LSB、CW、RTTY、AM。

(3)存储信道：101(99个常规信道、2个扫描边界)。

(4)频率分辨率：1Hz。

(5)频率稳定度：开启电源后频率小于±200Hz，经过1～60min稳定后频率小于±30Hz/小时。

(6)温度范围：0～+50℃(<±350 Hz)。

(7)电源：直流13.8V±15%(负极接地)。

(8)电流(在直流13.8V)：接收待机1.3A，最大音量2.0A，发射最大功率20.0A。

(9)使用温度环境：–10～+60℃。

(10)天线接口：SO-239(50Ω)。

(11)尺寸：240mm(宽)×95mm(高)×239mm(深)。

(12)重量：3.8kg。

(13)ACC连接器：13针。

(14)遥控接口：2芯3.5(d)mm。

2)发射机指标

(1)调制系统：SSB 平衡调制，AM 低电平调制。

(2)输出功率：SSB、CW、RTTY：5～100W；AM：2～40W。

(3)杂波发射：<–50dB。

(4)载波抑制：>40dB。

(5)多余边带：>50dB。

(6)麦克风接口：8芯(600Ω)。

(7)电键接口：3芯6.5(d)mm。

(8)SEND接口：Phono(RCA)。

(9)ALC接口：Phono(RCA)。

3)接收机指标

(1)接收系统：双变换超外差式。

(2)灵敏度(10dBS/N)：SSB，CW，RTTY 为 0.16μV(1.8～29.999999MHz)；AM为13μV(0.5～1.799999MHz)，2μV(1.8～29.999999MHz)。

(3)静噪灵敏度：<5.6μV(SSB)。

(4)选择性：SSB、CW、RTTY>2.1kHz/–6dB，<4.5kHz/–60dB；AM>6.0kHz/–6dB，<20kHz/–40dB。

(5)杂波抑制：>70dB(1.8～29.999999MHz)。

(6)音频输出(直流13.8V时)：>2.0W，10%失真/8Ω负载。

(7)RIT微调范围：±1200Hz。

(8)Phones接口：3芯6.5(d)mm。

(9)外接扬声器接口：2芯3.5(d)mm/8Ω。

4)基本配置

(1)手持式麦克风。

⑵ 直流电源连接线。

⑶ ACC 电缆。

⑷ 保险丝。

5）选购件

⑴ IC-PW1 HF+50MHz 1 kW HF 线性放大器，覆盖全部 HF 和 50MHz 波段，提供完全的、稳定的 1kW 输出。2 路激励器输入（需连接选购件 OPC-599）。

⑵ AH-2b A 天线组件，2.5m 长的天线组件与选购件 AH-4 搭配安装在车上移动使用。在全部 7～54MHz 波段内可以良好匹配。

⑶ H-4 HF+50MHz 自动天线调谐器，覆盖 3.5～54MHz，用于 7m 或更长电缆天线。

⑷ AT-180 自动天线调谐器，设计和尺寸适用于 IC-706MKIIG。

⑸ PS-85 直流稳压电源，直流 13.8V 输出（最大 20A）。

⑹ SM-20 桌上型麦克风，单向驻极体麦克风适用于基站操作（需选购 OPC-589）。

⑺ SM-8 桌上型麦克风，驻极体电容式桌上型麦克风具有两副连接电缆，可同时连接两个电台（需选购 OPC-589）。

⑻ SM-6 桌上型麦克风，驻极体电容式桌上型麦克风。

⑼ HM-36 手持式麦克风。

⑽ CT-17 CI-V 电平变换器，通过 RS-232C 接口连接 PC 进行远程通信操作。

⑾ CR-338 高稳定晶体单元，包括一个温度补偿加热器用于改良频率稳定性，频率稳定度为±0.5ppm。

⑿ UT-102 语音合成器，用英语播报操作模式、操作频率和信号强度水平等。

⒀ UT-106 DSP 数字信号处理单元，提供音频 DSP 功能，具有降低噪声和自动滤波功能，某些版本内置该单元。

⒁ 455kHz 滤波器，具有良好的波形系数和更佳的接收效果。

⒂ FL-52A 500Hz/–6dB（CW/RTTY 窄带）。

⒃ FL-53A 250Hz/–6dB（CW 窄带）。

⒄ FL-96 2.8kHz/–6dB（SSB 宽带）。

⒅ FL-222 1.8kHz/–6dB（SSB 窄带）。

⒆ FL-257 3.3kHz/–6dB（SSB 宽带）。

⒇ AH-710 折合偶极天线，覆盖 1.9～30MHz 波段，SO-239 接口，组装简单（无绞缠结构）。

(21) SP-7 外接扬声器。

(22) SP-20 外接扬声器。

(23) SP-21 外接扬声器。

(24) OPC-599 ACC13 芯电缆适配器。

(25) IC-MB5 车载安装架。

(26) MB-23 手提把手。

3.2.4　中国 FH2327 系列新型微波自适应跳频网络电台

FH2327 系列新型微波自适应跳频网络电台采用专用的 iMAX 4G-LTE 技术，采用 TDMA 协议、TTD 双工、OFDM 高密度调制等先进通信技术，满足长距离、点对多点中继通信，具有宽带、高效等特点。其独特的 TDMA 轮询通信模式、DFS-FH 自适应频率选择跳频算法、动态的上下行 TDD 时隙调度、高效的无线流量汇聚，让每个接入网络的客户端在统一的时间调度下，按时间间隔依次发送数据，完全抛弃了传统无线局域网碰撞避让的访问方式，采用了电信级专业的 TDD 双工模式，确保了每个用户的 QoS 和公平性，同时又能满足应急救援等特种行业对优先级的应用要求。

1. FH2327 系列新型微波自适应跳频网络电台技术特征

1) DFS-FH 自适应跳频技术

动态频率选择跳频技术(Dynamic Frequency Selection Frequency Hop，DFS-FH)是利用动态变换无线信道频率的方法来避免无线干扰的一种特殊工作模式，能有效避免干扰并增加吞吐量。它通过用户自定义的频率表生成自适应的跳频图谱，通过认知无线电技术对周围电磁环境进行探测，动态地改变无线信道，随机选定干扰较小的频率进行传输，在预定的间隔内周期性地跳变频道。通常这个跳频周期可以在几百毫秒到几百秒。在自适应跳频工作模式下，系统跟踪所使用的每个信道的干扰电平，在干扰电平较小的信道上尽可能使用概率较高的跳频信道占用率。

2) TDMA 轮询调度技术

FH2327 系列电台使用了专有的 TDMA 轮询技术来提高点对点(PTP)与点对多点(PTMP)工作及噪声环境下设备的整体性能。它可以有效减少延迟，增加吞吐量，提供更好的耐受性，并防止传统 WiFi 网络中普遍存在的“隐藏终端”、多址接入“碰撞”等诸多干扰问题。依靠这些优点，iMAX 模式下，同时也增加了单个基站 AP 设备接入最大可能的用户数。在普通开放式构架硬件基础上用软件实现专有的 TDMA 轮询，将单基站的接入用户数提升了十倍以上，并能有效减少网络延时，增加吞吐量，提供更好的鲁棒性，防止干扰。基于这些优点，iMAX 设备的单基站用户容量达到电信级水平。

3) 客户端动态优先级技术

FH2327 系列电台的优先级是针对客户端(CPE)模式设计的。这个参数确定了分配给每个客户端的时隙数量。默认情况下，AP 分配给所有活跃的客户端相同的时隙数量。但是，如果客户端按照军事需求或信息传输的紧急要求配置成不同的优先级，基站 AP 将根据优先级给予客户端更多或更少的时隙分配。通常，具有较高优先级的客户端在与其他活跃客户端分享信道资源时，有机会获得更多的上下行基站时隙，有利于提供更高的吞吐量和降低延迟。

4) TDD 无线流量汇聚与整形技术

为了避免在连续的无线中继过程中，IP 报文或数据帧被反复地拆包、封包，FH2327 系列电台使用了特有的无线流量汇聚(Aggregation)技术，将多个源和目的地址相同的数据帧合成一个更大的帧进行传输，并在帧头部附加更多的识别信息，这样在连续的无线中继过程中只需要“过站”转发，从而避免像传统网络交换那样重新拆装 IP 数据帧，实现更为高效的网络吞吐量。FH2327 系列电台的流量汇聚实际上是一种实现链路动态汇聚、加速无线网络传输效率的优化协议。同时为了配合应急救援网络应用对优先级提出的特殊要求，系统在考虑网络优先级及实现 QoS 控制的过程中，采用了流量整形(Traffic Shaping)技术实现精确度较高的最小颗粒度的流量约束。采用 MAC 绑定、IP 绑定、端口绑定等多种手段实现无线二层/三层交换级别的 QoS 控制。

5) 实现 WiFi 兼容的无线 AP 一键切换

由于 FH2327 系列电台设备的频率覆盖了商用 4G-LTE/TTD 与 WiFi 全部频率范围，为了便于下车(微微)网和单兵接入等实际应用场合中 iPad 等智能终端的接入，跳频电台设计了一种由 4G-LTE 模式快速切换到 WiFi 兼容工作模式的功能。方便了用户的实际需求，在信号灵敏度和功率裕度方面，专业的跳频设备提供了远远超出普通商用 WiFi 的性能。定制后的 FH2327 系列电台设备完全兼容 802.11b/g/n 模式的 WiFi 工作模式，从 4G-LTE 基站转换为 WiFi，AP 只需要在设置面板上一键切换，重新启动即可。方便了救援现场小型 WLAN 的部署，而无须另外部署商用的 WiFi 基础设施和通信装备。事实上，这种转换角色的基站也常常用于救护队员使用微微网时作为“背靠背”接入 4G-LTE 网络的基本手段。

2. FH2327 系列新型微波自适应跳频网络电台主要技术参数

(1) 无线基本模式：主站模式(基站 AP)、支线模式(AP 中继)和客户端模式。对应空中主干设备(临时或固定空中基站)、上车设备(车载)、下车设备(单兵)。

(2) 射频工作模式：自适应跳频或定频模式。使用一个频率时为定频模式，使用一组频率时为 DFS 自适应动态频率选择跳频模式。

(3) 跳频速率：最小 300ms，插入导频率 1%～10%。

(4) 跳频频率组数：最大 40 频点@5MHz/点，图谱组合数 $2\times8\times C_{40}^{40}$。

(5) 跳频信道估计：软件无线电自适应跳频，DFS 动态频率选择。

(6) 跳频最大同步周期：6s@40 频点；300ms/步长。

(7) 调制带宽(MHz)：3/5/8/10/15/20/30/40 可选。

(8) 编码方式：OFDM with BPSK，QPSK，16QAM，64QAM，DBPSK，DQPSK，CCK。

(9) 兼容性：iMAX-4G-LTE 或 802.11n WiFi 可切换(需要定制)。

(10) 接收灵敏度：–75dBm@MCS 7(<5km)；–90dBm@MCS 2(<27km)。

(11) 无线加密：多种加密模式，WEP/WPA/WPA2/MAC ACL/802.1x。

(12) VLAN 支持：802.1P/802.1Q。

(13) 网络流量汇聚：支持。

(14) 网络流量整形：支持(最小 1K 计数单位限速)出境/入境，基本带宽/并发带宽。

(15) 管理接口：Web/SSH/Telnet/RS-232-TTL。

(16) 天线：天线接口为 $1\times N$ 公头或 SMA 公头，通道数 1×1 外置高增益栅格天线(>20dBi)；天线极化为垂直极化或水平极化；可选双通道 MIMO(需定制)。

(17)系统资源：内存 32MB SDRAM，8MB Flash，Atheros MIPS 24KC，400 MHz。

(18)输出功率：28 dBW。

(19)工作频段：2312～2500MHz、2500～2732MHz；可选 4900～5500MHz、5500～6200MHz(需定制)。

(20)传输范围：大于 50km @LoS(视距)。

(21)LAN 接口数：1×10/100 BASE-TX 以太网 RJ45；可选两个 RJ45。

(22)供电：PoE 以太网供电，DC 12～24V；内置锂电。

(23)外壳：防紫外线工程塑料/铝合金。

(24)典型功耗：2.7～6.5W。

(25)工作环境：温度为–30～+75℃；工作湿度为 5%～95%。

(26)参考外形：FH2327 系列电台分为车载型(FH2327-MP)、基站型(FH2327-BS)、单兵型(FH2327-S1/S2)等多种产品形态，见图 3.14。

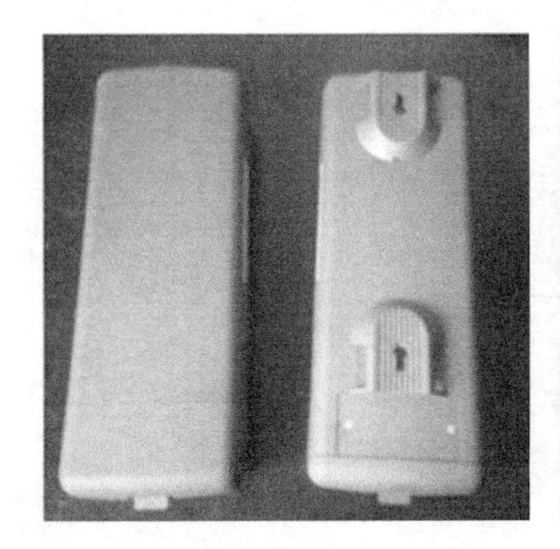

(a)车载型

(b)基站型

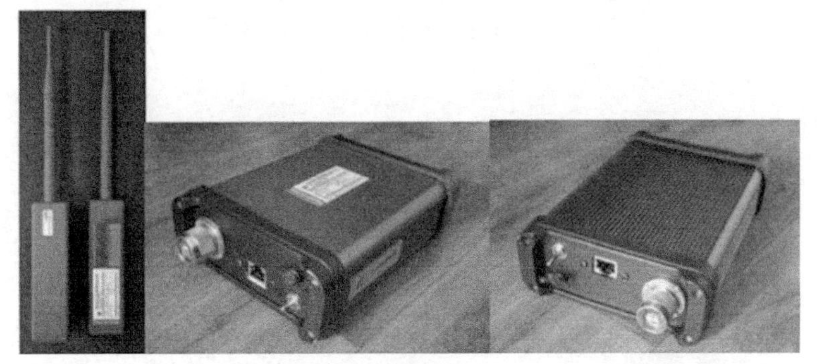

(c)单兵型

图 3.14　FH2327 系列电台外形照片

3. FH2327 系列新型微波自适应跳频网络电台无线网络拓扑

图 3.15 是一个网络电台在战术网络中部署的典型应用场景。事实上，图中展示

了将智能手机或其他 IP 终端通过无线战术网连接到核心网等基础设施的现实可行性，通常存在三种不同的机制或应用案例，即智能手机(终端)与 FH2327-S1 型单兵电台之间的连接(图 3.16)、下车网与 FH2327-BS 型车载电台中继(图 3.17)、用 FH2327-BS 型基站实现空中回程网(图 3.18)。图中每一个子网拓扑都可以独立于核心网单独运行，也可以通过某些特定的安全网关实体实现与核心网之间的互联。这取决于在野外是否存在回程的设备或链路，如卫星通信链路、光纤资源等。也可以采取纯粹的远程无线中继方式实现回程。在条件较好的应用场景下，本系列的基站型设备提供了 50km$^+$的中继能力，如果存在高山或空中平台中继的可能，这一距离将达到单跳 100km$^+$以上。

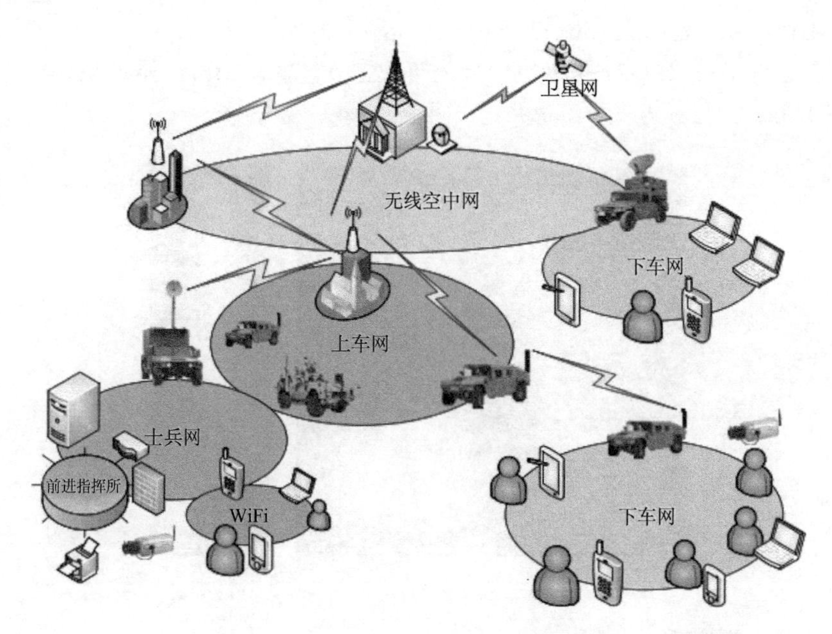

图 3.15　FH2327 系列电台无线网络拓扑

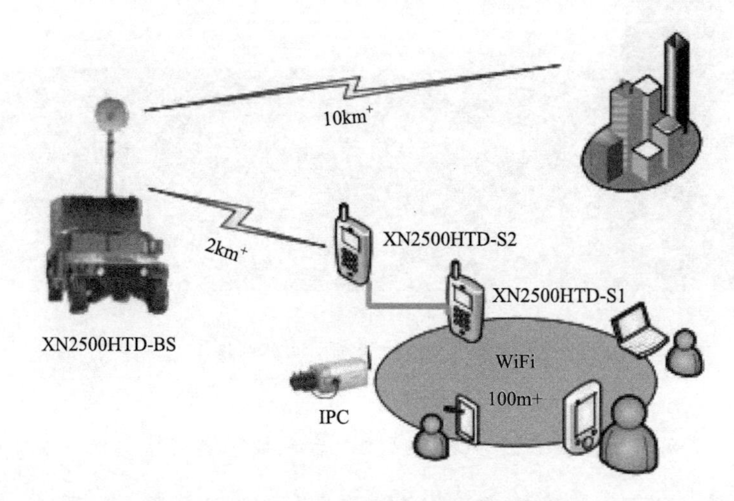

图 3.16　FH2327-S1 型单兵电台实现下车网

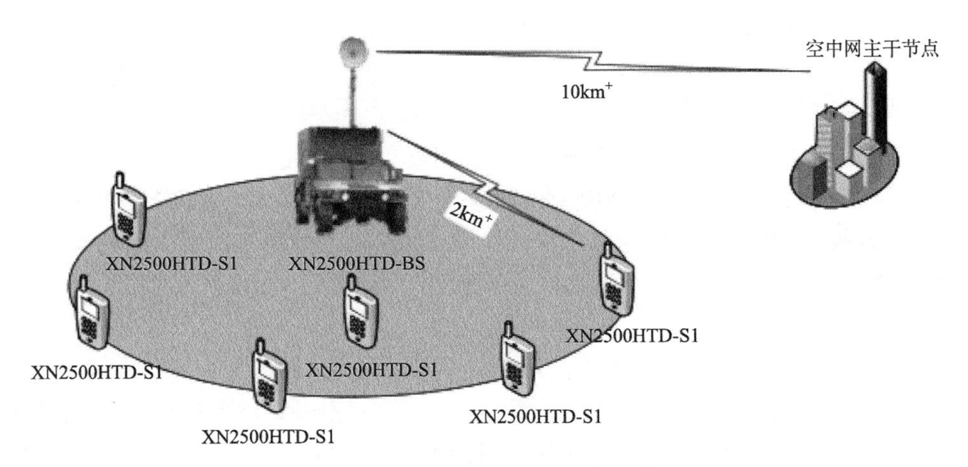

图 3.17 下车网与上车网的中继

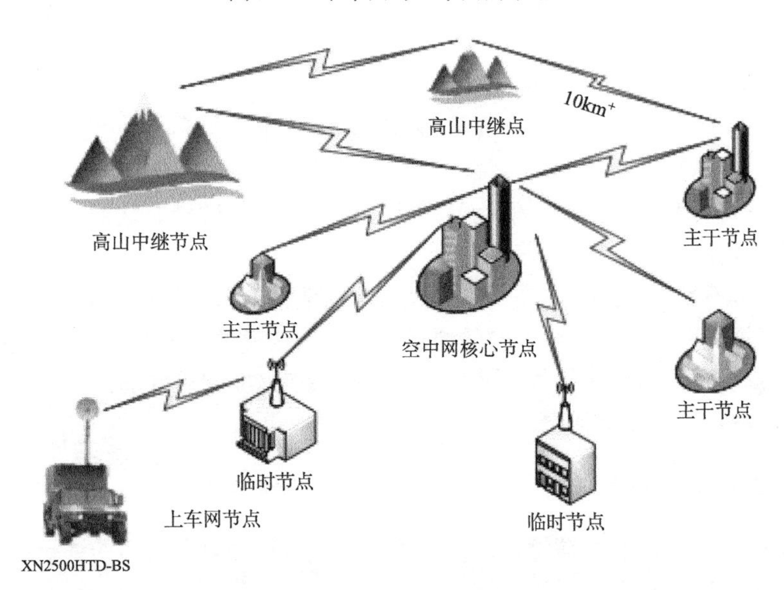

图 3.18 无线空中网

1) 智能手机终端与 FH2327-S1 型单兵电台之间的连接

市场上存在大量的网络终端设备，从智能手机、iPad 终端、Desktop PC 到无线 IPC 网络摄像机都是取之不尽的资源。采用两台 FH2327-S1/S2 型单兵电台迅速完成下车电路，并迅速转换为标准 WiFi 覆盖，通常一台 S1 型设备实现一个 100～300m 范围的 WiFi 局域网，通过一根网线与另外一台 S2 型进行“背靠背”连接，S2 型轻松与车载 FH2327-BS 实现 1～3km 范围的中继。同时车载 FH2327-BS 还可以进一步接入空中网骨干实现更远距离的传输。

2) 下车单位与 FH2327-BS 型车载电台中继

下车网 FH2327-BS 型电台与 FH2327-S2 型车载电台或 S1 型单兵电台通常有两种方

式实现中继：第一种方式为独立的下车网，其中 FH2327-BS 型电台设置为基站 AP 模式，其他 FH2327-S2/S1 电台设置为 CPE 模式。一个 BS 型电台在有利地形下可以实现 2～3km$^+$的覆盖，并接入 5～10 个标准 S1 型电台及 20 个左右终端设备。最大支持三路标准 720P 数字图像回传的业务能力。第二种方式为大网模式，即 FH2327-BS 型电台除了实现与下车的 S 型电台组网外（与方式一相同），还要实现与其他车载 BS 型电台或者空中网主干电台的连接。通常将 BS 型电台设置为基准 AP 中继模式，并开启 WDS 站点列表，在不增加设备的情况下，使用第二支天线（外置定向天线）对准需要中继的基站方向，实现增程中继。

3）FH2327-BS 型基站构建空中回程网

通常在复杂的城市地形或野外山区地形，都可以凭借高楼和高山的优势建立固定的永久型或半固定临时性“空中网”作为回程主干网络。空中网凭借良好的空中优势可以跨越城市和山区的主要障碍实现无遮挡的定向传输。一般的部署方法为：以最高位置或最佳视角位置作为核心节点，配合其他高处形成主干节点，在事发地点附近建立临时节点。

3.3 无线对讲机

在手机非常普及的今天，人们为什么还会选择使用对讲机？这是因为对讲机与手机相比有许多独特的地方。

（1）对讲机不受网络限制，在网络未覆盖到的地方，对讲机可以让使用者轻松沟通。

（2）对讲机提供一对一、一对多的通话方式，一按就说，操作简单，令沟通更自由，尤其是紧急调度和集体协作工作的情况下，这些特点是非常重要的。

（3）通话成本低，没有话费。

3.3.1 对讲机的发展历史

对讲机是集群通信的终端设备，对讲机不但可以作为集群通信的终端设备，还可以作为移动通信中的一种专业无线通信工具。

本书所讲的无线电对讲机，其涵盖范围较宽。在这里我们将工作在超短波、分米微波频段（VHF30～300MHz、UHF300～3000MHz）的无线电通信设备都统称为无线电对讲机。实际上按国家的有关标准应称为超短波调频无线电话机，人们通常将功率小、体积小的手持式无线电话机称为对讲机，以前曾有人称它为步谈机、步话机，而将功率大、体积较大的可装在车（船）等交通工具或固定使用的无线电话机称为电台，如车载台（车载机）、船用台、固定台、基地台、中转台等。

无线电对讲机是最早被人类使用的无线移动通信设备，早在 20 世纪 30 年代就开始得到应用。1936 年美国摩托罗拉公司研制出第一台移动无线电通信产品——“巡警牌”调幅车用无线电接收机，随后在 1940 年又为美国陆军通信兵研制出第一台重量为 2.2kg 的手持式双向无线电调幅对讲机，通信距离为 1.6km。到了 1962 年，摩托罗拉公司又推出了第一台仅重 33oz（1oz=28.349523g）的手持式无线对讲机 HT200，其外形被称为“砖头”，大小和早期的大哥大手机差不多。经过近一个世纪的发展，对讲机的应用已十分普遍，已从专业化领域走向普通消费，从军用扩展到民用。它既是移动通信中的一种专业无线通信工具，又是一种能满足人们生活需要的具有消费类产品特点的消费工具。顾名思义，移动通信就是通信一方和另一方在移动中实现通信。它包括移动用户对移动用户、移动用户对固定用户，当然也包括固定用户对固定用户之间进行通信联系，无线电对讲机就是移动通信中的一个重要分支。它是一种无线的、可在移动中使用的一点对多点通信的终端设备，可使许多人同时彼此交流，使许多人能同时听到同一个人说话，但是在同一时刻只能有一个人讲话。这种通信方式和其他通信方式相比有不同的特点：即时沟通、一呼百应、经济实用、运营成本低、不耗费通话费用、节约使用方便，同时还具有组呼通播、系统呼叫、机密呼叫等功能。在处理紧急突发事件中，在进行调度指挥时其作用是其他通信工具所不能替代的。传统的对讲机大部分采用的是单工的模拟通信方式，现在部分对讲机使用频分双工的模拟通信方式，数字对讲机在集群通信中使用较多，但大部分是频分双工方式。无线电对讲机和其他无线通信工具(如手机)其市场定位各不相同，难以互相取代。无线电对讲机绝不是过时的产品，它还将长期使用下去。随着经济的发展、社会的进步，人们更关注自身的安全、工作效率和生活质量的提高，对无线电对讲机的需求也将日益增长。公众对讲机的大量使用，更促进了无线电对讲机与有线电话机一样成为人们喜爱和依赖的通信工具。

3.3.2　对讲机的主要部件及工作原理

1. 对讲机的主要部件

(1)外壳。专业机一般采用性能非常好的塑胶材料 PC+ABS，外观光泽性好，不易老化、磨损，产品坚固耐用；商业机常选用工程塑胶 ABS，在外观、强度、耐磨损、老化等方面均能很好地满足要求；按键采用硅胶，耐磨损，不易老化，手感好；铝壳采用轻质材料铝合金 ADC12，易成型及后续处理等。

(2)主机。一般包括面壳、PTT 按键、耳机和电源插孔塞、PCB 组件、LCD 部分、音量/开关钮、编码旋钮、指示灯、MIC 等。PTT 按键起发射开关的作用，一般在侧面。指示灯指示工作状态，一般在顶部。对讲机的顶部还有音量/开关钮和编码旋钮(选择频道)。LCD 部分直观显示对讲机的工作状态。PCB 组件是对讲机的核心部分，重要的器件都在 PCB 上，非专业人士不许拆卸。大多数对讲机因技术性能和抗摔特性要求，还有专门的屏蔽罩、铝壳(固定 PCB)等。专业机还有防水要求，结构更复杂[10]。

(3)电池。电池分 Ni-Cd 电池、Ni-MH 电池和 Li-ion 电池，容量有 600mAh、800mAh、1100mAh、1500mAh 不等。Ni-Cd 和 Ni-MH 电池使用较普遍，锂电池成本较昂贵，一般大容量电池推荐用 Ni-MH 电池。电池面、底壳采用超声波焊接，牢固可靠。

(4)皮带夹。作用是把对讲机固定在皮带上，为了客户使用方便，皮带夹可拆卸。

(5)天线。分为天线外套和天线芯两部分。天线外套用高性能的 TPU 材料，抗弯折和耐老化性能佳；天线芯一般采用螺纹结构与主机相连，拆卸方便。

(6)座充。与火牛共用对电池或整机进行充电。结构一般包括 DC 插座、充电弹片、指示灯、按键等。DC 插座与火牛相连，弹片与电池极片相连，指示灯指示充电状态，按键起放电作用。座充一般可对电池和整机充电。

(7) 此外，对讲机还有皮套、耳机等附属产品供客户选择。

2. 对讲机的典型结构

对讲机主要是由发射单元、接收单元、信号调制单元、信令处理单元和电源控制单元等五个主要模块协调工作实现的，如图 3.19 所示。各单元功能如下。

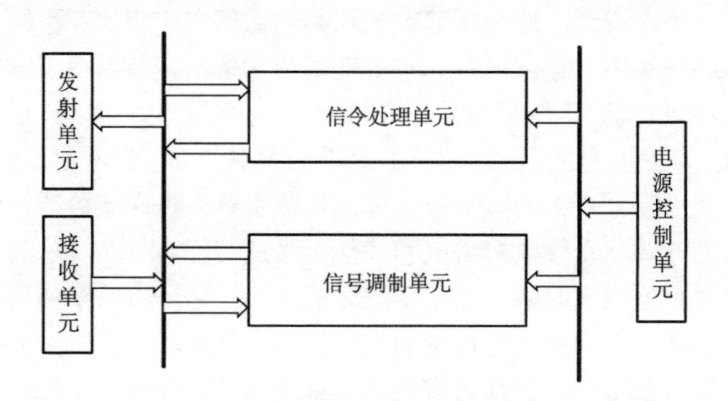

图 3.19 对讲机功能模块方框图

(1) 发射单元。锁相环和压控振荡器(VCO)产生发射的射频载波信号，经过缓冲放大、激励放大、功放，产生额定的射频功率，经过天线开关及低通滤波器，抑制谐波成分，然后通过天线发射出去。

(2) 接收单元。接收单元一般为二次变频超外差方式。从天线输入的信号经过收发转换电路和带通滤波器后进行射频放大，再经过带通滤波器，进入第一混频器，在第一混频器内，将来自射频的放大信号与来自锁相环频率合成器电路的第一本振信号混频并生成第一中频信号。第一中频信号通过晶体滤波器进一步消除邻道的杂波信号，滤波后的第一中频信号进入中频处理芯片，与第二本振信号再次混频生成第二中频信号，第二中频信号通过两个陶瓷滤波器滤除无用杂散信号后，被放大和鉴频，产生音频信号。音频信号通过放大、带通滤波器、去加重等电路，进入音量控制电路和音频功率放大器放大，驱动扬声器，得到人们所需的信息。

(3) 信号调制单元。人的话音通过麦克风转换成音频的电信号，音频信号通过放大电路、预加重电路及带通滤波器进入压控振荡器直接进行调制。

(4) 信令处理单元。CPU 产生的 CTCSS/DTCSS 信号经过放大调整，进入压控振荡器进行调制。接收鉴频后得到的低频信号，一部分经过放大和亚音频的带通滤波器进行滤波整形，进入 CPU，与预设值进行比较，将其结果控制音频功放和扬声器的输出。即如果与预置值相同，则打开扬声器，若不同，则关闭扬声器。

(5) 电源控制单元。CPU 控制在不同状态时，送出不同的电源。接收电源：正常处于间歇工作方式，以保证省电；发射电源：发射时才有电；CPU 电源：稳定的电源。

3. 对讲机的工作原理

(1)接收电路。接收电路多采用二次变频超外差方式。第一中频为 21.7MHz，第二中频为 455kHz，第一本振频率由锁相环(PLL)电路产生。发射部由 PLL 电路直接产生所需要的频率。

由天线感应的接收信号经预选带通滤波器送入射频放大器 Q1 放大，Q1 的输出信号通过后选带通滤波器(BPF)滤波后，作为双平衡混频器(第一混频器)的射频输入信号。双平衡混频器(DBM)由两个平衡转换器 T1、T2 以及环形二极管 IC、CR2 所组成。第一混频器将来自前端模块的 RF 信号与压控振荡器输出的第一本振信号向下混频，产生 45.1MHz 的第一中频，并送到中频(IF)电路。该信号通过晶体滤波器滤除邻近的杂波信号，以确保邻道选择性等必要的技术指标。第一中频信号经过晶体滤波器进入中频放大器(IF AMP)Q51 放大后，通过滤波再进入 IFIC U51 的中频输入端脚。U51 内部设有第二混频器，对滤波放大后的第一中频信号与 44.645MHz 的第二本振(L0)信号进行混频，产生 455kHz 的第二中频信号；该信号经过外部的陶瓷滤波器 CF51、CF52 及 U51 内部的缓放之后，再返回至 IFIC，送到锁相检波器解调，然后解调出的音频输出信号被送至高频处理器(AFIC)，以进一步还原音频信号。IFIC 同时进行静噪控制，即 IFIC 对静噪入口进行电调节。最后，通过滤波器的中频信号在集成电路内经鉴频产生音频信号输出。从中频集成电路输出的音频信号经过去加重电路使音频信号恢复原来的频率特性。然后，音频信号通过音量控制电路(AF VOL)，再由音频放大器(AF AMP)放大后驱动扬声器。其中，从中频集成电路输出的音频信号的一部分再次进入调频集成电路，通过滤波器和放大器对其噪声分量进行整流，产生一个和噪声分量相对应的直流电压。送到微处理器(MCU)的模拟端口。输入的直流电压和一个预先设置的电压值比较大小，IC1 根据比较结果控制开放或关闭扬声器的输出。当扬声器发出声音时，AFCO 线被置为(HI)高电平，通过三极管反相打开功放，扬声器发出声音。也有中频集成电路输出的部分信号经过专用插头进入 CTCSS 编解码专用附件，在附件内部进行各种处理判断，以分析接收到的声音是否与预先设定的值一致，其判断结果和静噪的判断结果一起控制 AFCO，以决定扬声器是否发声。

(2)PLL 电路。PLL 电路产生接收机的第一本振信号和发射机的射频载波信号。接收和发射用同一个压控振荡器。振荡信号通过缓冲器，再进入 PLL 集成电路。该集成电路包括了基准振荡分频器、相位比较器，输入的振荡信号经过预定的分频数，成为 5kHz 或 6.25kHz 信号，然后和基准振荡器分频而产生的 5kHz 或 6.25kHz 信号一起加到相位比较器进行相位比较，从而产生一个相位差信号，此相位差信号经电荷泵产生一个频率控制信号。该控制信号通过无源低通滤波器(LPF)后加到 VCO 的变容二极管上以控制其输出频率。

锁相环的基准信号是 PLL 集成电路内部振荡电路产生的 14.4MHz 振荡信号，为了确保频率稳定度，采用进口带温度补偿的 14.4MHz 晶体。

(3)发射电路。在发射模式下，由话筒输入的话音信号经过预加重处理，然后在话放电路进行放大限幅及频偏控制，完成对输入信号的瞬时频偏控制(IDC)。然后，通过由低通滤波器滤除信号中 3kHz 频率以上的部分，再从 VCO 的调制端子进入 VCO 进行直接频率调制(FM)。CTCSS 编码是由专用外接附件产生的，该信号与话放送出的话音信号混合送入 VCO，在 VCO 进行频率调制。调制信号在 T1 对 VCO 进行调制。PLL 输出的射频信号经过 R25 被放大，以达到末级放大器所需要的激励电平。

待发送的音频信号经合成器数字化处理后再经调制产生发射激励信号，输出送入功放模块，经过控制放大后，为优化发射指标，再通过谐波滤波器和天线匹配网络送至天线端子发射出去。

图 3.20 为对讲机接收与发射电路原理方框图。

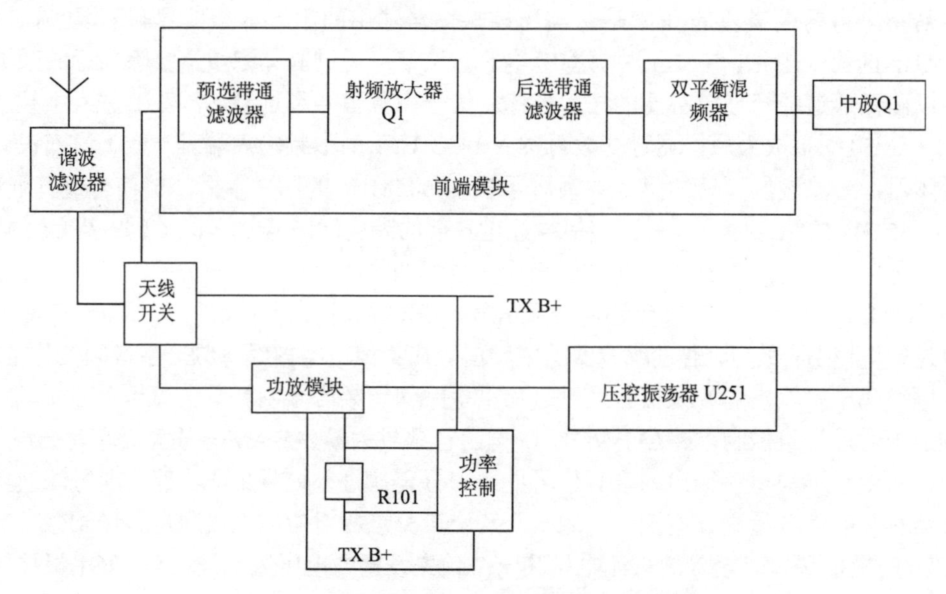

图 3.20 对讲机接收与发射电路原理方框图

3.3.3 对讲机的分类

1. 从使用方式上分类

对讲机从使用方式上分为手持式、车(船、机)载式和转发式。

1) 手持式无线对讲机

这是一种体积小、重量轻、功率小的无线对讲机，适合于手持或袋装，便于个人随身携带，能在行进中进行通信联系，其功率一般 VHF 频段不超过 5W、UHF 频段不超过 4W。但也有少数机型的功率 VHF 为 6W、UHF 为 5W，如 IC-T7H(VHF)达 6W。通信距离在无障挡的开阔地带时一般可达到 5km。在无线通信网络的支持下，通过中转台通信距离可达 10km 以上。该机适合近距离的各种场合下流动人员之间的通信联系。

2) 车(船、机)载式无线对讲机

这是一种能安装在车辆、船舶、飞机等交通工具上直接由车辆上的电源供电的，并使用车(船、机)上天线的无线对讲机，主要用于交通运输、生产调度、保安指挥等业务。

其体积较大，功率不小于10W，一般为25W。最大功率为VHF为56W、UHF为50 W。还有个别车载台在某一频段的功率达到75W(IC-VX8000)。车载台的电源为13.8V，通信距离可达到20km以上，在无线通信网络中，通过中转台通信距离明显增大，可达数百公里。

3)转发式无线对讲机

转发式无线对讲机就是将所接收到的某一频段的信号直接通过自身的发射机在其他频率上转发出去。这两组不同频率信号相互不影响，或者说能够允许两组用户在不同频率上进行通信联系。它具有收发同时工作而又相互不干扰的全双工工作的特点。转发式无线电话机的英文名称是Repeater Transceiver，中文名称也叫中转台、中继台、转信台。其最大的特点是能够有效地扩展通信系统中手持机、车载机、固定台的通信范围和能够给系统提供更大的覆盖半径。

2. 从通信工作方式上分类

对讲机从通信工作方式上分为单工通信工作的单工机和双工通信工作的双工机。

1)单工通信工作的单工无线对讲机

单工通信是指在同一时刻，信息只能单方向进行传输，你说我听，我说你听。这种发射机和接收机只能交替工作，不能同时工作的无线电对讲机称为单工机。单工机工作以按键控制收和发的转换，当按下发射控制键时，发射处于工作状态，接收处于不工作状态，反之，松开发射按键时，发射处于不工作状态，接收处于工作状态。单工机根据频率使用情况，又分为同频单工机(或称单频机)和异频单工机(或称双频机、准双工机、半双工机)。同频单工机是指发射和接收都工作在同一频率上。其优点是：仅使用一个频率工作，它能最有效地使用频率资源，由于是收发信机间断工作，线路设计相对简单，价格也较便宜。缺点是：双方要轮流说话，即对方讲完之后，我方才能讲话。使用起来不如打电话那样方便、习惯。但从频率资源的利用来讲，单工机是主流机型。异频单工机只是在有中转台的无线电通信系统中才使用。现在很多单工机既能同频工作又能异频工作。

2)双工通信工作的无线对讲机

双工通信是指在同一时刻信息可以进行双向传输，和打电话一样，说的同时也能听，边说边听。这种发射机和接收机分别在两个不同的频率上(两个频率差有一定要求)，能同时进行工作的双工机也称为异频双工机。双工机包括双工手持机、双工车载机、双工基地/中转台。双工手持机大多在VHF频段和UHF频段上跨段工作。一般将双工手持机称为跨段双工手持机。其工作时，或VHF发射、UHF接收，或UHF发射、VHF接收。而双工车载机及基地/中转台就不存在这个问题，可以跨段双工工作，也可以做成(VHF或UHF频段的)同频双工机。由于使用了将收、发信号进行隔离的双工器或使用了收、发分开的双天线，在VHF、UHF频段中，只要有一定的频差(国家标准VHF频段为5～7MHz、UHF频段为10MHz)就可以完成同频双工工作。双工机虽然使用方便，但线路设计较复杂，价格也较高，特别是在频率资源的利用上极不经济，所以除在特殊场合下需使用双工机(手持机和基地/中转台)外，双工车载机在国内专业通信中几乎没有得到应用。

3. 从技术设计上分类

对讲机从设计技术方面，可分为采用模拟通信技术设计的模拟对讲机（也称为传统对讲机）和采用数字技术进行设计的数字对讲机。

模拟对讲机是将储存的信号调制到对讲机传输频率上，而数字对讲机则是将语音信号数字化，要以数字编码形式传播，也就是说，对讲机传输频率上的全部调制均为数字。只有直接采用数字信号处理器的对讲机才是真正意义上的数字对讲机，而采用数字控制信号的对讲机（如集群系统的对讲机）则不属于数字对讲机。数字对讲机有许多优点，首先是可以更好地利用频谱资源，与蜂窝数字技术相似，数字对讲机可以在一条指定的信道上如25kHz装载更多用户，提高频谱利用率，这是一种解决频率拥挤的方案，具有长远的意义。其次是提高话音质量。由于数字通信技术拥有系统内错误校正功能，和模拟对讲机相比，可以在一个范围更广泛的信号环境中实现更好的语音音频质量，其接收到的音频噪声会更少些，声音更清晰。最后一点是，提高和改进语音与数据集成，改变控制信号随通信距离增加而降低的弱点，与类似集成模拟语音及数据系统相比，数字对讲机可以提供更好的数据处理及界面功能，从而使更多的数据应用可以被集成到同一个双向无线通信基站结构中，对语音和数据服务集成更完善、更方便。这三大特点使数字对讲机成为未来对讲机技术发展的必然趋势。20世纪70年代摩托罗拉率先将数字技术引入对讲机系统设计中，1975年生产出数字语音加密的DVP对讲机，1980年研制了一套数字数据通信系统，在1991年的沙漠风暴行动中，使用了35000台数字对讲机。很显然，随着无线电通信技术的发展、人们对无线通信质量要求的提高以及频谱资源的日益高涨，数字对讲机必将有着巨大的需求市场。但不管数字对讲机有多广泛的应用，在对讲机技术上已经十分成熟的模拟技术，在很长一段时间内还将继续为对讲机的设计服务，向体积小、成本低、功能强、更商品化的方向发展，以满足通信用户的不同需求。数字对讲机在短时间内不可能代替模拟对讲机，这两种对讲机将发挥各自的特点，共同发展。

4. 从设备等级上分类

对讲机从设备等级上，分为业余无线电对讲机和专业无线电对讲机。

1）业余无线电对讲机

专为满足无线电爱好者使用而设计、生产的无线电对讲机为业余无线电对讲机，这类对讲机又可称为“玩机”。针对这种业余的个人无线电业务，各个国家都开辟了专用频段分配给业余无线电运动爱好者使用。我国开辟的频段为144～146MHz和430～440MHz，世界各国一般也都是这一频段。由于无线电对讲机的频率范围有限，使用的环境条件及使用要求和专业对讲机有所区别。业余机的主要特色是，体积要小巧、功能要齐全、可进行频率扫描、可在面板上直接置频、面板上显示频率点。其技术指标、设备的稳定性、频率稳定性、可靠性以及工作环境也相对专业无线电对讲机要差。其直接结果是业余机成本也较低，以适应个人购买的需要。

2）专业无线电对讲机

专业无线电对讲机大都是在群体团队的专业业务中使用。因此，专业无线电对讲机的特点是，功能简单实用。在设计时都留有多种通信接口供用户进行二次开发。其频率报设置大都是通过计算机编程完成的，使用者无法改变频率，其面板显示的只是信道数，不直接显示频率点，频率的保密性较好，频率的稳定性也较高，不易跑频。在长期工作中，其稳定性、可靠性都较高，工作温度范围较宽，一般都在–30～＋60℃。专业机的工作频率在VHF段时一部分V高段（148～174MHz）和V低段（136～160MHz）。另外一部分是全段（136～174MHz）。但在UHF频段，大部分为U高段（450～470MHz）和U低段（400～430MHz），极少数是U全段（400～470MHz）。专业机的性能、可靠性、稳定性较业余机高，其价格自然比业余机要高，有的甚至高出很多。

5. 从通信业务上分类

从通信业务上可分为公众对讲机、警用无线对讲机、数传无线对讲机、船用无线对讲机和航空无线对讲机。

1）公众对讲机

公众对讲机，人们俗称为民用对讲机。使用公众对讲机无须批准，不收频率占用费，免通话费，任何人都可以选购使用。但这类公众对讲机在频率、功率及技术指标方面都有明确的规定。作为公众对讲机，技术规范规定对讲机的前面板上不能设置编程操作功能，目的是防止用户随意扩展频率范围，修改工作参数。按规定，公众对讲机只能显示频道数，不能显示其工作频率。同时还规定公众对讲机可以使用低于300Hz的亚音频技术（CTCSS），俗称防干扰码或私密线，以防止其同频率的对讲机的干扰。

2）警用无线对讲机

警用无线对讲机是专门供公安、检察院、法院、司法、安全、海关、军队、武警八个部门进行无线通信业务联系的对讲机。

3）数传无线对讲机

数传无线对讲机广泛应用于水文水利、电力电网、铁路公路、燃气油田、输油供热、气象地震、测绘定位、环保物流等工业自动化控制的监测、监控、报警等系统中。其使用领域和部门十分广阔，已涉及国民经济建设和人民生活的方方面面，如电力调度和电力负荷的监控、电网配电站的监控、水文的水情监测、水库的水量数据收集、城市供水系统监测、污水处理系统监测监控、城市路灯及交通信号灯的监控、防空警报器控制、油田油井网管监控、输油输气网管监控、工业智能仪表的无线抄表（近、远程的水、电、气表）、高速公路交通网的监测监控、城市公交车辆的调度、铁路信号应急通信系统、铁路供水集中控制、GPS定位和GIS数据信息传输、地震专网的数据传输、大气环境的监测、专用行动数据通信系统、金融证券交易通信系统、实时彩票交易系统、邮政系统POS联网、车辆物流仓库的监管、矿山测绘、勘探及生产的监测、冶金化工系统的工业自动化控制、安防消防监控等。在这些系统中通过数传电台将远端采集点的数据实时、可靠地发送到各级监控中心，并接收各级监控中心的控制指令，从而实现远端数据实时传送。它是无线数据传输系统中专用的无线数据传输通道，在系统中是不可缺少的一部分，在很多情况下，它以嵌入式安装在各类仪器仪表及设备中进行工作。

4) 船用无线对讲机

专门用于海上航行的在海事船舶上以及与岸上进行无线通信的无线对讲机称为船用无线对讲机，也称为船舶电台。

5) 航空无线对讲机

航空无线对讲机，又叫航空器电台，是专门用于地面和飞机之间、飞行员与飞行员之间进行无线通信联系的，它在保证空中飞行安全、有效地进行空中交通管理中是不可缺少的通信工具。

3.3.4　对讲机的性能指标

对讲机有如下一些主要的性能指标。

(1) 频率误差：未调制载波频率与指配频率之差。

(2) 输出载波功率：在未加调制的情况下，一个射频周期内发射机架给传输线的平均功率。

(3) 杂散射频分量：除了载波及其发射带宽附近处的调制分量，在离散频率上或在窄频带内有一个显著分量的信号，包括谐波和非谐波以及寄生分量。

(4) 邻道功率：在按信道划分的系统中工作的发射机，在规定的调制条件下总输出功率中落在任何一个相邻信道的规定带宽内的那一部分功率。

(5) 音频失真：除去其基波分量的失真正弦信号的均方根值与全信号均方根值之比，用百分数表示，这一失真的正弦信号包括谐波分量、电源纹波和非谐波分量。

(6) 调制限制：发射机音频电路防止调制超过最大允许偏移的能力。

(7) 额定音频输出功率：当接收机在规定的工作条件下其输出端连接规定负载时可得到的功率。

(8) 参考灵敏度：又称为最大可用灵敏度，在规定的频率和调制下，使接收输出端产生标准信噪比(12dB SINAD)的输入信号电平。

(9) 选择性：表征接收机有用输入信号抗拒无用输入信号的能力。通过测量邻信号选择性、共信道抑制、阻塞、杂散响应、互调抗扰性等性能加以评定。需要指出的是：对讲机的电性能指标各国和各地区以及不同的行业都有不同的标准，由于各标准的测量方法也有差别，所以不能简单地根据指标的数值来判定产品指标的高低，还要有具体标准为依据。例如，互调抗扰性指标，欧洲标准、美国FCC的标准，由于测量方法的不同，在测量同一台机器时，指标数值有很大的差别。

3.3.5　对讲机的相关知识

1. 哪些因素影响对讲机通话距离和效果

民用对讲机功率一般为0.5W，通信距离理想状态下为3km，在有楼房障碍物阻隔的环境中会缩短实际有效通信距离。该类对讲机具有体积小巧、重量轻的特点，适合小范围内的通信和团队户外活动，无须任何通信费用。专业对讲机功率一般为 2W，通信距离 10km，市区为 3km，需要每年缴纳一定的频率占用费。

国际无线电咨询委员会开放的公众频率为 409MHz 内的 20 个频率点，所以可以在手机店公开出售。还有很多对讲机使用国外的家庭对讲机(FRS)规范，工作频率是 462MHz 附近。

影响对讲机通话距离和效果的因素有以下几个。

1) 系统参数

(1) 发射机输出功率越强，发射信号的覆盖范围越大，通信距离也越远。但发射功率也不能过大，发射功率过大，不仅耗电，影响功放元件寿命，而且干扰性强，影响他人的通话效果，还会产生辐射污染。各国的无线电管理机构对通信设备的发射功率都有明确规定。

(2) 通信机的接收灵敏度越高，通信距离就越远。

(3) 天线的增益，在天线与机器匹配时，通常情况下，天线高度增加，接收或发射能力增强。手持对讲机所用天线一般为螺旋天线，其带宽和增益比其他种类的天线要小，更容易受人体影响。

2) 环境因素

环境因素主要有路径、树木的密度、环境的电磁干扰、建筑物、天气情况和地形差别等。这些因素和其他一些参数直接影响信号的场强和覆盖范围。

3) 其他影响因素

(1) 电池电量不足。当电池电量不足时，通话质量会变差。严重时，会有噪声出现，影响正常通话。

(2) 天线匹配。天线的频段和机器频段不一致、天线阻抗不匹配都会严重影响通话距离。对于使用者来说，在换用天线时要注意将天线拧紧，另外不能随便使用非厂家提供的天线，也不能使用不符合机器频点的天线。

4) 音质的好坏

音质的好坏主要取决于预加重和去加重电路，目前还有较先进的语音处理电路“语音压扩电路和低水平扩张电路的应用”，这对于保真语音有很好的效果。

2. 如何计算对讲机的通信距离

对讲机的通信距离取决于天线的增益、高度，发射机输出功率，接收机灵敏度，电磁环境及有无障碍物等因素，这里以好易通 TC-368(2) 手持对讲机为例，以奥村(Okumura)传播预测模型为依据介绍对讲机的通信距离计算方法。

我们取甲、乙两台 TC-368(2)，工作于 450～470MHz 频段，中心频率为 460MHz；天线的长度大概为 20cm，天线的有效高度为 1.5m；天线的增益大约为 0dBi(–2.15dB)；发射功率为 4W；接收灵敏度约为 0.35μV；测试环境为郊区。在上述条件下：

(1) 最小接收场强：12dB SINAD(dBμV/m)=105+接收机灵敏度(dBW)+20lg$f$(MHz)=105+10lg(V×V/R)+20lg460=105+10lg(0.35μV×0.35μV/50)+53.255=105+(–146)+53.255=12.255(dBW)。

(2) 系统增益：发射天线增益 2.15dB，环境校正因子，市区到郊区 11.00；系统总增益，8.853 dB。

(3) 系统损耗：射频功率校正 1000W 到 4W，24.00；人体影响损耗（手持机与嘴平行），1.60；其他损耗（dB，如天线的驻波比损耗、连接器损耗），10.00（估计）；系统可靠性校正 50%到 90% ，12.004；系统总损耗 47.60。

(4) 实际最小接收场强（dBμV/m）（系统损耗+最小接收场强–系统增益）：51.005。从奥村范围预测图读出：TC-368（2）的通信距离大约为 6km。假如有一台对讲机在建筑物内使用，假设建筑物的损耗为 6dB，则通信距离变为 4km（注：以上计算出的得数是一般通信环境（无干扰、无大障碍物）的通信距离，和实际环境通信距离会有些误差）。

3. 相关专业词汇解释

(1) 监听（Moniter）：为接收弱小信号而采用的一种收听方式。通过按专用键强制接通接收信号通道，操作者用耳朵辨别扬声器中的微弱声音，达到收听的目的。

(2) 扫描（Scan）：为了听到所有信道的通话而采用的一种收听方式。通过按专用键，使接收电路按一定顺序逐个信道接收一段时间，以收听到信道中的信号。若每个信道接收时间为 100ms，则每秒可扫描十个信道，即扫描速度为 10ch/s。

(3) 优先信道扫描（Priority Channel Scan）功能：在扫描过程中优先扫描所设定的优先信道。

(4) 声控（VOX）：当该功能被激活后，不必按 PTT 键，可直接通过语音启动发射操作。

(5) 发射限时（Time Out Timer，TOT）功能：用于限制用户在一个信道上超时间发射，同时也避免对讲机因长时间发射而造成损坏。

(6) 高低功率选择（High/Low Power）功能：可让用户根据实际情况选择高功率或低功率。

(7) 禁发（Busy Channel Lockout）功能：当使用该功能时，用户禁止在繁忙信道上发射信号。

(8) 静噪级数（Squelch Level）：接收信号中噪声的强弱与信号的强弱呈对应关系，信号越强，噪声越弱。把最大噪声和最小噪声之间分成若干挡，每一挡称为一级。分成的挡数称为静噪级数。用户可根据实际情况进行选择。

(9) 功能（Reverse Frequency）倒频：使用倒频功能时，对讲机的发射频率和接收频率将互换，并且所设定的信令也进行互换。

(10) 脱网（Talk Around）功能：使用脱网功能时，对讲机的发射频率变得与接收频率相同；发射信令也转成与接收信令相同。

(11) 自动应答（Auto-Transpond）功能：当对讲机收到一个正确编码呼叫时，向呼叫方发出一个信号以响应呼叫。

(12) 紧急报警（Emergency Alarm）：按下报警专用键，对讲机以最大声音发出报警声或发出预定报警码给其他的手持机或基台。

(13) 巡逻登记（Patrol Record）：巡逻人员到达巡逻点时，对讲机将收到巡逻登记器发出的查询信号，然后自动启动登记操作，把自身的身份码等信息发给巡逻登记器予以登记，表明某巡逻人员已到达该地。

(14) 连续语音控制静噪系统(Continuous Tone Controlled Squelch System，CTCSS)：连续语音控制静噪系统，俗称亚音频，是一种将低于音频频率的频率(67～250.3Hz)附加在音频信号中一起传输的技术。因其频率范围在标准音频以下，故称为亚音频。当对讲机对接收信号进行中频解调后，亚音频信号经过滤波、整形，输入 CPU 中，与本机设定的 CTCSS 频率进行比较，从而决定是否开启静音。

(15) 连续数字控制静噪系统(Continuous Digital Controlled Squelch System，CDCSS)：其作用与 CTCSS 相同，区别在于它以数字编码方式来作为静音是否开启的条件。

(16) 双音多频(Dual Tone Multi Frequency，DTMF)：由高频群和低频群组成，高低频群各包含四个频率。一个高频信号和一个低频信号叠加组成一个组合信号，代表一个数字。DTMF 信令有 16 个编码，利用 DTMF 信令可选择呼叫相应的对讲机。

3.3.6　对讲机的典型设备

对讲机主要应用在公安、民航、运输、水利、铁路、制造、建筑、服务等行业，用于团体成员间的联络和指挥调度，以提高沟通效率和提高处理突发事件的快速反应能力。随着对讲机进入民用市场，人们外出旅游、购物也开始越来越多地使用对讲机。

1. 车载式对讲机

1) 摩托罗拉(Motorolar) GM398 车载式对讲机

外形见图 3.21。

Motorolar GM398 结实耐用、安全可靠，适用于意外情况下需紧急支援的公安、医疗卫生、消防、交通、军队等领域。

图 3.21　Motorolar GM398 车载式对讲机

Motorolar GM398 功能如下。

(1) 七个自定义键：可将常用操作设定在这七个键上，并用便于识别的符号代替。

(2) 160 个信道：160 个存储信道，可根据不同的输出功率、私密呼叫的私线(PL)/数字私线(DPL)以及记忆信道和繁忙信道锁定分别对各个信道进行编程，提高通信效率。

(3) 14 个字符四行字母显示：可快速阅读多达 14 个字符的四行文本显示和图标显示，如信号强度指示、主叫方身份码等。

(4) 全套键盘：全套字母键盘，方便编辑扫描名单，快速输入信道编号、呼叫名单地址、状态或短信息号码本机内置录音，120 秒钟录音功能提供了一个存储和检索信息的无纸笔记本。

(5) 高级信令能力：全面支持多种信令，如 MDC1200 信令、私线和数字私线、Quick Call Ⅱ信令和 DTMF。

(6) 优异的音频技术：摩托罗拉独特的语音压缩及低电平扩展技术确保提供清脆、洪亮的话音质量。

(7)可编程信道间隔(12.5/20/25kHz)：允许 12.5/20/25kHz 的可编程信道间隔。

(8)大尺寸控制按钮：通过直观的驱动菜单显示，辅之以大尺寸控制键，方便用户浏览菜单并调用各项功能。

(9)双优先扫描：支持多达 16 个扫描列表，每个扫描列表均可以设定在任何一个功能键上。这一双优先扫描功能还允许对优先信道进行频繁的扫描。

(10)分体安装控制头：分体安装控制头可以直接安装在汽车仪表板上，最适用于空间窄小的环境。

(11)状态呼叫/短信息：针对联络名单中的状态代码，最多可预设 16 条文本信息，可方便迅速地发送常用短信息，无须任何通话。

(12)隐蔽发送紧急信号：用户可以向预定人员或用户组秘密发送求援信号，从而实现更充分的安全保障。

GM398 的高级信令功能如下。

(1)MDC1200 信令。

PTT 识别码：可发送主叫方识别码，使用户得以识别收到呼叫的主叫方。

对讲机遥毙：电台不慎丢失或被盗时，对讲机遥毙功能可以遥控关闭失窃的电台，实现更充分的安全性。

呼叫提示：向主叫方确保寻呼会被收到。

语音选呼：电台收发独特的具体语音信息，支持单呼及组呼，从而提高通信效率。

机器检查：这一自动检测功能检查车台是否在覆盖区内工作。

紧急信号发送：发出求救信号，提供进一步的安全保障。

(2)Quick Call Ⅱ信令。

呼叫提示：采用连续提示音形式的非语音寻呼，提醒使用者有人正在呼叫本台。

选呼：寻呼提示后，以语音信息提醒使用者有人正在呼叫本台。

2)建伍 TM-271A/471A 车载式对讲机

外形见图 3.22。

图 3.22　建伍 TM-271A/471A 车载式对讲机

(1)大射频功率输出：体积较小的 TM-271A/471A 提供 60W(TM-271A)或 40W(TM-471A)高频功率输出，并有高/低功率可供选择。

(2)符合美标：TM-271A/471A 符合严格的美国军用标准 MIL-STD 810 C/D/E/F 振动和冲击测试。

(3)特大字符 LCD 显示屏及带照明键盘：能显示 6 位字母或数字/字符，绿色的背景照明可作 32 级亮度调整以适合所有的行车条件。前面板按键均带有照明，使用极为方便，并且 5 个最常用的功能键被安排在前面板令操作更简单(其他功能也可通过菜单来快速实现)。

(4)DTMF 话筒：TM-271A/471A 也供应 DTMF 话筒作为选件使用。

(5)信道名称功能：可以对 100 个信道每个赋予最多六个字符的信道名称，从而提供信道名称来快速识别并选择信道。如果不使用信道名称功能，则节省下来的存储空间可以用于存储多达 200 个信道的数据。

(6) 200 个记忆信道＋1 个呼叫信道：200 个记忆信道均可单独存储发射/接收频率参数。此外可通过 KPG-46D 接口电缆和 MCP-1A 记忆信道管理编程软件，对通信机进行编程并将数据存放在个人计算机内。

(7) 高话音质量前向式扬声器：大椭圆形(58mm×35mm)前向式扬声器安装在前面板上提供清晰洪亮的话音输出。

(8) 多种扫描功能：为发挥最大通用性，TM-271A/471A 提供多种扫描功能，包括 VFO(波段)扫描，记忆扫描、编程扫描、记忆组扫描(小组扫描)、CALL 扫描、TONE/CTCSS 扫描、DCS 扫描和优先扫描，可以每 3s 检查优先信道，并且提供 TO(时间操作)、CO(载波操作)等的扫描停止再启动方式。

(9) CTCSS/DCS 编/解码：内置的编解码器提供 42 个 CTCSS(哑音频)和 104 个 DCS(数字哑音频)的编/解码。

(10) 高稳定度晶振：内置 TCXO 温度补偿晶振，频率稳定度达±2.5ppm，在–20～＋60℃的温度范围内频率漂移小于±365Hz。

TM-271A/471A 其他功能如下：

(1) 开机提示信息；

(2) 宽/窄带可选(每信道)；

(3) 1750Hz 音频信号；

(4) 自动单工检查；

(5) 倒频中转检查；

(6) 按键 Beep 音；

(7) 自动关机；

(8) 发射时限；

(9) 信道显示模式；

(10) 繁忙禁发；

(11) 记忆信道锁定；

(12) 存储信道转移；

(13) 直接频率输入；

(14) 键盘锁定。

2. 手持式对讲机

1) Motorolar GP2000s 手持式对讲机

Motorolar GP2000s 手持式对讲机外形见图 3.23，特点如下。

图 3.23　GP2000s 手持式对讲机

(1) 外形精巧，使用便利：外形简捷，手持、操作均十分轻松；而且采用纤巧轻盈设计，携带更加方便。

(2) 八位字符显示，令工作状况一目了然：图标式电池电量与信号强度指示灯，令对讲机的工作状况一目了然。信道别名及频率等文字与数字显示信息，可为用户提供通信作业的重要信息。

(3)设计独特的前面板按钮，让操作更简单可靠：大尺寸前置浏览键和可编程按钮设计符合人体工程学原理，使功能调用易如反掌，同时，也使用户能够迅速在不同信道之间进行切换。

(4)符合人体工程学原理的麦克风设置，方便使用：麦克风设在最佳位置，通话更清晰。 设计独特的前面板按钮可以迅速轻松地实现信道间的切换。

(5)持久的通话时间：1300mAh 电池，支持更长的通话时间，保证用户在正常工作期间实时联系。

(6)99 个信道：多个信道赋予用户更大的灵活性，可将工作团队划分为不同的通话组。只需点击一下，即可接通预先设定的通话组。

(7)节电功能：三级可调功率(经济型超低功率、低功率和高功率)，方便用户控制电池工作效率。超低功率设置，使用户可以在近距离的通话中获得高达 6 小时的额外通话时间。

(8)私线：利用模拟私线/数字私线设置通话组，可以防止在同一频率上出现外界干扰通话。GP2000s 支持 EIA 标准的 42 条模拟私线、84 条数字私线和外加的三条模拟私线。

Motorolar GP2000s 的其他功能如下：

(1)主信道。

(2)脱网工作模式。

(3)繁忙信道锁定。

(4)杂散信道删除。

(5)电池电量报警。

(6)信道别名。

(7)编码静噪。

(8)可调静噪级别。

(9)超时定时器(0～10 min)。

(10)优先信道扫描。

(11)3 个扫描清单(每个都包括优先信道)。

(12)背光灯设置(自动/切换)。

(13)单收信道。

Motorolar GP2000s 性能指标见表 3.11。

表 3.11　Motorolar GP2000s 性能指标

一般性指标	VHF	UHF
频率范围	136～174MHz	403～440MHz 435～480MHz

续表

一般性指标	VHF	UHF
存储信道	99	
操作温度范围	–30～+60℃(机身)，–20～+60℃(镍氢电池)	
尺寸 带有标准容量镍氢电池	高(*H*)×宽(*W*)×厚(*D*)，118mm×56mm×37mm(38mm 顶部)	
重量 带有标准容量镍氢电池(包括皮带夹和标准 UHF 天线)	375g	
平均电池寿命(标准容量镍氢电池)	高功率 5W>8 小时，高功率 4W>8 小时 低功率 1W>11 小时，低功率 1W>11 小时	
密封	按照 IPX4(EN60529:1991)标准通过雨水测试	
冲击和振动	抗压铸，抗冲击聚碳酸酯外壳，符合 EIA RS-316B 标准	
灰尘和湿度	不受天气影响的外壳，符合 EIA RS-316B 标准	
带有背景灯的显示位数	8	

2)建伍 TK3107 手持式对讲机

外形见图 3.24。

建伍 TK3107 为 VHF/UHF 频率合成调频手持机，坚固结实，小型/轻量，计算机写频，内置 CTCSS 功能及 DQT 数字哑音频功能；采用铝合金框架结构，坚固结实耐用。通过 MIL-810C、D、E 的雨水、湿度、灰尘、振动、冲击等测试；体积小、重量轻，携带方便，性能卓越。

图 3.24　建伍 TK3107 手持式对讲机

建伍 TK3107 手持式对讲机性能如下。

(1)SMA 天线接头：更佳的电气特性，确保天线与底座间接触良好，使发射或接收达到最佳效果。

(2)操作简单容易：配置信道、音量旋钮、PTT、监听等按键，设计简洁，使操作非常容易方便。

(3)两色 LED：两色 LED，显示进行发射/接收状态。

(4)电池寿命：5-5-90 工作周期四小时。

一般规格：

(1)频率范围：M2 为 136～150MHz；M4 为 400～420MHz；M 为 150～174MHz；M 为 450～470MHz。

(2)信道数量：16(15+S)。

(3)工作温度：–30～＋60℃。

(4)电源电压：7.5V DC(±20%)。

(5)体积：58mm(宽)×125.5mm(高)×32mm(深)。

(6)重量：200g(主机，不带电池和天线)；400g(使用电池和天线)。

(7) 射频功率：5W。
(8) 频率稳定度：±2.5ppm。
接收机技术规格：
(1) 频率稳定度：+/–5ppm。
(2) 灵敏度(12dB SINADE) EIA：0.16μV。
(3) 调制接收带宽：+/–7kHz。
(4) 相邻信道选择性：大于 65dB。
(5) 互调失真：大于 65dB。
(6) 噪声响应：大于 60dB。
(7) 音频输出功率：500mW。
发射机技术规格：
(1) 信道间隔：25kHz。
(2) 频率稳定度：+/–5ppm。
(3) 功率：5W。
(4) 调制方式：16K F3E。
(5) 杂波与谐波：–70dB。
(6) 调频噪声：–45dB。
(7) 调频失真：5%。
(8) 最大频率偏移：+/–5kHz。
(9) 防尘和湿度：符合军标 810-C，D，E。
(10) 撞击和振动：符合军标 810-C，D，E。

图 3.25　ZN2008 窄带无线自组网对讲机外观照片

3. 窄带无线自组网对讲机

终南 ZN2008 窄带无线自组网对讲机除了具有普通对讲机的一般功能，还具有中继功能。当两台手持机超过通信距离时，通过临时加入的另一台手持机转发信号，可延长通信距离达 10km，提供更大的覆盖半径。同时通过内嵌的窄带自组网芯片，提供目标节点的自动路径选择，并且列表统计其他成员定位信息。ZN2008 对讲机外观照片见图 3.25，按键功能见表 3.12。

表 3.12　ZN2008 对讲机按键功能

按键序号	功能说明	按键序号	功能说明	按键序号	功能说明
①	功能上键	⑦	指示灯	⑬	主页键
②	PTT 键	⑧	麦克风	⑭	喇叭
③	功能下键	⑨	显示屏	⑮	数字键
④	音量旋钮	⑩	确认键	⑯	耳机接口
⑤	频道旋钮	⑪	方向键	⑰	皮带夹
⑥	天线	⑫	返回键	⑱	电池

ZN2008 对讲机定位界面功能如下：

（1）成员 ID 编号：若成员已设置昵称，则显示其昵称，否则显示 ID 编号。

（2）网内成员数量统计：斜杠右边表示网内所有成员的总数。

（3）信息接收计时：显示距离上次收到指定队员信息的时间（可以通过时间判断是否离线，这里时间是第一次获取到定位信息开始记时，下一次获取到定位信息将时间清零，所以可以通过时间判断是否离线）。

（4）距离：显示本机与指定成员的距离。

（5）本机位置：本机位置用正方形表示，其中，红色代表定位精度较差，黄色代表定位精度较好，绿色代表定位精度良好。

（6）成员位置：指定成员相对于本机的位置，用圆点表示，其中，红色代表定位精度较差，黄色代表定位精度较好，绿色代表定位精度良好。

（7）成员运动状态显示：黄色平躺的小人代表处于静止状态，绿色站立的小人代表处于运动状态。

第4章　移动应急通信

4.1　移动通信产业概况

过去十年，中国进步最大的两个大产业，一个是以手机为核心的电子产品产业链，一个是以社交和电子商务为核心的互联网产业。

2013年，中国制造手机产量排名世界第一，占全球出货量的比例达到70.6%。

截至2015年的数据显示，我国移动通信用户规模达12.93亿，移动互联网用户达8.9亿。

聚焦电子工业里面规模最大的智能手机行业，无论苹果公司、三星公司，还是华为的消费者业务，智能手机都是营收和利润的核心来源。三星电子旗下以手机为主要业务的三星移动部门，营收在2013年达到历史顶峰1320亿美元，2014年为1063亿美元，2015年为915亿美元，2016年为894亿美元。苹果来自iPhone的营收，2013年为913亿美元，2014年为1215亿美元，2015年为1555亿美元，2016年为1394亿美元。2016年，苹果公司来自iPhone的营收占了总营收的64%，以手机业务为主的三星移动则占了三星电子营收的49.6%。

4.1.1　近年来中国手机品牌全球份额大幅度跃升

2017年2月4日，国际数据公司(International Data Corporation，IDC)发布了2016年全球智能手机销量情况，总共销售智能手机14.7亿部，比2015年多卖了3340万部，增长2.3%。第一名的三星销量在3亿级别，数量3.11亿部，市场占有率21.2%。第二名的苹果销量在2亿级别，销量为2.15亿部，市占率14.6%。与之相对的中国手机品牌有两家公司到了年销量1亿部级别，第三名华为销量1.39亿部，市场占有率9.5%，逼近10%的关口。第四名OPPO销量9940万部，市场占有率6.8%。排在第五名的vivo也逼近8000万部大关，销量7730万部，市场占有率5.3%。华为、OPPO、vivo三家全球份额之和为21.6%，和排名第一的三星的21.2%差不多。世界排名第六是LG，市占率3.8%。第七～第十为小米、联想、中兴、金立，合计全球市场占有率为12.5%。

总结如下：2016年世界前十名手机销量品牌厂家中，中国有7家，韩国有2家，美国有1家。市场占有率总计：中国7家总计34.1%，韩国2家总计25%，美国1家为14.6%。

此外，前十名以外基本也是中国厂家，如魅族、锤子、传音控股、TCL(黑莓在其旗下)、乐视、酷派等品牌。2017年第一季度中国品牌手机份额占到世界48%，也就是人们每买两部手机，就有一部是中国品牌。此外，苹果和三星手机也大多在中国制造，全球90%的智能手机是在中国制造的。

4.1.2　全球智能手机利润被中、美、韩三国瓜分

智能手机是全世界最赚钱的行业之一，全球智能手机利润被中、美、韩三国瓜分，欧洲、日本已经彻底退出世界竞争。

查询苹果财报，苹果 2016 年来自 iPhone 的收入为 1394 亿美元，苹果没有公布 iPhone 的净利润率，按照苹果集团平均 20.7%的净利润率计算，苹果手机的净利润为 289 亿美元。

查询三星财报，以手机为主的三星移动部门 2016 年收入为 894 亿美元，营业利润率为 10.7%，也就是营业利润为 95.7 亿美元，当然这是营业利润，扣掉税以及其他费用之后才是净利润。

那么中国手机如何呢？华为、OPPO、vivo、小米都不是上市公司，都没有公布单独手机的营收，华为消费者业务收入为 1780 亿人民币，就算全部算成手机业务的收入，也就是 258 亿美元(6.9 的汇率)，OPPO 和 vivo 的营收大约为 200 亿美元(估计值，vivo 低于 OPPO)，那么三家之和也就是 650 亿美元。据手机中国联盟秘书长王艳辉观察，2016 年华为、OPPO、vivo 的利润预估相差不大，都在 100 亿元人民币左右。就按照华为、OPPO、vivo 三家都是超过 100 亿元人民币的净利润来算，三家 2016 年的净利润就是约 50 亿美元，和三星手机的 95.7 亿美元、苹果手机的 289 亿美元差距还是非常大。

同时我们也要看到，智能手机行业世界前十名只有中、美、韩三国的企业，欧洲和日本已经彻底退出了竞争，曾经的索尼、松下、爱立信、西门子、飞利浦等日本及欧洲品牌已经完全丧失了世界市场竞争力。

4.2　移动通信原理

4.2.1　数字移动通信技术

1. 多址技术

多址技术使众多的用户共用公共的通信线路。为使信号多路化而实现多址的方法基本上有三种，它们分别采用频率、时间或代码分隔的多址连接方式，即通常所称的频分多址(FDMA)、时分多址(TDMA)和码分多址(CDMA)三种接入方式。图 4.1 用模型表示了这三种方法一个简单的概念。FDMA 是以不同的频率信道实现通信的，TDMA 是以不同的时隙实现通信的，而 CDMA 是以不同的代码序列实现通信的。

1)频分多址

频分，有时也称为信道化，就是把整个可分配的频谱划分成许多单个无线电信道(发射和接收载频对)，每个信道可以传输一路话音或控制信息。在系统的控制下，任何一个用户都可以接入这些信道中的任何一个。

模拟蜂窝系统是 FDMA 结构的一个典型例子，数字蜂窝系统中也同样可以采用 FDMA，只是不会采用纯粹频分的方式，如 GSM 系统就采用了 FDMA。

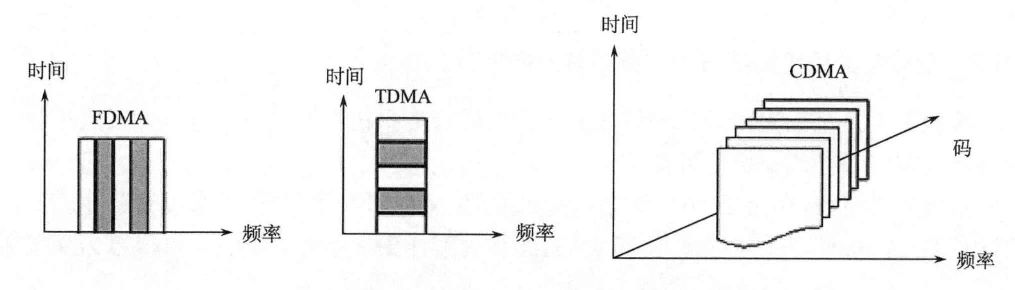

图 4.1　三种多址方式概念示意图

2）时分多址

时分多址是在一个宽带的无线载波上，按时间（或称为时隙）划分为若干时分信道，每个用户占用一个时隙，只在这一指定的时隙内收（或发）信号，故称为时分多址。此多址方式在数字蜂窝系统中采用，GSM 系统也采用了此种方式。

TDMA 是一种较复杂的结构，最简单的情况是单路载频被划分成许多不同的时隙，每个时隙传输一路猝发式信息。TDMA 中关键部分为用户部分，每一个用户分配一个时隙（在呼叫开始时分配），用户与基站之间进行同步通信，并对时隙进行计数。当自己的时隙到来时，手机就启动接收和解调电路，对基站发来的猝发式信息进行解码。同样，当用户要发送信息时，首先将信息进行缓存，等到自己时隙的到来。在时隙开始后，再将信息以加倍的速率发射出去，然后又开始积累下一次猝发式传输[12]。

TDMA 的一个变形是在一个单频信道上进行发射和接收，称为时分双工（TDD）。其最简单的结构就是利用两个时隙，一个发一个收。当手机发射时基站接收，基站发射时手机接收，交替进行。TDD 具有 TDMA 结构的许多优点：猝发式传输、不需要天线的收发共用装置等。它的主要优点是可以在单一载频上实现发射和接收，而不需要上行和下行两个载频，不需要频率切换，因而可以降低成本。TDD 的主要缺点是满足不了大规模系统的容量要求。

3）码分多址

码分多址是一种利用扩频技术所形成的不同的码序列实现的多址方式。它不像 FDMA、TDMA 那样把用户的信息从频率和时间上进行分离，它可在一个信道上同时传输多个用户的信息，也就是说，允许用户之间的相互干扰。其关键是信息在传输以前要进行特殊的编码，编码后的信息混合后不会丢失原来的信息。有多少个互为正交的码序列，就可以有多少个用户同时在一个载波上通信。每个发射机都有自己唯一的代码（伪随机码），同时接收机也知道要接收的代码，用这个代码作为信号的滤波器，接收机就能从所有其他信号的背景中恢复出原来的信息码（这个过程称为解扩）。

2. 功率控制技术

当手机在小区内移动时，它的发射功率需要变化。当它离基站较近时，需要降低发射功率，减少对其他用户的干扰，当它离基站较远时，就应该增加功率，克服增加了的路径衰耗。

所有的 GSM 手机都可以以 2dB 为一等级来调整它们的发送功率，GSM900 移动台的最大输出功率是 8W(规范中最大允许功率是 20W，但现在还没有 20W 的移动台存在)。DCS1800 移动台的最大输出功率是 1W。相应地，它的小区也要小一些。

3. 蜂窝技术

移动通信飞速发展的一大原因是发明了蜂窝技术。移动通信的一大限制是使用频带比较有限，这就限制了系统的容量，为了满足越来越多的用户需求，必须要在有限的频率范围内尽可能地扩大它的利用率，除了采用前面介绍过的多址技术等，还发明了蜂窝技术。

那么什么是蜂窝技术呢？移动通信系统是采用一个叫基站的设备来提供无线服务范围的。基站的覆盖范围有大有小，我们把基站的覆盖范围称为“蜂窝”(Cell)，蜂窝技术因此而得名。将一个大的地理区域分割成多个“蜂窝”的目的，是充分利用有限的无线传输频率。每一组连接(对于无线电话而言就是每一组会话)都需要专门的频率，而可以使用的频率一共只有大约 1000 个。为了使更多的会话能同时进行，蜂窝系统给每一个“蜂窝”(即每一个小的区域)分配了一定数额的频率。不同的蜂窝可以使用相同的频率，这样，有限的无线资源就可以充分利用了。采用大功率的基站主要是为了提供比较大的服务范围，但它的频率利用率较低，也就是说基站提供给用户的通信通道比较少，系统的容量也就大不起来，对于话务量不大的地方可以采用这种方式，我们也称其为大区制。采用小功率的基站主要是为了提供大容量的服务范围，同时它采用频率复用技术来提高频率利用率，在相同的服务区域内增加了基站的数目，有限的频率得到多次使用，所以系统的容量比较大，这种方式称为小区制或微小区制。

4.2.2 移动通信组网原理

1. 话务量与呼损率

1) 话务量

话务量是度量通信系统业务量或繁忙程度的指标，是指单位时间内(1 小时)进行的平均电话交换量。

话务量分为流入话务量和完成话务量。

若话务量用 A 表示，则

$$A=S\times\lambda \tag{4.1}$$

其中，S 为每次呼叫平均占用信道的时间，单位为“小时/次”；λ为每小时的平均呼叫次数(流入话务量)，单位为“次/小时”。

话务量 A 是无量纲的量，命名为“爱尔兰”，简称 Erl。如果一小时内不断地占用一个信道，则其呼叫话务量为 1 爱尔兰，是一个信道具有的最大话务量。

设在 100 个信道上，平均每小时有 2100 次呼叫，平均每次呼叫时间为 2min，则这些信道上的呼叫话务量为

$$A=\frac{2100\times 2}{60}=70(\text{Erl}) \tag{4.2}$$

2) 呼损率

设完成话务量用 A_0 表示，单位时间内呼叫成功的次数为λ_0，则

$$A_0=S\times\lambda_0 \tag{4.3}$$

呼损率 B 定义为

$$B=\frac{A-A_0}{A}=\frac{\lambda-\lambda_0}{\lambda} \tag{4.4}$$

呼损率也称通信网的服务等级。呼损率越小，成功呼叫的概率越大，服务等级越高。但是，呼损率和流入话务量是相互矛盾的，即服务等级和信道利用率是矛盾的，要使呼损率变小，只有让流入的话务量变小，要折中处理。

如果呼叫有以下性质：

(1) 每次呼叫相互独立，互不相关(呼叫具有随机性)；

(2) 每次呼叫在时间上都有相同的概率，并假定移动通信系统的信道数为 n。

则呼损率可用爱尔兰呼损公式计算：

$$B=\frac{A^n/n!}{\sum_{i=1}^{n}A^i/i!} \tag{4.5}$$

式(4.4)就是电话工程中的爱尔兰公式。

2. 移动通信环境下的干扰

在移动通信的无线网络设计中，解决无线覆盖区和无线电干扰是两大难题。无线电干扰一般分为同频道干扰、邻频道干扰、互调干扰等。

1) 同频道干扰

所有落在收信机通带内的与有用信号频率相同或相近的干扰信号。基本措施：通过基站站址布局（保持同频复用距离）、合理的覆盖区设计及频道配置，以满足将同频干扰抑制到允许的指标以内。

2) 邻频道干扰

工作在 K 频道的接收机受到工作于 $K\pm1$ 频道的信号的干扰，即邻道($K\pm1$ 频道)信号功率落入 K 频道的接收机通带内造成的干扰称为邻频道干扰。解决措施如下：

(1) 降低发射机落入相邻频道的干扰功率，即减小发射机带外辐射。

(2) 提高接收机的邻频道选择性。

(3) 在网络设计中，避免相邻频道在同一小区或相邻小区内使用。

对无线电频率而言，其频谱包括无线电波、可见光、X 光、γ 射线等。而无线电波又包含低频区、中频区(如 AM)、高频区等，其中高频区又含高频(HF，3～30MHz 如短波)、甚高频(VHF，30～300MHz 如 FM、TV)、特高频(UHF，300MHz～3GHz 如 TV、手机)、超高频(SHF，3～30GHz 如卫星 L 频道、S 频道(2.6/2.5GHz)、C 频道(6/4GHz)、X 频道(8/7.5GHz)，Ku 频道(14/11GHz、14/12GHz 或 18/12GHz)、Ka 频道(30/20GHz))、极高频(EHF，30～300GHz)等子区。这些频道的商业用途大约可分为手机、行动计算、

无线区域网络及卫星四大类。为了有效掌握无线频谱资源，频道的使用重点在于频道的特性及互动方式。

3) 互调干扰

在专用网和小容量网中，互调干扰可能成为组网较关心的问题。下面介绍四类互调干扰：发射机互调干扰、接收机互调干扰、阻塞干扰和近端对远端干扰。

(1) 发射机互调干扰。一部发射机发射的信号进入了另一部发射机，并在其末级功放的非线性作用下与输出信号相互调制，产生不需要的组合干扰频率，对接收信号频率与这些组合频率相同的接收机造成的干扰，称为发射机互调干扰。

(2) 接收机互调干扰。当多个强干扰信号进入接收机前端电路时，在器件的非线性作用下，干扰信号互相混频后产生可落入接收机中频频带内的互调产物而造成的干扰称为接收机互调干扰。

(3) 阻塞干扰。当外界存在一个离接收机工作频率较远，但能进入接收机并作用于其前端电路的强干扰信号时，由于接收机前端电路的非线性而造成对有用信号增益降低或噪声增高，使接收机灵敏度下降的现象称为阻塞干扰。这种干扰与干扰信号的幅度有关，幅度越大，干扰越严重。当干扰电压幅度非常强时，会导致接收机收不到有用信号而使通信中断。

(4) 近端对远端的干扰。当基站同时接收从两个距离不同的移动台发来的信号时，距离基站近的移动台 B(距离 d_2) 到达基站的功率明显要大于距离基站远的移动台 A(距离 d_1，$d_2 << d_1$) 的到达功率，若两者频率相近，则距基站近的移动台 B 就会造成对距基站远的移动台 A 的有用信号的干扰或抑制，甚至将移动台 A 的有用信号淹没。这种现象称为近端对远端的干扰(远近效应)。

3. 区域覆盖

移动通信网是承接移动通信业务的网络，主要完成移动用户之间、移动用户与固定用户之间的信息交换。信息交换包括话音、数据、传真和图像等。

移动通信网的服务区域覆盖可分为两类：小容量的大区制和大容量的小区制(蜂窝系统)。

1) 大区制

(1) 大区：在一个服务区域内只有一个或几个基站(BS)。

(2) 基站作用：负责移动通信的联络和控制。特点：天线架设得高；发射机输出功率大(200W)；服务区内所有频道都不能重复；覆盖半径为 30～50km。

(3) 优点：组成简单，投资少，见效快。

(4) 缺点：服务区内的所有频道(一个频道包含收、发一对频率)的频率都不能重复，频率利用率和通信容量都受到了限制。

(5) 适用范围：主要用于专网或用户较少的地域。

2) 小区制

(1) 小区：把整个服务区域划分为若干个无线小区(Cell)，每个小区分别设置一个基站。半径 2～20km，小的 1～3km 甚至 500m。

(2)功率：5～20W。

(3)基站作用：负责本区移动通信的联络和控制，又可在移动业务交换中心(MSC)的统一控制下，实现小区之间移动用户通信的转接，以及移动用户与市话用户的联系。

(4)区群：由采用不同信道的若干小区组成的覆盖区域。

(5)频率复用：将相同的频率在相隔一定距离的小区中重复使用。

(6)要求：使用相同频率的小区(同频小区)之间干扰足够小，只有不同区群中的小区才能进行频率复用(或信道复用)。

(7)n 频制：称采用不同信道的 n 个小区组成的区群为 n 频制。

4.2.3 移动通信天线原理

在无线通信系统中，与外界传播媒介的接口是天线系统，天线的选取和设计直接关系到整个网络的质量。

1. 天线基础知识

在无线通信系统中，天线辐射和接收无线电波。发射时，把高频电流转换为电磁波；接收时把电磁波转换为高频电流。天线的型号、增益、方向图、驱动天线功率、简单或复杂的天线配置和天线极化等都影响系统的性能。

1)天线增益

增益是天线的最重要参数之一，天线增益的定义与全向天线或半波振子天线有关。全向辐射器是假设在所有方向上都辐射等功率的辐射器。在某一方向的天线增益是该方向上的场强与定向辐射器在该方向产生的辐射强度之比，见图 4.2。dBi 表示天线增益是方向天线相对于全向辐射器的参考值，dBd 是相对于半波振子天线的参考值，两者之间的关系是

$$\mathrm{dBi}=\mathrm{dBd}+2.15 \tag{4.6}$$

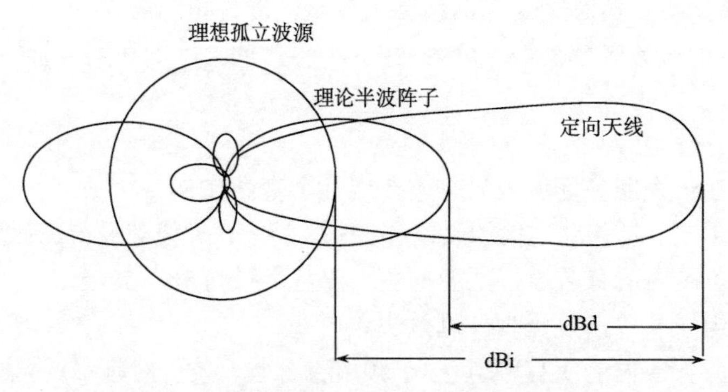

图 4.2　全向天线与半波振子天线增益比较

2)方向图

天线的辐射电磁场在固定距离上随角坐标分布的图形，称为方向图。用辐射场强表示的称为场强方向图，用功率密度表示的称为功率方向图，用相位表示的称为相位

方向图。

天线方向图是空间立体图形，但是通常应用的是两个互相垂直的主平面内的方向图，称为平面方向图。在线性天线中，由于地面影响较大，都采用垂直面和水平面作为主平面。在面型天线中，则采用 E 平面和 H 平面作为两个主平面。归一化方向图取最大值为一。

在方向图中，包含所需最大辐射方向的辐射波瓣叫天线主波瓣，也称天线波束。主瓣之外的波瓣叫副瓣或旁瓣或边瓣，与主瓣相反方向上的旁瓣叫后瓣。图 4.3(a)为全向天线水平波瓣图，图 4.3(b)为垂直波瓣图，其天线外形为圆柱型。图 4.4 为定向天线水平波瓣和垂直波瓣图，其天线外形为板状。

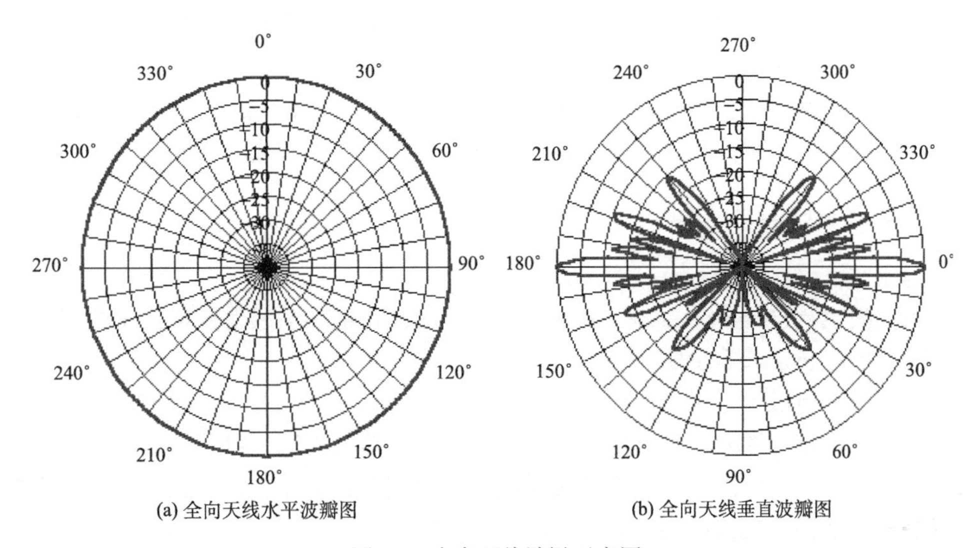

(a) 全向天线水平波瓣图　(b) 全向天线垂直波瓣图

图 4.3　全向天线波瓣示意图

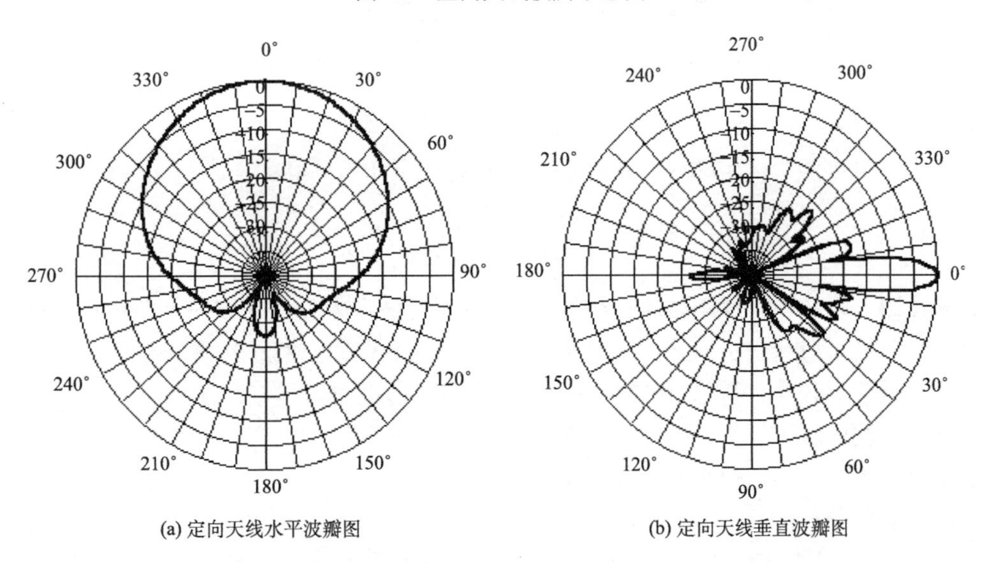

(a) 定向天线水平波瓣图　(b) 定向天线垂直波瓣图

图 4.4　定向天线波瓣示意图

通常会用到天线方向图以下一些参数。

(1)零功率波瓣宽度，指主瓣最大值两边两个零辐射方向之间的夹角。

(2)半功率点波瓣宽度，指最大值下降到 0.707(即下降 3dB)点的夹角。

(3)副瓣电平，指副瓣最大值和主瓣最大值之比。

(4)前后比。

3)极化

极化是描述电磁波场强矢量空间指向的一个辐射特性，当没有特别说明时，通常以电场矢量的空间指向作为电磁波的极化方向，而且通常是针对在该天线的最大辐射方向上的电场矢量来说的。

电场矢量在空间的取向在任何时间都保持不变的电磁波称为直线极化波，有时以地面作为参考，将电场矢量方向与地面平行的波称为水平极化波，与地面垂直的波称为垂直极化波。由于水平极化波和入射面垂直，故又称为正交极化波；垂直极化波的电场矢量与入射平面平行，称为平行极化波。电场矢量和传播方向构成的平面称为极化平面。

2. 天线其他技术指标

1)电压驻波比

电压驻波比(Voltage Standing Wave Ratio，VSWR)在移动通信蜂窝系统的基站天线中，其最大值应小于或等于 1.5∶1。

在不匹配的情况下，馈线上同时存在入射波和反射波。在入射波和反射波相位相同的地方，电压振幅相加为最大电压振幅 V_{max}，形成波腹；而在入射波和反射波相位相反的地方，电压振幅相减为最小电压振幅 V_{min}，形成波节。其他各点的振幅值则介于波腹与波节之间。这种合成波称为行驻波。

定义反射波电压和入射波电压幅度之比为反射系数，记为 R(其中 Z_L 是天线输入阻抗，Z_0 是特性阻抗)：

$$R=\frac{\text{反射波幅度}}{\text{入射波幅度}}=\frac{Z_L-Z_0}{Z_L+Z_0} \tag{4.7}$$

波腹电压与波节电压幅度之比称为驻波系数，也叫电压驻波比，记为 VSWR：

$$\text{VSWR}=\frac{\text{波腹电压幅度}V_{max}}{\text{波节电压幅度}V_{min}}=\frac{1+R}{1-R} \tag{4.8}$$

天线输入阻抗与特性阻抗不一致时，产生的反射波和入射波在馈线上叠加形成驻波，其相邻电压最大值和最小值之比就是电压驻波比。天线输入阻抗 Z_L 和特性阻抗 Z_0 越接近，反射系数 R 越小，驻波比 VSWR 越接近于 1，匹配也就越好。

电压驻波比过大，将缩短通信距离，而且反射功率将返回发射机功放部分，容易烧坏功放管，影响通信系统正常工作。

2)前后比(F/B)

前后比(F/B)指天线的后向 180°±30°以内的副瓣电平与最大波束之差，用正值表示。一般天线的前后比为 18～45dB。对于密集市区要积极采用前后比大的天线，如 40dB。

3）端口隔离度

对于多端口天线，如双极化天线、双频段双极化天线，收发共用时端口之间的隔离度应大于30dB。

4）回波损耗

回波损耗指在天线的接头处的反射功率与入射功率的比值。回波损耗反映了天线的匹配特性。

5）功率容量

功率容量指平均功率容量，天线包括匹配、平衡、移相等其他耦合装置，其所承受的功率是有限的，考虑到基站天线的实际最大输入功率（单载波功率为20W），若天线的一个端口最多输入六个载波，则天线的输入功率为120W，因此天线的单端口功率容量应大于200W（环境温度为65℃时）。

6）零点填充

基站天线垂直面内采用赋形波束设计时，为了使业务区内的辐射电平更均匀，下副瓣第一零点需要填充，不能有明显的零深。通常零深相对于主波束大于–20dB即表示天线有零点填充，对于大区制基站天线无这一要求。高增益天线尤其需要采取零点填充技术来有效改善近处覆盖。

7）上副瓣抑制

对于小区制蜂窝系统，为了提高频率复用能力，减少对邻区的同频干扰，基站天线波束赋形时应尽可能降低那些瞄准干扰区的副瓣，第一副瓣电平应小于–18dB，对于大区制基站天线无这一要求。

8）天线输入接口

为了改善无源交调及射频连接的可靠性，在天线使用前，端口上应有保护盖，以免生成氧化物或进入杂质。

9）无源互调

无源互调（PIM）特性是指接头、馈线、天线、滤波器等无源部件工作在多个载频的大功率信号条件下由于部件本身存在非线性而引起的互调效应。通常都认为无源部件是线性的，但是在大功率条件下无源部件都不同程度地存在一定的非线性，这种非线性主要是由以下因素引起的：不同材料的金属的接触；相同材料的接触表面不光滑；连接处不紧密；存在磁性物质等[13]。

互调产物的存在会对通信系统产生干扰，特别是落在接收带内的互调产物将对系统的接收性能产生严重影响，因此在GSM系统中对接头、电缆、天线等无源部件的互调特性都有严格的要求。接头的无源互调指标应达到–150dBc，电缆的无源互调指标应达到–170dBc，天线的无源互调指标应达到–150dBc。

10）天线尺寸和重量

为了保证天线储存、运输和安装过程中的安全，在满足各项电气指标的情况下，天线的外形尺寸应尽可能小，重量尽可能轻。

11）风载荷

基站天线通常安装在高楼及铁塔上，尤其在沿海地区，常年风速较大，要求天线在

36m/s 时正常工作，在 55m/s 时不被破坏。

12) 工作温度和湿度

基站天线应在环境温度–40～+65℃、相对湿度 0%～100%范围内正常工作。

13) 雷电防护

基站天线所有射频输入端口均要求直流直接接地。

14) 三防能力

基站天线必须具备三防能力，即防潮、防盐雾、防霉菌。对于基站全向天线必须允许天线倒置安装，同时满足三防要求。

3. 天线技术

1) 天线分集技术

(1) 分集概念。在移动无线电环境中信号衰落会产生严重问题。随着移动台的移动，瑞利衰落随信号瞬时值快速变动，而对数正态衰落随信号平均值(中值)变动。这两者是构成移动通信接收信号不稳定的主要因素，它使接收信号大大地恶化了。虽然通过增加发信功率、天线尺寸和高度等方法能取得改善，但采用这些方法在移动通信中比较昂贵，有时也显得不切实际；而采用分集方法即在若干个支路上接收相互间相关性很小的载有同一消息的信号，然后通过合并技术再将各个支路信号合并输出，那么便可在接收终端上大大降低深衰落的概率。通常在接收站址使用分集技术，因为接收设备是无源设备，所以不会产生任何干扰。分集的形式可分为两类，一是显分集，二是隐分集。下面仅讨论显分集，它又可以分为基站显分集与一般显分集两类。

基站显分集是由空间分离的几个基站全覆盖或部分覆盖同一区域。由于有多重信号可以利用，大大减小了衰落的影响。由于电波传播路径不同，地形地物的阴影效应不同，所以经过独立衰落路径传播的多个慢衰落信号是互不相关的。各信号同时发生深衰落的概率很小，若采用选择分集合并，从各支路信号中选取信噪比最佳的支路，即选出最佳的基站和移动台建立通信，以消除阴影效应和其他地理影响。所以基站显分集又称为多基站分集。

一般显分集用于抑制瑞利衰落，其方法有传统的空间分集、频率分集、极化分集、角度分集、时间分集和场分量分集等多种方法。

(2) 分集与合成。分集特性决定于分集分支的数量和接收分集之间的相关系数。如果各分支的相关系数相同，那么各种分集方案都可实现相同的相关性能。我们还必须考虑如何合成分集接收的多个信号，合适的合成技术会产生较好的性能。例如，采用 Q 重分集，合并前的 q 个信号为 $S_1(t)$，$S_2(t)$，…，$S_q(t)$。考虑到合成可在各分集天线和接收机之间、在接收机中频输出端和检波之后的基频输出端进行，因此这里的 $S_i(t)$ 应理解成高频信号、中频信号或基频信号的一般形式。所谓合成问题也就是 $S_i(t)$ 如何组合相加的问题。合成后的信号可表示为

$$S(t)=k_1S_1(t)+k_2S_2(t)+\cdots+k_qS_q(t) \tag{4.9}$$

其中，k_1，k_2，…，k_q 为加权系数。选择不同的加权系数，就产生了不同的合并方法。有

四种常用的合成技术：最大比合成技术(MRC)、等增益合成技术(EGC)、选择合成技术(SEC)、转换合成技术(SWC)。这些合成技术是天线技术中重要的组成部分。在移动通信中，通常采用空间分集和极化分集，分集增益可在 5dB 左右。

(3) 空间分集。空间分集是利用场强随空间的随机变化实现的。在移动通信中，空间略有变动就可能出现较大的场强变动。空间的间距越大，多径传播的差异就越大，所受场强的相关性就越小，在这种情况下，由于深衰落难得同时发生，分集便能把衰落效应降到最小。为此必须确定必要的空间间隔。通常根据参数 η 设计分集天线。η 与实际天线高度 h 和天线间距 D 的关系为 $\eta=h/D$。对于水平间隔放置的天线，η 的取值一般为 10。例如，天线高度为 30m，则当天线间隔约 3m 时，可得到较好的分集增益。另外，垂直天线间隔大于水平天线间隔。目前工程中常见的空间分集天线由两副(收/发，收)或者三副(收，发，收)组成。

(4) 极化分集。目前越来越多的工程广泛使用了极化天线。当电场方向针对大地而言是垂直时，就叫垂直极化；当电场方向针对大地而言是水平时，就叫水平极化。垂直极化天线发射时，用垂直极化天线接收是最好的；水平极化天线发射时，用水平极化天线接收是最好的。天线通过两种极化——水平极化和垂直极化并同时工作在收发双工模式下，突出的优点是提高频率的利用率，一个频点通过极化可以使用两次，即用一个频率携带两种信号。理论上，由于媒质不引入耦合影响，也就不会产生相互干扰。但是在移动通信环境中，会发生互耦效应。这就意味着，信号通过移动无线电媒质传播后，垂直极化波的能量会泄漏到水平极化波，反之亦然。幸运的是，和主能量相比，泄漏能量很小，通过极化分集依旧可以得到良好的分集增益。极化分集天线的最大优点在于只需安装一副天线即可，节约了安装成本。

(5) 空间分集和极化分集的比较。极化分集最大的好处是可以节省天线安装空间，空间分集需要间隔一定距离的两根接收天线，而极化分集只需一根，在这一根天线中含有两种不同的极化阵子。一般空间分集可以获得 3.5dB 的链路增益。由于水平极化天线的路径损耗大于垂直极化天线(水平极化波的去极化机会大于垂直极化波)，因此对于一个双极化天线，其增益的改善度比空间分集要少 1.5dB 左右。但双极化分集相对空间分集在室内或车内能提供较低的相关性，因此又能获得比空间分集多 1.5dB 的改善。比较起来，双极化接收天线的好处就是节省天线安装空间。作为发射天线，如果基站收发天线共用，且采用双极化方式，则采用垂直和水平正交极化阵子的双极化天线与采用正负 45°正交极化阵子双极化天线相比较(假设其他条件相同)，在理想的自由空间中(假定手机接收天线是垂直极化)，手机接收天线接收的信号前者好于后者 3dB 左右。但在实际应用环境中，考虑到多径传播的存在，在接收点，各种多径信号经统计平均，上述差别基本消失，各种实验也证明了此结论的正确性。但在空旷平坦的平原上，上述差异或许还存在，但具体是多少，还有待实验证明，可能会有 1～2dB 的差异。综上所述，在实际应用中，两种双极化方式的差别不大，目前市场上正负 45°正交极化天线比较常见。

2) 赋形波束技术

在蜂窝移动系统中，降低同信道干扰始终是一个复杂的问题。赋形波束技术有助于空间频谱重用。有两种类型的赋形波束：一种是赋形水平面的辐射方向图，即扇形波束；

另外一种是赋形垂直面的辐射方向图。在蜂窝系统中，通过使用扇形波束来代替全向波束时，蜂窝间干扰距离增加，从而使基地站天线对使用相同频率的另一蜂窝辐射尽可能低，而基地站天线对其业务区辐射尽可能高。

当固定在一定高度的天线照射在一个有限的水平面区域内时，天线的垂直方向图表明由于有旁瓣零点的存在，在需要覆盖的区域就有可能产生盲区问题。通过使用垂直平面的余割平方赋形波束功率方向图，可以消除主瓣下方的零点，从而使所需覆盖区域有相等的接收信号电平。该技术也称为零点填充技术。

全球蜂窝系统基本上都使用一项波束处理技术，即波束倾斜技术。该技术的主要目的是倾斜主波束以压缩朝复用频率的蜂窝方向的辐射电平而增加载干比的值。在这种情况下，虽然在区域边缘载波电平降低了，但是干扰电平比载波电平降低得更多，所以总的载干比是增加了。从严格意义上来说，波束倾斜并不是真正的赋形波束技术，但是用途却是相同的。目前，使波束下倾的方法有两种：一种是电调下倾，通过改变天线阵的激励系数来调整波束的倾斜情况；另一种是机械调整，改变天线的下倾角。

对应不同的波束下倾方法，天线分为电调天线和机械天线。电调天线采用机械加电子方法下倾 15°后，天线方向图形状改变不大，主瓣方向覆盖距离明显缩短，整个天线方向图都在本基站扇区内，增加下倾角度，可以使扇区覆盖面积缩小，但不会产生干扰，这样的方向图是我们需要的。电调天线有两种，一种是预设固定电气下倾角天线；另外一种是可以在现场根据需要进行电气下倾角调整的天线，下面描述的是后一种电调天线。而机械天线下倾 15°后，天线方向图形状改变很大，从没有下倾时的鸭梨形变为纺锤形，虽然主瓣方向覆盖距离明显缩短，但是整个天线方向图不是都在本基站扇区内，在相邻基站扇区内也会收到该基站的信号，造成干扰。造成这种情况的原因是：电调天线与地面垂直安装(可以选择 0°～5°机械下倾)，天线安装好以后，在调整天线下倾角度的过程中，天线本身不动，是通过电信号调整天线振子的相位，改变水平分量和垂直分量的幅值大小，改变合成分量场强强度，使天线的覆盖距离改变，天线每个方向的场强强度同时增大或减小，从而保证在改变倾角后，天线方向图形状变化不大。而机械天线与地面垂直安装好以后，在调整天线下倾角度时，天线本身要动，需要通过调整天线背面支架的位置，改变天线的倾角，虽然天线主瓣方向的覆盖距离明显变化，但天线垂直分量和水平分量的幅值不变，所以天线方向图严重变形。

因此电调天线的优点是：在下倾角度很大时，天线主瓣方向覆盖距离明显缩短，天线方向图形状变化不大，能够降低呼损，减小干扰。另外在进行网络优化、管理和维护时，若需要调整天线下倾角度，使用电调天线时整个系统不需要关机，这样就可利用移动通信专用测试设备，监测天线倾角调整，保证天线下倾角度为最佳值。电调天线调整倾角的步进度数为 0.1°，而机械天线调整倾角的步进度数为 1°，因此电调天线的精度高，效果好。电调天线安装好后，在调整天线倾角时，维护人员不必爬到天线安放处，可以在地面调整天线下倾角度，还可以对高山上、边远地区的基站天线实行远程监控调整。而调整机械天线的下倾角度时，整个系统要关机，不能在调整天线倾角的同时进行监测，机械天线的下倾角度是通过计算机模拟分析软件计算的理论值，与实际最佳下倾角度有一定的偏差。另外机械天线调整天线下倾角度非常麻烦，一般需要维护人员在夜间爬到天线安放处调整，而且有些天线安装后，再进行调整非常困难，如山顶、特殊楼房处。另外，一般电调天线的三阶互调指标为–150dBc，机械天线的三阶互调指标为–120dBc，相差 30dBc，而三阶互调指标对消除邻频干扰和杂散干扰非常重要，特别在基站站距小、载频多的高话务密度区，需要三阶互调指标达到–150dBc 左右，否则就会产生较大的干扰。

3) 智能天线技术

随着全球通信业务的迅速发展，作为未来个人通信主要手段的无线移动通信技术引起人们的极大关注。如何消除同信道干扰(CCI)、多址干扰(MAI)与多径衰落的影响成为人们在提高无线移动通信系统性能时考虑的主要因素。智能天线利用数字信号处理技术，采用了先进的波束转换技术(Switched Beam Technology)和自适应空间数字处理技术(Adaptive Spatial Digital Processing Technology)，产生空间定向波束，使天线主波束对准用户信号到达方向，旁瓣或零陷对准干扰信号到达方向，达到充分高效地利用移动用户信号并删除或抑制干扰信号的目的。与其他日渐深入和成熟的干扰削除技术相比，智能天线技术在移动通信中的应用研究更显得方兴未艾并显示出巨大潜力。

传统无线基站的最大弱点是浪费无线电信号能量，在一般情况下，只有很小一部分信号能量到达收信方。此外，当基站收听信号时，它接收的不仅是有用信号，而且收到其他信号的干扰噪声。智能天线则不然，它能够更有效地收听特定用户的信号和更有效地将信号能量传递给该用户。不同于传统的时分多址、频分多址或码分多址方式，智能天线引入了第四维多址方式：空分多址(SDMA)方式。在相同时隙、相同频率或相同地址码情况下，用户仍可以根据信号不同的空间传播路径进行区分。智能天线相当于空时滤波器，在多个指向不同用户的并行天线波束控制下，可以显著降低用户信号彼此间的干扰。具体而言，智能天线将在以下方面提高未来移动通信系统的性能：①扩大系统的覆盖区域；②提高系统容量；③提高频谱利用效率；④降低基站发射功率，节省系统成本，减少信号间干扰与电磁环境污染。

智能天线分为两大类：多波束智能天线与自适应阵智能天线，简称多波束天线和自适应阵天线。

多波束天线利用多个并行波束覆盖整个用户区，每个波束的指向是固定的，波束宽度也随阵元数目的确定而确定。随着用户在小区中的移动，基站选择不同的相应波束，使接收信号最强。因为用户信号并不一定在固定波束的中心处，当用户位于波束边缘，干扰信号位于波束中央时，接收效果最差，所以多波束天线不能实现信号最佳接收，一般只用作接收天线。但是与自适应阵天线相比，多波束天线具有结构简单、无须判定用户信号到达方向的优点。

自适应阵天线一般采用 4～16 天线阵元结构，阵元间距 1/2 波长，若阵元间距过大，则接收信号彼此相关程度降低，太小则会在方向图形成不必要的栅瓣，故一般取半波长。阵元分布方式有直线型、圆环型和平面型。自适应天线是智能天线的主要类型，可以实现全向天线，完成用户信号的接收和发送。自适应阵天线系统采用数字信号处理技术识别用户信号到达方向，并在此方向形成天线主波束。自适应阵天线根据用户信号的不同空间传播方向提供不同的空间信道，等同于信号有线传输的线缆，有效克服了干扰对系统的影响。

目前，国际上已经将智能天线技术作为三代以后移动通信技术发展的主要方向之一，一个具有良好应用前景且尚未得到充分开发的新技术，是第三代移动通信系统中不可缺的关键技术之一。

4）天线的种类

移动通信天线的技术发展很快，最初中国主要使用普通的定向和全向型移动天线，后来普遍使用机械天线，现在一些省市的移动网已经开始使用电调天线和双极化移动天线。由于目前移动通信系统中各种天线的使用频率、增益和前后比等指标差别不大，都符合网络指标要求，我们将重点从移动天线下倾角度改变对天线方向图及无线网络的影响方面，对上述几种天线进行分析比较。

（1）全向天线。全向天线即在水平方向图上表现为 360° 都均匀辐射，也就是平常所说的无方向性，在垂直方向图上表现为有一定宽度的波束，一般情况下波瓣宽度越小，增益越大。全向天线在移动通信系统中一般应用于郊县大区制的站型，覆盖范围大。

（2）定向天线。定向天线在水平方向图上表现为一定角度范围辐射，也就是平常所说的有方向性，在垂直方向图上表现为有一定宽度的波束，与全向天线一样，波瓣宽度越小，增益越大。定向天线在移动通信系统中一般应用于城区小区制的站型，覆盖范围小，用户密度大，频率利用率高。

根据组网的要求建立不同类型的基站，而不同类型的基站可根据需要选择不同类型的天线。选择的依据就是上述技术参数。例如，全向站就是采用了各个水平方向增益基本相同的全向型天线，而定向站就是采用了水平方向增益有明显变化的定向型天线。一般在市区选择水平波束宽度 B 为 65° 的天线，在郊区可选择水平波束宽度 B 为 65°、90° 或 120° 的天线（按照站型配置和当地地理环境而定），而在乡村选择能够实现大范围覆盖的全向天线则是最为经济的。

（3）机械天线。机械天线即指使用机械调整下倾角度的移动天线。机械天线与地面垂直安装好以后，如果因网络优化的要求，需要调整天线背面支架的位置改变天线的倾角来实现。在调整过程中，虽然天线主瓣方向的覆盖距离明显变化，但天线垂直分量和水平分量的幅值不变，所以天线方向图容易变形。

实践证明：机械天线的最佳下倾角度为 1°～5°；当下倾角度在 5°～10° 变化时，其天线方向图稍有变形但变化不大；当下倾角度在 10°～15° 变化时，其天线方向图变化较大；当机械天线下倾 15° 后，天线方向图形状改变很大，从没有下倾时的鸭梨形变为纺锤形，这时虽然主瓣方向覆盖距离明显缩短，但是整个天线方向图不是都在本基站扇区内，在相邻基站扇区内也会收到该基站的信号，从而造成严重的系统内干扰。

另外，在日常维护中，如果要调整机械天线下倾角度，整个系统要关机，不能在调整天线倾角的同时进行监测；机械天线调整天线下倾角度非常麻烦，一般需要维护人员爬到天线安放处进行调整；机械天线的下倾角度是通过计算机模拟分析软件计算的理论值，与实际最佳下倾角度有一定的偏差；机械天线调整倾角的步进度数为 1°。

（4）电调天线。电调天线即指使用电子调整下倾角度的移动天线。电子下倾的原理是通过改变共线阵天线振子的相位，改变垂直分量和水平分量的幅值大小，改变合成分量场强强度，从而使天线的垂直方向图下倾。由于天线各方向的场强强度同时增大和减小，保证在改变倾角后天线方向图变化不大，使主瓣方向覆盖距离缩短，同时又使整个方向图在服务小区扇区内减小覆盖面积但又不产生干扰。实践证明，电调天线下倾角度在1°～5°变化时，其天线方向图与机械天线的大致相同；当下倾角度在5°～10°变化时，其天线方向图较机械天线的稍有改善；当下倾角度在 10°～15°变化时，其天线方向图较机械天线的变化较大；当机械天线下倾 15°后，其天线方向图较机械天线的明显不同，这时天线方向图形状改变不大，主瓣方向覆盖距离明显缩短，整个天线方向图都在本基站扇区内，增加下倾角度，可以使扇区覆盖面积缩小，但不产生干扰，这样的方向图是我们需要的，因此采用电调天线能够降低呼损，减小干扰。

另外，电调天线允许系统在不停机的情况下对垂直方向图下倾角进行调整，实时监测调整的效果，调整倾角的步进精度也较高(为 0.1°)，因此可以对网络实现精细调整。

天线垂直方向图下倾是一种比较有效的天线技术。

(5) 双极化天线。双极化天线是一种新型天线技术，组合了+45°和–45°两副极化方向相互正交的天线并同时工作在收发双工模式下，因此其最突出的优点是节省单个定向基站的天线数量；一般 GSM 数字移动通信网的定向基站(三扇区)要使用 9 根天线，每个扇形使用 3 根天线(空间分集，一发两收)，如果使用双极化天线，每个扇形只需要 1 根天线；同时由于在双极化天线中，±45°的极化正交性可以保证+45°和–45°两副天线之间的隔离度满足互调对天线间隔离度的要求(≥30dB)，因此双极化天线之间的空间间隔仅需 20～30cm；另外，双极化天线具有电调天线的优点，在移动通信网中使用双极化天线与电调天线一样，可以降低呼损，减小干扰，提高全网的服务质量。如果使用双极化天线，由于双极化天线对架设安装要求不高，不需要征地建塔，只需要架一根直径 20cm 的铁柱，将双极化天线按相应覆盖方向固定在铁柱上即可，从而节省基建投资，同时使基站布局更加合理，基站站址的选定更加容易。对于天线的选择，我们应根据自己移动网的覆盖、话务量、干扰和网络服务质量等实际情况，选择适合本地区移动网络需要的移动天线：在基站密集的高话务地区，应该尽量采用双极化天线和电调天线；在边、郊等话务量不高，基站不密集地区和只要求覆盖的地区，可以使用传统的机械天线。

我国目前的移动通信网在高话务密度区的呼损较高，干扰较大，其中一个重要原因是机械天线下倾角度过大，天线方向图严重变形。要解决高话务区的容量不足，必须缩短站距，加大天线下倾角度，但是使用机械天线，下倾角度大于 5°时，天线方向图就开始变形，超过 10°时，天线方向图严重变形，因此采用机械天线，很难解决用户高密度区呼损高、干扰大的问题。因此建议在高话务密度区采用电调天线或双极化天线替换机械天线，替换下来的机械天线可以安装在农村、郊区等话务密度低的地区。

由于移动通信迅猛发展，目前全国许多地区存在多网并存的局面，即 A、B、G 三网并存，其中有些地区的 G 网还包括 GSM9000 和 GSM1800。为充分利用资源，实现资源共享，我们一般采用天线共塔的形式。这就涉及天线的正确安装问题，即如何安装才能尽可能地减少天线之间的相互影响。在工程中一般用隔离度指标来衡量，通常要求隔离度应至少大于 30dB，为满足该要求，常采用使天线在垂直方向隔开或在水平方向隔开的方法，实践证明，在天线间距相同时，垂直安装比水平安装能获得更大的隔离度。

基站天线选型建议见表 4.1。

表 4.1　基站天线选型一览表

地形	站型	天线选择建议	备注
城区	定向站型	选用原则：半功率波束宽度 65°/中等增益/带固定电下倾角或可调电下倾＋机械下倾的天线，根据基站的覆盖半径选择以上增益参数	注意机械下倾角不应该超过垂直面半功率波束宽度；网络规划或优化时，如果天线的主波束下倾很大，应评估第一副瓣对网络产生的影响
郊区	定向站型	选择原则：半功率波束宽度 90°/中、高增益的天线，可以用电调下倾角，也可以是机械下倾角	注意机械下倾角不应该超过垂直面半功率波束宽度，超过时应采用电下倾＋机械下倾
平原农村	定向站型	选择原则：半功率波束宽度 90°、105°/中、高增益/单极化空间分集或 90°双极化天线，主要采用机械下倾角/零点填充大于 15%	通常是广覆盖
	全向站型	首选有零点填充的高增益天线，若覆盖距离不要求很远，可以采用电下倾（3°或 5°）	天线相对主要覆盖区挂高不大于 50m 时，可以使用普通天线（替代）全向站型
高速公路（铁路）	定向站型	纯公路覆盖时根据公路方向选择合适站址采用高增益（14dBi）8 字型天线，不考虑 0.5/0.5 的配置，最好具有零点填充，若需要更远距离的覆盖，采用 S1/1 或 S2/2 定向高增益（21dBi）站型；对于高速公路一侧有小村镇，用户不多时，可以采用 210°～220°变形全向天线	采用 S1/1 或 S2/2 可以减少近一半基站，因此建设成本更低
	全向站型	若高速公路两侧有分散用户则应采用全向天线，全向站型的使用方法同上	
山 区	全向站型	当近距离居住用户对天线的仰角不大于 18°时应采用赋形（零点填充）全向高增益天线（固定电下倾角不超过 3°）；当近距离居住用户对天线的仰角超过 18°时应采用赋形（零点填充）全向中增益天线（固定电下倾角不超过 3°）	通常为广覆盖，在基站很广的半径内分布零散用户，话务量较小
	定向站＋全向站型	当近距离居住用户数量较多且在某定向域，而远距离为公路或分散用户，定向区域对天线的仰角大于 18°时应采用赋形（零点填充）全向高增益天线（固定电下倾角不超过 3°）＋定向站型；定向天线的波束宽度取决于特定区域的大小，常规建议 90°/9°电下倾＋15°机械下倾/15～16dBi 增益/单、双极化均可	采用高增益全向天线时，应严格要求天线安装的垂直度
隧道	定向站型	10～12dB 的八木/对数周期/平板天线	不超过 2km、只有一处弯道的隧道安装在隧道口内侧为佳

4.2.4　移动通信技术发展历程

从技术发展历程来看，移动通信从 1G 开始，经历了 2G、2.5G、3G 和 4G 等几个阶段，正在向 5G 迈进。

1. 1G 移动通信

第一代移动通信系统(1st　Generation，1G)是以美国的 AMPS(IS-54)、英国的 TACS 和北欧的 NMT450/900 为代表的模拟移动通信技术。它自 20 世纪 70 年代末、80 年代初发展起来后很快投入商用阶段。其特点是以模拟电话为主，应用了频率复用和多信道共用技术。1G 以模拟电路单元为基本模块实现语音通信，并采用了蜂窝结构，频带可重复利用，实现了大区域覆盖和移动环境下的不间断通信。虽然 1G 是移动通信发展的新突破，但在技术上仍具有不少不可逾越的发展瓶颈，如频谱利用率低、通信容量有限；通话质量一般；保密性差；制式太多、标准不统一，互不兼容；不能提供自动漫游；不能提供非语音数据业务等，因此已经基本被各国淘汰。我国也已在 2001 年底全面关闭了 1G 移动通信系统。

2. 2G 移动通信

第二代移动通信系统(2nd Generation，2G)，它主要采用时分多址技术及码分多址技术。与第一代模拟蜂窝移动通信相比，第二代移动通信系统采用了数字化技术，具有保密性强、频谱利用率高、提供服务种类丰富和标准化程度高等优点，使移动通信得到了空前的发展，从过去的补充地位跃居通信的主导地位。国际上采用 TDMA 制式的主要有三种，即欧洲的 GSM、美国的 D-AMPS 和日本的 PDC；采用 CDMA 技术制式的主要为美国的 CDMA(IS95)。GSM 运营的频段为 900～1800MHz(美国为 900～1900MHz)，这一标准的开发是从 1985 年开始的，由欧洲邮电委员会(CEPT)的移动通信特别小组于 1988 年完成技术标准的制定，1990 年开始投入商用。GSM 制式是全球主要的第二代移动通信标准，在欧洲和大部分亚太区域广为流行。在中国，GSM 制式也占主导地位。CDMA 制式是由美国高通(Qualcomm)公司在扩频技术的基础上发展起来的一种移动通信技术，最初用于军事，后来引入公用无线通信 CDMA 制式，在美国、日本、韩国等应用很广，我国应用的移动通信系统为欧洲的 GSM 系统及北美的窄带 CDMA 系统，在多年的发展中取得了很大的进展。

3. 2.5G 移动通信

2.5G 是指 2G 向 3G 过渡的技术，目前已经进行商业应用的 2.5G 移动通信技术是从 2G 迈向 3G 的衔接性技术。由于 3G 所牵扯的层面多且复杂，要从相对成熟的 2G 直接迈向 3G 不可能一蹴而就，因此出现了 2.5G，其主要目的是增加新的服务功能、网络容量，以及增强其无线数据传输的能力，既能满足当前市场需求，又能适应向未来发展平稳过渡的需要。2.5G 技术在向移动终端提供数据服务和互联网接入方面比 2G 有了很大的进步，基于 2G 中 GSM 的分组无线交换业务(General Packet Radio Service，GPRS)技术是 2.5G 中的主流应用。GSM 网的数据传输速率为 9.6Kbit/s，GPRS 则可以使多个用户共享某些固定的信道资源，并将每个时隙的传输速率从 9.6Kbit/s 提高到 14.4Kbit/s，使用 8 个时隙传送数据，在全速移动和大范围覆盖时的数据传输速率可以达到 115.2Kbit/s，并能支持 Internet 的 IP。因此，GPRS 系统于 1999 年在新加坡投入使用后，很快在世界上的很多国家得到了应用。GPRS 系统的一个显著优势是它可以让移动用户实现移动终端和网络的不间断连接，但用户只要为传输的数据付费，这一点对用户有很大的吸引力。

GPRS 系统早已在欧洲和包括中国在内的东南亚国家得到了较大范围的推广和应用，并早已进入了 GSM 环境下演进的数据(Evolved Data GSM Environment，EDGE)发展阶段。在这一阶段，在不改变 GSM 带宽载波、框架结构及通道等的情况下，使数据传输速率最高达到 384Kbit/s，从而有效实现了无线多媒体服务，使 GSM 运营商能以最经济的方式提供第三代移动通信业务。除 GPRS 以外，基于其他 2G 技术(如 CDMA)的 2.5G 应用也在快速发展中。但总的来说，2.5G 是一种过渡性的技术，是 2G 向 3G 转变的一个中间性阶段。

4. 3G 移动通信

第三代移动通信技术(3rd Generation，3G)采用智能信号处理技术，实现了以语音业务为主的多媒体数据通信，并将具有更强的多媒体业务服务能力和极大的通信容量，使移动通信的发展进入一个全新的阶段。3G 是指将无线通信与国际互联网等多媒体通信结合起来的新一代移动通信系统，它能够处理图像、音乐和视频流等多种媒体形式，提供包括网页浏览、电话会议、电子商务、电子政务、应急指挥在内的多种信息服务。

3G 的主要优势表现在两个方面：一是可以让移动用户使用同一部手机实现全球漫游，真正做到任意时间(Anytime)、任意地点(Anywhere)、任何人(Anyone)之间的交流；二是具有高速传输速率，在静止或低速移动的情况下，数据传输速率能达到 2Mbit/s，在正常行车速度下，数据传输速率也可达到 384Kbit/s，无线网络能够支持不同的数据传输速度。目前，国际上公认的 3G 主流标准有 3 个，分别是欧洲阵营的 WCDMA、美国高通的 CDMA2000 和中国的 TD-SCDMA，各种标准都有自己的特色和长处，具体选用什么样的标准，还需考虑多方面的因素。从世界范围来看，3G 商用早已在世界范围内普及，日本、德国等国家已经走过了多年的发展历程，我国于 2009 年开启了 3G 发展元年，中国移动已获得了国产 3G 技术 TD-SCDMA 的运营牌照，中国电信获得了 CDMA2000 的运营牌照，中国联通获得了 WCDMA 的运营牌照。

(1)时分同步码分多址(Time-Division Synchronous Code Division Multiple Access，TD-SCDMA)的主要技术特点为：同步码分多址技术、智能天线技术和软件无线技术。它采用 TDD 模式，载波带宽为 1.6MHz。它的优点包括以下三个方面：一是占用较少的频率资源，而且设备成本相对比较低；二是独特的智能天线技术能大大提高系统的容量，特别是 CDMA 系统的容量能增加 50%，而且能降低基站的发射功率，减少干扰；三是能利用软件修改硬件，在设计、测试方面较为方便，不同系统间的兼容性也易于实现。当然，TD-SCDMA 在技术的成熟性方面比另外两种技术欠缺不少，另外它在抗衰落和终端用户的移动速度方面也有一定缺陷。

(2)宽带码分多址(Wideband Code Division Multiple Access，W-CDMA)采用的是直扩(MC)模式，载波带宽为 5MHz，数据传输速率可达到 2Mbit/s(室内)及 384Kbit/s(移动空间)。它采用 MCFDD 双工模式，与 GSM 网络有良好的兼容性和互操作性。作为一项新技术，它在技术成熟性方面逊色于 CDMA2000，但其优势在于 GSM 的广泛采用能为其升级带来方便。WCDMA 的显著优点是能够允许在一条线路上传送更多的语音呼叫，呼叫数最大可达 300 个，即使在人口密集的地区，线路也不容易堵塞。

(3) CDMA2000 (Code Division Multiple Access2000) 采用多载波 (DS) 方式，载波带宽为 1.25MHz。它和 WCDMA 在原理上没有本质的区别，都起源于 CDMA (IS-95) 系统技术。但 CDMA2000 做到了对 CDMA (IS-95) 系统的完全兼容，因此成熟性和可靠性有了充分的保障。但是 CDMA2000 的多载波传输方式与 WCDMA 的直扩模式相比，对频率资源有极大的浪费，而且它所处的频段与 IMT2000 规定的频段也产生了一定的冲突。

从以上 3G 的三种不同制式可以看出，不同的制式有不同的优缺点，至少在今后若干年内仍存在“和平共处”的条件和可能。

5. 4G 移动通信

第四代移动通信技术 (4th Generation，4G) 的发展如下。在 2005 年 10 月的 ITU-RWP8F 第 17 次会议上，国际电信联盟给了 4G 技术一个正式的名称“IMTAdvanced”。按照 ITU 的定义，当前的 WCDMA、HSDPA 等技术统称为 IMT2000 技术；未来的新空中接口技术，叫作 IMT-Advanced 技术。国际电信联盟从 2009 年初开始在全世界范围内征集 4G 候选技术。2009 年 10 月，ITU 共征集到了 6 种候选技术，这 6 项技术基本上可以分为两大类：一是基于 3GPP LTE 的技术，我国提交的 TD-LTE-Advanced 是其中的 TDD 部分：另一类是基于 IEEE 802.16m 的技术。TD-LTE-Advanced 是由我国具有自主知识产权的 3G 标准的 TD-SCDMA 技术发展演进而来的，我国已于 2013 年 12 月颁发了 TD-LTE 牌照，三大运营商各得其一，大规模的商用已箭在弦上。与此同时，随着国内规模应用的开始，国际电信运营企业和制造企业纷纷开始了 TD-LTE 的部署。

总之，4G 是 3G 技术的一次重要演化，其在传输速率和传输成本方面将会有一个根本性的突破，在无线通信的效率和功能等方面将有质的提升。同时，它包含的不仅是一项技术，而是多种技术的融合，不仅包括传统移动通信领域的技术，还包括宽带无线接入领域的新技术及广播电视领域的技术等。更高的数据率、更好的 QoS、更高的频谱利用率、更高的安全性、更高的智能性、更高的传输质量和更高的灵活性是 4G 的主要优势，而且它能充分体现出移动、无线接入网及网络不断融合的发展趋势。

一般来说，4G 系统的容量至少为 3G 系统的 10 倍；4G 系统对于大范围高速移动用户 (250km/h) 的数据传输速率为 2Mbit/s，对于中速移动用户 (60km/h) 的数据传输速率为 20Mbit/s，对于低速移动用户 (室内或步行者) 的数据传输速率为 100Mbit/s，可把高清晰度的视频图像实时地传送给移动终端用户，从而使用户产生身临其境的感觉。4G 系统应能实现全球范围内多个移动网络和无线网络间的无缝漫游，具有系统、业务和覆盖三方面的“无缝性”：系统的无缝性指的是用户既能在无线局域网中使用，也能在蜂窝系统中使用；业务的无缝性指的是对语音、数据和图像的无缝性；而覆盖的无缝性则指 4G 系统应能在全球提供业务。

在服务方面，4G 与 3G 相比带来根本性的提高。例如，下载一个数百兆的音乐或图片文件，在 4G 系统下瞬间即能完成。4G 移动终端在保证高速度的同时，还能显示 3G

所不能显示的虚拟三维高质量图像，这一点将会在教育、医疗、娱乐和应急管理等很多方面有着广泛的应用。4G 时代的到来，意味着人类社会的通信方式将进入一个革命性的阶段，而且将会给应急通信带来几乎革命性的技术变革。

6. 5G 移动通信

第五代移动通信技术(5th Generation，5G)在无线传输技术和网络技术方面将有新的突破。在无线传输技术方面，将引入能进一步挖掘频谱效率提升潜力的技术，如先进的多址接入技术、多天线技术、编码调制技术、新的波形设计技术等；在无线网络方面，将采用更灵活、更智能的网络架构和组网技术，如采用控制与转发分离的软件定义无线网络的架构、统一的自组织网络(SON)、异构超密集部署等。5G 移动通信标志性的关键技术主要体现为超高效能的无线传输技术和高密度无线网络(High Density Wireless Network)技术。其中基于大规模 MIMO 的无线传输技术将有可能使频谱效率和功率效率在 4G 的基础上再提升一个量级，该项技术走向实用化的主要瓶颈问题是高维度信道建模与估计以及复杂度控制。全双工(Full Duplex)技术将可能开辟新一代移动通信频谱利用的新格局。超密集网络(Ultra Dense Network，UDN)已引起业界的广泛关注，网络协同与干扰管理将是提升高密度无线网络容量的核心关键问题。

5G 是面向 2020 年以后移动通信需求而发展的新一代移动通信系统。根据移动通信的发展规律，5G 将具有超高的频谱利用率和能效，在传输速率和资源利用率等方面较 4G 移动通信提高一个量级或更高，其无线覆盖性能、传输时延、系统安全和用户体验也将得到显著的提高。5G 移动通信将与其他无线移动通信技术密切结合，构成新一代无所不在的移动信息网络，满足未来 10 年移动互联网流量增加 1000 倍的发展需求。5G 移动通信系统的应用领域也将进一步扩展，对海量传感设备及机器与机器(M2M)通信的支撑能力将成为系统设计的重要指标之一。未来 5G 系统还需具备充分的灵活性，具有网络自感知、自调整等智能化能力，以应对未来移动信息社会难以预计的快速变化。

移动互联网的蓬勃发展是 5G 移动通信的主要驱动力。移动互联网将是未来各种新兴业务的基础性业务平台，现有固定互联网的各种业务将越来越多地通过无线方式提供给用户，云计算及后台服务的广泛应用将对 5G 移动通信系统提出更高的传输质量与系统容量要求。5G 移动通信系统的主要发展目标将是与其他无线移动通信技术密切衔接，为移动互联网的快速发展提供无所不在的基础性业务能力。按照目前业界的初步估计，包括 5G 在内的未来无线移动网络业务能力的提升将在 3 个维度上同时进行：通过引入新的无线传输技术将资源利用率在 4G 的基础上提高 10 倍以上；通过引入新的体系结构(如超密集小区结构等)和更加深度的智能化能力将整个系统的吞吐率提高 25 倍左右；进一步挖掘新的频率资源(如高频段、毫米波与可见光等)，使未来无线移动通信的频率资源扩展 4 倍左右。

当前信息技术发展正处于新的变革时期，5G 技术发展呈现出如下新的特点。

(1) 5G 研究在推进技术变革的同时将更加注重用户体验，网络平均吞吐速率、传输时延以及对虚拟现实、3D、交互式游戏等新兴移动业务的支撑能力等将成为衡量 5G 系统性能的关键指标。

(2) 与传统的移动通信系统理念不同，5G 系统研究将不仅仅把点到点的物理层传输与信道编译码等经典技术作为核心目标，而是将更为广泛的多点、多用户、多天线、多小区协作组网作为突破的重点，力求在体系构架上寻求系统性能的大幅度提高。

(3) 室内移动通信业务已占据应用的主导地位，5G 室内无线覆盖性能及业务支撑能力将作为系统优先设计目标，从而改变传统移动通信系统“以大范围覆盖为主、兼顾室内”的设计理念。

(4) 高频段频谱资源将更多地应用于 5G 移动通信系统，但由于受到高频段无线电波穿透能力的限制，无线与有线的融合、光载无线组网等技术将被更为普遍地应用。

(5) 可“软”配置的 5G 无线网络将成为未来的重要研究方向，运营商可根据业务流量的动态变化实时调整网络资源，有效地降低网络运营的成本和能源的消耗。

4.3　“一键式”无线应急通信系统

4.3.1　“一键式”紧急呼救需求分析

现实生活中，公园、景区、电梯轿厢、地铁车厢、公交车等公共场所突发事件时有发生，设置“一键式”报警电话十分必要，理由如下：一是老人、小孩子不一定都有手机；二是紧急情况下，报警电话号码不一定人人都知道；三是拨号报警影响救援效率。“一键式”无线应急通信系统采用 GSM 无线通信技术，内存四组电话号码，具有紧急通话、语音安抚、自动转接、循环拨打、发送短信等功能，突破了受害/困群众进行紧急呼叫的“最后一公里”技术瓶颈，保障了人民群众安全，见图 4.5。

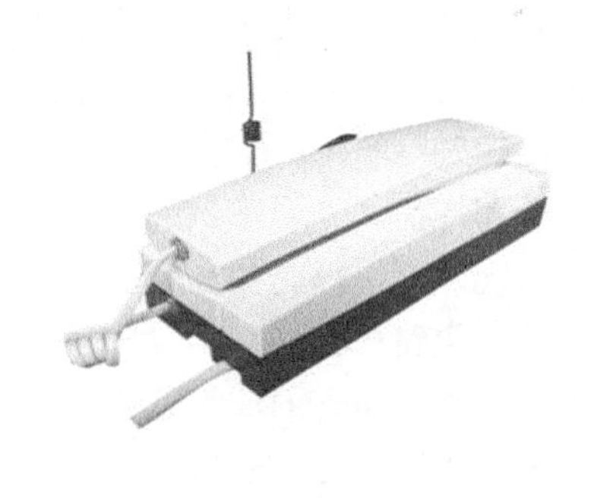

图 4.5　“一键式”无线应急通信系统主机照片

4.3.2　“一键式”无线应急通信系统技术方案

1. “一键式”无线应急通信系统设计方案

“一键式”无线应急通信系统主机由 GSM 模块、信号检测与控制单元、语音电路单元、开关电源电路单元和线性电源单元等组成，见图 4.6。

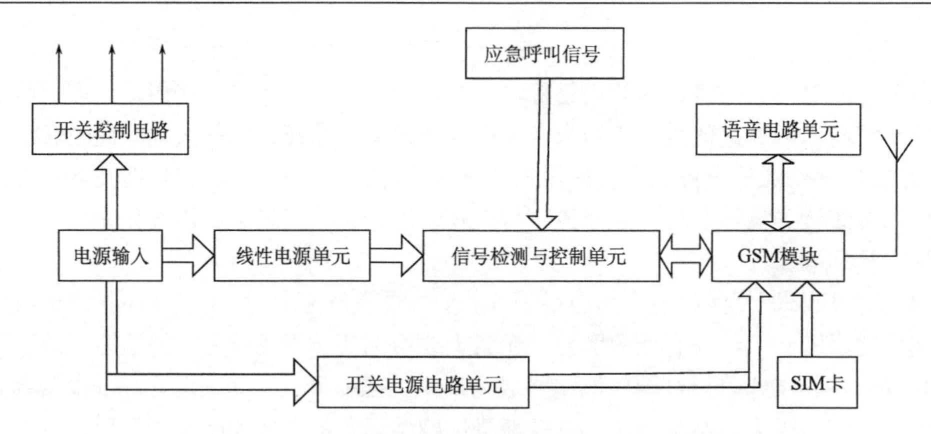

图 4.6　“一键式”无线应急通信系统主机原理框图

1) GSM 模块

GSM 是当前应用最为广泛的移动电话标准。GSM 较之它以前的标准最大的不同是它的信令和语音信道都是数字式的。使用 GSM 的不同客户可以定制他们的设备配置，因此 GSM 作为开放标准提供了更容易的互操作性。在设计中，利用已有的无线网络平台，能快捷有效地建立起受害/困人员和相关管理人员的通信，以便及时地采取救援措施。模块正常工作后就开始按照系统设计好的电话号码进行循环有序的拨号，当一个电话在一定的时间内无人接听时，系统会自动跳到下一个电话号码进行拨号，直到有人接到电话，这样就增加了通信的可靠性。

2) 信号检测与控制单元

在整个单元里面，微型单片机是核心部分，该芯片具有体积小、成本低、集成度高等优势。在这个单元电路中预留了单片机的程序烧写接口，方便进行程序的烧写和后续的升级。当受害/困人员按下呼救按钮时，单片机就可以检测到 I/O 口电平信号的变化，然后作出控制判断，并且通过另一个 I/O 口发送电平信号来激活 GSM 通信模块，控制其进行拨号和通信。为了确保通信的有效性，在设计时要求呼叫按钮按住的时间必须满足设定的时间才能进行有效呼叫。

3) 语音电路单元

本单元涉及声音的放大、消除噪声、消除侧音等技术。从话筒的 MIC 输入音频信号，经过放大，再通过变压器进行阻抗匹配，从而得到纯净的声音信号，最后输入无线通信单元电路中。

4) 开关电源电路单元

系统电源部分采用开关电源电路，在开关电源电路中，由于晶体管在激励信号的激励下，交替地工作在导通—截止和截止—导通的开关状态，转换速度很快，频率高，所以功耗小，效率高。电路中采用一个高频开关变压器从而实现了输入与输出的电气隔离。利用这个电路可以将直流电源转换成无线通信 GSM 模块所需要的直流电源。

5) 线性电源单元

本单元主要是实现电压转换，用来给单片机供电。线性电源技术很成熟，制作成本较低，可以达到很高的稳定度，纹波也很小。

2. “一键式”无线应急通信系统软件流程

“一键式”无线应急通信系统软件流程见图 4.7。

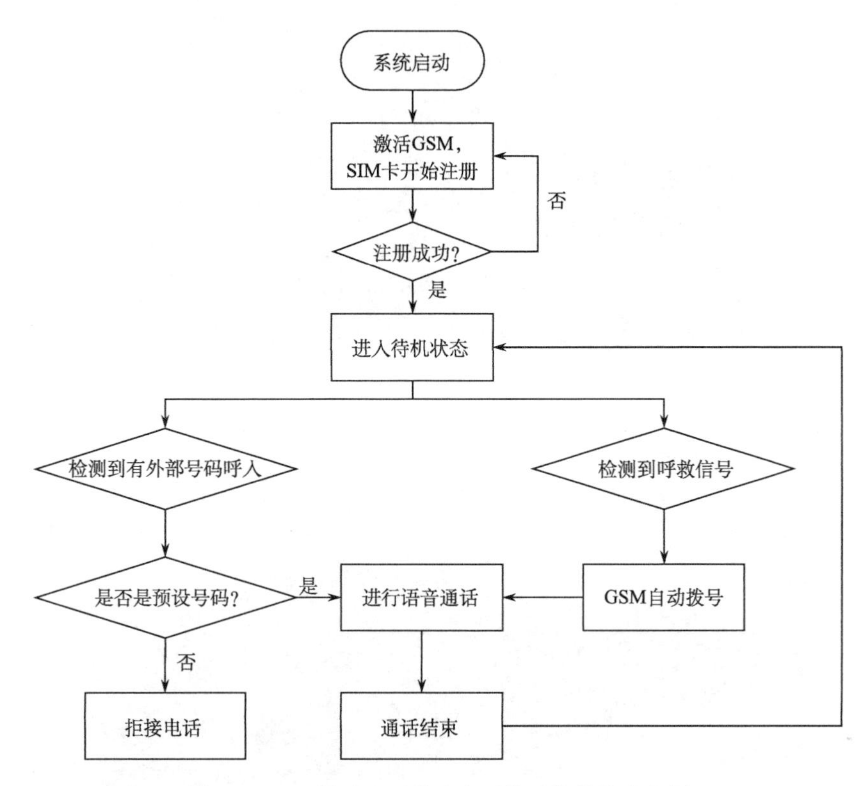

图 4.7　“一键式”无线应急通信系统软件流程图

4.4　移动应急通信车

2016 年是移动通信诞生 60 周年，60 年后的移动通信网已经成为世界上最大的无线通信网；中国移动通信网也已成为有 14 亿用户的最大移动网。尽管全国大中型城市基站密布，但在大型会议、大型比赛、发生自然灾害和突击抢险任务等场合，仍存在无线覆盖的热点和盲点，手机通话质量受到影响。为了保障在特殊情况下移动通信的通畅和安全、解决网络需求与业务应急手段落后的矛盾，需要随机增加一些应急基站，作为移动通信网的应急支撑体系。图 4.8 就是一辆移动通信公司的应急通信车。

应急通信车种类众多，主要有：Ku 频段卫星通信车、C 频段卫星通信车、100W 单边带通信车、一点多址微波通信车、24 路特高频通信车、1000 线程控交换车和 900 兆移动电话通信车等，见图 4.9。

图 4.8　应急移动通信车

图 4.9　短波通信车

Ku 频段卫星通信车和 C 频段卫星通信车都具备同时开通 240 路话音电话或传输 1 路数字彩色电视的功能，到达现场后，能迅速为大型活动、抢险救灾及缓和长途电路传输紧张状况等提供卫星电话或电视转播服务。

一点多址微波通信车配备两个中继站、七个外围站和一个辅助站，通过中继站和外围站可把市话用户延伸到中心站周围 100km 的任何地方。该系统能开通 248 路电话和四路数据。

1000 线程控交换车就是一个小型电信局，可以作为长途转接局、长途终端局、市话汇接局、市话端局及 ISDN 终端局使用。该车在全国各地以 0997 局向接入公众网，提供各种电信服务。

目前，民用移动应急通信车的应用多是中国移动公司的 GSM 制式的，所以本节就 GSM 制式的移动通信网络及设备进行重点介绍。

4.4.1　移动应急通信车的应用

移动应急通信车主要用于疏通突发话务和故障，其主要应用有以下功能。

(1) 替代故障基站：无线网中经常有少数基站出现故障，在故障未排除之前，可以使用移动应急通信系统替代原有基站，弥补故障造成的通信空缺。

(2) 突发话务：北京、上海、广州等大城市频繁出现的突发性话务，一些特殊会议召开的地方，也会出现短暂的话务高峰，可以启用移动应急通信系统满足突增的话务要求。

(3) 无线网络优化：无线网络扩容、升级频繁时，需要有临时应急通信系统使网络能够平滑过渡。网络调整时，要对基站进行割接，在基站的工作中断时，可以开启应急通信系统，保障通信的顺畅。

4.4.2　移动应急通信车的组网方式

移动应急通信车可按不同的需求，灵活组成相应的无线通信网。

1. 替代 GSM 公众陆地移动网中的故障基站子系统(BSS)

当 GSM 公众陆地移动网中的某基站控制器(BSC)突然发生故障时，可用应急移动通信 BSS，通过 A 口和 A-bis 接口来替代。

当 GSM 公众陆地移动网中的某基站(BTS)发生故障时，可用应急通信 BTS 替代故障基站，有两种替代方式。

(1) 如果移动网中的基站采用的设备与应急通信 BTS 为同一生产厂家，可通过 A-bis 接口直接替代故障基站。

(2) 如果移动网中的基站采用的设备与应急通信 BTS 不是同一生产厂家，可通过 A 接口替代故障基站。

2. 增加 GSM 公用数字移动电话网的容量及覆盖范围

在公众陆地移动网信道容量不足的地方，或无法覆盖到的盲点地区，可使用应急通信系统，增加移动网容量和覆盖范围。

4.4.3　移动应急通信车辆的工作环境及性能

GSM 应急移动通信车的使用场合主要在城镇露天及野外，而且要求全天候工作。根据这一情况，其应具备以下性能。

(1) 可移动性：车辆本身应具有良好的通过能力及避振能力(<0.5g/60km)以保护车上设备。

(2) 极高的性能可靠性和安全性。

(3) 整车应具有良好的自防护能力及自恢复能力。

(4) 至少抗九级阵风的能力，以便具有极强的野外工作能力(超过九级阵风可另加固定钢缆)。

(5) 良好的自主工作能力，较高的自动化程度，以尽量减少工作人员的数量，减少工作强度及减短工作准备时间。

(6)天线升降塔顶部安装微波天线处晃动幅度应小于 150mm，以保证微波传输的可靠性。

(7)天线升降塔垂直静承载力应大于 500kg，以便能够支撑微波天线、基站天线、避雷针和其他附件的重量及在超过九级风时附加钢缆的张紧力。

(8)整车应具有良好的保温、隔音性能。

(9)较好的耐腐蚀性(尤其在沿海城市)。

(10)具有较大的广告制作空间及引人注目的外观。

4.4.4 应急移动通信车的设备配置

1. 基站子系统

基站子系统包括基站、基站控制器和无线操作维护设备。

基站具有无线发射、无线接收、无线控制、跳频、同步、编码及复用等功能，采用 GSM 900MHz 设备，容量为定向 4/4/4，共计 12 个 TRX。应急通信系统主要用于大中城市，呼损率取为 2%，单用户话务量取为 0.02Erl，系统可容纳近 3300 个用户。应急系统的基站控制器具有移动台接续处理、无线网络管理、无线基站管理、传输网络管理、业务集中、转码及速率调整等功能，它不仅负责本系统内部 BTS 的控制，在实际应用中，还要能够控制其他 BTS。BSC 处理话务量能力大于 315Erl，并且提供完全标准的 A 接口，保证与不同厂家的 MSC 互通互连，能同时支持 GSM900/1800 两种设备混合接入。A-bis 接口提供 12∶1 复用，即一个 E1 至少支持 12 个 TRX。无线操作维护设备负责整个系统的集中和分散操作及维护，它作为系统与系统管理者之间的一个智能的界面，确保结构参数、测量和描述工作在连续较好的状态中进行。无线操作维护设备与其他设备之间可采用 X.25 协议，通过专线连接[14]。

2. 天馈系统

系统配置 15m 液压或气压升降塔桅杆、三副双极化定向天线以及相应的馈线。气压式天线桅杆特点是整个桅杆系统体积小、重量轻、价格便宜，既可完全收拢于车厢体内，又可外挂在车厢底盘上，天线升降过程平稳无冲击，升降时间不超过 10min，有效垂直荷载不大于 90kg。液压式天线桅杆特点是整个桅杆系统体积和重量较大，仅可完全收拢于车厢体内，天线升降过程平稳无冲击，升、降时间不超过 2min，有效垂直荷载不大于 250kg。

系统到达使用现场，液压升降塔或者桅杆可以快速升起，待完全升起后，升降塔或者桅杆能够锁定。升降塔或者桅杆可根据应用需要，旋转角度和调整小区方向。在天线升降塔上的所有线缆(包括馈线、微波传输线及其他信号线)均可以从天线塔内部走线，车厢内安装有相应的全自动防雨和绕送线装置，免除人为绕线，线缆可随天线同步收放，延长线缆使用寿命。应急通信系统主要用于大中城市，要求三副双极化定向天线的半功率角为 65°，天线增益为 15dBi，工作频段为 890～915MHz/935～960MHz。

1) 升降式天线塔

升降式天线塔主要用于将基站的天馈线及微波传输天线架设到指定的高度和方向。

根据天线升降塔的用途及使用环境，应具备以下性能。

(1) 不低于 20m 的起升高度。

(2) 收拢时天线升降塔应能够完全放置于车辆厢体内部，天线升降塔上的所有附件均不用拆卸。

(3) 不小于 500kg 的有效垂直荷载，以便能够支撑微波天线、基站天线、避雷针和其他附件的重量及在超过九级风时附加钢缆的张紧力。

(4) 轴向位置任意锁定。

(5) 圆周方向任意锁定。

(6) 良好的防雷能力。

(7) 良好的安全性。

(8) 良好的抗风性及稳定性(在九级阵风下天线升降塔顶部安装微波天线处晃动幅度应小于 150mm，以保证微波传输的可靠性)。

(9) 良好的耐腐蚀性(主体腐蚀失效期大于十年)、防水性能及免维护使用能力。

(10) 在任意高度时都不用斜拉索固定(超过九级阵风时除外)。

(11) 具有张贴广告的创意空间。

根据天线升降塔所需的以上性能进行设计，从结构上可采用以下四种方案。

(1) 多级气缸式。

(2) 铝合金垂直云梯式。

(3) 不锈钢多级箱式。

(4) 多级液压缸式。

多级气缸式具有体积小、重量轻的优点；但晃动幅度过大，承载力小，抗风能力差。

铝合金垂直云梯式升降塔具有体积小、重量轻的优点，但其结构间隙大，单方向刚度低，晃动幅度大，承载力小，抗风能力差。当连接方式上含有焊接结构时，铝合金固有的焊缝两年失效期造成其寿命较短，安全性较差，并且其传动结构外露，极易发生卡滞现象。当微波天线在塔顶安装时，易造成通信中断。

不锈钢多级箱式虽然重量和体积较大，但其所具有的结构优点是无法比拟的。

(1) 垂直伸缩杆式承载力大，抗风能力强(极限抗风能力很容易做到九级以上)。

(2) 自身结构刚度大且均匀，结构间隙小，故晃动幅度小，易保证通信质量。

(3) 传动结构内藏，可做到免维护。应用简便，寿命长，性能可靠。

(4) 起升高度大。底盘宽度内可做到 20m，车体宽度内可做到 30m。

完全液压垂直伸缩杆式因其造价过高，结构极其复杂，一般不常应用。我们推荐采用垂直伸缩杆式天线升降塔。

GSM 移动通信车的天线升降塔在动力上可采用机械动力式和液压动力式两种方式。

(1) 机械动力式。机械式的优点：结构简单；维护量小；造价低。缺点：体积较大。

(2) 液压动力式。液压式的优点：承载力大，体积较小。缺点：日常维护量大，易漏油，结构复杂，可控性差，造价高。

我们推荐采用机械动力方式。

天线升降塔的作用是将基站天馈线及微波天线由车内升至所需高度及固定在所需方向，同时保证其使用性能。所以天线升降塔由天线升降塔主体及安装附件组成。

2) 天线升降塔主体

天线升降塔为方形箱式多级可伸缩结构，共十级。最下一级为第一级，最上一级为第十级。第十级安装避雷针，第九级安装基站天线，第八级安装微波天线。方形箱式升降塔结构见图 4.10。

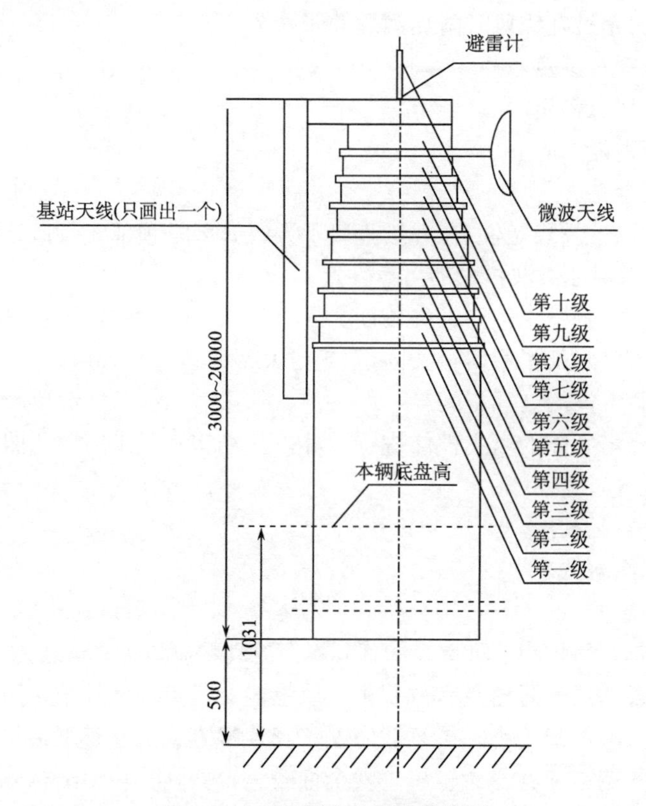

图 4.10　方形箱式升降塔结构图

天线升降塔全部展开时，最顶端距地面应大于等于 20m。

(1) 天线升降塔(包括天线升降塔安装附件)的收拢高度不超过车厢顶部，为保证所需伸展高度及尽量减少级数，下端部必须下落在车辆大梁平面以下。天线升降塔底部离地 500mm。

(2) 天线升降塔的设备负荷在不加固定钢缆时约重 250kg，加上固定钢缆后约重 400kg。所以天线升降塔的有效负荷至少应达到 500kg。

(3) 天线升降塔上安装的设备均有方向及高度锁定的要求，所以天线升降塔应为方形及任意高度可锁定。

(4) 由于天线升降塔展开后高度较高，所以必须有避雷系统。

(5) 天线升降塔在全部展开时，微波天线大约在距地面 18m 高处。由于一对微波天线的允许对准误差为 1.5°，考虑到实际对准过程中所存在的误差，限定天线升降塔晃动幅度造成的微波天线晃动角度小于 0.5°。而这时天线升降塔 18m 处的晃动量应小于 150mm。为保证天线升降塔 18m 处的晃动量小于 150mm。其外形尺寸不应小于 600mm×600mm。

(6) 天线升降塔在野外环境工作。为使其具有良好的耐腐蚀性及免维护使用能力，整个天线升降塔主体及结构件全部采用不锈钢制成，一年内不需维护，并且所有器件均进行防水处理，防水等级为Ⅱ级(可浸泡在无压力水中工作)。

(7) 为保证天线升降塔的安全。天线升降塔采用结构、电器、机械三级防护。

3. 传输子系统

应急通信车使用条件复杂，应该根据实际应用情况选择采用 PCM2M 传输方式、HDSL 传输方式或者微波传输方式，便于交换系统及其他 BTS 系统连接。应急通信系统在支持 PCM2M 和 HDSL 传输方式或者微波传输方式的同时，也能够支持卫星传输方式(卫星传输方式以租用 VSAT 电路为基础)，并考虑满足卫星延时的要求。

应急通信车与 MSC 通信系统通过标准的 A 接口连接，最多可以连接 24TRX，与其他 MSC 通信系统间的传输链路数应为六个 E1。应急通信系统与其他 BTS 通过 A-bis 接口连接，与一个 BTS 相连时要求的传输链路数为一个 E1。

4. 电源子系统

应急通信车设备主要采用随车的低噪声柴油发电机供电，在外市供电条件具备的情况下，也可采用外市电源(既可采用 380V 交流电，也可采用 220V 交流电)。在柴油发电机和外市电均无法供电的情况下，接通蓄电池为系统用电。应急通信系统设备应在标称电压± 15%的范围内正常工作，并要求配置 50m 的交流外接电缆，内部电源设备与外部电源连接的水密接头要求达到防水六级标准。电池组为紧急情况下的后备电源，该电源保证在发电机组停止工作或发电机组与市电相互切换时为系统供电。在电源输出端应有交流配电柜，配电柜应有电源间自动转换、缺零保护、过电流保护、浪涌保护及防雷击等功能。柴油发电机采用全封闭内循环式降噪处理，降噪应符合国家对行驶车辆提出的标准要求。

1) 外接电源要求

电压：AC 380V±15%。

频率：45～65Hz。

电流：AC 40A。

制式：三相四线制。

外接电源配 50m (3+1) 电缆。

2) 配电柜

电源输出端设交流配电柜，向主设备整流器、主控终端、空调器、照明灯、天线塔和支腿控制操纵箱等处供电，设有电源间自动转换、缺零保护、过电流保护、浪涌保护及防雷击措施等。

5. 避雷接地系统

避雷接地系统由安装于天线升降塔顶部的先导式避雷针及配电系统的无源避雷器组合而成，移动通信车到达目的地后，应首先连接避雷缆并良好接地。移动通信车接地系统由两部分组成。

系统接地：接地电阻小于 10Ω。

避雷接地：在车 5m 外按 5m 间距打三根 2.5m 长的钢钎，与避雷电缆连接，使接地电阻小于 10Ω。

电源地及避雷地应相距 5m 以上。

整个避雷系统既可防止雷击由天线塔窜入，对车辆造成破坏，也可防止雷击由线缆窜入或感应高压对车辆造成的破坏。

6. 空调系统

空调系统应该保证外部温度为–30～65℃时，系统内部温度为＋18～27℃，并且保证温度变化不大于 2℃/min，具有良好的通风条件。

7. 控制系统

控制系统由配电控制系统、天线塔控制系统及平衡支腿控制系统三大部分组成。

配电控制系统自动对外接电源、随车发电机和 UPS 进行监控，保证在车辆工作时的电源供应。

天线塔控制系统对天线塔进行性能及安全监控，保证天线塔总处于良好和安全的工作状态。

平衡支腿控制系统监控车辆的停放状态，保证在天线塔工作时总处于良好的垂直状态。

整个控制系统安装在一个配电柜内。采用面板操作方式及远程操作方式，状态参数由一个液晶数字屏显示。

所有设备用电主要采用外接交流市电，随车设柴油发电机组和 UPS 供短时应急。

4.4.5　应急通信车辆的设计要求

1. 车辆要求

用于安装应急通信设备的车辆(原车)必须是专业汽车生产厂家的成熟定型产品，安装通信设备时不得对原车发动机和底盘进行重大改装。在满足使用条件的情况下，应选用重量较轻和尺寸较小、越野性能强和可靠性较高的车型。原车的满载最高行驶速度应不低于 90km/h，爬坡能力对载重车应不小于 30°。应急通信车内设备布置应利于通信设备快速投入使用，并方便维护。原车改装并安置通信设备及其附属设备后，其高度应小于 3.5m，底盘离地间隙不小于 0.22m，接近角不小于 40°，离去角不小于 20°，灯信号装置应符合中国车管部门相关规定，车况的稳定性和平顺性等性能应不低于原车设计指标。

通信设备及其附属设备应与运载车辆牢固安装，并设减振装置，保证通信车在三级公路能正常行驶。低速越野行驶时产生的振动，不影响停车后通信设备的使用性能。

应急通信车转向桥负荷在空载和满载状态下，分别不小于该车整车装备质量和允许总重量的 20%。汽车在空载和静态的情况下，侧倾稳定角不小于 35°。应急通信车的设备仓室应具有良好的密封性和隔热性，关闭门窗后应严密防雨、防尘和隔热。应急通信车应能在气温–30～40℃范围内正常启动和行驶。驾驶室和设备仓室设有冷热空调及通风设备，其中设备仓室的空调应保证在各种气温条件下，满足车内通信设备正常工作的要求。车内适当位置应设置温湿度计，以便检测。应急通信车设备仓室内应设置使用汽车电源的行车照明灯和使用外接电源的工作照明灯。工作照明灯的亮度需满足设备维护要求。应急通信车应设置用于连接外部电源的接线板、通信线路接线板、地线桩、自动升降天线杆和设备附件的存放柜等附属设备，以便通信设备快速启用。所有接线装置均应有防雨措施[15]。

2. 车辆底盘选择

车辆底盘是整个 GSM 应急通信车的载体。它是整个车辆能够正常使用的基本保证，其选用原则如下。

(1) 高可靠性。必须保证车辆能够随时出动。万一发生故障时，修复时间不能超过 24 小时。

(2) 安全性。发生交通事故时，应能够有效保证车辆上人员及车载设备的安全。

(3) 良好的避振能力。在不同等级公路上按规定时速行驶时，冲击载荷不得大于 0.5g。

在不同等级公路上按规定时速行驶时，冲击载荷不得大于 0.5g，考虑到基站设备均非专为车载设计，故在不同等级公路上按规定时速行驶时，冲击载荷不得大于 0.5g。为达到这一指标，底盘需采用空气弹簧悬挂。同时空气弹簧悬挂具有根据需要调节底盘高低的附加性能，使车辆的通过性能大为提高。

原车改装并安装通信设备及附属设备后，通信车的稳定性、平顺性均不应低于原车设计指标。通信车内布置应可保证通信设备快速展开使用，并方便维护。通信车前桥(转向桥)的轴荷均不小于整车总重的 20%。

3. 车辆厢体

车辆厢体是车辆上的所有设备的防护层，能够美化车辆并对设备提供分区，应急通信车车辆厢体图见图 4.11。在车辆厢体的选用上，我们认为应按以下原则进行。

(1) 良好的保温性能及隔音性能(国家 A 级，总传热系数 $K \leqslant 0.4\mathrm{W/(m^2 \cdot K)}$)。良好的保温性能能够有效降低车载空调的功率及减少功耗。良好的隔音性能能够减少车内设备噪声外传，尽量降低在车辆使用时对周围环境的干扰。

(2) 良好的防护性能。在车辆发生碰撞时，不损坏车载设备。

(3) 良好的防雨防漏能力。

(4) 良好的易修复性。在车辆发生碰撞并造成厢体损坏时，能够快速有效地恢复原貌。

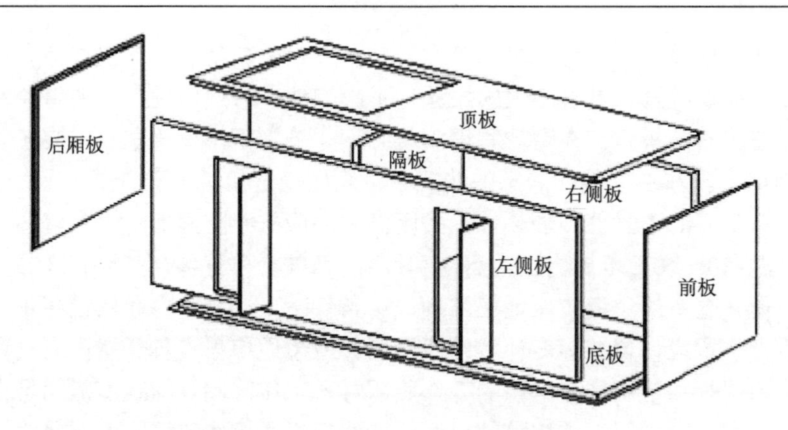

图 4.11　应急通信车车辆厢体图

通信车厢体采用复合制板工艺，重量轻、强度好、无污染、易修复、结构牢固、外形美观。内部按照设备功能及车辆载荷要求分成 A、B、C 三个相对独立的区域，分别作为通信设备区、发电机工作区和室外工作设备区。应急通信车车厢内部结构见图 4.12。通信车设备仓有良好的密封和隔热性能，能有效地防尘、防雨和隔热。

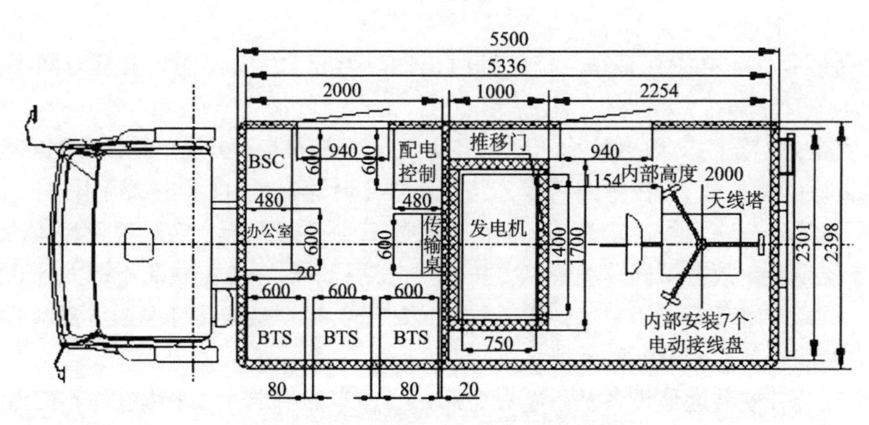

图 4.12　应急通信车车厢内部结构图

A 区为通信设备区，用于安放 GSM 通信、通信控制器、电源整流器、电池组、控制柜等主要设备。在 A 区内部安装空调器，在墙板上安装走线架、交流电源插座，顶部安装车用照明灯，车厢右侧开门，门外有梯子及扶手供工作人员安全上下。

B 区安装车载发电机。

C 区为箱式结构的室外工作设备区，内部安装电动升降天线塔，远程控制手柄。全车的避雷系统也在 C 区，避雷针放在天线顶端，避雷缆不使用时盘放在车厢 C 区内部。

第 5 章　网络应急通信

5.1　网络通信概述

5.1.1　网络通信技术发展历程

网络通信技术经历了以下几个发展时期。

(1) 第一时期，联机系统。不同地理位置的大量分散计算机通过中央处理机连接起来，中央处理机的功能十分强大，包括运算、收集指令和存储等功能。中央处理机的运行速度受到计算机连接数量的影响，系统中的计算机越多，处理机的运行速度越慢，指令的传达就会滞后，导致信息到达通信终端的速度减慢。针对运行速度的问题，前端处理机和通信控制器有效地予以了解决，它们处于中央处理机和通信线路之间负责控制终端间的信息。

(2) 第二时期，20 世纪 60 年代兴起了计算机互联网和许多计算机互连系统。这时期系统的特点主要有分散交换和控制、资源多向共享、网络分层协议，各生产厂家那时的标准没有得到统一，所以这个系统具有独立和封闭的特点，网络的信息共享和互通不能得到最大程度的实现。

(3) 第三时期，20 世纪 80 年代出现了标准化的网络，计算机网络技术因为微处理器的诞生而有了长足的发展，而后集成电路更是为计算机的发展提供了强大的动力，微型计算机的运行速度和可靠性得到很大的提高。在这一标准化网络出现的时期，局域网的发展也十分迅速，信息共享可以通过路由器和调制解调器得到真正意义上的实现。

(4) 第四时期，20 世纪 90 年代是互连和高速网络时代，信息高速公路一经在美国建设之后，世界各国纷纷效仿并建立了自己国家的国家信息基础工程(NII)。现在全球的网络与通信技术核心为互联网，通过互联网，全球的资源得到了共享。

(5) 第五时期，移动通信。移动通信技术经历了 1G、2G、2.5G、3G、4G 和目前正在研究的 5G 时代，极大地推动了网络通信的发展。

(6) 第六时期，无线、宽带、安全、融合、泛在网络。无线通信是网络通信技术的变革方向，代表无线通信革新的 WiFi 受到广大网络用户的好评，居于开拓性的市场，也将变革网线连接上网的传统“有线”模式，真正实现“无线”模式。经过多年的发展，无线技术已经日渐成熟，应用广泛。从小范围应用成为主流应用，未来一个无线、宽带、安全、融合、泛在的网络可以提供适合不同场景、各种带宽、可靠性、各种成本的无线通信链路保障。网络产品性能越发稳定，市场也会持续不断地增长。同时，大型设备提供商将进入市场，大多数企业将采用无线局域网进行内部网络建设。网络通信极大地推动了国家信息化的发展进程，为我国信息产业和通信市场开拓广阔的前景。

(7) 第七时期，网络融合，万物互联。为了更好地推动网络通信技术的发展，使当前的三大相关网络：电信网、广播电视网、计算机通信网能够充分发挥各自的功用，为广大的用户提供切实、高效的服务，三大网络的融合已经发展成了一种必然的趋势。通过对电信网、广播电视网和计算机通信网进行相互渗透、兼容，并逐步整合成全世界通用的信息网络，网络融合不仅实现了网络资源信息的共享，加强了网络的实用性，促进了网络的维护性能，同时降低了费用，节约了成本。

作为人类社会信息共享与协作的基础平台，网络通信已成为支撑国家安全、经济繁荣和科技竞争力的基础。网络通信互联而形成的网络空间正发展成为陆、海、空、天之后的战略性第五维空间。网络通信与传统产业的深入融合派生出“互联网+”的概念，其对科技与社会发展起到基础性、渗透性、引领性作用，应急通信在网络发展过程中有了质的飞跃，在今后 10 年甚至更长的历史阶段中将进一步充分显现。移动互联网正从人与人互联，走向万物互联，是网络通信最富生命力的组成部分，也是带动信息通信产业发展的爆发性增长点。云计算、大数据与移动互联网互相依存，融合发展，为经济结构和应急通信行业向全流程智能化管理、兼顾集约型与个性化的生产方式转变提供了机遇，支撑大众创业、万众创新的经济发展新模式，应对经济发展新常态，成为国家创新发展不可或缺的基础要素[16]。

本章对有线网络、无线网络原理及其在应急通信中的应用，以及古老的应急通信方式——莫尔斯电码进行讲述。

5.1.2　有线网络通信

1. 有线网络的发展

随着我国通信技术的发展和人们对通信技术的需求，近几年来，像智能手机、蓝牙以及其他琳琅满目的无线电子消费产品技术走近消费者的身边，为消费者的工作和生活带来了很大的便利，备受消费者的欢迎和好评。并且随着新技术的迅速普及，人们对无线通信技术也是津津乐道。这种情况好像有线通信会被无线技术所取代，殊不知，在无线通信强大的运作背后是有线通信的技术支撑和融合。

目前无线网络的使用根本离不开有线的支持。例如，无线网络的使用，通常情况下都要加设一个或多个有线接收点，才可以将网络有机联系在一起。那些在隐蔽地方内的接收点只能提供很微弱的连接，并且这些接收点的覆盖范围很窄，还需要得到电源的供应。只有为其提供有线连接，才能发挥作用。目前大部分利用无线网络来连接家电产品的家庭都在家里相应的地方铺设了很多电缆，或安装了大量的插座，这不正证明了无线技术的灵活是建立在有线技术运用之上的吗？

2010 年 7 月，国家启动了三网融合工作试点，“三网融合”的实施再次将有线通信引入大众视野，为有线通信的发展起到很好的推动作用。有线通信是以电线或光缆作为导线，把信号输送到另一个通信接收终端的。它虽然有线的限制，但恰恰是因为这些，有线通信才会更加稳定，相对于无线通信来说，它更能抗外界的干扰，凭借强大的媒介，数据才得以高速度传输。另外，有线通信相对于无线通信来说，其辐射低，对人体的危害小。

2. 有线网络传输介质

有线网络指采用同轴电缆、双绞线、光纤等有线介质来连接的计算机网络。同轴电缆比较经济，安装较为便利，传输率和抗干扰能力一般，传输距离较短。采用双绞线联网是目前最常见的联网方式。它价格便宜，安装方便，但易受干扰，传输率较低，传输距离比同轴电缆要短。光纤网采用光导纤维作为传输介质，传输距离长，传输率高，抗干扰性强，现在正在迅速发展。

1) 同轴电缆

同轴电缆是用来传递信息的一对导体，是按照一层圆筒式的外导体套在内导体(一根细芯)外面，两个导体间用绝缘材料互相隔离的结构制成的，外层导体和中心轴芯线的圆心在同一个轴心上，见图 5.1 和图 5.2。同轴电缆之所以设计成这样，也是为了防止外部电磁波干扰异常信号的传递，同轴电缆与双绞线相类似，也是电缆越粗，信号的衰减越小，同轴电缆的无中继传输距离要比双绞线略长一些，但由于布线、连接和接口不方便等原因，现在计算机网络的物理信道上已经应用得很少了，用来做网络信道的同轴电缆是 50Ω 特性阻抗的，它与广播电视中用的同轴电缆 75Ω 不一样。同轴电缆具有高带宽和极好的噪声抑制特性，带宽取决于电缆长度。其中用来做网络信道的同轴电缆称为基带同轴电缆，而 75Ω 电缆用于模拟传输，称为宽带同轴电缆，在铺设主干网时多用光纤而不用同轴电缆，但在某些局域网中它应用还是比较广泛的。

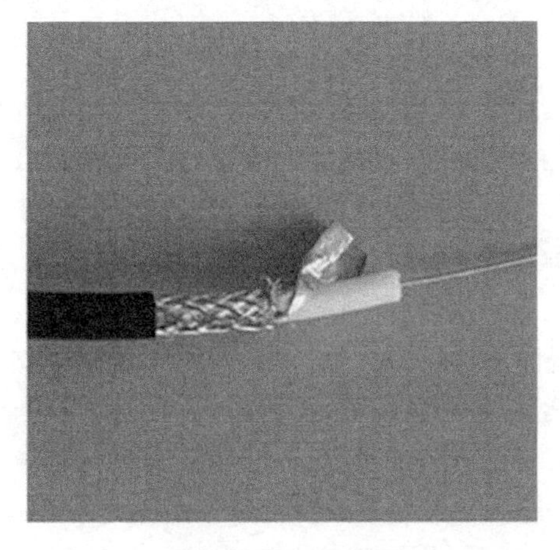

图 5.1　同轴电缆实物

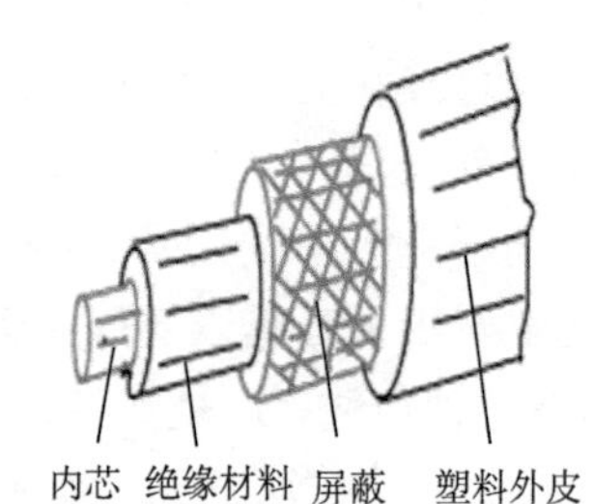

图 5.2　同轴电缆结构示意图

同轴电缆根据其直径大小可以分为粗同轴电缆与细同轴电缆，如图 5.3 所示。粗同轴电缆是铜介质中传输距离最长的，在 10BASE5 的标准当中，可以达到 500m 的传输距离，适用于比较大型的局部网络，它的标准距离长，可靠性高，由于安装时不需要切断电缆，采用一种类似于夹板的装置进行连接，夹板上的引针插入电缆，直接与导体相连，因此可以根据需要灵活调整计算机的入网位置，但粗缆网络必须安装收发器电缆，安装难度大，所以总体造价高。细同轴电缆在 10BASE2 的标准当中可以传输 185m，安装比较简单，造价低，但由于安装过程要切断电缆，两头需装上基本网络连接头(BNC)，然后接在T型连接器两端，所以当接头多时容易产生隐患，这是目前运行中的以太网所发生的最常见故障之一。

无论粗缆还是细缆，在总线的两端都应安装相匹配的终端电阻，以削减信号的反射，二者均为总线拓扑结构，即一根缆上接多部机器，这种拓扑适用于机器密集的环境，但是当触点发生故障时，故障会串联影响到整根缆上的所有机器。故障的诊断和修复都很麻烦，因此，它将逐步被非屏蔽双绞线或光缆取代。

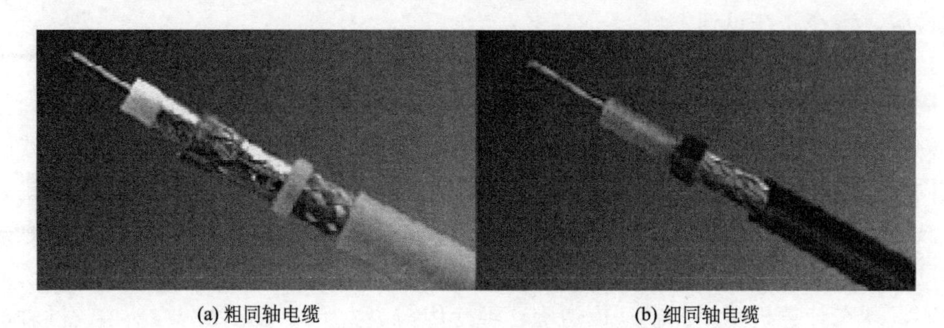

(a) 粗同轴电缆　　(b) 细同轴电缆

图 5.3　同轴电缆示意图

有线电视网——同轴视频有线传输方式，主要有两种：射频同轴传输和基带同轴传输，还有一种“数字视频传输”，如互联网，属于综合传输方式。

(1) 射频同轴传输：也就是有线电视的成熟传输方式，是通过视频信号对射频载波进行调幅，视频信息承载并隐藏在射频信号的幅度变化里，形成一个8Mbit标准带宽的频道，不同的摄像机视频信号调制到不同的射频频道，然后用多路混合器，把所有频道混合到一路宽带射频输出，实现用一条传输电缆同时传输多路信号，在末端，再用射频分配器分成多路信号，每路信号用一个解调器解调出一个频道的视频信号。对一个频道(8Mbit)内电缆传输产生的频率失真，由调制解调器内部的加权电路完成，对于各频道之间宽带传输频率失真，由专用均衡器在工程现场检测调试完成；对于传输衰减，通过计算和现场的场强检测调试完成，包括远程传输串接放大器、均衡器前后的场强电平控制；射频多路传输对于几公里以内的中远距离视频传输有明显优势。

(2) 基带同轴传输：这是一种最基本、最普遍、应用最早、使用最多的传输方式，戏称“是人就会做”的传输方式。实际上却是了解最肤浅、技术进步最慢的一种传输方式。同轴电缆低频衰减小，高频衰减大，同样也是人人都明白的道理，但射频早在20多年以前就实现了多路远距离传输，而视频基带同轴传输却长期停留在单路百八十米以下的水平上。射频传输，一个频道的相对带宽(8Mbit)只有百分之几，高低频衰减差很小，一般都可以忽略；但在同轴视频基带传输方式中，低频10～50Hz与高频6MHz，高低频相差十几万～几十万倍，高低频衰减(频率失真)太大，而且不同长度电缆的衰减差也不同，不可能用一个简单的、固定的频率加权网络来校正电缆的频率失真，用宽带等增益视频放大器，也无法解决频率失真问题。所以说要实现同轴远距离基带传输，就必须解决加权放大技术问题，而且这种频率加权放大的“补偿特性”，必须与电缆的衰减和频率失真特性保持相反、互补、连续可调，以适应工程不同型号、不同长度电缆的补偿需要，这是技术进步最慢的历史原因。这一技术已于 2000 年在烟台开发区 EIE 实验室被突破，并获得了国家专利，经过几年的产品化和推广应用，技术和产品日臻成熟，已在我国所有省市和香港成功推广应用。

2) 双绞线

双绞线(Twisted Pair)电缆，又称 TP，是综合布线系统中最常用的一种传输介质，可以传输模拟信号和数字信号，尤其在星型网络拓扑结构中，双绞线是必不可少的布线材料。双绞线电缆中封装着一对或一对以上的双绞线，由两根像电话线一样的线绞合在一起，每根线加绝缘都会由绝不相同的颜色来标记，每一对双绞线一般由两根绝缘铜导线相互缠绕而成。成对线的扭绞是为了使电磁辐射和外部电磁干扰减到最小，见图 5.4。

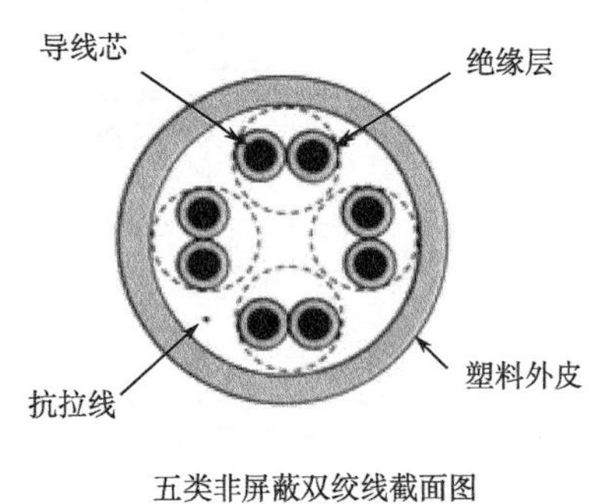

五类非屏蔽双绞线截面图

图 5.4　双绞线实物及示意图

双绞线需用 RJ-45 或 RJ-11 连接头插接，也就是通常所说的水晶头。双绞线的一个用途是传输模拟信号，另一个用途是传输数字信号。

(1) 分类：双绞线可分为非屏蔽双绞线(UTP)和屏蔽双绞线(STP)两大类。其中，STP 又分为三类和五类两种，而 UTP 分为三类、四类、五类、超五类四种，同时，六类和七类双绞线也会在不远的将来运用于计算机网络的布线系统。双绞线的最大传输距离一般为 100m。

在区分屏蔽/非屏蔽双绞线的时候，可以直观地去看外保护套内是否有铝锡包裹。基本上在布线时都会选择无屏蔽双绞线，其最大的原因是这种双绞线在制作工艺上要比屏蔽双绞线容易很多。从安全性的角度来考虑，屏蔽双绞线要比非屏蔽双绞线有更高的防窃听能力，传输性能也优于非屏蔽双绞线。

双绞线最早被用于电话信号的传输，后来才被渐渐引入数字信号的传输当中，现在我们在计算机网络中广泛使用的都是超五类双绞线及六类双绞线，最大能达到 1000Mbit/s 的带宽。

(2) 双绞线的标准接法：目前，最常使用的是 TIA/EIA 制定的 TIA/EIA568A 标准和 TIA/EIA568B 标准。

TIA/EIA568A 标准的线序从左到右依次为：1-绿白、2-绿、3-橙白、4-蓝、5-蓝白、6-橙、7-棕白、8-棕。

TIA/EIA568B 标准的线序从左到右依次为：1-橙白、2-橙、3-绿白、4-蓝、5-蓝白、

6-绿、7-棕白、8-棕，见图 5.5。

(3) RJ-45 水晶头：由于 RJ-45 头像水晶一样晶莹透明，所以也被称为“水晶头”。双绞线的两端必须都安装 RJ-45 插头，以便插在网卡、集线器或交换机的 RJ-45 端口上，见图 5.6。

水晶头虽小，在网络中其重要性一点都不能小看，有相当一部分网络故障是水晶头质量不好而造成的。

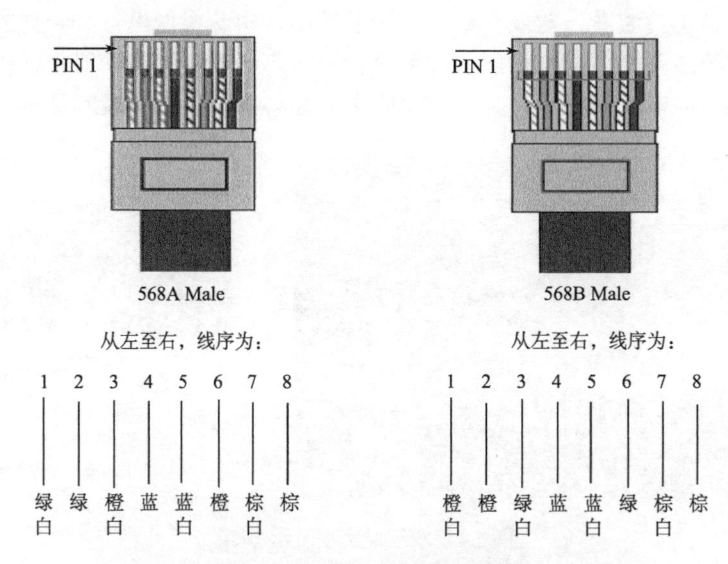

图 5.5　TIA/EIA 双绞线示意图

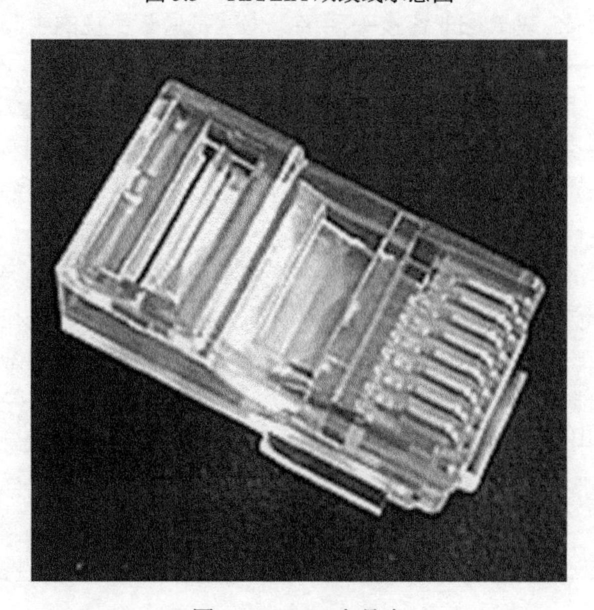

图 5.6　RJ-45 水晶头

3) 光纤

光纤即光导纤维，是一种纤细、柔韧并能传输光信号的介质，多条光纤组成光缆。

20 世纪 80 年代初期，光缆开始进入网络布线，随即被大量使用。与铜缆(双绞线和同轴电缆)相比较，光缆适应了目前网络对长距离传输大容量信息的要求，在计算机网络中发挥着十分重要的作用，成为传输介质中的佼佼者。

(1)光纤组成：从光纤的结构来看，基本都包括三个部分，即外部保护层、内部敷层及纤芯，见图 5.7。其中外部保护层主要是为了保护光纤的内部，通常都会使用非常坚硬的材料制成，内部敷层主要功能是防止光信号的泄漏。在光纤的核心部分，是传输光信号的主要部分，一般都是使用石英玻璃制成，横截面积非常小，光纤的线芯直径一般都设计为 62.5μm 或 150μm。还有一种是没有外部保护层和内部敷层的光纤，称为裸光纤，光纤跳线就是裸光纤的一种。

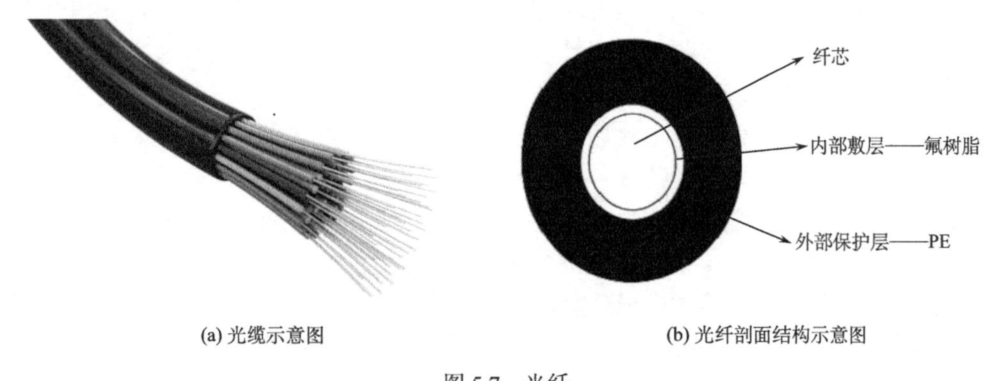

(a) 光缆示意图　　(b) 光纤剖面结构示意图

图 5.7　光纤

(2)光纤分类：根据不同的分类方式，光纤通常分为多模光纤和单模光纤或者阶跃光纤和渐变光纤。

多模光纤的线芯横截面比单模光纤要宽很多，光信号可以从不同的角度进入光纤的线芯进行传输。在多模光纤中，光信号可以以不同的模式进行传输，可以直线传输也可以使用折射和反射来向前发送信号。由于信号的发送模式不同，同时进入光纤的光信号到达目的地的时间也会不同，由于多组信号在一条通道上传输，形成光散的可能性也较大。因此，多模光纤比单模的传输性能要差一些，多模光纤网段长度就限制为 2km，它的价格便宜，多模光纤中的光线是以波浪式传输的，多种频率共存。

单模光纤的线芯横截面通常很窄，只能有一道光信号传输，正因只使用单独模式的光信号，所以在单模光纤中，无光的信号色散会使得传输信号的距离会更长，传输数据量也更高，单模光纤的传输距离远，网段长度为 30km，但是价格比较贵，见图 5.8。

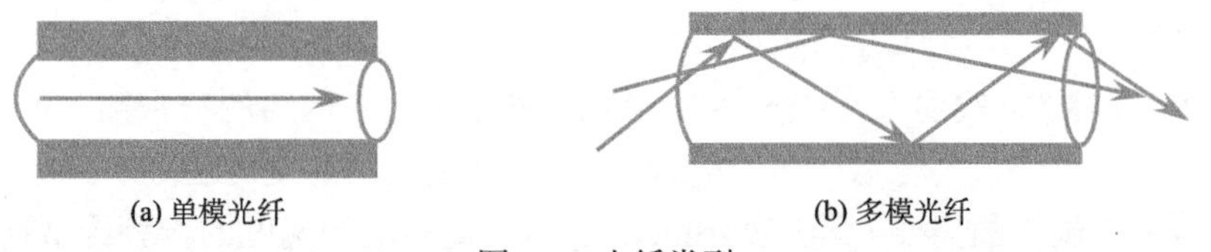

(a) 单模光纤　　(b) 多模光纤

图 5.8　光纤类型

两根光纤的全双工传输。一根光纤一般只能单向传输信号，所以如果想要组成全双工系统，就必须要由两根光纤组成。光信号传输实际上是电信号传输的一种变体。完整的光纤通信系统都会有一个光信号到电信号和电信号到光信号的转换过程，这个过程由光电转换器来完成。为了保证光信号远距离、低损耗地传输，整条光纤链路必须满足非常苛刻且敏感的物理条件。任何细微的几何形变或者轻微污染都会造成信号的巨大衰减，甚至中断通信。在实际工作中，引起光缆链路故障的主要原因有：光缆过长、弯曲过度、光纤受压或断裂、熔接不良、核心直径不匹配、模式混用、填充物直径不匹配、接头污染、接头抛光不良、接头接触不良。

(3)传输特性：光纤通信系统是以光波为载频，光纤为传输介质的通信方式。光纤中当有光脉冲出现时表示为数字“1”，反之为数字“0”。光纤通信的主要组成部分有光发送机、光接收机和光纤，当进行长距离信息传输时还需要中继机。通信中，由光发送机产生光束，将表示数字代码的电信号转变成光信号，并将光信号导入光纤，光信号在光纤中传播，在另一端由光接收机负责接收光纤上传出的光信号，并进一步将其还原为发送前的电信号。光纤系统使用两种不同类型的光源：发光二极管(LED)和激光二极管，发光二极管是一种固态器件，电流通过时就发光。激光二极管也是一种固态器件，它根据激光器原理进行工作，即激励量子电子效应来产生一个窄带宽的超辐射光束。LED 价格较低，工作在较大的温度范围内，并且有较长的工作周期。激光二极管的效率较高，而且可以保持很高的数据传输率。从整个通信过程来看，一条光纤是不能用于双向通信的。因此，目前计算机网络中一般使用两条以上的光纤来通信。若只有两条时，一条用来发送信息，另一条则用来接收信息。在实际应用中，光缆的两端都应安装光纤收发器，光纤收发器集成了光发送机和光接收机的功能：既负责光的发送，也负责光的接收。目前，光纤的数据传输率可达几千兆比特每秒，传输距离达几十公里甚至上百公里。现在一条光纤线路上只能传输一个载波，随着技术进步，会出现实用的频分多路复用或时分多路复用。

3. 有线网络接入技术

接入技术是目前通信技术中最为活跃的领域之一。在电信网络中，接入网连接用户和业务节点，主要解决传输、复/分接、资源共享等问题。

目前主要的有线接入技术包括：窄带综合业务数字网(N-ISDN)、Cable Modem(电缆调制解调器)与混合光纤同轴电缆(HFC)、高速数字用户环路(HDSL)与对称数字用户环路(SDSL)、不对称数字用户环路(ADSL)、甚高速数字用户环路(VDSL)、同步数字序列(SDH)、Passive 无源光网络(PON)与 ATM 无源光网络(APON)等。一般来说，任何接入技术都有相应的局端设备(CO)和用户端设备(RT)，但后者更具有多样性。

1) N-ISDN

N-ISDN 又称“一线通”，也是一种成熟的、依赖光接入网络的窄带接入的铜线技术，目前主要利用 2B+D 来实现电话和 Internet 接入，典型下载速度可达 64Kbit/s，基本上能够满足目前窄带浏览的需要，是广大 Internet 用户提高上网速度的一种经济而有效的选择。目前已在国内各个城市开通，用户反应良好，渐有取代普通调制解调器之势。ISDN 设备包括交换机和终端设备，其中终端设备种类很多，但从功能上讲，主要是 ISDN 网络终端、终端适配器、路由器和可视电话等功能的自由组合，同时提供不同接口(如 ISA、

PCI、RS-232、USB、模拟电话口、以太网口等)以适应不同需求。

2) Cable Modem 与 HFC

Cable Modem 是利用有线电视网实现用户宽带数据接入的一种方法，也是混合光纤同轴网中的关键技术之一。HFC 是宽带接入技术中最早成熟和进入市场的一种，具有宽带和相对经济性的特点。HFC 在一个 500 户左右的光节点覆盖区可以提供 60 路模拟广播电视、每户至少两路电话、速率至少高达 10Mbit/s 的数据业务(目前已有成熟的 40Mbit/s 的 Cable Modem)。将来利用其 550～750MHz 频谱还可以提供至少 200 路 MPEG-2 的点播电视业务以及其他双向电信业务。从长远看，HFC 网计划提供的是全业务网(Full Service Network，FSN)，即以单个网络提供各种类型的模拟和数字业务，并逐步从多用户共享上述带宽过渡到单个用户独享。

3) HDSL 与 SDSL

HDSL 是在无中继的用户环路网上，用无负载电话线对称地高速传输信息，典型速率 2Mbit/s，距离达 3～5km，使用两对或三对双绞铜线，不需选择线对、误码率低、采用线路码，具有良好的频谱兼容性。目前 HDSL 技术已经发展得比较成熟，主要用于替代传统的 T1/E1，解决分散用户接入技术，为用户租用线，传送多路语音、视频和数据。SDSL 是 HDSL 的简化版本，使用单根双绞线，可以提供双向高速可变比特率连接，速率范围为 160Kbit/s～2.084Mbit/s。在 0.4mm 双绞线上，最大传输距离是 3km。HDSL/SDSL 可以与 FTTB/FTTC 相结合。从功能上讲，HDSL 设备种类不多，各厂家设备兼容性差；SDSL 成熟稍晚，产品类型也不太丰富。

4) ADSL

ADSL 是在无中继的用户环路网上，用有负载电话线不对称地高速传输信息，与 HDSL/SDSL 相比，避免了用户侧干扰问题，提高了传输速率，延长了传输距离。ADSL 采用离散多音频(Discrete Multitone，DMT)线路码，下行通信可以支持的速率为 1.5～8Mbit/s 或更高，上行通信速率为 16～640Kbit/s 或更高，模拟用户话路独立，目前已能在 0.5mm 芯径双绞线上将 6Mbit/s 信号传送 3.6km 之远。G.Lite 是一种简化的 ADSL，以降低成本和方便用户端设备的安装。其下行速率最高 1.5Mbit/s，上行最高 512Kbit/s，可不用电话分离器，最大传输距离可达 5km。

ADSL(包括 G.Lite)的 CO 端设备数字用户环路多路复用器(DSLAM)主要实现复/分接的功能，可以放在市话端局或小区，放在小区的目的是提高传输速率并可使更普遍的用户使用 ADSL，这时需要光接入网的配合；用户端设备很多，从功能上讲主要包括：不同接口(PCI、USB、以太网)的 ADSL 调制解调器、适应不同需求的 ADSL 路由器、同时提供数据和话音的综合网关、分离器或低通滤波器。

5) VDSL

在开发 ADSL 中发现，适当减少距离会大大提高传输速率，这便出现了 VDSL。VDSL 系统中的上下信道频谱是利用频分复用技术分开的，编码方式有无载波幅度相位调制(CAP)、DMT 和离散小波多音频(DWMT)三种。VDSL 上下行速率也是不对称的，其下行速率有 3 挡：13Mbit/s、26Mbit/s 和 52Mbit/s，相应传输距离为 1500m、1000m 和 300m；上行速率一般也有 3 挡：1.6Mbit/s、2.3Mbit/s 和 19.2Mbit/s。VDSL 必须与 FTTB、FTTC、

FTTCab、FTTZ 相结合使用。在产品上，VDSL 与 ADSL 类似，但由于 VDSL 技术出现比较晚，正式产品不多。

6) SDH

适用于接入网的 SDH 具有高可靠性、灵活性、高度紧凑、低功耗和低成本特点。一般来说，当要求带宽 155Mbit/s 或更高时，可以直接用 SDH 系统以点到点或环形拓扑形式与用户相连；当需要带宽大于 34Mbit/s 时，直接将 SDH 分插复用器(Add/Drop Multiplexer，ADM)设置在用户处用 STM-1 通道与 STM-N 服务节点相连，这种连接既可以是点对点的方式，也可以通过环结构；对于带宽要求远小于 34Mbit/s 的情况，则采用更低速率的复用器或共享 ADM 的方式更经济有效；对于多数普通企事业用户，设在路边(DP 点)的终端复用器可以用来为大量用户提供 2Mbit/s 为基本单元的带宽，需要小于 2Mbit/s 带宽业务的用户可以靠业务复用器或后接 PON 来解决。使用 STM-0 子速率连接(Sub STM-0)对于小带宽用户是一种经济有效的方案，同时还能保持全部 SDH 管理能力和功能，ITU-TG.708 就规定了这样的接口。

虽然 SDH 可以在建设时为不同的节点分配不同的带宽，但无法实现节点总速率的动态调整。目前，适用于接入网的各种 SDH 设备(特别是 SDH ADM)很多，本节不作详述。

7) PON 与 APON

无源光网络(PON)包括窄带的无源光网络和以 ATM 为基础的宽带无源光网络——APON，前者是用来提供 2Mbit/s 及以下速率的数据传输通道，后者则最高可以提供高达 622Mbit/s 的下行传输通道。APON 多采用无源双星或树型结构，并使用特殊的点对多点多址协议，使得众多的光网络终端(Optical Network Termination，ONU/ONT)共享 OLT，众多的用户共享 ONU 来降低初建成本。

5.1.3 无线网络通信

在通信领域，“移动电话”与“固定电话”的区别是显而易见的，而“无线(Wireless)”与“移动”的区别相对小一些。一般来说，“无线”往往是指利用无线方式传递信号，并通过无线设备进行接收和处理的过程；而“移动”不仅要求通信设备能够接入无线网络，而且要具有“移动性”。因此，本节“无线通信”特指不包含“移动通信”的无线通信技术，主要涉及 WLAN、蓝牙、无线网状网络等多种无线网络技术。

1. WLAN

无线局域网(Wireless Local Area Networks，WLAN)利用无线技术在空中传输数据、话音和视频信号。作为传统布线网络的一种替代方案或延伸，WLAN 可以便捷、迅速地接纳新加入的成员，而不必对网络的用户管理配置进行过多的变动；可以在有线网络布线困难的地方比较容易实施，不必再实施打孔敷线作业，因而不会对建筑设施造成任何损害。

由于 WLAN 基于计算机网络与无线通信技术，在计算机网络结构中，逻辑链路控制(LLC)层及其之上的应用层对不同的物理层的要求可以是相同的，也可以是不同的，因此，WLAN 标准主要是针对物理层和介质访问控制(MAC)层，涉及所使用的无线频率范围、空中接口通信协议等技术规范与技术标准。

1990 年 IEEE 802 标准化委员会成立 IEEE 802.11 WLAN 标准工作组。IEEE 802.11(别名：WiFi 无线保真)是在 1997 年 6 月由大量的局域网以及计算机专家审定通过的标准，该标准定义物理层和媒体访问控制规范。物理层定义了数据传输的信号特征和调制，定义了两个 RF 传输方法和一个红外线传输方法。RF 传输标准是跳频扩频和直接序列扩频，工作在 2.4000～2.4835GHz 频段，速率最高只能达到 2Mbit/s。

1999 年 9 月 IEEE 802.11b 被正式批准。该标准规定 WLAN 工作频段为 2.4～2.4835GHz，数据传输速率达到 11Mbit/s，传输距离控制在 20～50m。

1999 年，IEEE 802.11a 标准制定完成。该标准规定 WLAN 工作频段为 5.15～5.825GHz，数据传输速率达到 54Mbit/s/72Mbit/s(Turbo)，传输距离控制在 10～100m。该标准也是 IEEE 802.11 的一个补充，扩充了标准的物理层，采用正交频分复用的独特扩频技术，采用 QFSK 调制方式，可提供 25Mbit/s 的无线 ATM 接口和 10Mbit/s 的以太网无线帧结构接口，支持多种业务如话音、数据和图像等，一个扇区可以接入多个用户，每个用户可使用多个终端。

目前，IEEE 推出新版本 IEEE 802.11g 认证标准。该标准提出拥有 IEEE 802.11a 的传输速率，安全性较 IEEE 802.11b 好，采用两种调制方式，含 802.11a 中采用的 OFDM 与 IEEE 802.11b 中采用的 CCK，做到与 802.11a 和 802.11b 兼容。

2. 蓝牙

蓝牙(Bluetooth)是一种无线技术标准，可实现固定设备、移动设备和楼宇个人域网之间的短距离数据交换(使用 2.4～2.485GHz 的 ISM 波段的 UHF 无线电波)。蓝牙技术最初由电信巨头爱立信公司于 1994 年创制，当时是作为 RS-232 数据线的替代方案。使用跳频技术，将传输的数据分割成数据包，通过 79 个指定的蓝牙频道分别传输数据包。每个频道的频宽为 1MHz。蓝牙 4.0 使用 2MHz 间距，可容纳 40 个频道。第一个频道始于 2402 MHz，每 1MHz 一个频道，至 2480MHz。有了适配跳频(Adaptive Frequency-Hopping，AFH)功能，通常每秒跳 1600 次[17]。

蓝牙主设备最多可与一个微微网(一个采用蓝牙技术的临时计算机网络)中的七个设备通信，设备之间可通过协议转换角色。

蓝牙是一个标准的无线通信协议，基于设备低成本的收发器芯片，传输距离近(100m 内)、低功耗(mW 级)。

3. 无线网状网

无线网状网(Wireless Mesh Network，WMN)是一种多跳的、具有自组织和自愈特点的分布式宽带无线网络，可以看成一种融合了无线局域网和移动 Ad Hoc 网络的特点并且发挥了两者优势的新型网络。WMN 主要由路由器节点和终端节点组成，其典型结构如图 5.9 所示。路由器节点互联构成无线骨干网，通过网关节点可以与互联网建立连接；终端节点通过路由器节点可以接入互联网，并与其他终端节点组网，实现终端节点与网络之间的互联互通。

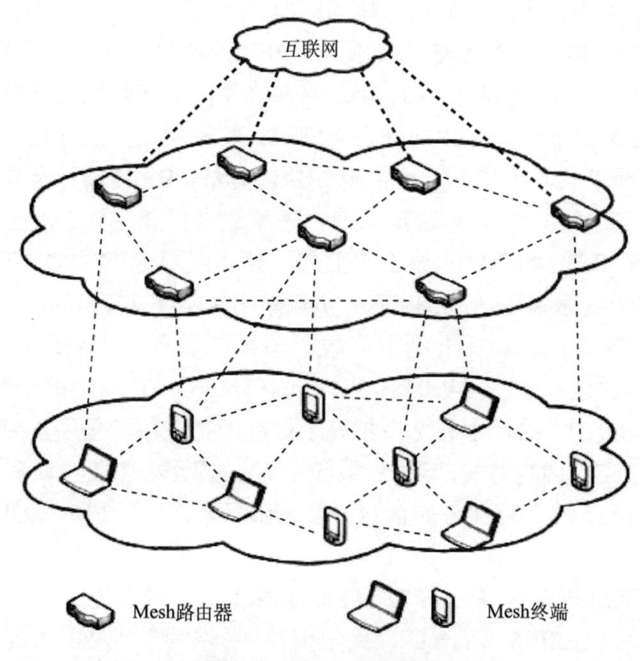

图 5.9　WMN 典型结构

WMN 兼容 WLAN IEEE 802.11a/b/g 标准，无线覆盖频率 2.4GHz，回程频率 5.8GHz；基站最远覆盖半径 20km；最高数据传输速率 54Mbit/s；支持 280 公里时速高速移动设备在多个 Mesh 基站之间无间断漫游和快速切换。

WMN 作为多业务承载平台，不但支持低速工控数据的接入，还可以满足宽带、高速视频数据的接入需求；同时还可构建基于 IP 的多业务接入平台。具有自组织、自调节、自愈合的特点，传输网络中任何一个节点(CPE)出现问题，都不会造成对网络传输的阻塞和影响，见图 5.10。

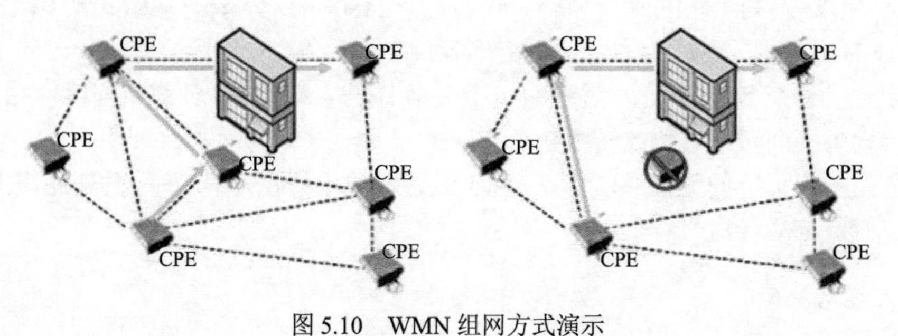

图 5.10　WMN 组网方式演示

5.2　公用电话网

目前，多数情况下，公众还是选用电路交换网络(PSTN 或移动通信)拨打应急部门的紧急号码及救助热线的方式来使用应急通信，毕竟电路网络承载的通信容量较大。

5.2.1　公用电话网的发展

我国 PSTN 通过近三十年的高速发展，无论在用户规模还是在传输技术上都已经达到了世界领先水平。PSTN 的发展历经了程控化改造初级阶段、大规模程控化改造及发展阶段、本地网络的扩大化改造阶段、固话业务的发展带动网络初始化建设阶段等四个阶段。

20 世纪 80 年代中期，开始程控化改造初级阶段，其标志性的产物是 80 年代中期从国外引进的第一台程控交换机。交换技术从纵横化向程控化、数字化和电子化方向发展，掀起了一场通信史上极其重大的变革。基于第一阶段 PSTN 小规模化，主要服务的重点为政府和部分企业用户。针对用户群的不断扩大，为适应市场的需求，PSTN 很快进入了程控化的大规模改造和发展阶段。但是在 80 年代中后期，国外的许多交换机厂商开始迅速抢占中国市场，而国内又没有正式技术规范可以遵循，在引进了各种国外机型之后，造成了七国八制的局面。

新时期网络规划的原则大体可归纳为以下两点：一是以业务驱动网络规划和建设，增强网络效益；二是继续进行网络规划和网络优化。综合考虑，以业务发展为中心，以经营企业的高话务量为目标，将继续进行网络优化。

5.2.2　公用电话网简介

1. PSTN 的基本概念

公用交换电话网(Public Switched Telephone Network，PSTN)是以电路交换为信息交换方式，以电话业务为主要业务的电信网。PSTN 同时也提供传真等部分简单的数据业务。PSTN 是一种以模拟技术为基础的电路交换网络。在众多的广域网互连技术中，通过 PSTN 进行互连所要求的通信费用最低，而且它分布广泛，只是其传输速率及数据传输量与 Internet 相比较差，但是它仍然得到了广泛的应用，例如，远程控制、拨号上网、工业控制上数据的传输等。通过 PSTN 可以实现的访问有：拨号上 Internet/Intranet/LAN；两个或多个 LAN 之间的网络互连；和其他广域网技术的互连。尽管 PSTN 在进行数据传输时存在这样或那样的问题，但这仍是一种不可替代的联网介质，特别是 Bellcore 发明的建立在 PSTN 基础之上的 xDSL 技术和产品的应用拓展了 PSTN 的发展与应用空间，使得联网速度可达到 9～52Mbit/s。

PSTN 提供的是一个模拟的专有通道，通道之间经由若干个电话交换机连接而成，当两个主机或路由器设备需要通过 PSTN 连接时，在两端的网络接入侧(即用户回路侧)必须使用调制解调器实现信号的模/数、数/模转换。从 OSI 七层模型的角度来看，可以看成物理层的一个简单的延伸，没有向用户提供流量控制、差错控制等服务。通过 PSTN 可以进行网络互连，PSTN 的入网方式比较简便灵活，例如，通过普通拨号电话线入网，只要在通信双方原有的电话线上并接调制解调器，再将调制解调器与相应的上网设备相连即可；通过租用电话专线入网，与普通拨号电话线方式相比，租用电话专线可以提供更高的通信速率和数据传输质量，但相应的费用也较前一种方式高。当决定使用专线方式时，用户必须向所在地的电信局提出申请，由电信局负责架设和开通；经普通拨号或租用专用电话线方式由 PSTN 转接入公共数据交换网(X.25 或 Frame-Relay 等)的入网方式，利用该方式实现与远地的连接是一种较好的远程方式，它可以提供良好的可靠性和较高的传输速率[18]。

组建一个公用交换电话网需要满足以下基本要求。

(1)保证网内任一用户都能呼叫其他每个用户，包括国内和国外用户，对于所有用户的呼叫方式应该是相同的，而且能够获得相同的服务质量。

(2)保证满意的服务质量，如时延、时延抖动、清晰度等。话音通信对于服务质量有着特殊的要求，这主要取决于人的听觉习惯。

(3)能适应通信技术与通信业务的不断发展；能迅速地引入新业务，而不对原有的网络和设备进行大规模的改造；在不影响网络正常运营的前提下利用新技术，对原有设备进行升级改造。

(4)便于管理和维护：由于电话通信网中的设备数量众多、类型复杂而且在地理上分布于很广的区域内，因此要求提供可靠、方便而且经济的方法对它们进行管理与维护，甚至建设与电话网平行的网管网。

2. PSTN 的组成

一个 PSTN 由以下几个部分组成。

(1)传输系统：以有线(电缆、光纤)为主，有线和无线(卫星、地面和无线电)交错使用，传输系统由 PDH 过渡到 SDH、DWDM。

(2)交换系统：设于电话局内的交换设备——交换机，已逐步程控化、数字化，由计算机控制接续过程。

(3)用户系统：包括电话机、传真机等终端以及用于连接它们与交换机的一对导线(称为用户环路)，用户终端已逐步数字化、多媒体化和智能化，用户环路数字化、宽带化。

(4)信令系统：为实现用户间通信，在交换局间提供以呼叫建立、释放为主的各种控制信号。

PSTN 的传输系统将各地的交换系统连接起来，然后，用户终端通过本地交换机进入网络，构成电话网。

3. PSTN 的分类

按所覆盖的地理范围，PSTN 可以分为本地电话网、国内长途电话网和国际长途电话网。

(1)本地电话网：包括大、中、小城市和县一级的电话网络，处于统一的长途编号区范围内，一般与相应的行政区划相一致。

(2)国内长途电话网：提供城市之间或省之间的电话业务，一般与本地电话网在固定的几个交换中心完成汇接。我国的长途电话网中的交换节点又可以分为省级交换中心和地(市)级交换中心两个等级，它们分别完成不同等级的汇接转换。

(3) 国际长途电话网：提供国家之间的电话业务，一般每个国家设置几个固定的国际长途交换中心。

PSTN 是一个设计用于话音通信的网络，采用电路交换与同步时分复用技术进行话音传输，PSTN 的本地环路级是模拟和数字混合的，主干级是全数字的；其传输介质以有线为主。

5.2.3　公用电话网用于应急通信

公用电话网包括人们常说的固定电话网和移动电话网。我国公用电话网在设计建网的过程中只考虑了紧急呼叫的需求，即当发生个人紧急情况时，用户可以拨打 110、119 等紧急特服号码，呼叫将通过公用电话网接续到 110、119 的紧急呼叫中心，并没有考虑其他应急通信的需求。例如，通过公用电话网实现指挥调度、实现重要部门之间的通信等，对于这类需求，要求公用电话网能够提供优先权处理能力，对于重要的指挥通信能够进行优先呼叫、路由、拥塞控制、服务质量、安全等方面的保证，这些需求目前的电话网还无法满足。

那么，如何利用公用电话网实现应急通信？有哪些关键技术呢？

应急通信按照通信流的方向可以分为公众到政府、政府到公众、政府之间、公众之间的应急通信，按照各种不同紧急情况，又可以划分为六种场景。场景 1：个人紧急情况；场景 2：突发公共事件(自然灾害)；场景 3：突发公共事件(事故灾难)；场景 4：突发公共事件(公共卫生事件)；场景 5：突发公共事件(社会安全事件)；场景 6：突发话务高峰。

对于公用电话网支持应急通信主要涉及以下几个关键技术问题。

1. 优先权处理技术

公用电话网为了实现应急呼叫的优先权保障，需要具备端到端的保障措施，并且保障需要维持在呼叫的整个过程中。它主要涉及以下关键技术。

(1) 应急呼叫的识别：要实现对应急呼叫进行优先权保障，前提条件就是能够识别出哪些呼叫是应急呼叫，识别技术应当灵活，应尽量提供根据呼叫而不是用户进行识别的能力。

(2) 应急呼叫优先接入：接入是应急呼叫进入公用电话网的第一步，能够获得公用电话网的优先接入服务，对于应急呼叫的优先权保证来说，是非常关键的环节。

(3) 应急呼叫优先路由：应急呼叫进入公用电话网后，电话网应为其提供优先路由机制，保证应急呼叫能够优先到达被叫、优先建立。

2. 短消息过载和优先控制技术

在发生灾难(地震、火灾等)时，政府机构会使用公用电信网的各种通信手段，向受影响地区的公用电信网用户发布相关信息(警报、情况通报、安抚等)，公用电信网应当提供政府向公众发布信息的业务，具备保障业务运行的网络能力。短消息业务在我国发展迅速，普及率高，对通信网的资源占用较低，具备可以同时间大面积发送的特征，可作为应急通知业务的有效手段。

对于这类短消息，短消息系统应尽可能地将消息传送到受影响地区内的公众，可以根据公众不同的位置发送不同的消息，例如，对于灾难现场区域可能发送“撤离”的消息，对于稍远的地区，可能发送的是“进房间靠近门窗”的消息。可以提供多种语言的通知服务，可以提供优先使用的语言(运管商应从用户收集语言使用属性)以及翻译服务(例如，中英文双语短信等)。

短消息系统对于应急短消息应赋予高优先级进行优先处理。高优先级短消息优先于低优先级短消息，应首先发送，高优先级短消息尝试转发的频率高于低优先级短消息，有效时间也长于低优先级短消息。一般情况下，普通的短消息默认以“普通优先级”的方式发送，此时如果 HLR 中被叫用户状态被标记为不在服务区，那么 HLR 就会拒绝短消息中心系统发来的短消息的取路由消息，短消息中心系统不会将短消息下发给 MSC。对于“高优先级”的短消息，短消息中心系统下发短消息将不受 HLR 中被叫用户状态的影响，即使被叫用户不在服务区，短消息中心也会将短消息下发给 MSC，MSC 将尝试将短消息下发给被叫用户(注：有些时候，HLR 中存储的被叫用户状态与被叫的实际状态不相符，被叫用户进入服务区后，HLR 有时不能及时更新该状态，因此如果采用高优先级的短消息来发送应急短消息将大大提高消息发送效率)[19]。

那么如何才能识别出短消息是否为应急短消息呢？目前最简单的办法就是靠主/被叫号码进行识别，对于由政府机构发起的应急短消息，应当事先分配好固定的特殊的业务提供商主叫号码，例如，人们现在经常能收到从“10086”发送来的一些公共事件提示信息。对于用户向应急平台发送的短消息，可以通过被叫号码进行识别如 110、119 等。

灾难发生前后，应急短消息的大量发送，也会对网络造成一定的负担，如果能够利用小区广播来支持应急短消息功能，将能够有效地节省网络资源。小区广播短消息业务是移动通信系统提供的一项重要业务，通过小区广播短消息业务，一条消息可以发送给所有在规定区域的移动电话，包括那些漫游到规定区域的用户。它与点对点短消息业务的主要不同之处在于：点对点短消息的接收者是某个特定的移动用户，而小区广播短消息的接收者是位于某个特定区域内的所有移动用户，包括漫游到该区域的外地用户。小区广播使用 CBCH，因此不受网络中语音和数据传输的影响，即使语音和数据业务发生拥塞，小区广播业务仍然可以使用。

3. 资源共享技术

应急通信是在发生紧急情况下使用的通信手段，如果只为了应急情况下的通信而单独大规模地建立应急通信系统，会造成资源的浪费。虽然有效的通信手段能够在灾难救援中起到至关重要的作用，但灾难事件的发生并不是高频率的。同时，应急通信系统的各种通信手段不应成为孤岛，应尽可能地为相关单位所共享，充分利用已建成的网络和设施，因此在应急通信系统的建设中应坚持资源共享、综合利用的原则。

网络资源共享，主要包括光缆、基站等。我国 2008 年四川省地震灾区通信系统修复工程预计共建共享 10 条传输光缆，为网络资源共建共享工作的开展积累了经验；基站共建共享主要从机房方面、铁塔方面、天线平台方面考虑：从机房的空间、铁塔平台空间、天线之间的信号干扰等方面考虑。

除了技术因素，管理也是网络资源共建共享不可忽略的关键因素，多家运营商的系统在维护管理等方面都需要有相关配套的措施，才能有效地推进资源共建共享的进程。

5.3　网络应急通信技术

5.3.1　即时通信软件在应急通信中的应用

1. 即时通信软件工具现状

近年来，即时通信(Instant Messenger)软件的发展突飞猛进。即时通信所拥有的实时性、跨平台性、成本低、效率高等诸多优势，使它成为网民最喜爱的网络沟通方式之一。

以微信(WeChat)这种即时通信软件为例，微信是腾讯公司于 2011 年 1 月 21 日推出的一个为智能终端提供即时通信服务的免费应用程序，支持跨通信运营商、跨操作系统平台，通过网络快速发送免费(需消耗少量网络流量)语音短信、视频、图片和文字，同时，也可以使用通过共享流媒体内容的资料和基于位置的社交插件“摇一摇”“漂流瓶”“朋友圈”“公众平台”“语音记事本”等服务插件。

截止到 2016 年第二季度，微信已经覆盖中国 94%以上的智能手机，月活跃用户达到 8.06 亿人，用户覆盖 200 多个国家，超过 20 种语言。此外，各品牌的微信公众账号总数已经超过 800 万个，移动应用对接数量超过 85000 个，微信支付用户数则达到了 4 亿人左右。

微信提供公众平台、朋友圈、消息推送等功能，用户可以通过“摇一摇”、“搜索号码”、“附近的人”、扫二维码方式添加好友和关注公众平台，同时将内容分享给好友以及将用户看到的精彩内容分享到微信朋友圈。

2018 年 3 月 5 日，腾讯计算机系统有限公司董事会主席、首席执行官马化腾透露，2018 年春节，微信全球用户月活数首次突破 10 亿大关。

2. 即时通信软件所能提供的一些功能

(1) 聊天功能：支持发送语音短信、视频、图片(包括表情)和文字，是一种聊天软件，支持多人群聊。

(2) 添加好友：支持查找微信号、QQ 号添加好友、查看手机通信录和分享微信号添加好友、摇一摇添加好友、二维码查找添加好友和漂流瓶接受好友等方式。

(3) 实时对讲机功能：用户可以通过语音聊天室和一群人语音对讲，但与在群里发语音不同的是，这个聊天室的消息几乎是实时的，并且不会留下任何记录，在手机屏幕关闭的情况下仍可进行实时聊天。

(4) 支付功能：微信支付是集成在微信客户端的支付功能，用户可以通过手机完成快速支付流程。微信支付向用户提供安全、快捷、高效的支付服务，以绑定银行卡的快捷支付为基础。

(5) 微信、QQ 语音：用户在接听语音电话时，无须解锁进入微信、QQ 接听，而是直接像接听普通电话那样一键接听即可。

(6)朋友圈：用户可以通过朋友圈发表文字和图片，同时可通过其他软件将文章或者音乐分享到朋友圈。用户可以对好友新发的照片进行“评论”或“赞”，用户只能看到相同好友的评论或赞。

(7)语音提醒：用户可以通过语音告诉其他人提醒打电话或查看邮件。

(8)通信录安全助手：开启后可上传手机通信录至服务器，也可将之前上传的通信录下载至手机。

(9)QQ 邮箱提醒：开启后可接收来自 QQ 邮箱的邮件，收到邮件后可直接回复或转发。

(10)漂流瓶：通过扔瓶子和捞瓶子来匿名交友。

(11)查看附近的人：微信将会根据用户的地理位置找到在用户附近同样开启本功能的人。

(12)语音记事本：可以进行语音速记，还支持视频、图片、文字记事。

(13)群发助手：通过群发助手把消息发给多个人。

(14)公众平台：通过这一平台，个人和企业都可以打造一个微信的公众号，可以群发文字、图片、语音三个类别的内容。目前有 200 万公众账号。

(15)公众平台：公众平台主要有实时交流、消息发送和素材管理功能。用户可以对公众账户的粉丝分组管理、实时交流，同时可以使用高级功能——编辑模式和开发模式对用户信息进行自动回复。

(16)拦截系统：微信已为抵制谣言建立了技术拦截、举报人工处理、辟谣工具这三大系统。

3. 利用微信、QQ 进行应急通信服务的可行性

微信、QQ 等即时通信软件进行应急通信具有以下优点。

(1)使用成本低。使用即时通信软件程序开展在线实时应急通信不需要任何设备和技术的额外投入，软件是免费的，从网上下载非常容易。软件对带宽要求不高，运行起来速度快。

(2)服务范围大。使用微信、QQ 应急通信可以不受互联网地域限制，用户在任何有上网条件的地方都可以使用移动客户端与通信人员联系，获得应急通信服务。

(3)实时性和交互性。微信、QQ 凭借四通八达的网络和强大的现代信息技术，能够轻松地实现用户和用户之间的双向交流。

互联网的高速发展，微信、QQ 等即时通信软件的功能日益完善为应急通信提供了良好的环境，对于可以使用网络或者并没有影响到主要的通信方式的一些突发事件，即时通信软件还是一种不错的应急通信方式，文本聊天、视频/语音电话、视频推送、在线/离线文件传输、电子邮件系统功能等都能应用于应急通信服务。

5.3.2 用 E-mail 实现应急通信服务

电子邮件(E-mail)是 Internet 最早出现的服务之一，1972 年由 Ray Tomlinson 发明。

世界上第一封电子邮件是由计算机科学家 Leonard Kleinrock 教授发给他同事的一条简短消息，这条消息只有两个字母：LO。也许 Kleinrock 教授当时并没有想到，就因为这两个字母，他被人们称为电子邮件之父。从此以后，伴随着网络的迅速发展，电子邮件已经成为 Internet 最普及的应用。经过 30 年的发展，电子邮件已经从单纯传递文字信息发展为可以传送各类多媒体信息的通信工具。它以使用方便、快捷、容易存储、便于管理的特点很快被大众接受，成为传递公文、交换信息、沟通情感的有效工具。在 Internet 上，用户使用最多的网络服务当属电子邮件服务。既然使用 E-mail 的用户那么多，那么将 E-mail 用于应急通信有些什么特殊的意义呢？先来看看 E-mail 的技术原理，然后讨论其用于应急通信的可行性。

1. 电子邮件的基本原理

电子邮件不是一种“终端到终端”的服务，它被称为“存储转发式”服务。这正是电子信箱系统的核心，利用存储转发可进行非实时通信，属异步通信方式。即信件发送者可随时随地发送邮件，不要求接收者同时在场，即使对方现在不在，仍可将邮件立刻送到对方的信箱内，且存储在对方的电子邮箱中。接收者可在他认为方便的时候读取信件，不受时空限制。在这里，“发送”邮件意味着将邮件放到收件人的信箱中，而“接收”邮件则意味着从自己的信箱中读取信件，信箱实际上是由文件管理系统支持的一个实体。因为电子邮件是通过邮件服务器(Mail Server)来传递文件的。通常邮件服务器是执行多任务操作系统 UNIX 的计算机，它提供 24 小时的电子邮件服务，用户只要向服务器管理人员申请一个信箱账号，就可使用这项快速的邮件服务。

(1) 电子邮件系统是一种新型的信息系统，是通信技术和计算机技术结合的产物。电子邮件的传输是通过电子邮件简单传输协议(SMTP)这一系统软件来完成的，它是 Internet 下的一种电子邮件通信协议。

(2) 电子邮件的基本原理，是在通信网上设立“电子信箱系统”，它实际上是一个计算机系统。系统的硬件是一个高性能、大容量的计算机。硬盘作为信箱的存储介质，在其上为用户分配一定的存储空间作为用户的“信箱”，每位用户都有属于自己的一个电子信箱。并确定一个用户名和用户可以自己随意修改的口令[20]。存储空间通常包含存放所收信件、编辑信件以及信件存档三部分空间，用户使用口令开启自己的信箱，并进行发信、读信、编辑、转发、存档等各种操作。系统功能主要由软件实现。

(3) 电子邮件的通信是在信箱之间进行的。用户首先开启自己的信箱，然后通过键入命令的方式将需要发送的邮件发到对方的信箱中。邮件在信箱之间进行传递和交换，也可以与另一个邮件系统进行传递和交换。收方在取信时，使用特定账号从信箱提取。与最常用的通信手段电话系统相比，电子邮件在速度上虽然不占优势，但它不要求通信双方同时在场：假如收方不在，系统可以留下一份文电(Message)副本，到他上机时通知他。这是电话系统做不到的，而打电话时对方不在的情况在半数以上。

2. 电子邮件系统的组成与工作模式

电子邮件服务通过“存储-转发”的方式来为用户传递信件。相比于传统的邮件投递服务，在 Internet 上充当“邮局”这个角色的，是被称为邮件服务器的计算机。用户使用的电子邮箱就建立在这类计算机上，借助它提供的服务，用户的信件通过 Internet 被送到目的地。它的工作模式如图 5.11 所示。

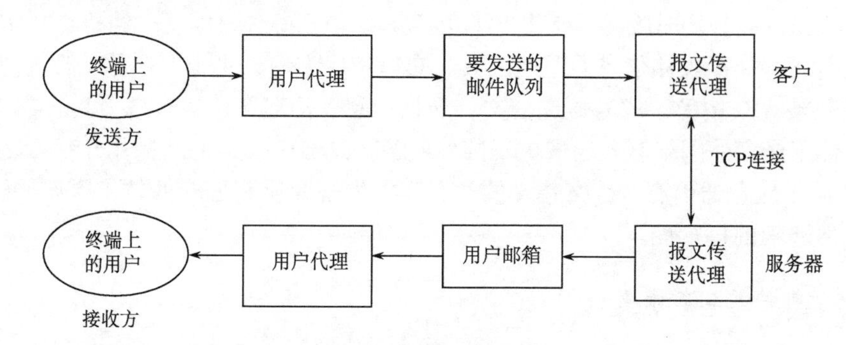

图 5.11　电子邮件服务工作模式

在图 5.11 中，用户代理(User Agent，UA)负责与用户打交道。它接受用户输入的指令，传送用户给出的信件报文。而报文传送代理(Message Transfer Agent，MTA)则完成邮件交换的工作，用户通常不和报文传送代理打交道。当用户试图发送一封电子邮件的时候，他并不是直接将信件发送到对方的机器上，而是由用户代理去寻找一个报文传送代理，把邮件提交给它。报文传送代理得到了邮件后，首先将它保存在自身的缓冲队列中。然后，根据邮件的目标地址，找到应该对这个目标地址负责的服务器，并且通过网络将邮件传送给它。对方的服务器接收到邮件之后，将其缓冲存储在本地，直到电子邮件的接收者查看自己的电子信箱。显然，邮件传输是从服务器到服务器的，而且每个用户必须拥有服务器上存储信息的空间(称为信箱)才能接收邮件。报文传送代理的主要工作是监视用户代理的请求，根据电子邮件的目标地址找出对应的邮件服务器，将信件在服务器之间传输并且将接收到的邮件进行缓冲或者提交给最终投递程序。

3. 电子邮件传输过程

1) 简单的电子邮件传输过程

邮件传输代理(Mail-Transfer Agents，MTA)，它不是通过直接输入 Shell 命令方式实现的，其功能是负责邮件消息的转发和投递，从 MUA(Mail User Agent)上接收用户要发送的邮件、解析地址、排队，然后将邮件发送到接收方的 MTA 上。图 5.12 为电子邮件在两主机上的传送过程，图中 Alice 利用 MUA 自带的或调用其他的文本编辑器编辑邮件，输入收件人的地址，然后单击 MUA 的发送键，MUA 会立即将邮件送到指定的 MTA 上，通常使用的 MTA 是 Sendmail 或 Qmail，通过解析收件人的地址，Alice 的 MTA 找到 Bob 的 MTA 所在主机，并通过 SMTP 将邮件送到 Bob 的 MTA 上。

在接收方 MTA 收到信封上的地址后，首先分析该地址是否在本地，如果在本地，则会继续查找有无 Bob 这个用户，如果有，就向发送方送去确认信号，发送方会发出 DATA 命令，收到该命令时，接收方就开始接收邮件内容，直到收到一个只有一个句号的行，表示邮件发送完毕。如果接收方 MTA 没找到 Bob 这个用户，或者 Bob 的邮箱已经满了，那么 MTA 会按照邮件信封上的地址将邮件退回给发信人。现在 Bob 的 MTA 收到了 Alice 的邮件，会给邮件头加一个 Receive 项，记录它是从哪里收到的邮件、何时收到的邮件等重要信息，然后将邮件投递到 Bob 的邮箱。

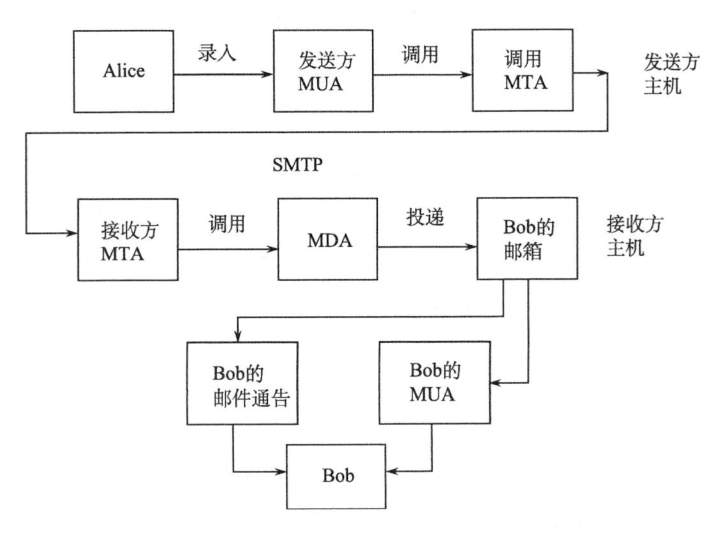

图 5.12　电子邮件在两主机上的传送过程

电子邮件在网上的邮件服务器之间传递，每经过一个服务器，该服务器就会在邮件信头上加上自己的标记，只要分析这些标记，就可知道收到的邮件是从哪里发出的，并经过哪些服务器才到达信箱的。

本地邮件分发代理(Message Delivery Agent，MDA)负责将 MTA 收到的邮件投递到邮件用户的邮箱中，有的邮件系统将邮件本地投递功能与 MTA 结合在一起，有的需要将这个功能独立出来，这样可以简化 MTA 程序的复杂性。有些 MDA 软件还增加了邮件过滤功能、自动分类和处理功能，能根据用户的要求对邮件头和邮件体的内容进行过滤，防止通过邮件传播病毒，并帮助管理用户接收到的邮件等。本例中 MDA 从 MTA 收到 Bob 的邮件，投递到 Bob 的邮箱中，Bob 可以调用自己的 MUA 阅读 Alice 的来信。如果 Bob 的主机关机或者断网，Alice 的 MTA 会将 Alice 发出的信息先保存在邮件队列中，然后以一定的时间间隔重发这封信，直到完成邮件的发送。每个 MTA 都有自己的风格来处理邮件投递异常情况，但保证邮件不丢失是对 MTA 起码的要求。

2)远程邮件的接收过程

绝大多数用户通过在 ISP 或单位的拥有固定域名的服务器申请账号，建立自己的邮箱来收发邮件，别人发来的邮件一般暂存在邮件服务器，必须连接到服务器才能将邮件取回，而大部分 MTA 本身不提供对远程邮件读取的功能，这就需要远程邮件读取协议的支持。最常用的是 POP3 和 IMAP。

目前最常见的远程邮件收发形式如图 5.13 所示，Bob 的 MUA 通过端口 110 向服务器请求并建立对话，服务器在验证了用户名和口令后，检查了 Bob 的邮箱，发回后将这些邮件从服务器上删除。POP3 在验证用户口令时，完全用明文传输，安全性较差。POP3

以该用户当前存储在服务器上的全部邮件为对象进行操作，并一次性下载到用户端计算机中，用户在取回自己的邮件前不知道邮件的内容。相比 POP3，IMAP 要复杂一些，对邮件的支持能力更强，可为用户提供有选择地从邮件服务器接收邮件的功能、基于服务器的信息处理功能和共享信箱功能，有较好的目录服务能力等。利用 SMTP 将用户的邮件送到 MTA 上发送，利用 POP3 和 IMAP4 与服务器进行通信，取出邮件送到客户端计算机。

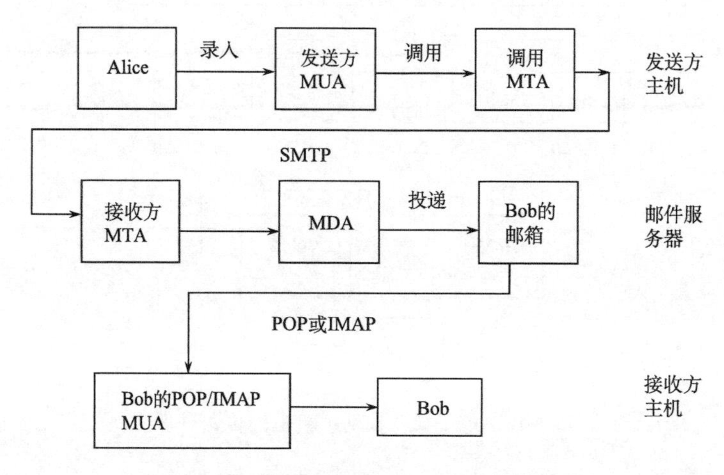

图 5.13　通过 POP3 或 IMAP 收取邮件

下面介绍电子邮件的安全性问题。电子邮件在 Internet 上的传输是从一个机器到另一个机器。在这种方式下，电子邮件所经过网络上的任一系统管理员或黑客都有可能截获或更改该邮件，甚至伪造某人的电子邮件。与传统邮政系统相比，电子邮件与密封邮寄的信件并不像，而与明信片更为相似。因此电子邮件本身的安全性是以邮件经过的网络系统的安全性和管理人员的诚实、对信息的漠不关心为基础的。而比明信片还要糟糕的是，电子邮件的发信人根本不知道一封邮件经过了哪些中转站才到达了目的地，它实际上有可能经过了学校、政府机关、竞争对手建立的任何网站。电子邮件的不安全性表现为：电子邮件在 Internet 上没有任何保密措施，电子邮件从一个网络传到另一个网络，最终达到目的网络，整个过程中电子邮件都是不加密的可读文件，用户的电子邮件有可能被人偷窥甚至篡改。使用电子邮件来传输重要机密和商业价值信息如商务计划、合同、账单等存在极大的危险。他人可轻易地使用冒用的电子邮件地址发送电子邮件，伪造身份从事网上活动。由于网络软件的故障或者发件人的一时疏忽，邮件误投给陌生人或不希望发的人，其结果令人尴尬。由于有信封，误投的普通信件通常可能完好地退回，而电子邮件则不同，收件人往往在阅读了信件内容后才意识到邮件误投。迷失的电子邮件不仅让人难堪，而且可能泄露极其重要的商业或技术信息。

4. E-mail 用于应急通信的思考

互联网可以提供包括 E-mail、即时通信、文件传输、流媒体等多种通信服务，具有网络覆盖范围广、信息传递量大、费用低的优点。其中通过电子邮件系统可以用非常低廉的价格，以非常快速的方式，与世界上任何一个角落的网络用户发送信息。电子邮件的内容可以是受灾报道的文字描述、受灾现场的图片图像、受灾情况的语音播报及视频画面等各种形式，以便救援人员了解受灾现场的灾情实况，作出相应的抢险救灾行动。

5.3.3　视频会议应用于应急通信

1. 视频会议简介

随着网络的迅速发展，人们实现远距离视频会议已不再是梦想，从最早的仅“只闻其声不见其人”的音频会议发展到如今的“身临其境”的视频会议，视频会议因为引入了视觉的因素而使效果大大提高，并得到大规模的普及应用。

国外对视频会议的研究开发远远早于国内，第一代视频会议产品的可视电话是由美国贝尔实验室 1964 年研制出来的，我国第一台拥有自主知识产权的 ISDN 可视电话 2001 年 7 月才研制成功。随后视频会议提供厂商加大了视频会议终端产品的研发，众多国际品牌脱颖而出，以 WebEx 为代表的运营平台提供商也给视频会议市场注入了新的活力。在美国，视频会议已渗透到政府、商业、金融、交通、服务、教育等各行业，其中远程教育和远程医疗占了相当大的比例。在这其中，美国政府对信息化建设起到了非常重大的推动作用，在远程教学方面，诸多美国大企业利用视频会议系统为员工提供培训，而 MIT 和 Duke 等顶尖大学也都在远程教育方面进行了很大投资。9·11 事件之后，美国出现了企业集团、个人大规模采购与使用视频会议系统的热潮，据 Wainhouse 调查，有 91%的商业企业倾向于采取视频会议的工作方式。

中国的视讯业发展已有 15 年的历程。发展之初的视频会议系统只是针对政府、金融、集团公司等高端市场，主要在专网中运行，且造价不菲，预算往往高达百万、千万元。受 2003 年 SARS 的影响，中国视频会议系统市场突破了以往的平缓发展局面，开始步入稳步快速发展阶段。混网及企业公网市场代替基于专线网络的视频会议系统占了主流地位。调查显示，我国在政府、金融、能源、通信、交通、医疗、教育等重点行业机构中视频会议设备的用户比例达到了 66.3%，视频会议系统已经成为我国行业信息交流和传递的重要手段。

目前大多数分组交换网上的视频会议系统都是基于硬件实现的，国际电信联盟对视音频通信及其兼容性的技术进行了规范，在这些基本的协议中，同时对语音、视频、数字信号的编码格式、用户控制模式等要件进行了相关的规定。ITU-T 制定的适用于视频会议的标准有 H.320 协议（用于 ISDN 的群视频会议）、H.323 协议（用于局域网的桌面视频会议）、H.324（用于电话网的视频会议）、H.310（用于 ATM 和 B-ISDN 的视频会议）和 H.264（高度压缩数字视频编解码器标准）。其中 H.323 协议成为目前应用最广、最通用的协议标准，而 H.264 是目前最先进的网络音视频编解码技术。

2. 视频会议类型及组成

视频会议系统由视频会议终端、视频会议服务器（Multipoint Control Unit，MCU）、网络管理系统和传输网络四部分组成。

1) 视频会议终端

位于每个会议地点的终端，其主要工作是将本地的视频、音频、数据和控制信息进行编码打包并发送；对收到的数据包解码还原为视频、音频、数据和控制信息。

终端设备包括视频采集前端(广播级摄像机或云台一体机)、显示器、解码器、编译码器、图像处理设备、控制切换设备等。

2) 视频会议服务器

作为视频会议服务器，MCU 为两点或多点会议的各个终端提供数据交换、视频音频处理、会议控制和管理等服务，是视频会议开通必不可少的设备。三个或多个会议电视终端就必须使用一个或多个 MCU。MCU 的规模决定了视频会议的规模。

3) 网络管理系统

网络管理系统是会议管理员与 MCU 之间交互的管理平台。在网络管理系统上可以对 MCU 进行管理和配置、召开会议、控制会议等操作。

4) 传输网络

会议数据包通过网络在各终端与服务器之间传送，安全、可靠、稳定、高带宽的网络是保证视频会议顺利进行的必要条件。

传输设备主要是使用电缆、光缆、卫星、数字微波等长途数字信道，根据会议的需要临时组成。不开放电视会议时，这些信道就是长途电信的信道。某视频会议系统组网结构见图 5.14。

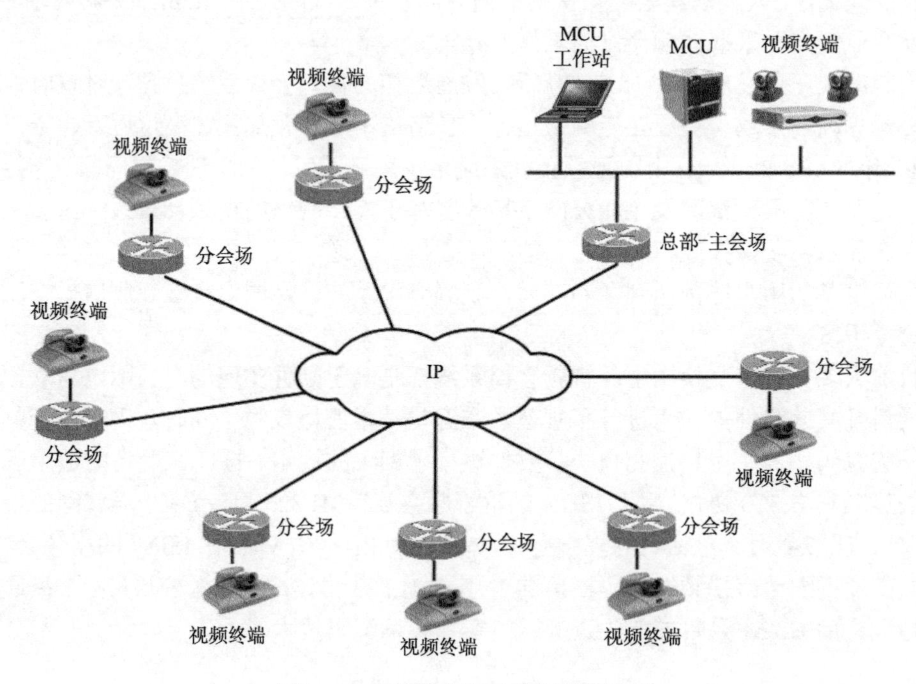

图 5.14　某视频会议系统组网结构图

3. 视频会议在应急通信中的应用

灾害发生时，常规通信方式极易中断，专网和公共通信设施都可能损毁，无法发挥应有的作用。视频会议系统多选择基于 IP 私网的组网方式，灵活多变地切换主分会场，能够提供应急通信能力，尤其是音视频通信能力，协助指挥中心、调度中心与灾区联系，迅速应对危机，减小损失，稳定局势。

5.4 古老的应急通信方式——莫尔斯电码

5.4.1 莫尔斯电码的发展

在通信方式“泛滥”的今天依然会有人提起或使用古老的莫尔斯电码，《无间道》《风声》《暗算》等谍战片中，敌我双方绝密信息的传递都离不开莫尔斯电码。简单地说，莫尔斯电码是一种信号代码，通过不同排列顺序的横(—)和点(·)来表示不同的英文字母、数字和标点符号等。

莫尔斯电码(Morse Code)是一种时通时断的信号代码，通过不同的排列顺序来表达不同的英文字母、数字和标点符号。它发明于 1837 年，发明者有争议，是美国人塞缪尔 • 莫尔斯或者艾尔菲德 • 维尔。莫尔斯电码是一种早期的数字化通信形式，但是它不同于现代只使用 0 和 1 两种状态的二进制代码，它的代码包括五种：点、划、点和划之间的停顿、每个字符间短的停顿(在点和划之间)、每个词之间中等的停顿以及句子之间长的停顿。莫尔斯电码在早期无线电上举足轻重，是每个无线电通信者所必须知道的。随着通信技术的进步各国已于 1999 年停止使用莫尔斯电码，但由于它所占的频宽最少，又具有一种技术及艺术的特性，在实际生活中有广泛的应用。

莫尔斯电码由两种基本信号和不同的间隔时间组成：短促的点信号“·”，读“嘀”(di)；保持一定时间的长信号“—”，读“嗒”(da)。间隔时间：嘀，1t；嗒，3t；嘀嗒间，1t；字符间，3t；字间，7t。

1837 年的莫尔斯电码是一些表示数字的点和划。数字对应单词，需要查找一本代码表才能知道每个词对应的数。用一个电键可以敲击出点、划以及中间的停顿。虽然莫尔斯发明了电报，但他缺乏相关的专门技术。他与艾尔菲德 • 维尔签订了一个协议，让他帮自己制造更加实用的设备。艾尔菲德 • 维尔构思了一个方案，通过点、划和中间的停顿，可以让每个字符和标点符号彼此独立地发送出去。他们达成一致，同意把这种标识不同符号的方案放到莫尔斯的专利中。这就是现在所熟知的美式莫尔斯电码，它被用来传送世界上第一条电报。这种代码可以用一种音调平稳时断时续的无线电信号来传送，通常称为“连续波”(Continuous Wave，CW)，它可以是电报电线里的电子脉冲，也可以是一种机械的或视觉的信号(如闪光)。

一般来说，任何一种能把书面字符用可变长度的信号表示的编码方式都可以称为莫尔斯电码。但现在这一术语只用来特指两种表示英语字母和符号的莫尔斯电码：美式莫尔斯电码应用于有线电报通信系统，见表 5.1；今天还在使用的国际莫尔斯电码则只使用点和划(去掉了停顿)。

表 5.1　莫尔斯电码表

字母	电码	字母	电码	字母	电码	字母	电码
A	·-	B	-···	C	-·-·	D	-··
E	·	F	··-·	G	--·	H	····
I	··	J	·---	K	-·-	L	·-··
M	--	N	-·	O	---	P	·--·
Q	--·-	R	·-·	S	···	T	-
U	··-	V	···-	W	·--	X	-··-
Y	-·--	Z	--··				

5.4.2　莫尔斯电码的分类及特点

1. 美式莫尔斯电码

作为一种实际上已经绝迹的电码，美式莫尔斯电码使用不太一样的点、划和独特的间隔来表示数字、字符和特殊符号。这种莫尔斯电码的设计主要是针对地面电报务员通过电报电线传输的，而非通过无线电波。

这种古老的、交错的电码是为了配合电报务员接听方式而设计的。不像现在可以从扬声器或者耳机中听到电码的音调，只能从这些最早期的电报机的一个机械发生装置听到嗒嗒的声音，甚至是从发送电键接听，这种电键在不发送信号时被设置为被动模式，负责发声。这些报务员大多是为铁路或以后的西联电传等服务。

2. 现代莫尔斯电码

现代国际莫尔斯电码是由 Friedrich Clemens Gerke 在 1848 年发明的，用于德国的汉堡(Hamburg)和库克斯港(Cuxhaven)之间的电报通信。1865 年之后在少量修改之后由国际电报(International Telegraphy)大会在巴黎标准化，后来由国际电信联盟统一命名为国际莫尔斯电码。

在今天，国际莫尔斯电码依然使用着，虽然这几乎完全成为业余无线电爱好者的专利。直到 2003 年，国际电信联盟管理着世界各地的莫尔斯电码熟练者取得业余无线电执照的工作。在一些国家，业余无线电的一些波段仍然只为发送莫尔斯电码信号而预留。因为莫尔斯只依靠一个平稳的不变调的无线电信号，所以它的无线电通信设备比起其他方式更简单，并且它能在高噪声、低信号的环境中使用。同时，它只需要很窄的带宽，并且可以帮助两个母语不同、在话务通信时会遇到巨大困难的操作者之间进行沟通。它也是 QRP 中最常使用的方式。

在美国，直到 1991 年，为了获得联邦通信委员会颁发的允许使用高频波段的业余无线电证书，必须通过每分钟五个单词(WPM)的莫尔斯电码发送和接收测试。1999 年以前，达到 20WPM 的熟练水平才能获得最高级别的业余无线电证书(额外类)；1999 年 12

月 13 日，FCC 把额外类的这项要求降低到 13WPM。

2003 年世界无线电通信大会(WRC03，国际电信联盟主办的频率分配专门会议)作出决定，允许各国在业余无线电执照管理中自己任选是否对莫尔斯电码进行要求。虽然在美国和加拿大还有书面上的要求，但其他一些国家正准备彻底去除这个要求。熟练的爱好者和军事报务员常常可以接收(抄报)40WPM 以上速度的莫尔斯码。虽然传统发报电键仍有许多爱好者在使用，但半自动和全自动的电子电键在今天使用越来越广泛。计算机软件也经常被用来生成和解码莫尔斯码电波信号。

5.4.3　莫尔斯电码与 CW 通信

CW 是使用莫尔斯电码的连续波无线电报，是最古老的无线电通信模式，它的原理是依照约定的编码系统，让一个信号以固定的间隔，反复开启、关闭。对专家来说，这里所说的编码系统就是莫尔斯电码，它是由塞缪尔·莫尔斯在 1837 年发明的。

CW 在业余无线电通信中的位置是非常重要的。但在第二次世界大战之后，随着语音通信模式(AM/FM/SSB)的普及，CW 开始衰落。数字通信模式出现之后，CW 进一步衰落。尽管如此，CW 仍然被一些无线电爱好者所喜爱，主要原因如下：在传播状况很差、语音通信无法进行、数字通信很难进行的时候，CW 信号依然可以听到；与语音电台和数据电台相比，CW 电台容易设计，容易制作；与数字通信不同，CW 通信不需要计算机来解码。事实上，CW 是唯一一种能够在传播很差的情况下，不依赖于计算机也能正常工作的通信模式；CW 信号的频率利用率非常高，换句话说，CW 通信只占用很少的带宽。

1. 准备 CW 设备

几乎所有 HF 电台都包含 CW 模式，甚至在一些 VHF/UHF 电台上，也包含 CW 模式。如果进行 CW 通信，只需要一个能够拍发莫尔斯电码的设备。拍发莫尔斯电码的最基本设备是手工电键，它的历史与莫尔斯电码一样长。使用手工电键可不是一件容易的事，必须经过长期的练习，才能拍发出流畅、平滑的莫尔斯电码。大部分业余爱好者能够用手工电键以 15WPM 的速度拍发，少数专业人员能够以更高的速度拍发。发送莫尔斯电码的最常用设备是自动电键，它由两片对称的类似船桨的键体组成。一旦掌握自动电键的用法，能够以令人惊讶的高速度拍发莫尔斯电码，此时两个手指仿佛是在键体上跳舞。

2. 开始 CW 通信

开始 CW 通信的最好办法是在某个波段上，慢慢旋转调谐旋钮，直到听到某个使用者用莫尔斯电码呼叫 CQ 的声音“嗒嘀嗒嘀，嗒嗒嘀嘀”。CQ 的意思是：我想与任何一个业余无线电台通信。在应答对方之前，应当精确调节电台频率，与对方电台“零差频”(Zero Beat)。一般来说，发射频率与对方的发射频率并不完全一致，零差频的意思就是让两个频率尽可能接近。有一些电台安装了窄带接收滤波器，如果对方使用了这个过滤器，而本地发射频率与对方的发射频率有几百赫兹的误差，那么对方很可能听不到应答。

万一波段上没有人拍发 CQ，可以选择自己拍发 CQ，然后等待其他在线用户应答。拍发 CQ 的标准格式是：

CQ　CQ　CQ　DE　KD4AEK　KD4AEK　KD4AEK　K

最后的字母 K 表示希望在波段上的任何一个使用者应答。如果没有人应答，可以稍等 10s 或 20s，再次拍发 CQ。如果电台有内置的窄带接收过滤器，那么在拍发 CQ 时，最好将它关闭，以免听不到其他使用者的应答。千万不要在对方正在呼叫 CQ 时，急忙应答，那将使此次的发送信号与对方的发送信号重叠在一起。如果听到有人呼叫 CQ，最好听到最后的字母 K，确信对方已经拍发完毕，再应答对方。为了让应答简短，可以这样拍发：

K5RC　K5RC　DE　K3YL　K3YL　AR

最后的 AR 表示应答结束。假设 K5RC 听到有人呼叫他，但由于干扰，听不清呼号，他可能这样反问：

QRZ?　DE　K5RC　K

意思是：谁在呼叫我？这里是 K5RC。

CW 操作者经常使用各种各样的缩略语，以提高 CW 通信的效率。表 5.2 是一些常用的 CW 缩略语。

3. 结束 CW 通信

如果决定结束 CW 通信，或者对方希望结束 CW 通信，双方应当马上停止交谈。结束通信的报文格式如下：

表 5.2　CW 通信常用的缩略语

CW 缩略语	CW 缩略语	CW 缩略语
ADR=address（地址）	GN=good night（晚安）	RIG=station equipment（电台设备）
AGN=again（再次）	GND=ground（接地）	RPT=report/repeat（报告或重复）
BK=break（中断）	GUD=good（好）	SK=end of transmission（通信结束）
BN=been（是）	HI=laughter（笑）	SRI=sorry（抱歉）
C=yes（是的）	HR=here（这里）	SSB=single sideband（单边带）
CL=closing（关闭）	HV=have（有）	TMW=tomorrow（明天）
CUL=see you later（再见）	HW=how（怎样）	TNX/TKS=thanks（谢谢）
DE=from（从）	N=no（没有）	TU=thank you（谢谢你）
DX=distance（远距离）	NR=number（数字）	UR=your（你的）
ES=and（和）	NW=now（现在）	VY=very（很）
FB=fine business（良好通信）	OM=old man（在线用户）	WX=weather（天气）
GA=go ahead（请继续）	PSE=please（请）	XYL=wife（妻子）
GB=good bye（再见）	PWR=power（功率）	YL=young lady（年轻女士）
GE=good evening（晚上好）	R=roger（收到）	73=best regards（致意）
GM=good morning（早上好）	RCVR=receiver（接收机）	88=love and kisses（喜爱与亲吻）

[报文] TNX　QSO（TNX　CHAT）.　73　SK　WA1WTB DE K5KG.

[注释]谢谢您与我通信（或者：谢谢您与我交谈）。向您致敬，结束通信。WA1WTB DE K5KG。

如果结束通信之后，需要关闭电台，那么应当在报文后面（也就是呼号 K5KG 后面）加上一个 CL。

早期的业余电台爱好者，一般都从无线电电报开始。无线电电报机具有线路简单、容易自制的特点。很多 HAM（中文名叫火腿，也是无线电爱好者的意思）用一个或一对强放管配合简单的外围电路，就自己动手制作（DIY）成了一部简易电报发射机。自己制作的电报发射机有很多改进和加强的空间，使得业余电台爱好者不但可以享受空中通联的乐趣，还可以增长无线电电路知识，提升动手实践能力。使用无线电电报通联，对通信双方收发电报的水平都有一定的要求，一方电报拍发速度过快或不公整都会引起对方抄收困难。无线电电报信息传输速度比较慢，所以业内常常将一些常用语句规定成缩写短语。即便是现代成品业余电台设备大量出现，语音通信和数据通信主导的时代，电报通信依然有自己独特的魅力。由于电报 CW 调制模式属于单载波，所以占用频谱带宽极窄，抗干扰性好，适合在高背景噪声和弱信号环境中工作。在同等传播条件下当单边带（SSB）话音已无法辨识时，转用 CW 方式通常还能达成通联，CW 也是很多 HAM 达成远距离短波通信的捷径和秘密武器。

第6章　矿山救援通信

6.1　我国矿山应急救援体系

我国矿山企业点多，面广，数量众多。截至2014年底，全国有煤矿10321处、非煤矿山63433座。

我国是煤炭生产大国，煤炭在能源结构中起着举足轻重的作用。截至2014年底，全国煤炭产量38.7亿吨，接近世界总产量的一半，百万吨死亡率从2010年的0.749降到了2014年的0.250。

矿山救援队是处理矿山灾害事故的职业性、技术性并实行军事化管理的专业队伍，见图6.1。

(a) 区域矿山应急救援铜川队应急通信车

(b) 四川达州普光救援队指挥大厅

(c) 国家矿山应急救援平顶山队队员在训练

(d) 陕西榆林神南救援队标准化队员宿舍

图6.1　矿山救援队

2006年，国务院办公厅印发了《“十一五”期间国家突发公共事件应急体系建设规划》(国办发〔2006〕106号)，启动了国家应急救援体系建设。

2010年，《国务院关于进一步加强企业安全生产工作的通知》(国发〔2010〕23号)明确要求建设国家和区域矿山应急救援队。

2011 年，《国务院办公厅关于印发安全生产“十二五”规划的通知》(国办发〔2011〕47 号)明确要求要完善应急救援体系，提高事故救援和应急处置能力。

针对矿山救援状况，我国已基本形成由各级安全监管监察部门、矿山应急救援指挥机构统一指挥，国家队、区域队为支撑，省级骨干矿山应急救援队伍和各矿山企业救援队为主要力量，兼职矿山救援队为补充力量的矿山应急救援体系。

国务院安全生产委员会的主要职能是统一和加强对全国安全生产工作的领导与协调。国家安全生产监督管理总局行使国家煤矿安全监察职权。

国家安全生产应急救援指挥中心承担组织、指导、协调全国矿山救护及其应急救援工作。

省级应急救援指挥中心承担组织、协调省内矿山救援体系建设及矿山救护工作组织、指导矿山救援队伍的建设、技能培训、救灾演练及达标认证工作；组织、协调省内跨地区矿山救援工作等职能。

企业、地方救援队是处理矿山灾害事故的职业性、技术性并实行军事化管理的专业队伍。

2013 年，《国务院安委会关于进一步加强安全生产事故应急处置工作的通知》(安委〔2013〕8 号)，从政策和制度层面规范了事故应急处置工作。

截至 2014 年底，全国建有专职救援队伍 578 支，其中煤矿救援队 482 支、非煤矿山救援队 96 支。包括 7 支国家队(图 6.2)和 14 支区域队(表 6.1)，19 支中央企业矿山应急救援队。专职救援指战员 32731 名；建有兼职矿山救援队伍 2854 支，兼职救援指战员 27868 名。

图 6.2 国家矿山应急救援靖远队露天训练场

基本形成了小事故矿井自救，较大事故矿区互救，重大事故区域救助，特别重大事故国家支持的矿山事故应急处置模式。

矿山救援队作为处理矿山灾害事故的应急救援队伍，表现出了强有力的战斗力，充分发扬了不怕牺牲、甘于奉献的大无畏精神，英勇顽强地与灾害做斗争，给党和国家，给人民群众，交上了一份满意的答卷，见图 6.3。

表 6.1　国家矿山应急救援队和区域矿山应急救援队名称及分布

序号	级别	名称	所在区域
1	国家矿山应急救援队	国家矿山应急救援开滦队	北京
2		国家矿山应急救援大同队	山西
3		国家矿山应急救援鹤岗队	黑龙江
4		国家矿山应急救援淮南队	安徽
5		国家矿山应急救援平顶山队	河南
6		国家矿山应急救援芙蓉队	四川
7		国家矿山应急救援靖远队	甘肃
8	区域矿山应急救援队	区域矿山应急救援汾西队	山西
9		区域矿山应急救援平庄队	内蒙古
10		区域矿山应急救援沈阳队	辽宁
11		区域矿山应急救援乐平队	江西
12		区域矿山应急救援兖州队	山东
13		区域矿山应急救援郴州队	湖南
14		区域矿山应急救援华锡队	广西
15		区域矿山应急救援天府队	重庆
16		区域矿山应急救援六枝队	贵州
17		区域矿山应急救援东源队	云南
18		区域矿山应急救援铜川队	陕西
19		区域矿山应急救援青海队	青海
20		区域矿山应急救援新疆队	新疆
21		区域矿山应急救援兵团队	新疆

(a) 救护队员在抢险

(b) 救援队整装待发

(c) 救护队员在地震救灾中

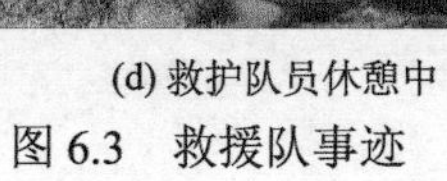

(d) 救护队员休憩中

(e) 救援队在行动

图 6.3　救援队事迹

2008年四川抗震救灾中，国家安全生产监督管理总局调动44支应急救援队伍、1057名救援队员，共搜救灾区4市、6县、23乡镇、279家企业，排除险情2407处，抢救遇险人员1113人，搜救遇难人员567人，转移疏导被困人员14860人。矿山救援队员仅占救灾总人数的0.6%，抢救遇险人员占总人数的17%。

据统计，2006～2014年，全国矿山救援队共参与事故救援28631起，抢救遇险被困人员61400多人，其中经救援队直接抢救生还11755人；2015年1～9月，全国矿山救援队共处理各类矿山事故875起，其中火灾事故138起、瓦斯爆炸事故4起、煤与瓦斯突出事故10起、顶板事故51起、水灾事故14起、机电运输事故42起、其他事故616起，抢救遇难遇险矿工1006人，经救援队直接抢救生还168人。为保护国家和人民的生命财产、促进全国安全生产形势稳定好转作出了积极贡献。

6.2　矿山救援通信技术

应急救援是针对突发、具有破坏力的紧急事件采取预防、预备、响应和恢复的活动与计划。主要工作目标是对紧急事件作出预警；控制紧急事件发生与扩大；开展有效救援，减少损失和迅速组织恢复正常状态。

矿山救援通信，也称矿山应急通信，指事故状态下，灾区救护队员与井下救护基地、地面指挥中心以及国家安全生产监督管理总局之间的临时抢险救灾通信。

由于井下灾区条件与环境的险恶性、复杂性和使用要求等因素，矿山救援通信技术更多是专门针对井下应用场景而研发的。

6.2.1　矿山救援通信系统需求分析及总体方案

1. 井下灾区救援通信的特点

1) 灾害发生后，矿山原有通信系统不能使用

矿山井下正常的通信系统有：矿区有线/无线生产调度通信、矿用载波通信、井筒通信、工作面扩音电话以及漏泄无线通信等。这些通信方式在正常情况下各自发挥着自己的用途；但灾害发生后，矿山现有通信、供电、通风等系统基本处于瘫痪状态，无法使用矿山井下原有通信系统。

2) 井下环境恶劣，地面无线信号覆盖不到

井下巷道空间狭窄、四面粗糙、凹凸不平，周围环绕着煤和岩石，还有支架、风门、钢轨、动力线等，灾区现场可能有瓦斯、一氧化碳等可燃、有害气体存在，环境恶劣。

大地具有一定的导电性，这给地面电磁波的传播带来相当大的损耗，由于不同矿的地质条件和开采布局不同，其对电波透入深度和覆盖范围要求也不同，地面无线信号覆盖不到井下。

3) 有限空间，线状场景

井下无线通信属于一个复杂有限空间内的无线通信，无线信号覆盖区域类似公路、铁路、城市内街道、隧道、水路运河等，呈狭长线状覆盖场景，传播模型和信道

环境特殊。

4) 无线通信有效距离短

由于巷道对电磁波的屏蔽、吸收和散射作用，无线电波在井下传播时形成多径干扰和时延，接收信号产生严重的失真和波形展宽，导致码间串扰，引起噪声增加和误码率上升，通信质量下降，只能实现百米数量级的通信距离，遇到拐弯时难度更大。

2. 灾区对救援通信装备的要求

灾区救援通信的特点对信息的传输和救援通信系统的构建都提出了更高的要求，对救援通信装备的要求主要体现在以下几方面。

1) 设备自备电源，自成系统，独立运行

灾害发生后，井下原有的通信网络设施可能全部损毁或无法正常工作，救援通信装备必须自备电源(如锂电池)，自成系统，独立运行。

2) 设备为本质安全型，便携式，低功耗

随着电气设备防爆技术的不断进步和发展，在全球范围内已广泛采用的电气设备防爆技术有隔爆(Exd)、增安(Exe)、本质安全(Exi)、正压(Exp)、浇封(Exm)和无火花(Exn)等形式。在众多的防爆技术中，本质安全防爆技术具有成本低、体积小、重量轻、允许在线测量和带电维护等优点，同时它能用于危险场所。灾区现场可能有瓦斯、一氧化碳等可燃、有害气体存在，救援通信装备必须为本质安全型；同时，为了快速救援，设备最好体积小、重量轻、功耗低、携带方便。

3) 动态拓扑，自组网络，即铺即用

救援过程中，救援队员携带的通信终端低速向灾区移动，救援通信系统需要自动组网、具有动态的拓扑结构，在网络拓扑图中，变化主要体现为节点和链路的数量及分布变化。当通信的源节点和目的节点不在直接通信范围之内时，需要通过中间节点进行转发，即报文要经过多跳才能到达目的地。

4) 宽带网络，信息多样

在进行救援通信时，除了语音通信，有时还需要视频通信，全面、准确地了解灾区现场情况；有时，还需要了解灾区现场环境参数数据，如瓦斯、一氧化碳、氧气浓度，环境温度等，救援通信的信息多媒体化要求救援通信必须是宽带网络，能同时支持音频、视频和数据实时传输，传输速率不小于2.0Mbit/s。救援通信装备具有多媒体信息的采集、显示、传输、存储和回放等功能。

3. 矿山救援通信系统性能指标

根据井下救援通信的特点及对救援通信装备的要求，救援通信系统性能指标要求如下。

(1) 井下灾区现场终端设备一路视频信号采集显示，二路音频双向接口，一路环境参数数据采集显示。

(2) 井下救护基地二路视频输入显示，二路音频双向接口，一路环境参数输入显示，可实现与灾区、地面三方通话。

(3) 地面指挥中心二路视频输入显示，二路音频双向接口，一路环境参数显示。

(4) 传输距离：灾区现场至井下救护基地 1～2km；井下救护基地至地面指挥中心>5km。

(5) 装备连续工作时间：≥8 小时。

4. *矿山多媒体救援通信系统总体方案*

矿山多媒体救援通信系统由前端设备、无线宽带传输网络、井下基地设备、有线高速长距离传输网络和地面设备等五部分组成，见图 6.4。五部分装备由井下基地开始搭建，即铺即用；前端设备由救护队员随身携带，队员边走边将沿途信息回传至井下基地及地面救援指挥中心；同时设备实现多方实时通话。方案融合了有线无线、固定移动的自组织网络技术，其中地面救援指挥中心与井下救护基地之间采用有线、固定通信方式；井下救护基地与救灾现场之间采用无线、移动通信方式。方案涉及视频压缩、无线多跳自组网、VoIP、TCP/IP、高速长距离以太网、低照度视频采集、环境参数检测等先进技术[21]。

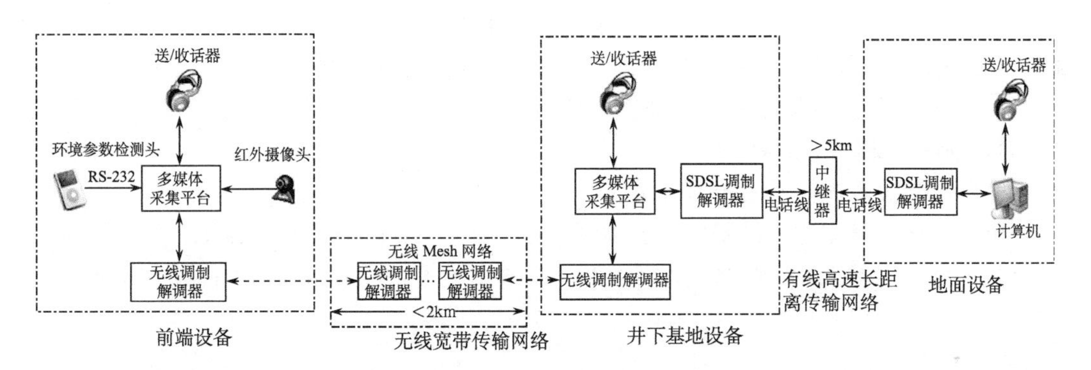

图 6.4　矿山多媒体救援通信系统组成

现场视频图像通过低照度摄像头、信息记录仪、WMN 等传到井下基地设备的嵌入式井下计算机及地面设备的计算机显示屏显示；语音通信通过送/收话器、信息记录仪、WMN 等，采用基于网络电话方式实现地面、井下基地和前端救护队员之间的多方通话。环境参数通过环境参数传感器、232 串口、信息记录仪、WMN 等完成环境参数(氧气、一氧化碳、甲烷浓度、环境温度)的检测、显示、存储和报警。本安型锂电池为井下设备提供电源支持，实现矿山救援的多媒体通信服务。

6.2.2　矿山救援通信技术研究

1. *一种矿山救援快速宽带组网技术*①

通常矿山救护队员个人使用的通信设备主要是矿山救援电话，信息量有限，不能全面准确地反映现场各种实际情况，导致救援指挥不畅。语音通信没有现场环境参数测量显示，不具有记录、回放功能，不能为以后进行事故原因分析、总结抢险过程的经验和

① 主要内容整理自：李文峰，徐精彩，郑学召. 一种矿山救援多媒体通信装置[J]. 煤矿安全，2005，36（6）：23-24.

教训提供基础资料。因此，迫切需要一种具有传输高速数据能力的矿山救援多媒体通信装置。

1) 矿山救援多媒体通信的要求

矿山救援多媒体通信需要有逼真的现场感，视频通信的突出特点就是可以实现犹如面对面一般的沟通。尤其是宽带多媒体业务集语音、数据、视频于一体，超越时间与空间的限制，在矿山救援通信中，以能够反映现场真实情况而备受青睐。

矿山救援多媒体通信同时兼有时间的突发性、地点的不确定性和信息的交互性三个主要特点。多媒体通信对信息的传输和交换都提出了更高的要求，网络的带宽、交换方式和通信协议都将直接牵涉能否提供多媒体通信业务，并影响通信质量。矿山救援多媒体通信对网络和设备的要求主要体现在以下几方面：

(1) 系统自备电源，自成系统，独立运行。

(2) 快速组网。

(3) 装置便携式，功耗低。

(4) 多媒体多样化，能同时支持音频、视频和数据实时传输。

(5) 多媒体信息传输是交互多路的，要求有足够的可靠带宽。

(6) 具有良好的传输性能，如同步、时延和低抖动等必须满足要求。

(7) QoS、安全、网络管理等方面的保证。

2) 矿山救援多媒体通信技术方案

矿山救援多媒体通信系统由视音频网络传感器、SDSL 线路接入器 Ⅰ、传输网络、多路复用/中继器、SDSL 线路接入器 Ⅱ 和笔记本电脑等六部分组成，如图 6.5 所示。

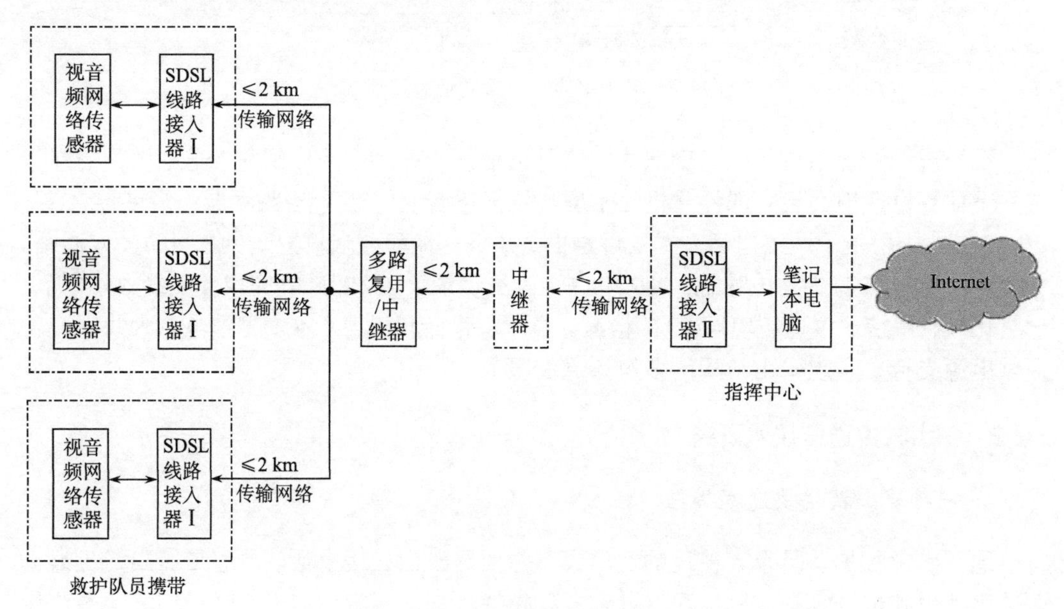

图 6.5　矿山救援多媒体通信技术方案

系统开机后，红外摄像头自动捕捉现场图像，并将捕捉到的视频信号连同耳麦中的音频信号一起送至视音频网络传感器。视音频网络传感器首先将模拟的音频、视频信号转换成数字信号，然后采用 MPEG-4 压缩方式进行压缩编码输出至 SDSL 线路接入器 I 。SDSL 线路接入器 I 将压缩后的数据采用 2BIQ 的调制方式，通过一对电话线以 IP 包的形式传送给远方的 SDSL 线路接入器 II 。两块 SDSL 线路接入器之间的距离≤2km，调制编码数字信号通过一对 0.5mm 线径的电话线在 2km 的距离内可以达到 1.5Mbit/s 的对称速率。如果视音频网络传感器超过一路，如果两块 SDSL 线路接入器之间的距离＞2km，中途需要加多路复用器/中继器将信号转发，每增加一个中继器，传输距离增加 2km。SDSL 线路接入器 II 提供一个 RJ-45 用户端接口与笔记本电脑连接，用计算机进行实时解码和播放。多媒体信号也可通过笔记本电脑提供的 10Mbit/s/100Mbit/s 自适应快速以太网口高速上传。这样通过互联网，业内人士可直接了解抢险救灾情况。

3) 矿山救援多媒体通信快速组网措施

(1) 采用 SDSL 技术。对称数字用户线(Symmetrical Digital Subscriber Line)点对点宽带连接技术，采用 2B1Q 线路编码将信号调制到较宽的频带上再从电话线的一端传输到另一端，利用 IP 网络传送包括音频、视频信息的多媒体信息流，进行实时的信息交互。SDSL 的主要特点是不像 HDSL 那样速率恒定为 2.048Mbit/s 或 1.5Mbit/s，而是以 64Kbit/s 上下可调，一般距离远速率低，距离近速率高。几种 xDSL 技术的比较见表 6.2。

表 6.2　几种 xDSL 技术的比较

技术	速度	距离限制	应用领域
ADSL/ R-ADSL	1.5～8Mbit/s(下行)；16～640Kbit/s(上行)	6000m(4000m 内速度最快)	Internet/Intranet 访问、VOD、远程 LAN 访问、POTS 联合计算(只用于 R-ADSL)
HDSL	1.544Mbit/s 全双工；2.048Mbit/s	全双工使用 2～3 对铜线；5000m	取代 T1/E1 线路、PBX 连接、帧中继、LAN 扩展
VDSL	13～52Mbit/s(下行)；1.5～2.3Mbit/s(上行)	300～1500m	HDTV、多媒体 Internet 访问
SDSL	544Kbit/s 全双工；2.048Mbit/s	全双工只使用 1 对铜线；3000m	取代 T1/E1 线路、联合计算、LAN 扩展

(2) 通信协议：TCP/IP。

(3) 设备的供电采用可充式锂电源，在现有各种系统瘫痪状态下自成系统，可连续工作 6 小时以上。

(4) 传输介质选择。2 芯加强型阻燃耐高温通信电缆；材质：铜质线芯镀银，聚乙烯绝缘阻燃、耐高温(200℃)，聚氯乙烯护套抗静电；接口连接头选用航空用 2 芯快速插拔头；救援用快速布线盒，250m/盒，见图 6.6。

(5) 全数字时刻联机接入，消除等待时间；

不需要安装软件，即插即用。设备面板上设置有 DSL 状态指示灯，随时监视设备状态，指示灯说明见表 6.3。操作简单易行，救护队员只需简单地将装置连接到线上，启动电源开关即可使用。

图 6.7 为一组矿山救援多媒体通信装置实时监视到的铜川陈家山矿灾区照片，其中图 6.7(a)

为震飞的车轮，图6.7(b)为震落的电机，图6.7(c)为掀起的铁轨，图6.7(d)为震倒的铁架。

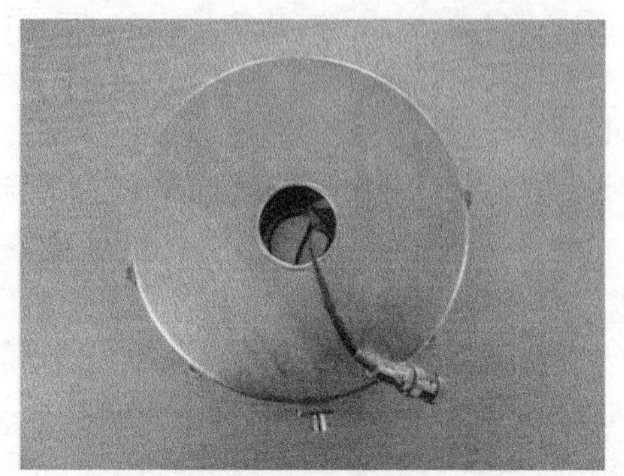

图6.6　救援用快速布线盒(250m/盒)

表6.3　装置指示灯功能说明

指示灯1	指示灯2	指示灯3	指示灯4	指示灯5	指示灯6
ALM	RXT	TXD	LNK	SYN	PWR
加电后，黄灯表示没有同步；熄灭，表示与对端已经同步	接收数据时，灯闪烁	发送数据时，灯闪烁	绿灯亮表示以太网络连接正确	橙灯闪烁表示正在与对端同步；绿灯亮表示和对端已经同步；灯灭表示线未连接	电源指示灯，加电后即亮

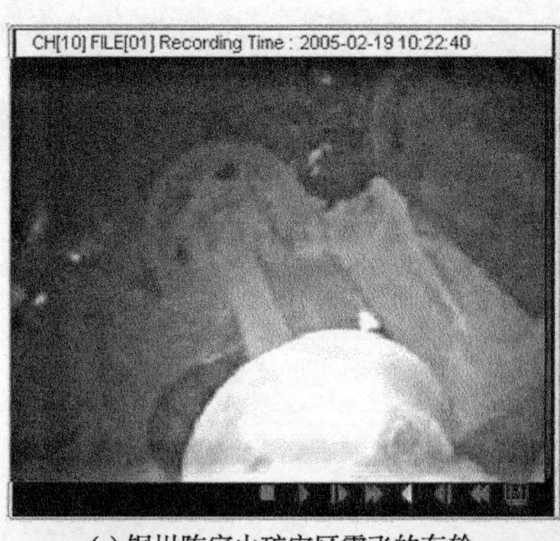

(a) 铜川陈家山矿灾区震飞的车轮

(b) 铜川陈家山矿灾区震落的电机

(c) 铜川陈家山矿灾区掀起的铁轨

(d) 铜川陈家山矿灾区震倒的铁架

图6.7　一组矿山救援井下照片

2. 一种矿山救援应急多媒体通信技术①

21 世纪以来，我国安全事故与自然灾害发生频繁，特别是矿山，许多事故如塌方、透水、煤矿起火、瓦斯爆炸等，对矿工生命构成威胁。看一下 2004 年全国特别重大事故盘点：郑煤集团大平煤矿“10.20”瓦斯大爆炸死亡矿工 147 人，河北沙河“11.20”铁矿火灾共造成 70 人死亡，铜川矿务局陈家山煤矿“11.28”特大矿难是近 10 年来发生的最大一起瓦斯爆炸事故，166 名矿工死亡。这些事故造成的经济损失和政治影响巨大。在应对重大事故、突发事件时，经常需要应急通信服务。

我国应急通信目前拥有的方式有：固定电话，Ku 频段卫星通信车，C 频段车载卫星通信车，100W 单边带通信车，一点多址微波通信车，用户无线环路设备，海事卫星 A 型站、B 型站、M 型站，24 路特高频通信车，1000 线程控交换车，900 兆移动电话通信车，自适应电台等。

但是地面上这些移动通信、卫星通信、微波通信以及无线电台等，信号都覆盖不到井下，矿山救护队员个人使用的通信设备只有应急电话一种，且在救灾过程中因呼吸器的影响，通信效果不佳。国内矿山救援应急通信主要存在的问题是：只能进行语音交流，信息量有限，不能全面、准确地反映现场各种实际情况，导致井下救护队员和上级指挥、协调人员之间信息反馈不畅，不能对抢险、救灾工作作出科学的调度和快速反应。语音通信没有现场环境参数测量、显示，不具有记录、回放功能，不能为以后进行事故原因分析、总结抢险过程的经验和教训提供基础资料。因此，迫切需要一种具有传输高速数据能力的矿山救援应急多媒体通信系统。

1) 矿山救援应急多媒体通信技术方案

目前，以局域网为代表的计算机通信网大放异彩，宽带接入技术具有组网灵活、成本低、维护费用低等特点，同时又具有一定的移动性。技术方案主要采用 SDSL 点对点宽带连接技术，利用 IP 网络传送包括音频、视频信息的多媒体信息流，进行实时的信息交互，实现“即铺即用”的应急多媒体通信服务。

2) SDSL 技术研究

xDSL 是 DSL 的统称，是以铜电话线为传输介质的点对点传输技术。SDSL 也称单线对数字用户线(Single-pair Digital Subscriber Line)，它的实质就是将信息调制到较宽的频带上再从电话线的一端传输到另一端，在线路上传送电信号，使用的频率越高，衰减就越快，所能传送的距离也就越短。它采用高速自适应数字滤波技术和先进的信号处理器，进行线路均衡，消除线路串音，实现回波抑制，不需要再生中继器，适合所有用户环路，设计、安装和维护简便。SDSL 的主要特点是不像 HDSL 那样速率恒定为 2.048Mbit/s 或 1.5Mbit/s，而是以 64K 上下可调，一般距离远速率低，距离近速率高。对于普通 0.4～0.6mm 线径的用户线路来讲，传输距离可达 3～6km。

SDSL 采用 2B1Q 线路编码，2B1Q 通过改变矩形波振幅来传送数据的调制方式，其幅值分成 4 级，能一次传送 2 比特的数据。2B1Q 编码信号波形如图 6.8 所示，连续 2 个

① 主要内容整理自：李文峰，郑学召. 一种矿山救援应急多媒体通信技术[J]. 现代电子技术，2005，28（22）：43-45.

二进制比特通过 2B1Q 编码后转化为 1 个四进制模拟脉冲幅度。通过 2BIQ 线路编码后，传输带宽可提高 1 倍，数据传输量、传输率都将提高。

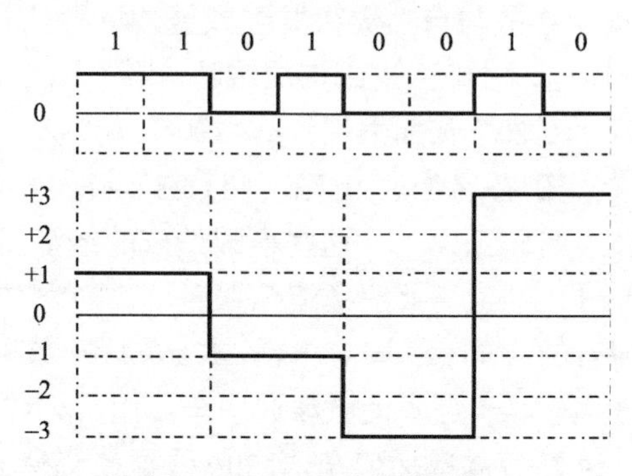

图 6.8　2B1Q 的信号波形

对称数字用户线调制解调器电路包括以下几部分：DC-DC 电源电路、网桥接口电路、收发器电路、收发器控制电路和接口电路。

DC-DC 电源电路由 12V 输入电压产生系统工作的 5V 电压，网桥和 SDSL 收发器所需的 3.3V 电压由 5V 电压经三端稳压电路产生。网桥接口电路Ⅱ按照 802.3 标准对收发器送来的数据进行分组打包处理，与 10Mbit/s/100Mbit/s 的局域网接口完全兼容，以便直接送入中继器和数据处理中心。收发器Ⅲ实时监听和处理双绞线上传输的 2B1Q 信号，对接收的线路信号进行预处理放大、回波自适应抵消、数字提取和纠错解码处理，根据处理器的设置对恢复数据进行打包处理后，输出到集成网桥电路进行广域传输。收发器控制电路Ⅳ完成对收发器工作模式、数据收发格式的控制，并完成对称数字用户线与 IEEE 802.3 协议之间的转换。接口电路主要实现传输线路与网桥接口电路和 SDSL 收发器之间的阻抗匹配，主要由匹配电阻网络和变压器组成。点对点 SDSL 调制解调器的整体结构如图 6.9 所示(含主要器件)。

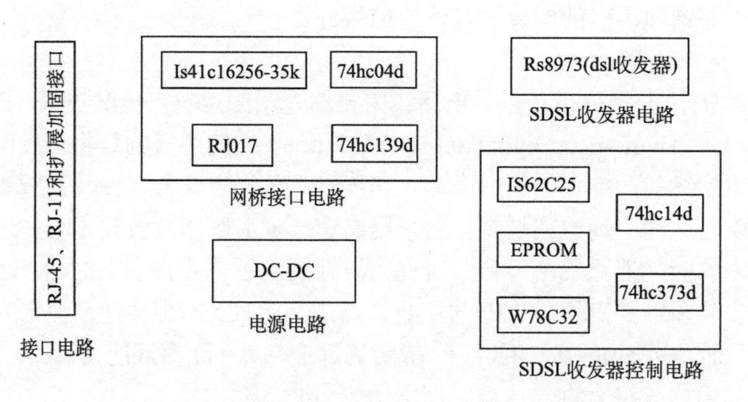

图 6.9　SDSL 调制解调器结构图(含主要器件)

图 6.10 为一组矿山救援应急多媒体通信装置实时上传的井下照片，其中图 6.10(a)为平顶山一矿巷道中的救护队员，图 6.10(b)为铜川玉华矿井下巷道，图 6.10(c)为铜川

玉华矿运输大巷，图 6.10(d)为宁夏白芨沟矿井下灾区冒顶情况。

矿山救援应急多媒体通信采用“即铺即用”的宽带组网技术，利用一对电话线进行双向对称数字信号传输，提供了一种可实时监视和直接联络事故现场的先进技术手段，实现了应急救援的可视化。装置由救护队员随身携带，在不影响救护队员正常工作的情况下，将井下事故现场图像实时传输到地面指挥中心；井下灾区的救护队员和地面指挥中心之间可实时信息沟通；救援全过程的图像、语音资料可完整存储并回放，为今后进行事故原因分析、总结抢险过程的经验和教训提供基础资料。并且通过互联网，外地业内人士可直接了解灾区救援情况。但是，目前采用的多媒体有线传输技术毕竟属于过渡技术，随着第三代移动电话和 WLAN 的来临，应急多媒体通信必将采用无线方式，届时将有更多高质量的多媒体应用服务。

(a) 平顶山一矿巷道中的救护队员　(b) 铜川玉华矿井下巷道

(c) 铜川玉华矿运输大巷　(d) 宁夏白芨沟矿井下再去冒顶情况

图 6.10　矿山救援井下照片

3. 矿山无线救援通信技术研究①

国内目前给救护队配备的通信类救护装备分为有线和无线通信两大类。有线型的如 KTT9 型便携式通信电话、KTE5 型矿山可视化救援指挥装置、KJ105 型矿井抢险救灾监测指挥系统等，铺线麻烦、耽误救灾时间。无线型的如 KTWA 型井下救灾无线语音通信

① 主要内容整理自：李文峰，李华. 矿山无线救援通信技术研究[J]. 煤炭科学技术，2008(7)：80-83.

与环境监测系统、南非 SC2000 型无线电话等，由于以金属导体为载体，而发生灾害时轨道、管道基本会被破坏，救灾效果不佳。广大救护队员迫切希望开发矿山无线救援通信装备，至少实现井下救护基地与救灾现场之间(通常在 1000m 左右)的无线通信。

1) 矿山无线救援通信的特点

(1) 有限空间，线状场景。井下巷道空间狭窄、四面粗糙、凹凸不平，周围环绕着煤和岩石，还有支架、风门、钢轨、动力线等设备，通信属于复杂有限空间内的无线通信。无线信号覆盖区域类似公路、铁路、城市内街道、隧道、水路运河等，呈狭长线状覆盖场景，传播模型和信道环境特殊。某文献研究了 UHF(特高频、分米级超短波)波段无线信号在井下的传播特性，根据文献结论，无线救援通信频率越高，越有利于电磁波的传播，频率应大于 50MHz。

(2) 短距离通信，本质安全装备。井下救护基地与救灾现场之间的距离一般为 1～2km，且中间可能有弯道、上下坡、塌方、冒顶等。救援现场可能有瓦斯、一氧化碳等可燃、有害气体存在，救援通信装备必须是本质安全型。短距离无线通信(SDR)技术，如小灵通(PHS)、无线保真、蓝牙、ZigBee、超宽带(UWB)等，因其通信距离短、功耗低，比较适合此特点。

(3) 动态拓扑，自组网络，即铺即用。灾害发生后，井下固定的通信网络设施可能全部损毁或无法正常工作，需要快速独立组网，救援通信系统节点(AP)开机以后就要快速自动组网、独立运行；同时救援过程中，救护队员携带的通信源节点低速向灾区移动，系统具有动态的拓扑结构，在网络拓扑图中，变化主要体现为节点和链路的数量及分布变化。当通信的源节点和目的节点不在直接通信范围之内时，需要它们通过中间节点的转发，即报文要经过多跳才能到达目的地。因此救援通信又是一个多跳自组织网络。

(4) 宽带网络。在进行救援通信时，除了语音通信，有时还需要视频通信，全面、准确地了解灾区现场情况；有时还需要知道灾区现场环境参数数据，如瓦斯、一氧化碳、氧气浓度、环境温度等，救援通信的信息多媒体化要求救援通信必须是宽带网络，能同时支持音频、视频和数据实时传输，传输速率≥2.0Mbit/s。

2) 几种短距离无线通信技术比较

(1) 小灵通技术。小灵通的 PHS 技术由无绳电话而来，具有一定的可移动性，支持无线用户的语音通信功能和短信功能；基站的覆盖半径小(百米级)，难以做成本安型，线路延伸器最多可以实现三跳。

(2) WiFi 技术。WiFi 是由接入点(Access Point)和无线网卡组成的无线网络。符合无线局域网 IEEE 802.11b 标准，工作频率为 ISM(Industrial Scientific Medical)频段的 2.4GHz，其主要特性为：速度快，传输速率高，可达 11Mbit/s，可靠性高，在开放性区域，通信距离可达 305m，在封闭性区域，通信距离为 76～122m，方便与现有的有线以太网络整合，组网成本低，发射功率不超过 100mW。

(3) 蓝牙技术。蓝牙是一种支持设备短距离通信(一般是 10m 之内)的无线电技术，符合 IEEE 802.15.1 标准，使用高速跳频(Frequency Hopping，FH)和时分多址等措施，工作频率 2.4GHz，数据速率近 1Mbit/s，在近距离内可将数字化设备无线组网，即插即用。

(4) ZigBee 技术。ZigBee 符合 IEEE 802.15.4 标准，可以组成一种低功耗、低成本、低复杂度的无线网络，方便固定、便携或移动设备的低传输应用，速率只有 10～250Kbit/s，有效覆盖范围为 10～75m（具体依据实际发射功率的大小和各种不同的应用模式而定），网络容量大，每个 ZigBee 网络最多可支持 255 个设备。

(5) 超宽带技术（UWB，又被称为脉冲无线发射技术），符合 IEEE 802.15.3a 标准，在 3.1～10.6GHz 频段内占用 10dB 的能量、带宽大于 500MHz 的无线发射方案。UWB 技术不需载波，能直接产生能量脉冲信号，产生高达几 GHz 的窄脉冲波形，其带宽远大于目前任何商业无线通信技术所占用的带宽，发射机、接收机结构都简单，通信速率高，可用于 20Mbit/s 以上的高速无线局域网。

(6) Ad Hoc 网络技术。Ad Hoc 网络是一种特殊的无线移动通信网络，即移动自组网（Mobile Ad Hoc Network），是由一组带有无线收发装置的移动终端组成的一个多跳的临时性自治系统。网络中的移动终端具有路由和报文转发功能，可以通过无线连接构成任意的网络拓扑。这种网络可以独立工作，也可以接入 Internet 或蜂窝无线网络。Ad Hoc 网络中的所有节点的地位平等，无须设置任何中心控制节点，具有很强的抗毁性。节点开机以后就可以快速、自动地组成一个独立的网络，通信距离可达 1500m。带宽受限（150kHz），传输速率不高（4.8～38.4Kbit/s），不过一些学者正在研究用超宽带节点组建 Ad Hoc 网络。

(7) 无线 Mesh 网络（Wireless Mesh Networks，WMN）技术。WMN 是一种基于多跳路由、对等网络技术的新型网络结构，具有移动宽带的特性，同时它可以动态地不断扩展，自组网、自管理、自动修复、自我平衡。无线 Mesh 具有兼容 WLAN IEEE 802.11a/b/g 标准的特性，可以弥补 WLAN 覆盖范围不足的缺点，扩展其通信距离。无线 Mesh 网络主要由 Mesh 路由器和 Mesh 终端两种网络节点组成。Mesh 路由器除了具有网关/中继功能，还具有支持 Mesh 网络互连的路由功能、终端的接入功能。与传统的无线路由器相比，无线 Mesh 路由器可以通过无线多跳通信，以低得多的发射功率获得同样的无线覆盖范围。无线 Mesh 网络组网示意图如图 6.11 所示。基于 IEEE 802.11b 的无线网络技术将 WLAN 的 IEEE 802.11b 和 Mesh 网优势互补，具有速率高、传输距离远、移动性强、自组织、自愈合等特点。

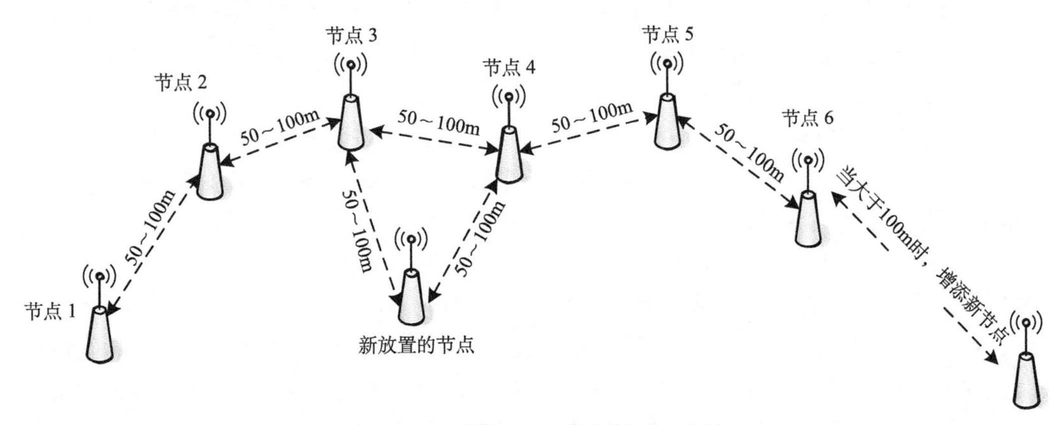

图 6.11　无线 Mesh 网络组网示意图

上述几种短距离无线通信技术中，根据矿山无线救援通信的特点以及对救援通信设备的要求，无线 Mesh 网络技术将 WLAN 的 IEEE 802.11b 和无线 Mesh 网优势互补，具有速率高、传输距离远、移动性强、自组织、自愈合等特点，能较好地满足井下无线救援多媒体通信的需求。另外，用蓝牙技术或超宽带节点组建 Ad Hoc 网络也能满足矿山无线救援通信的要求，但技术开发难度大。表 6.4 对几种无线移动通信技术进行了比较并对是否适用于救援通信给出了结论。

表 6.4　几种短距离无线通信技术比较

技术类型	频率/MHz	数据率/(bit/s)	距离/m	优点	缺点	结论
PHS	1900	< 64K	< 2000	终端发射功率低，价格低廉	基站固定式，难以做成本安型，语音为主	否
WiFi (WLAN)	2400	1M/2M/5.5M/11M	100～300	较高信息接入	采用 AP 中继接力在无线链路跳数达到四跳时性能下降大	否
Bluetooth	2400	721K/58K	10	组网方便，即插即用	通信距离近	可能
ZigBee	2400/915/860	10K～250K	10～75	低功耗、低成本、低复杂度，网络容量大	速率低，不支持多媒体通信	否
UWB	3100～10600	20M	10～75	发射/接收机结构简单，速率高	宽带，易干扰其他设备，成熟产品少	可能
Ad Hoc	2400/915/860/433	38.4K	1500	快速组网、独立运行。多跳自组织网络	速率低，不支持多媒体通信	否
WMN	2400	1M/2M/5.5M/11M	1000	动态拓扑，多跳自组织宽带网络	产品价格稍高	是

3) 矿山无线救援终端技术方案

矿山无线救援终端主要由多媒体采集平台和无线 Mesh 网卡组成，将客户端与无线路由器连接到一起。多媒体采集平台完成井下现场的视频、音频、环境参数(氧气、一氧化碳、瓦斯浓度和环境温度)等多媒体信息的实时采集，并具有存储、显示、报警等功能，无线 Mesh 网卡将多媒体信号以多跳的方式，通过若干 Mesh 路由器的路由转发功能将信号送至井下基地设备，设备由本安型锂电池作为电源支持。这样就实现了“即铺即用”的矿山救援多媒体应急通信服务。

矿山无线救援终端采用三核：DSP+ARM+MCU 技术实现，其原理框图如图 6.12 所示。红外摄像头采集现场视频图像在 DSP 采用 MPEG-4 ACE 图像压缩标准压缩。送/收话器采集语音信号，通过 ARM 及声卡，采用基于网络电话方式实现多方通话，语音采用 G.729 语音压缩标准。环境参数通过 232 串口采集、传输。CF 接口用于数据存储，USB 口用于数据下载，RJ-45 网口用于多媒体数据的输出，无线网卡用于无线接入，LCD 接口用于显示，ATA 接口连接键盘用于系统调试。美国得克萨斯仪器公司(TI)达芬奇处理器(DaVinci)包括一个 594MHz 的 C64x+DSP 核和一个 297MHz ARM9 核。MCU 选用 MP430 用于电源管理以及量身定制手持式终端的面板管理。

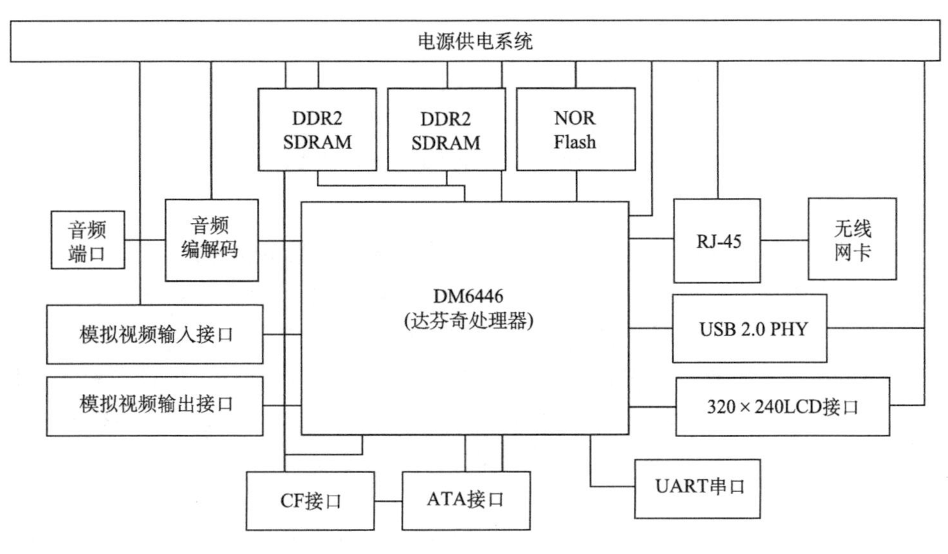

图 6.12　矿山无线救援终端原理

4) 系统实现

立足我国煤矿国情、积极探索符合中国煤矿安全特点的救援通信技术，开发的矿山多媒体救援通信系统通信采用有线与无线相结合方式：地面指挥中心与井下救护基地之间(10～20km 不等)采取有线(电话线)通信方式；井下救护基地与救灾现场之间(通常在 1000m 左右)采用无线方式。靖远煤业有限责任公司救护大队模拟巷道的工业试验表明：采用无线 Mesh 网络技术的矿山多媒体救援通信系统可以快速组成无线宽带救援网络，大大节省了救援时间。其设计、实现思想理念同样可以应用到非煤矿山和其他需要应急通信的场合。

4. *矿用本安型计算机设计实现技术*①

煤矿生产中许多场合需要计算机，如采煤机、通风系统、救援通信系统、安全监测监控系统等；但国内目前井下计算机都是隔爆型或隔爆兼本安型的，相对于本安型井下计算机，隔爆型井下计算机存在许多缺点：隔爆型结构是由板筋件通过焊接将其组装成箱体，然后将计算机装入箱体内，成本高、体积大、重量沉、不允许在线测量和带电维护，同时它不能用于危险场所。目前量身定制的矿用本安型计算机在国内外还没有相关报道，有必要对这一技术和设备进行研究与开发。

1) 矿用本安型计算机设计原则及实现难题

矿用本安型计算机在设计过程中，必须遵循如下原则。

(1) 兼容性原则。矿用本安型计算机在硬件接口和软件方面要与普通计算机兼容，目的在于加快利用矿用计算机进行工程设计和科研的进度，减少重复性的工作。

(2) 可扩展性原则。矿用本安型计算机可扩展许多功能，因此在设计过程中要充分考虑系统的可扩展性，这就要求它在组网和 I/O 接口方面具有完善的软硬件支持。

---

① 主要内容整理自：袁锋，李文峰，李国民. 矿用本安型计算机的设计及实现[J]. 工矿自动化，2007(2)：69-71.

(3)三防原则。矿用本安型计算机要有防尘、防振、防潮能力。

(4)低功耗原则。对于矿用本安型计算机而言，其功耗必须在本安的要求范围内，且不允许电路中有大的储能元件。

设计实现矿用本安型计算机面临的最大难题是计算机的功耗问题。通常计算机中消耗能源最多的是显示器件、硬盘和 CPU 这三个设备。

现以国内 KTE5 型隔爆兼本安型井下计算机为例，说明本安型计算机的实现难度。

KTE5 型隔爆兼本安型计算机采用工业级的全数字单板机 PC/104 为主处理单元。一般的 3.5 寸(1 寸＝1/30 米)板，类似 CPU 计算机板，+5V 供电，电流为 1.0～2.0A，PC/104 板最大功率 7W，典型功率在 5W 左右。还要考虑常用功能的功耗，如指令解码和执行、浮点运算、L1 指令和数据缓存、频率锁相环电路等；特别对于图形处理必须考虑 2D 图形引擎、显示控制和 SDRAM 或 DDR 内存、各类连接接口等的耗电情况。其他器件的功耗为 4～8W。

对于显示器件，KTE5 型隔爆兼本安型计算机采用 SHARP 的 6.4 寸屏(型号：LQ64d343)，+5V 供电，最大电流 360mA，对应驱动功耗 1.8W。但是背光源采用双冷阴极荧光管(Cold Cathode Fluorescent Tube，CCFT)，点亮电压+110V，单管典型值达到 2.16W，两个 CCFT 即 4.32W，合计 LCD 显示峰值达到 6.12W。

数据存储单元采用集成磁盘电子接口(Integrated Drive Electronics，IDE)普通硬盘，+5V/660mA，+12V/240mA，合并功率为 6.18W，典型功耗在 3.5W 左右。

根据上面的分析，隔爆兼本安型计算机难以满足《防爆国家标准》GB 3836.4—2010 而不会引起周围环境中可燃性混合物爆炸的本安要求，必须对其进行技术升级和改进。

2)矿用本安型计算机实现方法

实现矿用本安型计算机的方法主要是尽量降低计算机中的显示器件、硬盘和 CPU 这三个设备的功耗。

(1)矿用本安型计算机核心板：考虑到井下计算机在体积、重量、功耗等方面的要求，现对两款典型嵌入式系统——PC/104(PCM-3350)板及 SOM-2354 板主要技术参数进行比较，见表 6.5。

表 6.5　PC/104(PCM-3350)板和 SOM-2354 板主要技术参数比较

技术指标	PC/104 板	SOM-2354 板
CPU	AMD GX1-300 MHz 处理器	AMD GX533-400MHz 处理器
内存	256 MB SDR	128 MB DDR
芯片组	AMD CS 5530A	AMD CS 5535
BIOS(基本输入输出系统)	Award 256 KB Flash BIOS	Inside 256 KB Flash BIOS
扩展接口	PC/104	144 针 SO-DIMM 支持的 PCI
显示芯片	AMD CS5530A	AMD GX5533
显存	1～4MB 显存	1～16MB 显存
尺寸(长×宽)	96mm×90mm	68mm×100mm
所需功率	最大: +5V @ 1.35 A 典型: +5V @ 1.04 A	最大:+ 5V @ 1.4 A 典型:+ 5V @ 1 A

由表 6.5 不难看出，在板块性能上：SOM-2354 采用的 CPU 主频达到 400MHz，选用的是 128MB 的双倍速率同步动态随机存储器(Double Data Rate SDRAM，DDR)内存，更有高达 16MB 的显存，其性能要高于 PC/104 板上的 CPU300MHz、256MB 单倍速率同步动态随机存储器(Single Data Rate SDRAM，SDR)内存、4MB 显存。SOM-2354 板便于系统功能的扩展，这也有利于节省系统开发时间。

在面积上：SOM-2354 为 68mm×100mm，PC/104 为 96mm×90mm，前者更为轻巧，适用于井下便携式要求。

在功耗上：两者所需电压基本相同，SOM-2354 额定电流和最大电流分别为 1A 和 1.4A，PC/104 额定电流和最大电流分别为 1.04A 和 1.35A。前者在一般工作模式下的功耗较后者小。

综合以上原因，选择研华(Advantech)SOM-2354 为矿用本安型计算机核心板块。

(2)搭载板：在搭载板的选择上，采用自主开发方式。开发设计的计算机底板可搭载研华 SOM-144 系列核心板，量身定制外围接口，标配声卡、以太网口、串口、键盘鼠标、标准 IDE、CF 卡、LCD 等接口。该板采用 ATX 电源或 AT 电源，额定 5V，电流 1～1.5A，面积较同类型的研华 DB2300，只有后者的三分之一，而总体功率仅为 5～7.5W，可以满足本安的要求。

(3)显示单元：矿用本安型计算机显示单元采用薄膜晶体管液晶显示器(Thin Film Transistor-LCD，TFT-LCD)、3.5 英寸(1 英寸=2.54 厘米)640 像素×480 像素分辨率小屏幕显示。TFT 为薄膜晶体管有源矩阵液晶显示器件，在每个像素点上设计一个场效应开关管，这样就容易实现真彩色、分辨率高、响应速度快、灰度高的液晶显示器件。背光源采用 LED，以低压+12V 供电，省却了 CCFT 所需要的启动器、高压镇流器等设备，免除了无效电损。LED 背光源功率仅有 1.3W；而同等尺寸液晶屏需要的 CCFT，耗电要达 2.5W 以上。整个显示单元功率为 5.57W，重量仅 290g，可以实现本质安全电路。

(4)数据存储单元：数据存储单元采用了 4GB 的 CF 卡。CF 技术是一种与 PC ATA 接口标准兼容的闪存技术，可永久性保存信息，无须电源。速度快，重量轻，体积为 42.8mm×36.4mm×3.3mm(TYPE Ⅱ的为 42.8mm×36.4mm×5mm)，可在 3.3～5V 的任何电压下运行，增强了使用方面的兼容性。CF 卡可以直接安装在芯片上的控制器接口，不带驱动器，无移动的部件，因而发生机械故障的可能性很小，数据更安全。这种可随机携带的控制器使 CF 卡与多种平台相兼容，CF 卡耗电量也小，仅为普通硬盘的 5%，且易于升级。耗电减少直接延长了矿用本安型计算机的电池续航时间、增强了便携性。

其低压供电方式，也省却了 CCFT 所需要的启动器、镇流器或超高压变压器等设备，免除了无效电损。为了降低液晶屏能耗，U100 首次采用更为节能的 LED 背光源系统，U100 的 LED 背光源功率仅有 1.3W，远小于同类液晶屏 CCFT 冷阴极荧光管的 2.5W，省电 48%左右。

(5)本安电源单元：本安电源单元使用可充电锂电源，完成对矿用本安型计算机的电源支持。首先采用安全组件分流技术，三组锂电池组 12V 输出电压经 DC/DC 器件分别产生系统工作的 12V、5V 和 3.3V 电压；其次采用锂离子电池专用保护 IC，电路中设有稳压、过流保护、过压保护和短路保护等功能，并且所有保护功能环节均为冗余设计，双重保护；最后用环氧树脂将电池组与保护性组件胶封为一体，使得电路更可靠、更安全。本安电源单元保证装置可连续工作 8 小时。

3) 矿用本安型计算机主要电气参数

图 6.13 所示为矿用本安型计算机系统框图，以研华超低功耗的 SOM-2354 作为核心，整个计算机主要由核心板、搭载板、本安电源板、液晶显示模块、数据存储器件、操作面板等六部分组成。考虑到井下特殊的情况(鼠标、键盘不便于使用)，将常用功能键(F1～F5、回车、空格键等)引到操作面板上，同时在操作面板设置了软关机键，避免了硬关机对计算机系统和硬盘的伤害。该系统能够装载和运行操作 Windows 系统，在这个系统平台上可以进行自主软件开发，完成所需功能的二次开发。矿用本安型计算机主要电气参数见表 6.6。图 6.14(a)为矿用本安型计算机显示屏幕与手机显示屏幕(176 像素×220 像素)的比较，图 6.14(b)为利用本安型计算机开发的矿用数字视频图像监控系统显示的某煤矿井下积水积油情况视频截图。

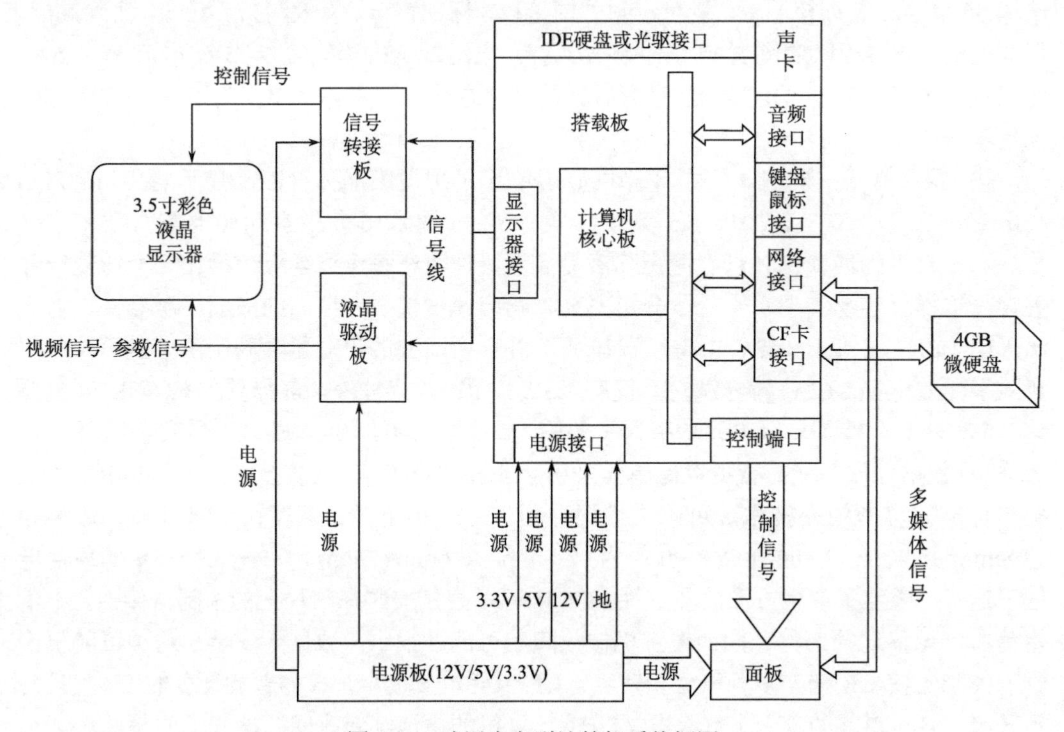

图 6.13　矿用本安型计算机系统框图

表 6.6　矿用本安型计算机主要电气参数

操作系统	CPU	屏幕	存储器件	内存	显存	工作电压	工作电流
Windows 2000、Windows XP	400MHz 主频	3.5 英寸 TFT-LCD 640 像素×480 像素	4GB CF 卡	128MB DDR	16MB	DC12V、DC5V、DC3.3V	0.4A、1.4A、0.23A

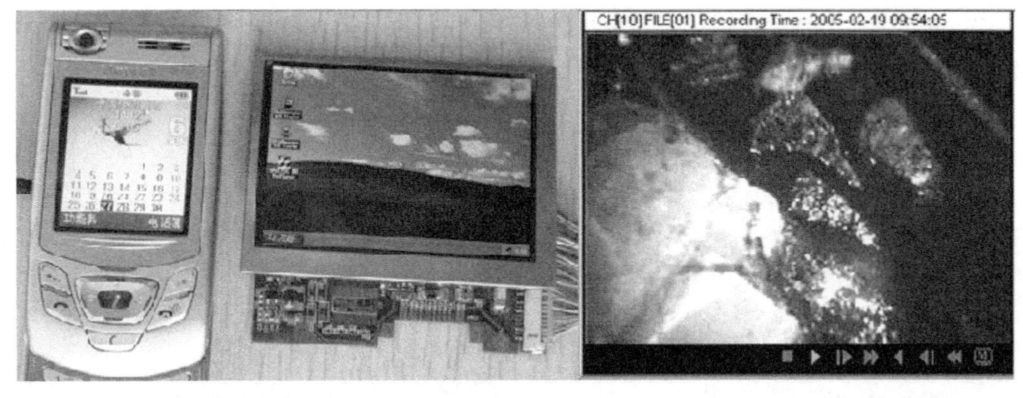

(a) 手机显示屏与本安型计算机显示屏的比较　　(b) 某煤矿井下积水积油情况视频截图

图 6.14　本安型计算机显示屏及视频截图

随着煤矿工业的发展，煤矿生产中需要计算机的场合越来越多。恶劣复杂的井下条件，对电子设备的安全性能要求非常严格，普通计算机加防爆外壳的组成形式已不适用于矿用计算机的发展。矿用本质安全型计算机将大大提高井下作业的现代化程度和安全系数。

5. 煤矿瓦斯、可燃性气体及井下环境参数检测[①]

为保障煤矿安全生产和职工人身安全，防止煤矿事故，国家安全生产监督管理总局制定了《煤矿安全规程》。煤矿井下空气成分、环境温度等环境参数必须满足规程要求。国内对瓦斯的检测以甲烷检测为主，毒气的检测以一氧化碳检测为主；而国外用可燃性气体的检测代替单一甲烷气体的检测，毒气包括硫化氢的检测。环境参数主要指可燃性气体、一氧化碳、氧气浓度和环境温度。

1) 瓦斯检测

瓦斯是矿井中主要由煤层气构成的以甲烷为主的有害气体，有时单独指甲烷。

甲烷(CH_4)无色、无嗅、沸点–161.49℃，对空气的比重为 0.554。甲烷气体与空气的混合气中，甲烷的爆炸范围(Explosion Range)是 4.9%(V/V)～16%(V/V)。这里，V/V(体积百分比)是浓度测量单位，例如，混合气中含有 1%(V/V)的甲烷意味着每一百单位体积的气体中含有一单位体积的甲烷。此外，用于气体检测领域的单位还有百万分比浓度 ppm(Parts Per Million)。

煤矿井下工作场合要使甲烷浓度保持在安全限值以下，应建立相应的瓦斯检查制度，甲烷浓度达到 2%时，工作人员应迅速撤离现场。

国内外测量瓦斯浓度的方法有：光学干涉法瓦斯检测、催化燃烧型瓦斯检测以及红外瓦斯检测。

2) 可燃性气体检测

煤层气除含甲烷气体外，还含有少量的一氧化碳、氧化氮、二氧化硫、硫化氢、氨

① 主要内容整理自：李文峰. 煤矿瓦斯可燃性气体及井下环境参数的检测[J]. 煤矿安全，2006，37(1)：49-50.

等有害或易燃气体。所以国外用可燃性气体(Combustible Gases)的测量代替单一甲烷气体的测量。

各种可燃性气体的爆炸门限(Flammable Limits)不尽相同，又分为爆炸下限(Lower Explosive Level，LEL)和爆炸上限(Upper Explosive Level，UEL)。其中 LEL 的单位通常是相对百分比(0%～100%LEL)。在低于 LEL 的环境中因可燃气体太少而无法燃烧，当环境中的可燃气体的浓度高于 UEL 时，会由于气体太多也不能燃烧。常见可燃性气体的燃点与混合气体的爆炸范围见表 6.7。

表 6.7　可燃性气体的燃点与混合气体的爆炸范围(在一个大气压下)

气体(蒸汽)	燃点/℃	混合气中爆炸范围/体积百分比	
		与空气混合	与氧气混合
一氧化碳(CO)	650	12.5～75	13～96
氢气(H_2)	585	4.1～75	4.5～95
硫化氢(H_2S)	260	4.3～45.4	
氨气(NH_3)	650	15.7～27.4	
甲烷(CH_4)	537	5.0～15	14.8～79
甲醇(CH_3OH)	427	6.0～36.5	5～60
乙烯(C_2H_4)	450	3.0～33.5	
乙烷(C_2H_6)	510	3.0～14	
乙醇(C_2H_5OH)	558	4.0～18	3～80
丙烯(C_3H_6)		2.2～11.1	4～50
丙烷(C_3H_8)		2.1～9.5	
乙炔(C_2H_2)	335	2.3～82	2.8～93
丁烷(C_4H_{10})		1.5～8.5	
乙醚($C_4H_{10}O$)	343	1.8～40	
苯(C_6H_6)	538	1.4～8.0	

目前可燃性气体的检测主要采用催化燃烧传感器。可燃气在有催化剂的小室中氧化燃烧放热，铂金丝的温度加热后升高，电阻改变，通过惠更斯电桥测出电流大小。在可燃气体爆炸极限下限以下的范围内，电桥的响应输出和气体的浓度呈线性关系。

3)井下环境参数检测

爆炸性混合物的爆炸，即所有的可燃性气体、蒸汽及粉尘与空气所形成的爆炸性混合物的爆炸需要同时具备三个条件才可能发生：第一，必须存在爆炸性物质或可燃性物质；第二，要有助燃性物质，主要是空气中的氧气；第三，要存在引燃源(如火花、电弧和危险温度等)，它提供点燃混合物所必需的能量。只有这三个条件同时存在，才有发生爆炸的可能性，其中任何一个条件不具备，就不会产生燃烧和爆炸。

在煤矿井下的新鲜风流中，氧气的含量应与新鲜空气中的一样，为 20.9%。由于煤层中可燃性气体、毒性气体的混入，巷道风流中的氧气浓度就会下降。当空气中的氧气浓度在 18.0%以上时，人们能正常呼吸；当氧气浓度在 16.0%～18.0%时，人员呼吸会感到困难；当氧气浓度低于16.0%时，人员就会窒息。因此，采掘工作面的进风流中，《煤矿安全规程》规定氧气浓度不低于20%，井下环境参数的测量应包括氧气参数的测量。此外，在多种气体同时存在的状态下，测量氧气浓度可以间接测定爆炸气体浓度。

对于煤层气中少量的有害气体，《煤矿安全规程》同时规定有害气体的浓度不超过表6.8的规定。

表6.8 矿井有害气体最高允许浓度

名称	最高允许浓度/体积百分比
一氧化碳(CO)	0.0024
二氧化氮(NO_2)	0.00025
二氧化硫(SO_2)	0.0005
硫 化 氢(H_2S)	0.00066
氨(NH_3)	0.004

一氧化碳是无色、无嗅、无味的气体。CO经呼吸道吸入，通过肺泡进入血液，立即与血红蛋白结合形成碳氧血红蛋白(HbCO)。急性CO中毒是吸入高浓度CO后引起以中枢神经系统损害为主的全身性疾病。轻、中度中毒主要表现为头痛、头昏、心悸、恶心、呕吐、四肢乏力、意识模糊，甚至昏迷。重度中毒者意识障碍程度达深昏迷或去大脑皮质状态，往往出现牙关紧闭、强直性全身痉挛、大小便失禁现象。部分患者可并发脑水肿，肺水肿，严重的心肌损害，休克，呼吸衰竭，上消化道出血，皮肤水泡或成片的皮肤红肿，肌肉肿胀坏死，肝、肾损害等。因此，井下有害气体的测量至少应包括一氧化碳的测量。

一氧化碳的测量往往采用电化学传感器原理，将两个电极插入电解质中，CO分子与水在一个电极上发生反应，并产生二氧化碳、氢离子和电子，氢离子在另一电极与氧气发生反应产生水分子。由此在两个电极间产生电子流。电化学CO传感器正是靠输出正比于CO扩散气体浓度的电流探测到环境的CO扩散浓度。

综上所述，煤矿井下环境参数的检测至少应包括以下四个参数：可燃性气体、氧气、一氧化碳浓度和环境温度。

6. 矿山现代无线移动通信技术的研究①

矿山通信系统主要由矿区地面通信和矿山井下通信两大部分组成。

近年来，矿区地面通信发展迅猛，无论传输设备还是交换设备，容量逐年增大、技术不断更新，逐步实现了程控化、移动化、网络化，通信的可靠性和稳定性也逐渐提高；矿区地面通信网正在向集语音、图像和数据等多媒体信号传输“三网合一”的综合信息网方向发展。

矿山井下通信由于受通信设备技术跟进和特殊环境条件的制约，还存在许多问题。

① 主要内容整理自：李文峰，李华. 矿山无线救援通信技术研究[J]. 煤炭科学技术，2008(7)：80-83.

我国当前的矿山井下通信以有线电话为主，个别矿也配有一些所谓的无线移动通信系统，如动力线载波通信系统、漏泄无线通信和感应通信等。动力线载波通信在矿井架线电机车上有些应用；但因传输阻抗匹配困难和抗干扰性能差，至今性能尚未完善。漏泄通信是利用表面开孔的同轴电缆(漏泄电缆)在巷道中起到长天线的作用，实现移动电台之间或与基站之间的可逆耦合以获得较好的通信质量；其缺点是系统造价昂贵，又需敷设专用传输线，且信号接收局限在离导线30m以内。感应通信是利用电磁感应原理实现的通信，发话时移动通信机的磁性天线十分接近感应线且发射天线尺寸较大，因传输参数不稳定和干扰噪声大，国内使用情况普遍不好。上述的几种矿山井下移动通信系统存在的问题较多，且系统对使用环境的适应性很差，并不适合井下特殊环境。

建立矿山先进的无线移动通信系统是矿山广大员工梦寐以求的。该系统对于提高现代矿井自动化程度、提高劳动生产率、加强安全防护等有着非常重要的意义。矿山现代无线移动通信技术亟待开发、研究、完善和提高。

矿山现代无线移动通信技术主要实现矿区地面、矿山井下以及地面与井下之间的移动通信功能。从根本上讲，希望解决的问题是在矿山作业的任何人员，在任何地点和任何时刻，都能与他们渴望通信的对象保持及时有效的联系。从近期无线技术在煤矿安全生产中的发展趋势看：主要包括覆盖井下和地面的小灵通技术、大灵通技术(SCDMA)、第三代移动通信技术、无线射频识别(RFID)技术和无线局域网络(WLAN)等。从远期无线技术在煤矿安全生产中的发展趋势看：包括融合蓝牙、ZigBee、超宽带等技术的即兴自组网络(Ad Hoc)技术，提供长距离宽带接入的WiMAX(World Interoperability for Microwave Access)技术等。本节着重研究矿山小灵通、矿山大灵通和矿山3G技术。

1)矿山小灵通技术

(1)矿山小灵通技术简介：矿山小灵通技术来源于公众移动电信网络中广泛应用的PHS系统，通过对PHS系统按“煤安”标准进行安全处理和改造后形成。矿山小灵通并没有改变其原生系统的逻辑、接口、系统标准乃至主要结构。从系统层面讲，井下小灵通与原PHS系统相同，完全继承了PHS系统的可靠性与性价比。

矿山小灵通无线通信系统作为矿山通信的子系统，主要实现井下及地面的无线语音业务功能。在井下应用时，主要对矿井主巷道和各主分叉巷道进行无线覆盖，并将井下通信信号传送到地面无线接入平台，从而保证矿井下人员可随时随地与地面进行通信。

(2)矿山小灵通技术特点：与交换机、调度机提供多种接口；系统采用微蜂窝小区配置；支持无线用户的语音通信功能和短信功能；具有动态信道分配功能，信道利用率高，无须进行频率规划；支持漫游与越区切换；终端10mW的极低发射功率，确保对人体及设备无电磁辐射伤害；使用32Kbit/s ADPCM话音编码，话音质量好；其中手机体积小、重量轻，待机时间长，待机时间能达到400小时以上；支持对无线用户的调度功能。

(3)矿山小灵通网络结构：矿山小灵通无线通信系统采用微蜂窝结构组网，充分利用现有交换机和传输设备资源，适合于井下网络节点离散且常常变化的环境。矿山小灵通无线通信系统结构见图6.15。

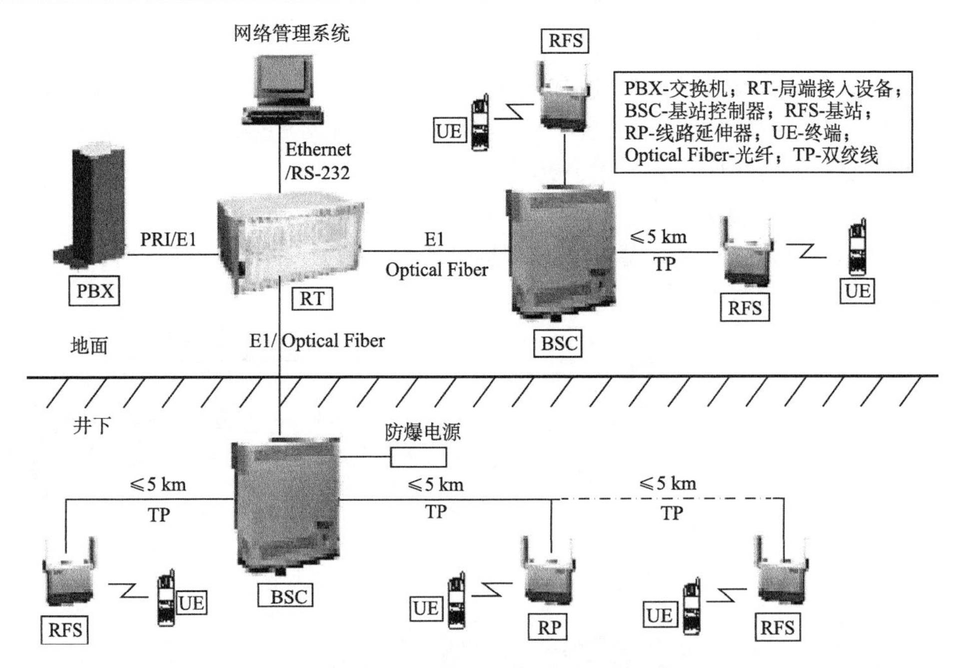

图 6.15　矿山小灵通无线通信系统结构图

①局端接入设备(RT)：负责无线通信网络与矿井交换调度主机的连接。矿山小灵通系统通过局端接入设备，将调度交换机的信号传递到矿山小灵通系统覆盖的服务区。与调度交换机的连接采用 PRI。

②基站控制器(BSC)：是矿山小灵通系统的基站控制部分，在系统中处于基站和局端接入设备之间，并为无线基站供电。基站控制器主要承担无线资源管理、基站管理、呼叫控制、切换控制，并控制着各基站在服务区的电源分配和话音路径的集线处理等功能。基站控制器与局端接入设备通过 E1/PRI 相连。基站控制器通过双绞线以 U 接口与基站相连接，每个控制器最多可以控制 32 个独立基站。

③线路延伸器(RP)：专门针对矿山小灵通系统设计的 ISDN 线路延伸器，可以实现 ISDN 线路的延伸，最多级联三个，将基站拉得更远，实现对部分特殊区域的覆盖，如井下巷道、公路或隧道，使得矿山小灵通系统的无线覆盖更加灵活。

④无线射频基站(RFS)：具有防爆防尘功能，通过双绞线电缆与基站控制器连接，由基站控制器直接馈电，无须本地供电，其有效传输距离可以达到 5km。基站的无线接口有四个时分接入信道。它具有时分多址/时分双工(四信道 TDMA-TDD)，可提供一个控制信道和三个业务信道。

⑤终端设备(UE)：矿山小灵通系统既支持无线终端，也支持有线终端。

2)矿山大灵通技术

(1)矿山大灵通技术简介：现代数字通信已广泛采用时分多址、频分多址和码分多址等多种通信手段来提高通信容量和质量，其中码分多址的扩频通信技术作为一种先进的无线通信技术手段，具有抗干扰性强、可靠性高、功耗低等特点，非常适合在环境恶劣、机电噪声大的煤矿井下使用。同步码分多址(SCDMA)技术俗称大灵通技术，具有信号稳定、覆盖好、移动性好、话音清晰的特点，具备动态信道分配功能。SCDMA 大灵通的交换系统、基站系统及其手机软硬件，中国均拥有完整的自主知识产权。

(2)矿山大灵通技术特点：掉线率低、移动性好、通话质量高；信号稳定，覆盖好，抗干扰能力强；绿色环保，大灵通手机辐射低；全 IP 架构，网络设备通过标准的 IP 接口即可与计算机网络互连；井上、井下均缺乏宽带数据传输能力。

(3)矿山大灵通网络结构：矿山大灵通提供地面、井下的语音与低速数据业务。矿山大灵通移动通信系统结构见图 6.16。

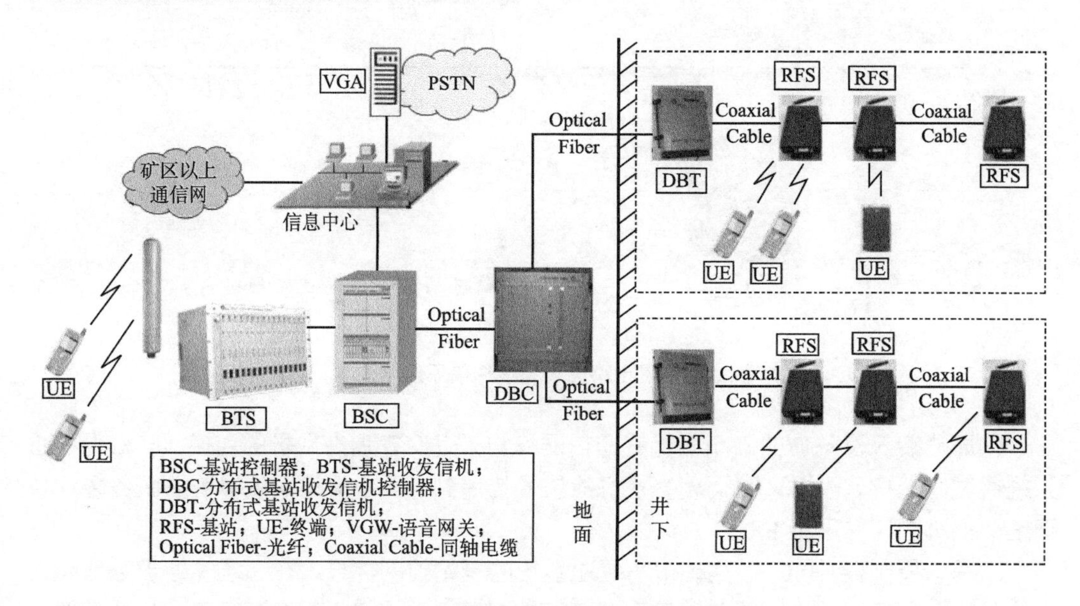

图 6.16　矿山大灵通移动通信系统结构图

①分布式基站(RFS)：用于地下煤井坑道的覆盖，提供语音及稳定可靠的低速数据业务。

②基站收发信机(BTS)：用于地面的覆盖，提供语音业务。

③基站控制器：与分布式基站收发信机(DBT)和 BTS 连接，管理所有无线资源并连接调度中心的交换设备和网管设备。

此方案为 IP 架构，网络设备通过标准的 IP 接口即可与计算机网络互连，网络建设和维护成本低、成熟稳定。这样一张统一的 SCDMA 综合业务网络即可实现煤矿通信指挥调度、井上/井下安全监控、井下人员定位以及移动办公等各种业务。

3)矿山 3G 技术(TD-SCDMA)

(1)矿山 3G 技术简介：3G 标准又称为国际移动电话 2000(IMT2000)，从技术角度来看，3G 三大标准阵营——WCDMA、CDMA2000、TD-SCDMA 技术已经成熟。我国在 1995 年开始 TD-SCDMA 技术的研究，目前拥有的关键技术有时分双工方式、智能天线、联合检测、上行同步、接力切换和软件无线电技术等。基于 3G 核心技术的矿山移动通信解决方案可以提供完善、先进的统一信息系统解决方案，包括具有井下、井上语音调度功能，煤矿与公网互通能力，图像数据传输能力，安全监测能力，移动数据接入管理能力和生产、生活的统一通信平台与数据接入平台。

(2)矿山 3G 技术特点：集语音通信、数据传输、监控等于一体的网络信息平台，提供多种煤矿应用；提供高效的通信服务以及有效的数据业务，方便煤矿企业的管理和调度；网络采用的 TD 核心技术代表了最先进的通信技术，具有很好的演进特性；采用一定的自组网功能，具有较好的容灾性能和抗毁性；网络自成体系，具有很强的防干扰能力；网络提供了标准的接口，能与公网互通。

(3)矿山 3G 网络结构：基于第三代移动通信核心技术的矿山 TD-SCDMA 通信系统结构见图 6.17。

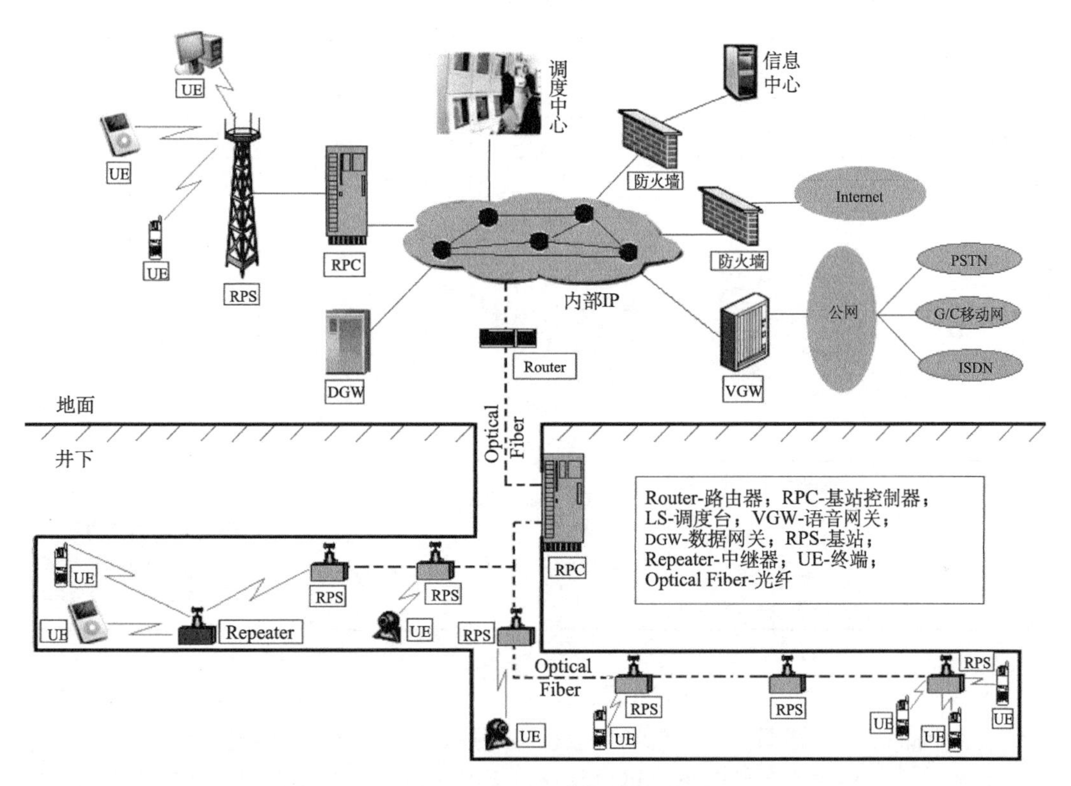

图 6.17　矿山 3G 移动通信系统结构图

①基站控制器(RPC)：负责无线接入、无线资源分配和管理、无线测量、开机注册、位置更新和切换、语音和数据呼叫、话权管理、话务排队和分配、调度控制、信令处理、资源管理、媒体控制、安全保密、计费和网络管理等。

②语音网关(VGW)：是 3G 信息系统到外部公共电话交换网或外部陆地移动网(PLMN)的协议和媒体网关，负责提供网间互连的标准物理接口和标准信令协议，完成媒体处理，提供计费信息。VGW 可以作为一个模块在 RPC 中配置，也可以单独配置。

③数据网关(DGW)：是 3G 信息网络连接外部 Internet 的互联网网关。DGW 存储用于连接用户设备 UE 的路由信息，为外部 Internet 的 PDU 送到用户设备 UE 提供通道，同时提供计费信息。DGW 可以作为一个模块在 RPC 中配置，也可以单独配置。

④终端(UE)：提供调度语音业务(单呼、组呼、广播)、电话互联业务、补充业务、短消息业务和数据业务；包括手持移动台、车载台和数据卡。

4) 几种矿山无线移动通信技术的比较

矿山小灵通已经在有些煤矿得到应用，矿山大灵通和矿山 3G 尚在产品研发阶段，表 6.9 是几种无线移动通信技术的比较。通过以上分析比较，在目前的技术条件下采用 TD-SCDMA 技术进行矿山移动通信有其适用性；但其硬件开发难度大，也存在一定政策风险。

表 6.9　几种无线移动通信技术比较

技术种类	PHS	SCDMA	TD-SCDMA	WLAN	WiMAX
工作频段/Hz	1900M	400M	2010M	2.4G	2～6 G
基站信号半径/m	< 500	几百～几千	几百～几千	30～80	50k
数据传输速率/(bit/s)	< 64K	144K	384K～2M	1～11M	70M
优点	基站和小灵通手机发射功率低，价格低廉；售后服务与技术支持完善	覆盖远，容量大，信号稳定，通话清晰，移动性好，抗干扰能力强，大灵通手机辐射低，全 IP 架构；中国拥有完整自主知识产权，技术成熟，易于实现	覆盖远，容量大，技术先进，移动性好，支持语音、视频、数据等多媒体通信，抗干扰能力强，具有一定容灾性和抗毁性，全 IP 架构，能与公网互通	WiFi 的 AP 设备比较成熟，较高速数据接入	高速数据传输，远距离穿透能力强
缺点	基站覆盖半径小，基站信道少，信号绕射能力差，穿透损耗较大，传输距离短，语音为主，移动性能差	语音为主，缺乏宽带数据传输能力，需要开发防爆基站、直放站和手机	带宽不足，数据传输速度不高，防爆基站、多媒体终端等开发成本高	数据为主，漫游性差，终端不便携，终端选择余地少	话音支持能力差，技术和设备不成熟

无线技术在煤矿安全生产中的应用领域将越来越广泛，如井下通信、传输、人员定位、无线传感器、无线局域网、现场工业设备遥控、应急通信、环境监测、安全生产指挥、移动办公、移动商务等领域。可以预计，无线移动技术在煤矿安全生产中有着广阔的发展前景，必将承担越来越多的作用。

7. 总线式煤矿安全监控系统联网技术[①]

随着国家对煤矿企业安全生产要求的不断提高和企业自身发展的需要，我国各大、中、小型煤矿企业日益重视安全生产信息化建设，加大安全投入，煤矿安全生产监控系统得到了普遍应用，系统的装备大大提高了煤矿安全生产水平和安全生产管理效率。

1) 现场总线式矿山安全监控系统的缺点

国内现有的矿山安全生产监控系统大多数采用离散、分布式现场总线技术，采用低成本的 8 位单片机，单片机通过异步串行通信接口 RS-485 或 CAN 总线协议通信。其缺

① 主要内容整理自：李文峰，赵敏. 总线式煤矿安全监控系统联网技术[J]. 煤炭技术，2010(3)：108-110.

点主要表现在以下两个方面。

(1) 缺乏统一的通信协议标准和网络结构。国内生产的安全生产监控系统多为封闭系统，系统中使用的通信协议和信息交换标准都是由厂商自己制定的，严格保密，互不兼容，与其他系统联网很困难，难以做到数据共享。网络结构和通信模式多样，极不规范。每种系统都需要建立自己的通信网络，造成重复投资，通信资源利用率低下。

(2) 传输速率低。一般监测系统的网络传输速率都在 4800bit/s 以下，不仅不能用于传输多路信息，甚至原有系统的扩容也很难实现。较为先进的一些系统如神东公司大柳塔矿综合自动化系统，其井下的设备层速率也仅仅为 125Kbit/s。这样的传输网络不能同时传输图像和话音信号，也无法形成一个真正的通信网络平台。

煤矿需要的是建立统一、开放的网络，各个不同公司的监测监控设备均能够挂接在这个网络上传输，显然，如果使用现场总线技术，用作连接传感器的设备级网络还可以胜任，但作为井下数据传输的主干网络，在传输速率、传输距离和链路冗余等方面都不能满足我们的需要，而且势必使井下传输网络由一个互不兼容的多系统结构过渡到另一个互不兼容的多系统结构，这显然不能满足煤矿建设现代化矿井、实现综合自动化的需要。

2) 煤矿安全生产监控系统的发展趋势

目前的工业控制领域有两种较为流行的技术方案，一个是现场总线技术，另一个是工业以太网技术。所谓工业以太网，是指技术上与商用以太网(即 IEEE 802.3 标准)兼容，但在产品设计时，在材质的选用、产品的强度、适用性以及实时性等方面能满足工业现场的需要。简而言之，工业以太网是将以太网应用于工业控制和管理的局域网技术。

矿山安全生产监控系统的发展趋势是网络化、集成化、多媒体化。基于工业以太网的多业务传输平台可以使分散、分布式监控系统集成为多媒体综合监控系统，节省人力、物力及财力，使矿区地面与井下之间、矿区与矿山安全监督管理部门之间信息共享，实现矿山安全生产过程中多媒体信号的远程采集、传输、显示、输出、存储、报警以及联动等功能，满足煤矿企业生产资料的完整性、生产作业的安全性和生产事故的可预报性等需要。与包括现场总线在内的其他网络相比，基于工业以太网的矿山安全监控系统具有以下先进性。

(1) 应用广泛。以太网是目前应用最为广泛的计算机网络技术，受到广泛的技术支持。几乎所有的编程语言都支持以太网的应用开发，如 Java、Visual C++及 Visual Basic 等。如果采用以太网作为数据传输主干网络，可以保证多种开发工具、开发环境供选择。

(2) 成本低廉。由于以太网的应用最为广泛，因此受到硬件开发与生产厂商的高度重视和广泛支持，有多种硬件产品供用户选择。

(3) 通信速率高。目前 1000Mbit/s 的高速以太网已广泛应用，可以满足对带宽的更高要求。

(4) 软硬件资源丰富。由于以太网已应用多年，人们对其技术十分熟悉，大量的软件资源和设计经验可以显著降低系统的开发与培训费用，从而可以显著降低系统的整体成本，并大大加快系统的开发和推广速度。

(5) 可持续发展潜力大。以太网的广泛应用使它的发展一直受到广泛的重视并吸引了大量的技术投入，由此保证了以太网技术不断地持续向前发展。

(6) 易于与 Internet 连接，能实现办公自动化网络。

通过以上分析可以看到，以太网在技术、速度和价格等许多方面都有着其他网络无可比拟的优势，随着以太网性能的提高和解决以太网实时性问题的技术不断推出，将以太网应用于矿山安全生产监控系统是煤炭企业的必然选择。

基于工业以太网技术的矿山安全生产监控系统体系结构见图 6.18，分为管理层、通信层和设备层三层体系结构，通信层骨干网采用工业以太网技术，设备层传感器、控制器等必须提供以太网接口。

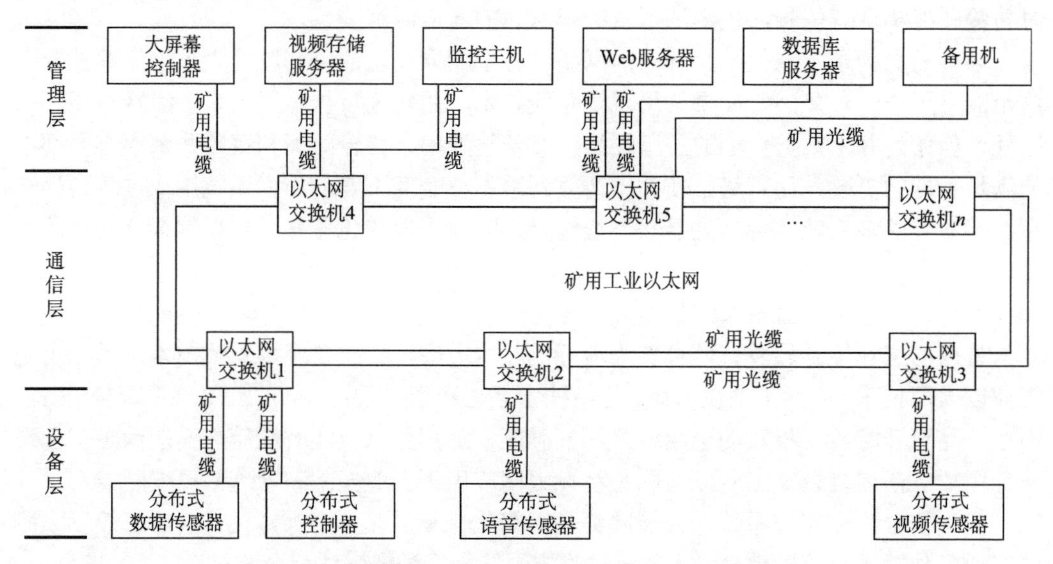

图 6.18　基于工业以太网的煤矿安全监控系统体系结构

3) 现场总线式矿山安全监控系统联网技术

如何在保护原有投资的前提下，将原有的基于现场总线的监控系统升级改造成基于工业以太网的监控系统呢？整个技术的瓶颈效应集中在采用工业现场总线形式的设备层上。设备层那些分散、分布式传感器、控制器通过异步串行通信接口 RS-485 或 CAN 总线协议通信，无法直接与互联网连接；要想接入互联网必须进行通信接口改造，这种改造不仅是接口的物理改造，关键是数据格式的改造和通信协议的转换。串/网口转换技术可将串口数据立即转换成网络数据，实现没有操作系统的 Internet 连接，有效解决串/网口之间的转换问题，其工作示意图见图 6.19。

串/网口转换技术使矿山分散、分布式监控系统接入矿用工业以太网。在地面，工业级串/网口转换器成熟产品很多，但都没有针对煤矿这种特殊场合进行专门防爆电路设计，不能直接在矿山应用。为此我们专门开发了矿用本质安全型串/网口转接器，它由控制单元、网络接口单元、电源单元组成，同时设置有 RS-485/CAN 接口、RJ-45 接口、电源指示灯、电源开关以及复位开关等，转换器结构组成见图 6.20。其工作原理如下：串行通信数据经 RS-485/CAN 接口到控制单元进行数据转换，使之支持 TCP、UDP。控制单元输出的网络通信数据到网络接口单元，网络接口单元内部集成有 10Mbit/s/100Mbit/s

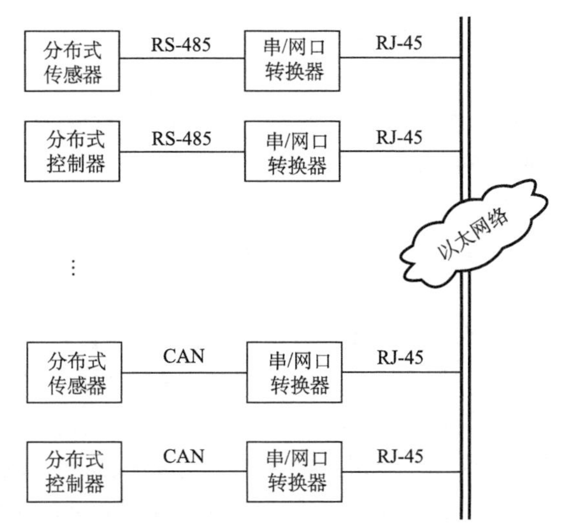

图 6.19　串/网口转换器工作示意图

以太网控制器，数据经 RJ-45 接口可以实现没有操作系统的 Internet 连接。电源单元采用安全组件分流方式分别产生转换器工作的 5V 和 3.3V 电压。电路设计、采购元器件和设计外壳严格按照 GB 3836—2010《爆炸性环境》的第 1 部分 GB 3836.1—2010：设备通用要求和第 4 部分 GB 3836.4—2010：由本质安全型“i”保护的设备。

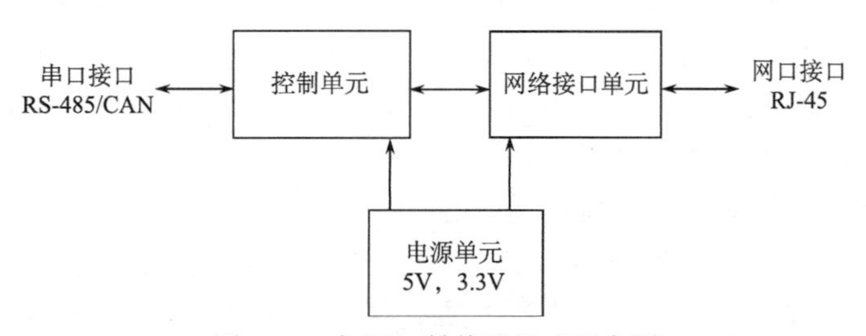

图 6.20　串/网口转换器组成示意图

矿用本质安全型串/网口转接器实现了矿用单片机系统和矿用工业以太网的通信，原有矿山安全监控系统的串行设备完全可以独立运行，不需要重新设计与开发。网口支持 10Mbit/s/100Mbit/s 自适应，半双工；支持 TCP、UDP；支持服务器和客户端模式；所有设置可通过网络实现；配套设备驱动设置程序；UART 支持 9600bit/s/4800bit/s/2400bit/s/1200bit/s 波特率。可将传感器、控制器等立即联网，使矿山已有的分散、分布式监控系统接入矿用工业以太网，兼容、改造矿山现有的现场总线式监控系统，保护原有投资，也可用于新矿的信息化建设。

8. 矿山无线射频信号传播特性试验①

由于矿山多数是地下作业，空间狭窄、四面粗糙、凹凸不平，周围环绕着煤和岩石，

① 主要内容整理自：李文峰，吕颖利，李白萍. 矿山无线射频信号传播特性试验[J]. 西安科技大学学报，2008，28(2)：327-330.

还有支架、风门、钢轨、动力线等设备。在这样一个复杂的有限空间内，巷道对无线电波的屏蔽、吸收和散射作用，使得电波无法沿巷道纵向远传。本节对 UHF(特高频、分米微波)波段无线射频信号的典型应用频率——433MHz、915MHz 和 2.4GHz 在矿山的无线电波传播特性进行了试验研究，某些结论和结果可以运用到通信、运输和采矿工业上。

1)矿山无线电波传输特性试验仪器与方案

试验地点：甘肃靖远矿务局救护大队模拟巷道、大水头煤矿煤场和宝积山煤矿。

(1)试验地点特征。

①模拟巷道：巷道截面为矩形，宽 2.4m，高 1.8m，总长 80m，水平方向。

②煤场：测量穿透性能时将封装好的标准信号源置于地面，利用推土机将煤覆盖在信号源上，掩埋厚度从 0m 直到最高 4m，过程中若不能接收到信号则停止。

③井下巷道：测量地点从大巷一直到采煤区，采煤区包括进风巷、回风巷和工作面。大巷为拱形，高 2.8～3.2m，宽 3～3.5m，有两道铁制风门。进风巷和回风巷平行通过待开采的煤区，顶部宽 1.8m，底部宽 2.2m，部分用圆木支架支撑，支架高 1.5～3m。新鲜空气从进风巷进入，通过工作面后，沿回风巷返回主巷道。矿工和材料通过进风巷送到工作面，煤块粉碎机、装载机、变电所等都安装在进风巷靠近工作面的地方。回风巷安装有瓦斯抽放管道、安全检测系统等。备用工作面铺设金属网面支撑巷道。

(2)试验方法：将采用标准信号发生器或便携式信号源置于各测试点，接收器顺巷道移动，测试在不同巷道环境中的最远识别距离。为统一试验条件，发射功率固定在–2dBm，频谱分析仪和便携式接收机灵敏度分别为–120dBm 和–90dBm，发射和接收天线均为–3dB，1/4 波长鞭状天线。另外，由于测量设备均为非本质安全型，为保证安全，专门有安检员监测试验地点的瓦斯浓度。

2)无线射频信号在矿山的传播特性

(1)截止频率：UHF 频段电磁波在巷道中传播时，由于电磁波波长远小于隧道尺寸，从波导理论可以知道可将巷道视作有损介质波导，只有频率高于波导截止频率的电磁波才能在波导中传播。若矩形巷道的横截面宽为 a，高为 b，巷道壁磁导率和电容率分别为 μ 和 ε，其截止频率可由下式给出：

$$f = \frac{1}{2\pi\sqrt{\mu\varepsilon}}\sqrt{(m\pi / a)^2 + (n\pi / b)^2} \tag{6.1}$$

其中，m、$n = 0$，1，2，3，…为波模的阶次。这个频段的信号在巷道中传播时必为多模传播，各个模式的损耗与其阶数的平方成正比，由此可算得模拟巷道和井下巷道主模的截止频率分别为 65.43MHz 和 43.97MHz，三个试验频率——433MHz、915MHz 及 2.4GHz 都远高于其截止频率。

(2)电波传播衰减特性：矩形巷道中水平极化波主模 $E_{\text{rec\_h}}$ 和垂直极化波主模 $E_{\text{rec\_v}}$ 的电波传播衰减常数分别为

$$\alpha_{\text{rec\_h}} = 4.343\lambda^2\left[\frac{\varepsilon_{\text{r}}}{a^3(\varepsilon_{\text{r}}-1)^{1/2}} + \frac{1}{b^3(\varepsilon_{\text{r}}-1)^{1/2}}\right] \tag{6.2}$$

$$\alpha_{\text{rec\_v}} = 4.343\lambda^2\left[\frac{1}{a^3(\varepsilon_r-1)^{1/2}}+\frac{\varepsilon_r}{b^3(\varepsilon_r-1)^{1/2}}\right] \tag{6.3}$$

其中，λ 为波长；ε_r 为巷道壁相对介电常数，由沙浆、混凝土构成的巷道壁其相对介电常数取 4.5，此时可得波模 $E_{\text{rec\_h}}$ 和波模 $E_{\text{rec\_v}}$ 的衰减常数曲线如图 6.21 所示。从衰减常数计算公式可以看出，衰减常数与电波频率的平方成反比，与巷道的宽和高的三次方成反比。

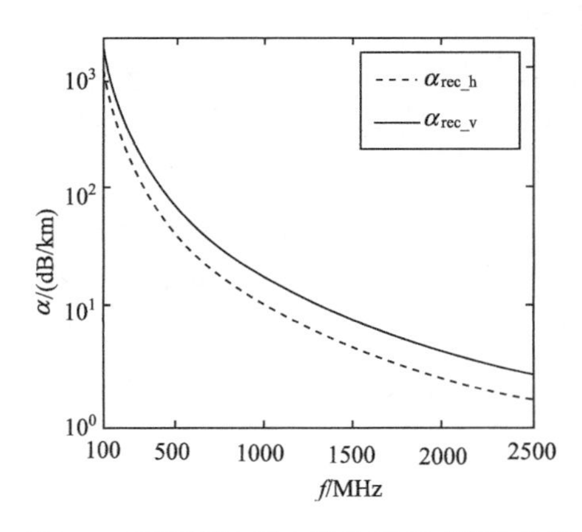

图 6.21　不同频率的电波传播衰减常数曲线

在研究三个频率在井下巷道内接收功率的变化时，采用了线性回归分析法，相对接收功率随传播距离的变化如图 6.22(a)～图 6.22(c)所示。经过观察发现，无线电波在巷道内的传播区域被转折点分为两个区域，两个区域有不同的衰减率，因此需用两条不同斜率的直线来拟合在巷道里测量的数据。图 6.22 显示出来的共性是：传播区域被距发射天线 25～30m 处的转折点分为两段，在转折点之前的区域，相对接收功率下降相对较快，433MHz、915MHz 和 2.4GHz 分别从 0m 的–20.5dBm、–22.8dBm 和–38.5dBm 下降到转折点的–72.1dBm、–57.9dBm 和–77dBm，平均下降了 41.7dBm，衰减率分别为 1.7dB/m、1.17dB/m、1.28dB/m；而在转折点之后相对接收功率下降得较慢，衰减率分别为 0.65dB/m、0.39dB/m 和 0.12dB/m；在 66m 处，相对接收功率分别下降到–93.4dBm、

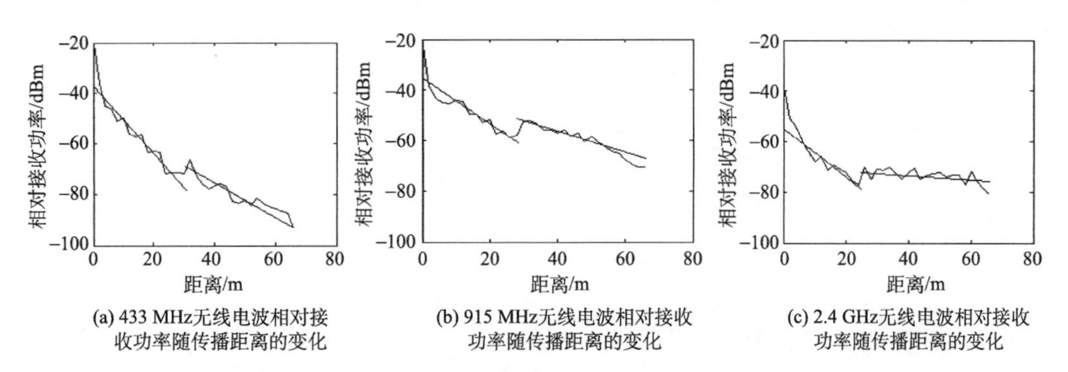

(a) 433 MHz无线电波相对接收功率随传播距离的变化　(b) 915 MHz无线电波相对接收功率随传播距离的变化　(c) 2.4 GHz无线电波相对接收功率随传播距离的变化

图 6.22　相对接收功率随传播距离的变化

–70.7dBm 和–81dBm，平均衰减率分别是 1.1dB/m、0.73dB/m 和 0.64dB/m。

上述结果可用巷道混合传播模型来解释。混合模型是基于巷道相对于信号的波长来说是超大尺寸的非理想波导来假设的。在转折点之前，导引传播尚未建立起来，波在这个区域主要为多模传播，电波的传播方式与波在自由空间的传播类似，因此可用自由空间的传播模型估计传播衰减；而在转折点之后，由波导结构决定的导引传播已经稳定，在此区域中，高次模基本上已被衰减掉，电磁波主要以基模的形式传播，具有导波特性，因此可用修正的波导模型来估计传播损耗。混合模型中对近场区和远场区之间的转折点可通过 Fresnel 理论来确定。分析 433MHz、915MHz 和 2.4GHz 三个频率的相对接收功率表明：频率越高，则波长越小，巷道截面尺寸相对于波长越大，电磁波的传播空间越宽阔，巷道对电磁波传播的影响越小，从而衰减越小。

(3) 弯曲巷道传播特性：井下巷道交叉路口多，研究弯曲巷道内的传播特性也很重要。在弯曲巷道中存在两种波，一种波的电场位于平面内，称为纵面电波(Longitudinal Section Electric：E_z=0)，即 LSE 波；另一种波的磁场位于平面内，称为纵截面磁波(Longitudinal Section Magnetic：H_z=0)，即 LSM 波。根据边界条件可以得到两个非耦合波($\mathrm{LSE}_{0,n}$波与 $\mathrm{LSM}_{0,n}$波)的波模方程为

$$\begin{aligned}&\{[w(t_+)+q_{1+,2+}w'(t_+)]/[v(t_+)+q_{1+,2+}v'(t_+)]\}\\&\times\{[v(t_-)-q_{1-,2-}v'(t_-)]/[w(t_-)-q_{1-,2-}w'(t_-)]\}=1=\mathrm{e}^{2\mathrm{j}n\pi},\quad n=0,1,\cdots\end{aligned}\tag{6.4}$$

其中，$q_{1\pm}$ 用于 $\mathrm{LSE}_{0,n}$ 波，$q_{2\pm}$ 用于 $\mathrm{LSM}_{0,n}$ 波。然后由弧长公式可知衰减系数 α 和相位常数 β 由下式给出：

$$\alpha+\mathrm{j}\beta=\mathrm{j}v/a\tag{6.5}$$

其中，a 是弯曲巷道的平均曲率半径，采用牛顿迭代法的变形——抛物线法求解了波模方程式(6.4)，得到弯曲巷道中电磁波衰减率与弯曲程度关系及衰减率与频率的关系如图 6.23、图 6.24 所示。图中 a 为平均曲率半径，b 为巷道宽度的一半。从图 6.23 可知，由于 b 固定，a 值越大即巷道拐弯越急，电磁波衰减越大。从图 6.24 可以得到弯曲巷道中衰减率和频率的关系，频率越高，巷道拐弯带来的衰减越大。这一点与本次试验测量结果吻合，数据由表 6.10 给出。

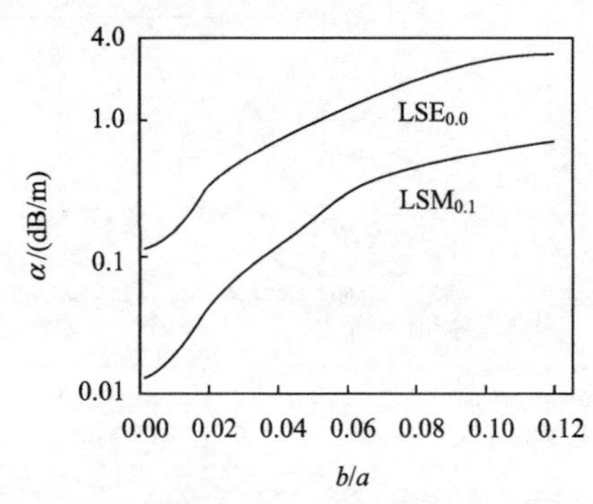

图 6.23　弯曲巷道中电磁波衰减率与 b/a 的关系

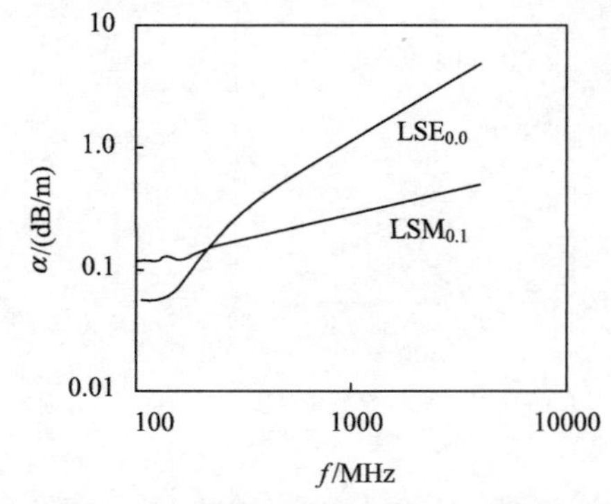

图 6.24　弯曲巷道中电磁波衰减率与频率的关系

通过理论计算和试验结果可以看出，在平直巷道中，频率越高，越有利于电磁波的传输，在弯曲巷道中，频率越高，越不利于电磁波的传输。

表 6.10　弯曲巷道中频率对衰减率的影响

频率/MHz	433	915	2400
衰减/(dB/km)	57.7	67.6	76.1

(4) 煤掩穿透特性：当电波传播受到煤层阻碍时，势必会产生反射和穿透作用，这样就会造成电波的损耗。由于煤掩穿透采用全掩埋的方法，因此不考虑反射损耗。2.4GHz 频率电波在掩埋超过 15cm 后就衰减到小于–120dBm，超出仪器测量范围。433MHz 和 915MHz 频率电波煤掩厚度与相对接收功率损耗值的关系如图 6.25 所示。可以看出 915MHz 电波在煤层中的衰减率大于 433MHz，这是由于波长越长，绕射能力越强。它们的平均衰减率分为 3.4dB/m 和 4.1dB/m。

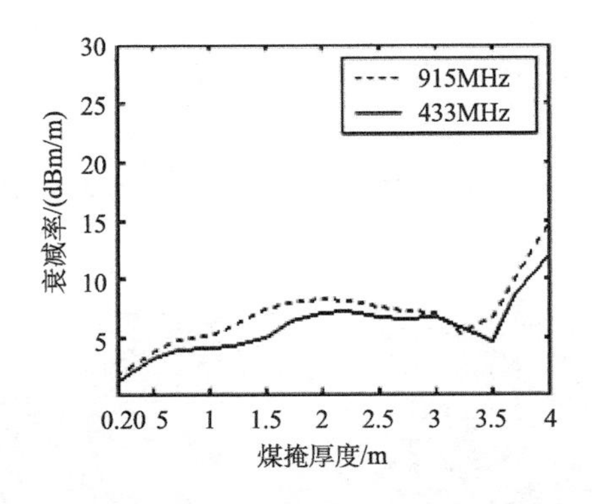

图 6.25　无线电波衰减率与煤掩厚度的关系

3) 结语

矿山巷道无线信道是无线电波传播的一个特殊环境，通过矿山无线射频信号传输试验，研究了 UHF 波段无线信号在矿山的截止频率特性、电波传播衰减特性、弯曲巷道传播特性和煤掩穿透特性，得到了 433MHz、915MHz 和 2.4GHz 无线射频信号矿山传输特性与煤掩穿透特性的定量数据。根据试验研究得到如下结论：无线电波在矿山传播必须大于矿山截止频率，截止频率在甚高频频带 50MHz 左右；在平直巷道中，频率越高越有利于电磁波的传播，在弯曲巷道中，频率越高越不利于电磁波的传播，频率升高，射频信号的绕射性能、穿透性能降低。上述结论可对我国矿山无线移动通信技术提供宝贵试验数据和有力理论支持，例如，矿山第三代移动通信系统的传输性能优于小灵通和大灵通系统；2.4GHz 的人员定位系统信号覆盖性能要优于 433MHz；而用于搜救系统的无线射频卡，采用 433MHz 更能发挥作用。

9. 井下视频图像的小波消噪加强方法①

目前，我国各大、中、小煤矿陆续装备了矿井监视系统，不仅能直观监视井下工作现场的生产实际情况、及时发现事故苗头防患于未然，也能为事后分析事故提供有关的第一手现场资料。但是，由于井下光源不足甚至是全黑环境，无论煤矿企业使用的工业电视监视系统，还是一些矿井采用的综合业务数字网，视频图像质量都不高，表现为画面粗糙、模糊、层次不分明。此外，图像信号在传输过程中易受恶劣环境的干扰，质量下降。图 6.26 为具有红外夜摄功能的 320 万像素隔爆照相机拍的甘肃靖远魏家地矿井下巷道情况，2048 像素(宽)×1536 像素(宽)，水平解析度 72DPI(Dot Per Inch)，垂直解析度 72DPI，全黑环境下红外夜摄得到的是黑白照片。图 6.27 为 KBA-H 型清晰度 420 电视线的矿用本安彩色红外摄像仪摄的河南平顶山一矿运输大巷视频截图，316 像素(宽)×238 像素(宽)，水平解析度 96DPI，垂直解析度 96DPI，在光源不足环境下红外夜摄得到的是淡绿色图像。摄像仪虽然内置了 CCD 图像传感器、采用了 HAD(Advanced Hole Accumulation Diode)电子画质提升技术，但所拍的静像效果和数码相机无法相提并论，传到地面的视频图像光色和亮度均不令人满意。

1)基本小波理论

近年来小波变换(Wavelet Transform)受到众多学科的共同关注，小波理论是传统傅里叶变换的继承和发展。

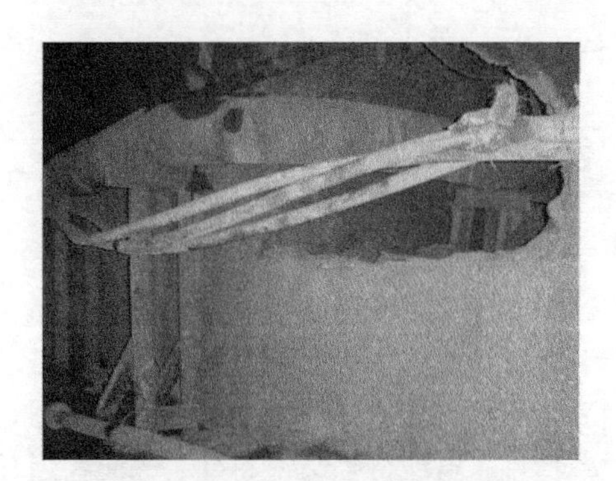

图 6.26 数码相机拍摄的甘肃靖远魏家地矿井下巷道情况(2005 年 11 月 9 日拍)

图 6.27 摄像仪摄录的河南平顶山一矿运输大巷视频截图(2004 年 7 月 30 日摄)

设 $\psi(t)\in L^2(\mathbb{R})$ ($L^2(\mathbb{R})$ 表示平方可积的实数空间，即能量有限的信号空间)，其傅里叶变换为 $\Psi(\omega)$，当 $\Psi(\omega)$ 满足允许条件：

$$C=\int_{\mathbb{R}}\frac{|\Psi(\omega)|^2}{|\omega|}\mathrm{d}\omega<\infty \tag{6.6}$$

时，称 $\psi(t)$ 为一个基本小波或母小波，小波 $\psi(t)$ 是 $L^2(\mathbb{R})$ 中满足以下容许性条件的函数。

设 $f(t)\in L^2(\mathbb{R})$，信号 $f(t)$ 的小波变换为 $f(t)$ 与 $\psi(t)$ 的内积：

① 李文峰，赵健，李志忠. 井下视频图像的小波消噪加强方法[J]. 西北大学学报(自然科学版)，2006(06)：882-886.

$$W_f(a,b)=\langle f(t),\psi_{a,b}(t)\rangle=\frac{1}{\sqrt{|a|}}\int_{\mathbb{R}} f(t)\overline{\psi\left(\frac{t-b}{a}\right)}\mathrm{d}t \tag{6.7}$$

其中，a，$b\in\mathbb{R}$；a 为小波的伸缩因子，$a\neq0$，b 为平移因子。从式(6.7)可以看出 $\Psi(t)$ 的不唯一性，它是由经过尺度因子和平移因子的变换而形成的一系列小波函数组成的。

令 $\psi_s(t)=\frac{1}{s}\psi\left(\frac{t}{s}\right)$，则 $f(t)$ 的卷积型小波变换为

$$W_f(s,t)=f(t)*\psi_s(t)=\frac{1}{s}\int_{\mathbb{R}} f(u)\psi\left(\frac{t-u}{s}\right)\mathrm{d}u \tag{6.8}$$

有些文献中把 s 称为 $\psi(t)$ 的尺度伸缩函数。

式(6.7)等效的频域表示为

$$W_f(a,b)=\frac{\sqrt{a}}{2\pi}\int f(\omega)\overline{\Psi(a\omega)}\mathrm{e}^{\mathrm{j}\omega b}\mathrm{d}\omega \tag{6.9}$$

从式(6.8)、式(6.9)可以看出，当 a 值小时，时轴上观察范围小，而在频域上相当于在较高频率作分辨率较高的分析；当 a 值较大时，时轴上观察范围大，而在频域上相当于在较低频率作分辨率较低的分析。由于小波变换是一种窗口大小固定不变，但其形状、时间窗以及频率窗都可改变的时频域局部化分析方法，具有多分辨率分析的特点，能够在时域和频域表征信号局部特征。

小波变换的逆变换(重构)公式如下：

$$f(t)=\frac{1}{C}\int_{-\infty}^{\infty}\int_{-\infty}^{\infty}\frac{1}{a^2}W_f(a,b)\psi\left(\frac{t-b}{a}\right)\mathrm{d}a\mathrm{d}b \tag{6.10}$$

井下视频图像信号属于非平稳一类信源，由于小波变换的自动变焦作用可以对其进行时频分析。

2)井下视频图像的小波消噪

噪声是不需要或不希望信号的总称。

井下视频图像在采集、转换、传输过程中不可避免地混有噪声或干扰信号。为了获得清晰的画面，需要把图像信号中的有效信号提取出来，抑制(削弱)干扰或噪声信号。

为了使问题的说明具有普遍性，假设一个叠加了噪声的有限信号为

$$y(t)=s(t)+n(t) \tag{6.11}$$

其中，$s(t)$ 为有效信号；$n(t)$ 为噪声信号；$y(t)$ 为测试中得到的信号。信号处理的基本目的就是从被污染的信号 $y(t)$ 中，尽最大可能地恢复有效信号 $s(t)$；最大限度地抑制或消除噪声 $n(t)$。

(1)假设 $n(t)$ 是一个冲激信号($\delta(t)$)，则

$$W_\delta(s,t)=\delta(t)*\psi_s(t)=\frac{1}{s}\psi\left(\frac{t}{s}\right)|W_s(s,t)|^2=\frac{1}{s^2}\left|\psi\left(\frac{t}{s}\right)\right|^2 \tag{6.12}$$

随尺度 s 的增大，$|W_\delta(s,t)|^2$ 逐渐减小。

(2)假设 $n(t)$ 是一个实的、均值为零、方差为 σ^2 的广义平稳白噪声，则

$$W_n(s,t)=\int_{\mathbb{R}} n(u)\psi_S(t-u)\mathrm{d}u$$

$$|W_n(s,t)|^2=\iint_{\mathbb{RR}} n(u)\psi_S(t-u)n(v)\psi_S(t-v)\mathrm{d}u\mathrm{d}v=\iint_{\mathbb{RR}} n(u)n(v)\psi_S(t-u)\psi_S(t-v)\mathrm{d}u\mathrm{d}v$$

因为 $E\{n(u)n(v)\}=\sigma^2\delta(u-v)$，所以：

$$\begin{aligned}E\left\{|W_n(s,t)|^2\right\}&=\iint_{\mathbb{RR}} E\{n(u)n(v)\}\psi_S(t-u)\psi_S(t-v)\mathrm{d}u\mathrm{d}v\\&=\sigma^2\iint_{\mathbb{RR}}\delta(u-v)\psi_S(t-u)\psi_S(t-v)\mathrm{d}u\mathrm{d}v=\sigma^2\int_{\mathbb{R}}|\psi_S(t-u)|^2\mathrm{d}u=\sigma^2\|\psi\|^2/s\end{aligned}\tag{6.13}$$

这表明 $W_n(s,t)$ 的平均功率与尺度 s 成反比。

(3)假设 $n(t)$ 是高斯白噪声，则

$$E|W_n(s,t)|^4=3\left[\sigma^2\|\psi\|^2/s\right]^2\tag{6.14}$$

$$\mathrm{Var}|W_n(s,t)|^2=2\left[\sigma^2\|\psi\|^2/s\right]^2\tag{6.15}$$

随着 s 增大，$|W_n(s,t)|^2$ 的方差也逐渐减小，这说明噪声在较大尺度上可以忽略。若 $n(t)$ 是高斯型的，则 $W_n(s,t)$ 也是高斯分布的，可以证明 $n(t)$ 模极大值的平均稠度为

$$d_n=\frac{1}{s\pi}\left[\frac{\|\psi''\|}{2\|\psi'\|}+\frac{\|\psi'\|}{\|\psi\|}\right]\tag{6.16}$$

其中，ψ'和 ψ''分别是 $\psi(t)$ 的一阶和二阶导数，模极大值点的平均密度也反比于尺度 s，说明噪声的某一尺度上的模极大值可能传不到下一尺寸的相应位置上，这可作为图像消噪的依据。

图像保真度准则是一种图像处理后质量评价的标准。保真度准则又分为客观保真度和主观保真度准则。前者是以处理前后图像的误差(均方误差、归一化均方误差)或处理后恢复图像的信噪比或峰值信噪比来度量的，后者则取决于人的主观感觉。

视频图像小波消噪方法：根据图像的性质以及给定的图像处理标准，首先选择小波和小波分解的层次，把二维图像分层次进行小波分解；然后确定高频系数的阈值，对 1～N(N 一般取 3)层的每一层，选择一个阈值，对高频系数进行处理；根据 1～N 层的低频系数和 1～N 层的经过修改的高频系数，计算出信号的小波重建、恢复图像。

图 6.28 为一个实际视频截图进行的几种消噪处理。图 6.28(b)采用全局统一阈值方法消噪；图 6.28(c)采用分层不同阈值(Birge-Massart)方法消噪；图 6.28(d)则采用高频阈值随意指定量化方法消噪。不同阈值消噪方法图像客观保真度数据对比如表 6.11 所示。

比较图 6.28 及其数据，可以看出：小波函数的选取不同将对图像处理产生不同的效果；多尺度分解处理相互间的效果存在差别(如 2 尺度分解与 3、4 尺度分解比较)；对图

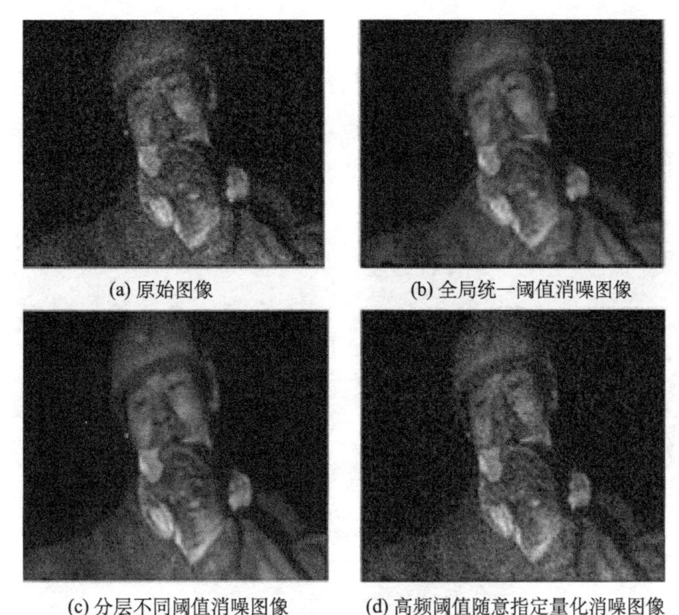

(a) 原始图像　(b) 全局统一阈值消噪图像

(c) 分层不同阈值消噪图像　(d) 高频阈值随意指定量化消噪图像

图 6.28　陕西铜川陈家山矿难救援中的小波消噪对比图(2005 年 2 月 19 日视频截图)

表 6.11　不同阈值消噪、轮廓加强以及消噪加强结合使用处理图像时，客观保真度数据对比

	均方误差	归一化均方误差	峰值信噪比/dB	信噪比/dB
全局统一阈值消噪	19.427	0.33757	35.247	4.7164
分层不同阈值消噪	20.056	0.3485	35.108	4.578
高频阈值随意指定量化消噪	9.5186	0.1654	38.345	7.8146
轮廓加强	26.895	0.46734	33.834	3.3037
消噪、加强处理	26.343	0.45775	33.924	3.3937

像消噪过程中全局统一阈值和分层采取不同的阈值会产生不同的效果，采用什么样的有效法则计算阈值是对图像消噪的一个非常关键的问题。许多不同工程中的实践证明：阈值的选取对不同工程甚至不同个体，没有一个统一的法则，很多情况下主要靠实践经验来选取。另外，有一个事实不容忽视：有些图像只是含有少量的高频噪声，如果采取滤除全部高频噪声的方法则会损害固有的高频有用信号，使图像的细节受到损害。

3)井下视频图像的小波轮廓加强方法

频域变换将原来的图像空间中的图像以某种形式转换到其他空间中，然后利用该空间特有的性质进行处理，最后再转换到原来的空间，从而得到处理后的图像。在某些文献中，它与图像轮廓处理为同一方法，都是通过改变图像的高频部分，反方向改变图像的低频部分来达到图像轮廓加强的效果。常见的频域变换方法有低通滤波、高通滤波以及同态滤波等。

一般情况下，图像经二维小波分解后，其边沿、轮廓部分则体现在高频部分，因此，通过对低频分解系数进行衰减处理，对高频分解系数进行增强处理，即可达到图像改善的效果。

图 6.29(b)是根据频域变换原理对图像进行抑制低频、增强高频成分的图像轮廓处理。可以看出，图像的轮廓得到明显的改变。图 6.29(c)将频域变换和消噪处理结合使用，效果更好。图像加强和图像消噪加强两种方法的客观保真度数据对比如表 6.11 所示。

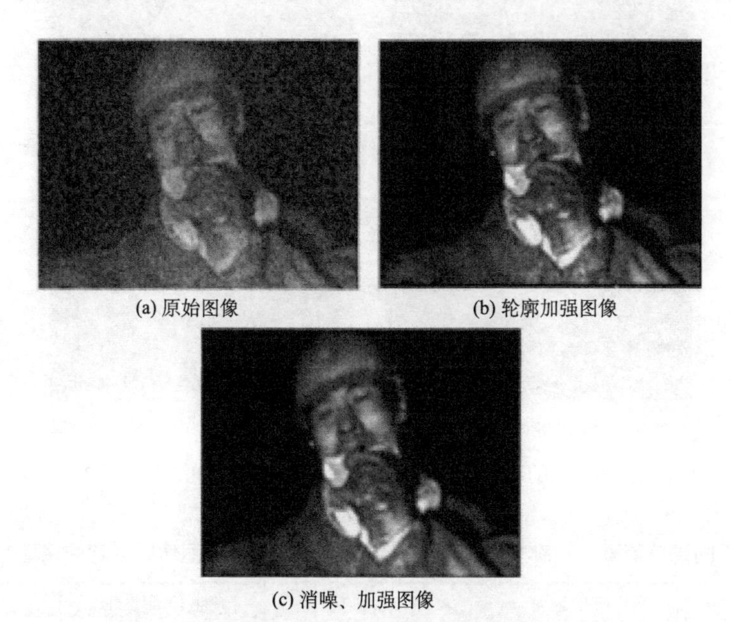

(a) 原始图像　(b) 轮廓加强图像

(c) 消噪、加强图像

图 6.29　陕西铜川陈家山矿难救援中的小波轮廓加强对比图(2005 年 2 月 19 日视频截图)

图 6.30 是另一个基于小波理论对视频图像进行消噪(Birge-Massart 算法阈值处理)和增强的例子。可以发现：在用小波变换进行图像处理时仍有很多东西带有不确定性，或

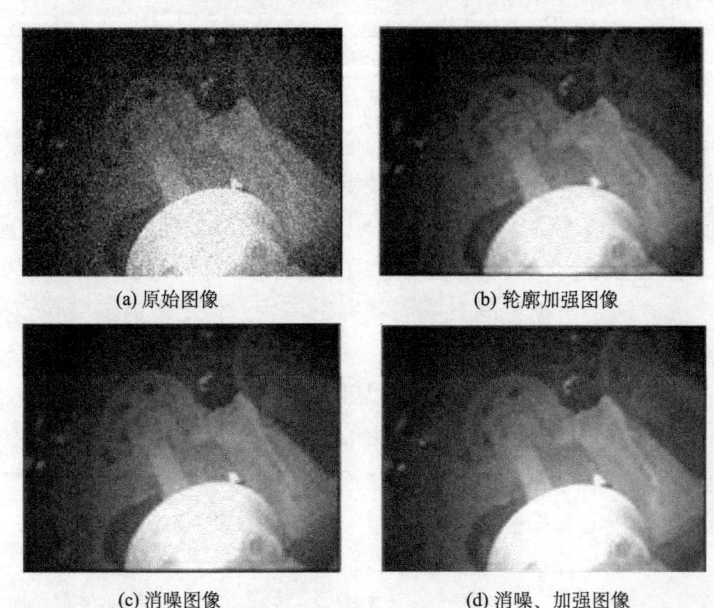

(a) 原始图像　(b) 轮廓加强图像

(c) 消噪图像　(d) 消噪、加强图像

图 6.30　陕西铜川陈家山瓦斯爆炸中被炸飞的车轮(2005 年 2 月 19 日视频截图)

者说效果差别不是很明显。当然，轮廓加强和消噪处理结合使用，与原始图像相比较，清晰度提高了。小波消噪、轮廓加强以及消噪、加强结合使用处理图像时，客观保真度数据对比如表 6.12 所示。

表 6.12　小波消噪、轮廓加强以及消噪、加强结合使用处理图像时，客观保真度数据对比

	均方误差	归一化均方误差	峰值信噪比/dB	信噪比/dB
消噪处理	19.121	0.25947	35.318	5.8591
轮廓加强	18.696	0.25384	35.413	5.9544
消噪、加强处理	19.556	0.26553	35.218	5.7589

与原始图像相比较，频域变换和消噪处理结合使用，可使井下视频图像质量得到明显改善。当然，小波应用中的很多东西还有待于更深入的探究。

10. 自适应回声消除器设计①

语音通信是救援通信系统的基本功能之一。井下救护人员可通过语音通话及时上报灾害现场情况和救援进行情况，同时井下救护人员之间还可语音通话，彼此配合完成救援任务。井上指挥中心可通过语音通话直接下达救援指示，协调各项工作。由于井下空间狭窄等因素，扬声器里传来的语音极易经过巷道壁的反射再次进入麦克风传给说话者，形成回声干扰，降低了通话质量，影响救援人员与指挥中心之间的正常沟通。鉴于此，本节设计了一种自适应回声消除器，为解决井下应急救援中语音通话时的回声干扰问题提供应用方案。

1) 自适应回声消除器设计方法

自适应回声消除器主要由语音检测模块和自适应滤波器模块组成，如图 6.31 所示，语音检测模块控制自适应回声消除器的工作模式，自适应滤波器模块用于产生真实回声的估计信号，通过调整滤波器阶数及权系数，自动跟踪回声信号变化，实现回声抑制。

远端(扬声器端)输入信号 $x(n)$ 经外界环境干扰形成回声信号 $r(n)$，原始语音信号 $s(n)$ 和回声信号 $r(n)$ 叠加形成近端(麦克风端)输入信号

$$d(n)=s(n)+r(n) \tag{6.17}$$

自适应滤波器根据远端(扬声器端)输入信号 $x(n)$ 经过回声路径的特性产生一个回声估计信号 $y(n)$，近端(麦克风端)输入信号 $d(n)$ 减去滤波器输出的回声估计信号 $y(n)$ 得到误差信号

$$e(n)=d(n)-y(n) \tag{6.18}$$

由式(6.17)、式(6.18)得

$$e(n)-s(n)=r(n)-y(n) \tag{6.19}$$

要使误差信号 $e(n)$ 无限接近原始语音信号 $s(n)$，就要让回声估计信号 $y(n)$ 尽可能接

① 主要内容整理自：李文峰，王晓辉，孙小业. 自适应回声消除器设计[J]. 工矿自动化，2017，10：020.

近回声信号 $r(n)$，从而实现回声消除。

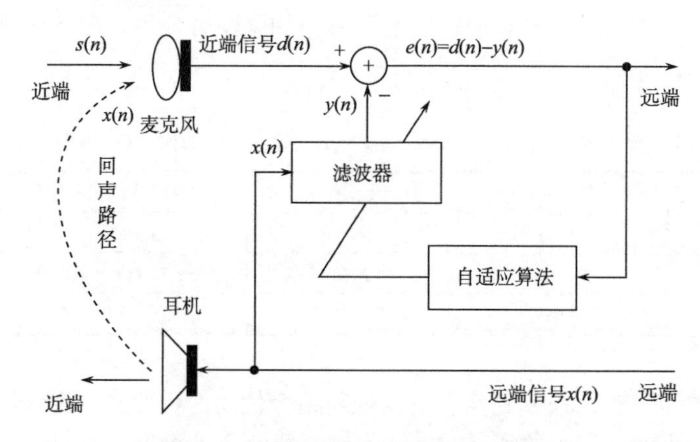

图 6.31　自适应回声消除器工作原理

(1)语音检测模块：自适应回声消除器通过语音检测模块检测当前语音环境，根据远端通话、双端通话、近端通话和静音 4 种语音模式，分别选择对应的自适应回声消除、冻结、旁路和静默四种工作模式。

①远端通话检测。计算远端信号的短时能量 E_{far} 和近端信号的短时能量 E_{near} 之间的比值，如果比值大于某一阈值(阈值一般通过实验或测试经验来确定)，则判断为远端通话语音模式，自适应回声消除器进入自适应回声消除工作模式，即更新滤波器权系数、开启滤波功能。

②双端通话检测。由于近端原始语音信号 $s(n)$ 和远端输入信号 $x(n)$ 是相关的，通过计算两者之间的互相关量来判断是否为双端通话语音模式。如果语音环境为双端通话语音模式，自适应回声消除器进入冻结工作模式，即停止更新滤波器权系数，但仍开启滤波功能。

③近端通话检测。计算近端信号的短时能量 E_{near}、远端信号的短时能量 E_{far}，设置合适的阈值 α，如果 $E_{near}>\alpha E_{far}$，则判断为近端通话语音模式，自适应回声消除器进入旁路工作模式，即停止更新滤波器权系数、关闭滤波功能。

④静音检测。没有原始语音信号 $s(n)$ 输入时，处于静音语音模式，此时存在各种背景噪声，自适应回声消除器进入静默工作模式，即利用自适应滤波器来模拟背景噪声，然后从误差信号中减去该背景噪声的估计信号来抑制背景噪声。

(2)自适应滤波器模块：包括滤波器单元和自适应算法单元。滤波器单元根据远端输入信号 $x(n)$ 产生一个回声估计信号 $y(n)$；自适应算法单元根据误差信号 $e(n)$ 来调整滤波器权系数，使回声估计信号 $y(n)$ 逐步逼近回声信号 $r(n)$。

①滤波器单元。滤波器采用有限长单位冲激响应(Finite Impulse Response，FIR)滤波器，其输入和输出关系表达式为

$$y(n)=\sum_{k=0}^{N-1}h(k)x(n-k) \tag{6.20}$$

其中，N 为有限信号序列长度；$h(k)$ 为回声路径的单位脉冲响应向量；$x(n-k)$ 为远端

输入信号。

式(6.20)的时域表达式为

$$y(n) = w^{\mathrm{T}}(n)x(n) \tag{6.21}$$

其中，$w(n)$为滤波器权系数。

②自适应算法单元。通过自适应算法对滤波器权系数$w(n)$进行计算，使$w^{\mathrm{T}}(n)x(n)$尽可能接近$r(n)$。均方误差为

$$E\left[e^2(n)\right] = E[d^2(n) - 2d(n)w^{\mathrm{T}}(n)x(n) + w^{\mathrm{T}}(n)x(n)x^{\mathrm{T}}(n)w(n)] \tag{6.22}$$

式(6.22)是关于滤波器权系数的二次抛物面函数，调节滤波器权系数使均方误差最小，相当于函数沿抛物面下降寻找最小值。

利用梯度信息寻找最小值是一种常用的方法，最小均方误差(Least Mean Square，LMS)算法利用瞬时误差信号的平方值来估计均方误差函数的梯度，权系数更新式为

$$w(n+1) = w(n) + \mu e(n)x(n) \tag{6.23}$$

其中，μ为步长参量。

当μ较小时，失调小，但收敛速度慢；当μ较大时，收敛速度快，但失调大。为解决这一矛盾，采用归一化最小均方误差(Normalized Least Mean Square，NLMS)算法，即用可变步长参量代替固定步长参量，权系数更新式为

$$w(n+1) = w(n) + \frac{\mu_{\mathrm{N}}}{x^{\mathrm{T}}(n)x(n) + \delta} e(n)x(n) \tag{6.24}$$

其中，μ_{N}为常数，用来平衡收敛速度和稳态失调；δ为较小的常数，用来避免步长参量过大。

迭代开始时步长参量比较大，具有较快的收敛速度，随着迭代的进行，步长参量逐渐减小，到达稳态时，具有较小的失调。

(3)软件流程：流程如图 6.32 所示。操作系统采用 Linux 系统，编程采用 Microsoft Visual C++ 6.0。初始化后首先进行语音模式检测，自适应回声消除器根据不同语音模式选择不同工作模式，各个不同工作模式对应滤波器权系数的更新与否及滤波器滤波功能的开启与关闭。

2)测试验证

自适应回声消除器在多媒体救援通信系统硬件平台上进行了应用测试。用户通过硬件设备接收远端传送来的语音信号，再经过自适应回声消除器对采集的音频信号进行处理。从收敛速度和回声消除效果两个方面来测试自适应回声消除器性能。

(1)收敛速度。在静音语音模式下，随机提取一段背景噪声，FIR 滤波器的阶数分别设置为 64 和 256，自适应回声消除器处理后的回声信号与回声估计信号之间的误差、均方误差曲线分别如图 6.33、图 6.34 所示。可看出滤波器阶数较大时，收敛速度较慢，但波动较小，稳态失调小，自适应回声消除器在纯回声情况下，在 1s 内即可收敛到–30dB 以下。

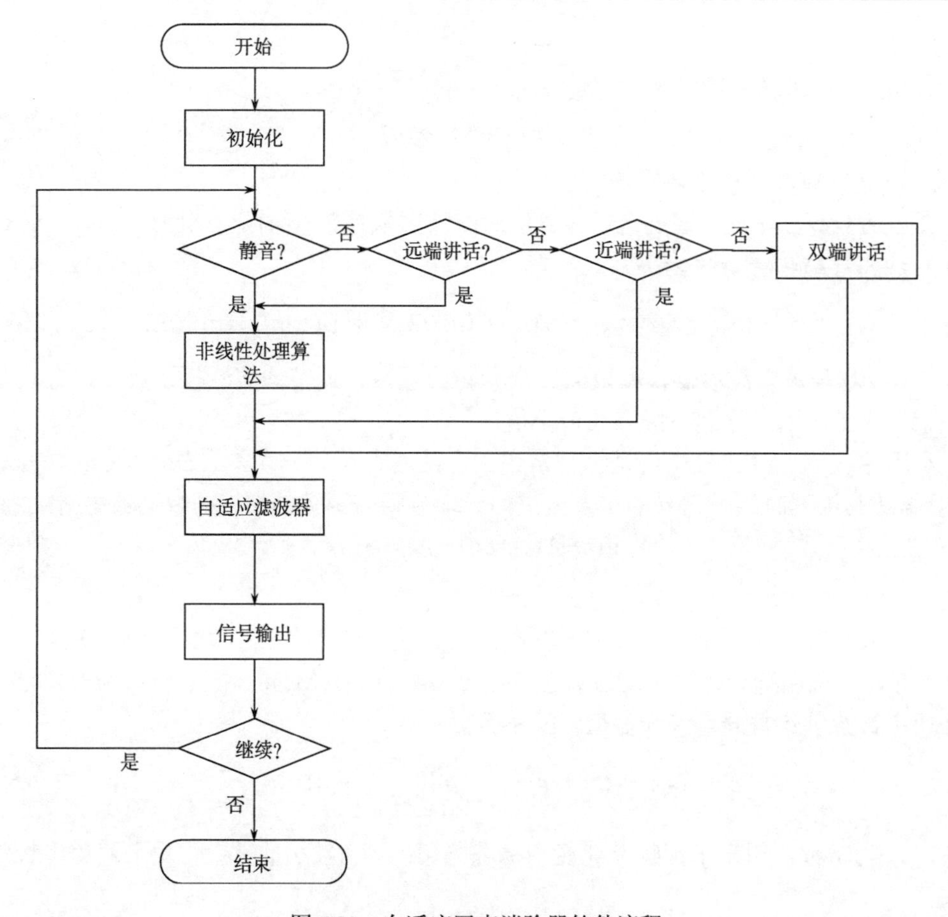

图 6.32　自适应回声消除器软件流程

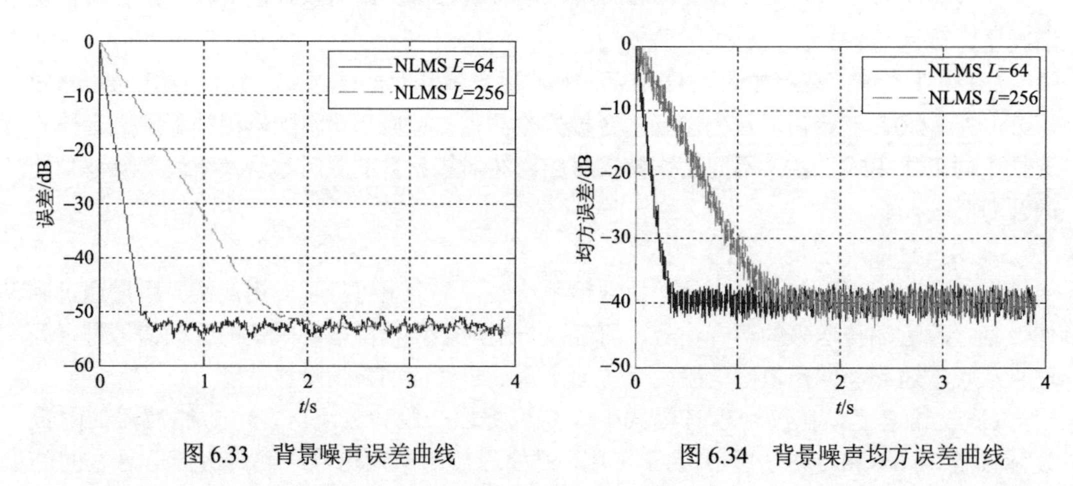

图 6.33　背景噪声误差曲线　　图 6.34　背景噪声均方误差曲线

(2) 回声消除效果。在双端通话语音模式下，分别从远端输入信号和近端输入信号中随机提取一段通话语音，FIR 滤波器的阶数设置为 256，自适应回声消除器处理后结果如图 6.35 所示。可看出经自适应回声消除器处理后的音频信号基本消除回声。

测试结果表明，该自适应回声消除器收敛速度快，可在 1s 内收敛到–30dB 以下，基本消除了音频信号回声。目前，自适应回声消除器已成功应用于多媒体救援通信系统中，下一步将研究复杂度更低的自适应滤波算法。

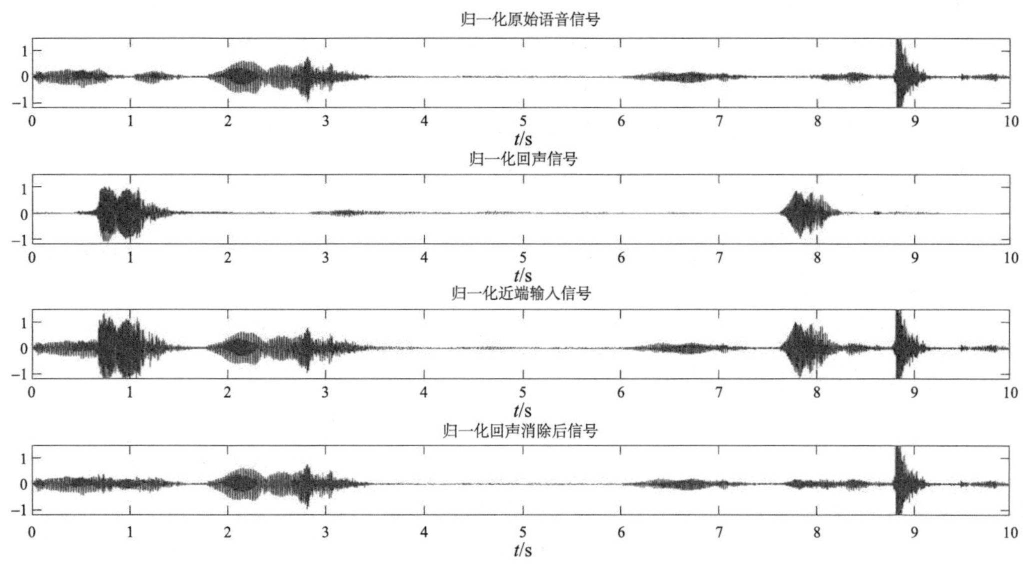

图6.35　自适应回声消除器

11. 多媒体救援通信系统应用管理软件设计①

鉴于矿山救援工作对信息多样化的迫切需求，多媒体应急救援通信系统应用管理软件能配合救援系统前端设备，将救援信息进行处理及存储，对提高国家矿山救援能力以及灾后分析事故、研究事故起因及责任认定起一定作用。

1)矿山多媒体救援通信系统简介

矿山多媒体救援通信系统组成框图如图6.36所示。多媒体救援通信系统主要由前端设备、井下基地及井上指挥中心(地面设备)三大部分组成。

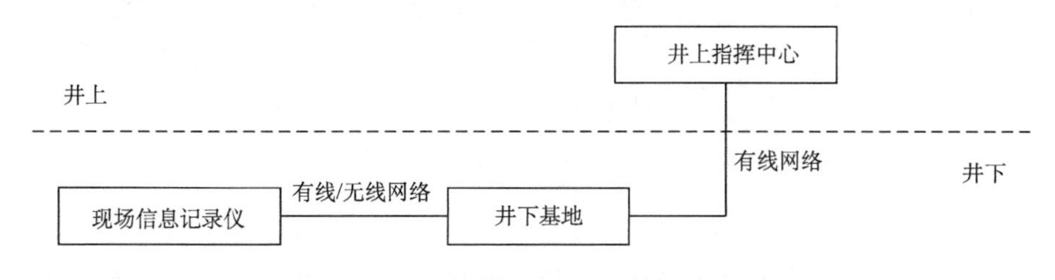

图6.36　矿山多媒体救援通信系统组成框图

2)软件设计

(1)需求分析：在设计矿山多媒体救援通信系统软件时，必须从矿山事故救援工作的

① 主要内容整理自：李文峰，唐晓莉，徐克强，等. 多媒体救援通信系统应用管理软件设计[J]. 工矿自动化，2012(2)：9-12

特点和需求出发，为现场指挥人员提供决策性的科学数据和资料，便于救援工作安全、高效地进行。考虑到救援现场环境需要即插即用的便捷性的设备需求，软件采用互为客户端/服务器的软件架构，Visual Studio 2005 集成开发环境进行软件开发，C++语言进行软件编写，Access 2003 作为后台数据库开发，软件需满足以下需求：

①能实时显示救援现场的视频信息；

②现场信息记录仪、井下基地和井上指挥中心三方能进行语音通信；

③能实时检测、显示井下可燃性气体(一氧化碳、氧气、硫化氢等环境参数)浓度，并在参数超标时报警；

④整个救援过程的影音资料可完整记录并回放，为以后分析事故原因、总结抢险过程的经验教训提供基础资料；

⑤软件应能够适应自组织、自愈和网络的特点，一旦在短时间断开连接后，视频及多方通话系统应能够自动进行重新连接；

⑥用户在软件界面内，应能够对软件系统进行相关配置，如音量等。

(2) 软件系统功能模块划分：多媒体信息救援系统应用管理软件属于系统客户端部分，根据软件需求，客户端软件主要分为网络处理、视频处理、多方通话、环境参数处理、调度管理、用户配置及多媒体信息存储与回放几大功能模块。图 6.37 为救援系统客户端软件构成图。

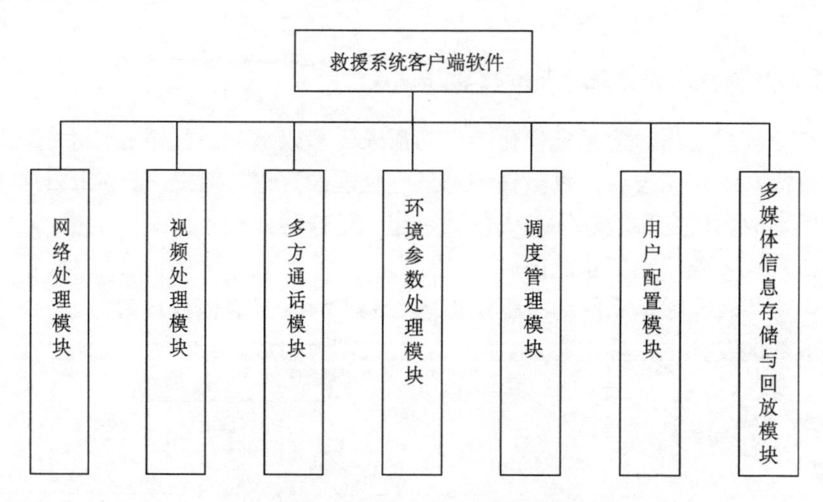

图 6.37　救援指挥平台应用管理软件构成

①网络处理模块：主要是根据网络通信协议，解析从现场信息记录仪和井下基地发送的数据包，分别将解析出来的视频、音频、环境参数数据送往相应模块进行处理。

②视频处理模块：将网络处理模块送来的视频流数据先利用 H.264 解码库进行解码，最终将解码成 RGB 格式的图像，在软件界面的视频显示区域，通过调用画图函数，同时不断刷新位图显示来实现视频图像的实时播放。

③多方通话模块：将网络处理模块送来的音频数据进行多方通话合成后，送往音频解码模块，然后通过声卡播放出来，同时，麦克风采集到的语音，通过音频编码后，送

到多方通话合成模块进行混音合成后，按照音频数据包的协议组合成音频数据流，再通过网络送到信息记录仪和井下基地设备。

④环境参数处理模块：根据环境参数数据包的组包协议，提取出环境参数(氧气、一氧化碳、甲烷浓度，环境温度)信息，并根据设定的告警门限值，判断是否需要输出告警信息，告警信息将以声音和环境参数显示区域的醒目红色曲线表示。

⑤调度管理模块：负责完成系统的管理及调度功能，此模块负责时刻监测网络的状态及前端信息记录仪和井下基地的设备状态在线信息，当监测到它们的在线状态发生变化时，根据在线和离线的状况输出告警或者提示信息，并根据方案设定的处理步骤，自动接通网络连接和多方通话，实现无须人工干预的智能接入。

⑥用户配置模块：主要完成用户的配置设置，主要包括信息记录仪和井下基地的 IP 地址设置，信息记录仪、井下基地和井上指挥中心的声卡与麦克风音量的设置和调节，以及各种环境参数项目告警门限值的设定、数据文件目录设置、视频文件大小参数控制等。

⑦多媒体信息存储与回放模块：对接收到的视频、音频及环境参数数据进行融合存储后存储到计算机硬盘上，救援工作结束后，可将存储的多媒体信息进行回放，便于事故分析及经验教训总结。

(3) 软件设计流程：首先进行初始化，包括音视频解码库、视频窗口及网络的初始化，创建接收线程后，程序将会从网络接收发送端发送来的数据包，不同类型的数据会在发送之前被打上命令号，接收端根据命令号的类型分别重新组装成视频、音频、环境参数数据并将其写入接收缓冲区，当一帧数据写满后，音视频送往相应的解码单元进行解码，解码后的视频显示在视频窗口，音频通过声卡放出，环境参数根据数据包协议分别解析出各种参数，在曲线显示区域进行显示，若超过预先设定的门限值，程序将调用报警子程序通过语音报警及红色曲线来输出告警信息，若需要对多媒体信息进行存储，通过手动方式进行录像即可，音视频及环境参数数据将会被同时记录到 AVI 文件中，接收端流程如图 6.38 所示，软件界面设计如图 6.39 所示。

3) 关键技术

(1) 多媒体信息融合技术：在整个救援工作中，涉及视频、音频、环境参数数据三种信息，传统的存储方法是将三种数据分别存储为三种格式的文件，但是，救援时间一般需要数小时，在这个过程中，存盘的文件既多又杂，这给回放和救援数据的分析带来极大不便，为了便于存储这些多媒体信息，在本节方案中将遵循 AVI 数据文件存储格式的要求，将三者数据进行融合存储。

AVI 是由 Microsoft 公司开发的一种资源互换格式(Resource Interchange File Format，RIFF)，也是 Windows 系统中最为常见的视频格式，如图 6.40 所示。AVI 格式是按交替方式组织音频和视频数据的，它最直接的优点就是兼容性好、调用方便而且图像质量好。通常情况下，一个 AVI 文件可以包含多个不同类型的媒体流(典型的情况下有一个音频流和一个视频流)，而多媒体信息融合正是借助了 AVI 所定义的这种存储格式。

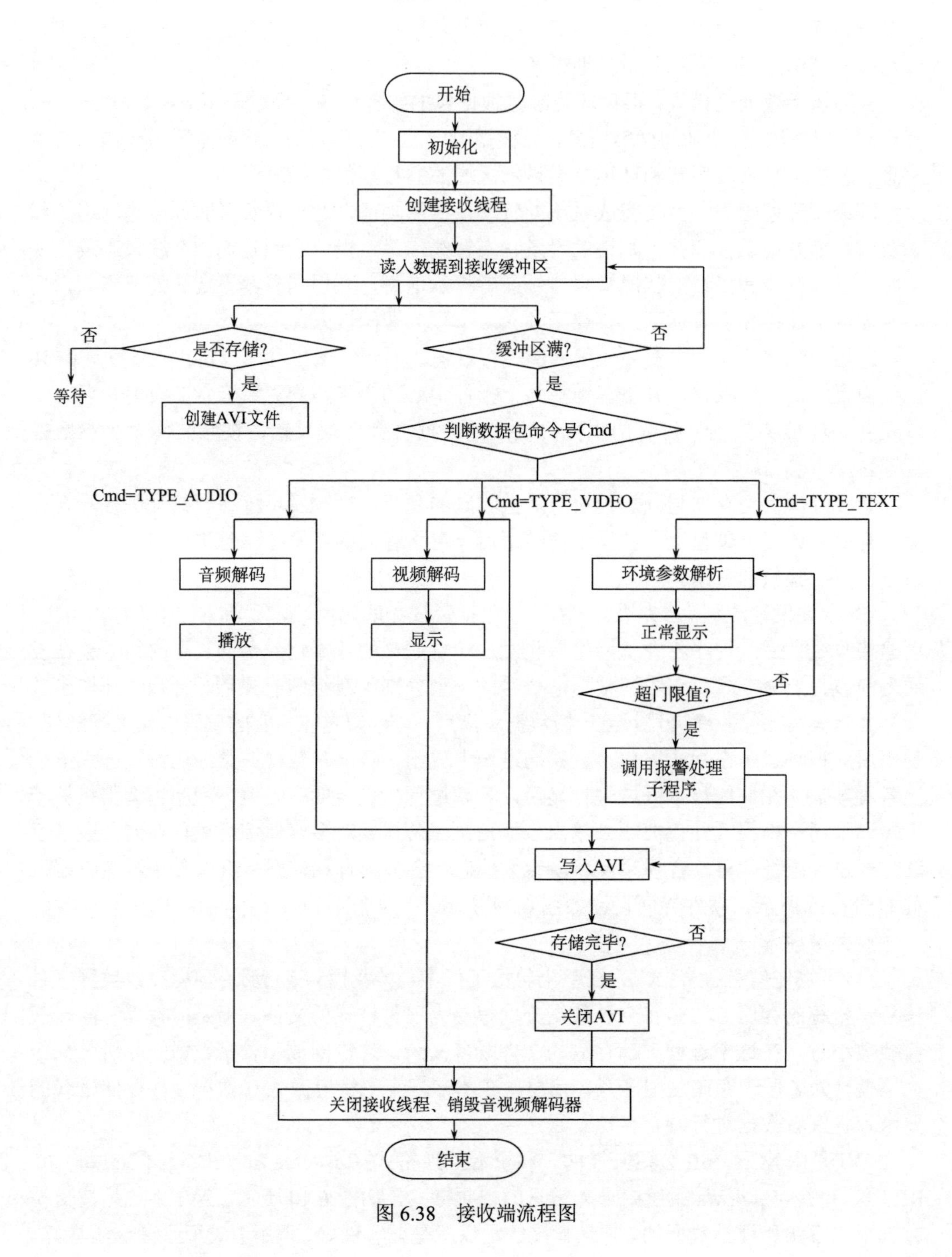

开始
初始化
创建接收线程
读入数据到接收缓冲区
否
是否存储?
是
等待
创建AVI文件
缓冲区满?
否
是
判断数据包命令号Cmd
Cmd=TYPE_AUDIO
Cmd=TYPE_VIDEO
Cmd=TYPE_TEXT
音频解码
播放
视频解码
显示
环境参数解析
正常显示
超门限值?
否
是
调用报警处理
子程序
写入AVI
存储完毕?
否
是
关闭AVI
关闭接收线程、销毁音视频解码器
结束

图 6.38　接收端流程图

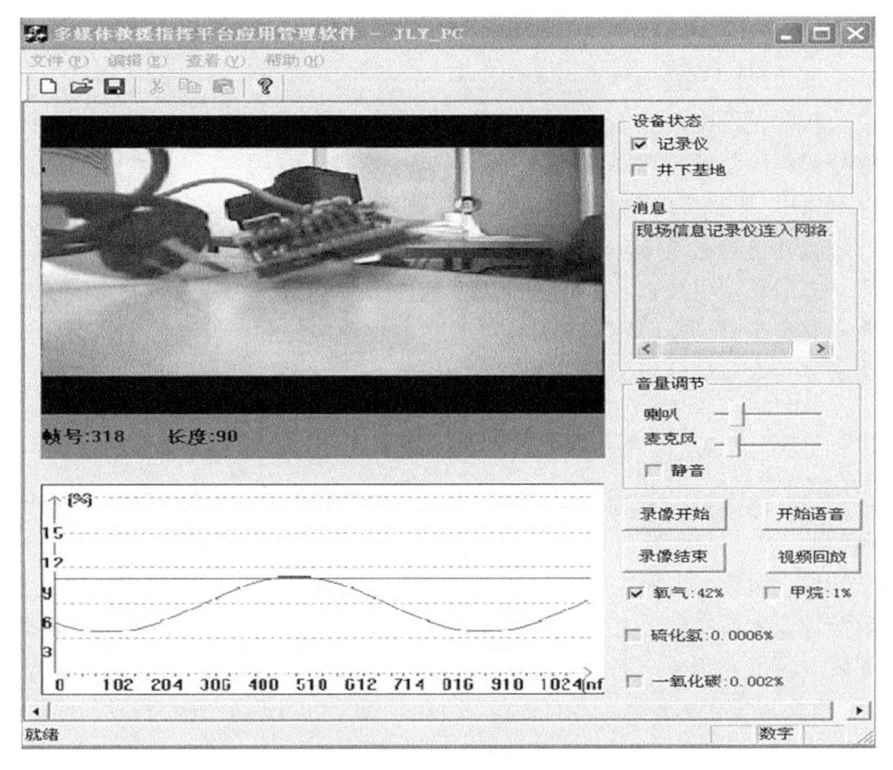

图 6.39　软件界面设计

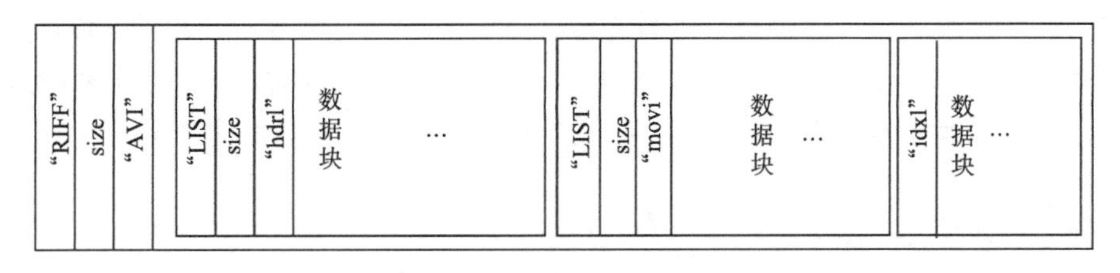

图 6.40　AVI 结构示意图

信息块：一个 ID 为“hdrl”的 LIST 块，定义 AVI 文件的数据格式。

数据块：一个 ID 为“movi”的 LIST 块，包含 AVI 音视频序列数据。

索引块：ID 为“idxl”的子块，定义“movi” LIST 块的索引数据(可选)，允许我们随意拖动、定位视频的播放起点。

存储原理：接收端从网络上接收数据包，将视频、音频、环境参数分别组成一帧帧数据，然后通过函数 CAVI_WriteSample 将环境参数以文本格式媒体流与音频流、视频流融合后写入一个 AVI 文件中，最后通过函数 CAVIFile_Close 来关闭 AVI。回放时，先打开 AVI 文件，读取出一帧数据送往相应的解码器进行解码后，视频送往播放器的视频显示区域，音频通过调用 Windows API 函数，利用声卡放出，环境参数数据送往曲线显示区域进行显示，在播放器的界面中同时将三种信息集中回放，从而达到三者的时间同步以及可以用通用的播放器播放的目的。

(2) 多媒体信息检索技术：系统不需要存储复杂数据，因此选用了操作简单、界面友好的 Microsoft Access 2003 作为后台数据库，在本软件中，数据库是为了配合播放器在回放时对重要信息的快速定位而引入的。

在整个救援过程中，我们更关注环境参数突变时的视频信息，首先通过自动或手动方式进行视频存储，以当前系统时间来命名 AVI 文件，利用 Access 数据库存储 AVI 视频文件存盘索引(包括文件存储位置及文件名等)可以快速找到指定时间内的所有视频文件，同时数据库也会记录下环境参数(氧气、一氧化碳、甲烷浓度，环境温度等)的报警时间点等日志信息，只要以各个参数的门限值作为搜索条件，搜索到其突变的时间点，只要输入参数突变时刻即可利用 AVI 中的索引块快速定位到环境参数突变时刻的视频信息，将会给事故救援的分析工作带来极大的便利。

12. 基于云计算分布式数据库的矿山应急救援平台①

2015 年 8 月 31 日国务院发布了《国务院关于印发〈促进大数据发展行动纲要〉的通知》(国发〔2015〕50 号)，要求 2018 年底前建成国家政府数据统一开放平台，率先在信用、交通、医疗、卫生、就业、社保、地理、文化、教育、科技、资源、农业、环境、安监等重要领域实现公共数据资源合理适度向社会开放。国家安全生产监督管理总局关于印发《国家安全生产监管信息平台总体建设方案》的通知(安监总规划〔2015〕6 号)，要求安全生产行业监管、煤矿监察、综合监管、公共服务、应急救援等五大业务系统的安全生产信息要互联互通、信息共享。国内现有的与矿山应急救援相关的系统存在如相互独立、共享困难、定制开发、重复投资、维护成本高等不足，无法从战略高度利用大数据进行决策服务。近些年，随着无线、宽带、安全、融合、泛在的互联网技术的飞速发展，建设一个信息共享、互联互通、统一指挥、协调应急的矿山应急救援平台成为可能，笔者基于“互联网+”的应用，将互联网、云计算、大数据等技术应用于矿山应急救援。

1)基于云计算的矿山应急救援平台

矿山应急救援平台以 SDH 光传输主干网络为多业务平台，共享一个云虚拟服务器，服务器上运行应急救援业务系统和应急救援资源数据库，通过登录界面进入应急救援指挥系统、应急救援综合保障系统、救援队伍管理系统、应急预案与案例管理系统、救援装备与物资管理系统、培训与考试系统、训练与考核系统、文档资料管理系统以及办公自动化系统等业务系统，如图 6.41 所示。

(1)应急救援指挥系统：集成应急救援硬件设备，整合计算机网络子系统、接警中心子系统和应急救援通信子系统。信号采集纵向到事故现场，横向到以太网、卫星、无线网络覆盖区域。统一调配应用救援装备物资，统一指挥、协调应急，发挥装备的最大效能，提高应急救援响应速度，最大限度地降低事故损失。

(2)应急救援综合保障系统：为应急救援提供综合技术保障，包括视频监控子系统、视频会议子系统、大屏显示子系统、救援车辆管理子系统、紧急广播与背景音乐子系统等。

---

① 主要内容整理自：李文峰，袁海涧，冯永明. 基于云计算分布式数据库的矿山应急救援平台[J]. 煤矿安全，2016，47(3)：111-113.

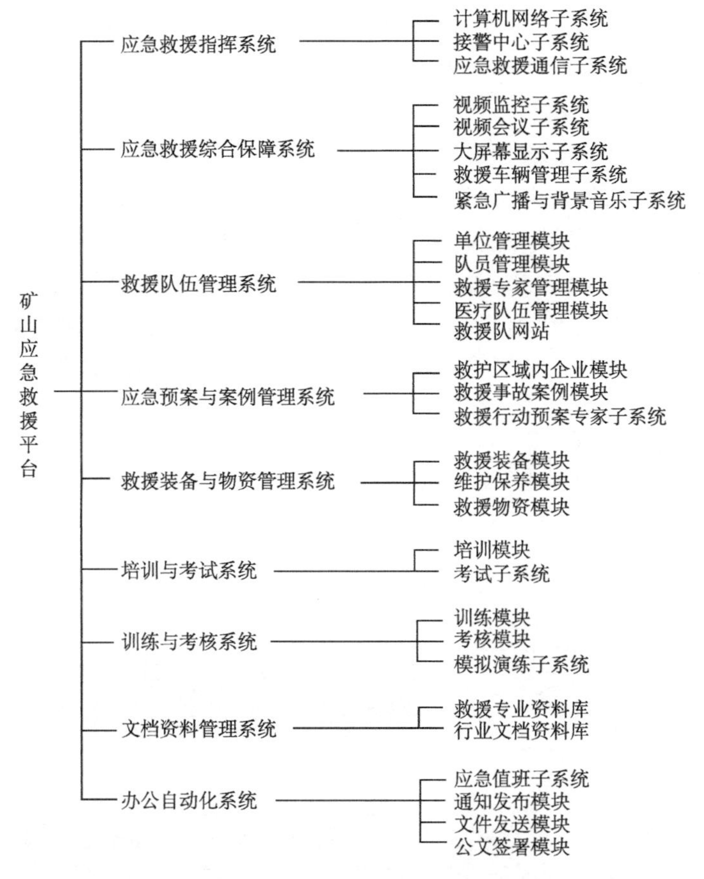

图 6.41 矿山应急救援平台主要内容

(3) 救援队伍管理系统：包括单位管理模块、队员管理模块、救援专家管理模块、医疗队伍管理模块和救援队网站。以电子档案形式记录并及时更新单位、人员相关信息。系统给每一个管理部门、每一个救援队、每一个救援队员分配唯一的登录名、登录密码和对应权限。救援队网站设计成功能型网站。

(4) 应急预案与案例管理系统：首先录入救护区域内企业信息(含地理信息)、以往救援事故案例，然后内嵌的救援行动预案专家子系统采用案例推理和规则推理方式，根据以往救援案例和现有事故情况自动生成救援行动方案,为应急救援的决策指挥提供参考。救援结束后，评估救援效果，总结救援经验教训。

(5) 救援装备与物资管理系统：包括救援物资装备设施的类别、维护保养、分配和库房管理。救援装备也进入“云时代”，通过扫描二维码，能够了解相关该装备生产厂家、购入日期、存放地点等信息，同时系统也可以主动提示维保日期及维保项目。

(6) 培训与考试系统：包括救护指导员、管理人员和企业职工的培训及考试情况。试题库自动出题、自动生成标准答案。

(7) 训练与考核系统：主要是救护指导员的日常训练、考核科目及成绩等，包括采用虚拟现实技术的模拟训练与演练等。

(8)文档资料管理系统：文档资料包括救援专业资料库和行业文档资料库。

(9)办公自动化系统：OA 主要是应急值班子系统，通知发布、文件发送和公文的签署等，移动办公是发展趋势。

2)矿山应急救援平台体系结构及软件架构

(1)矿山应急救援平台体系结构：是面向服务的体系结构(Service-Oriented Architecture，SOA)，分为设备层、感知层、服务层和应用层，如图 6.42 所示。它将应用程序的不同功能单元(服务)通过这些服务之间定义良好的接口和契约联系起来。接口是采用中立的方式进行定义的，独立于实现服务的硬件平台、操作系统和编程语言。这使得构建在各种各样系统中的服务可以使用一种统一和通用的方式进行交互。

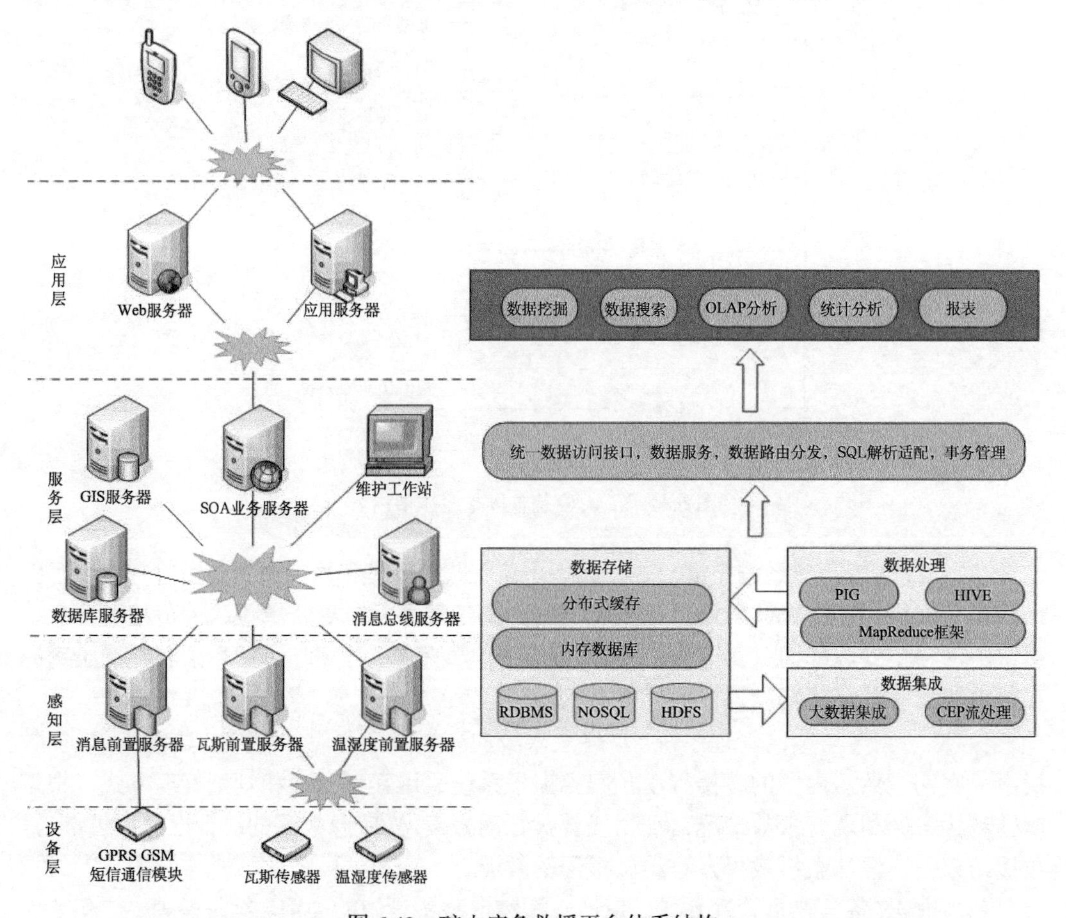

图 6.42　矿山应急救援平台体系结构

①设备层：平台的信息感知来源，这一层包含各种传感器(如瓦斯浓度传感器、温湿度传感器、RFID 卡、二维码等)、传感网(如 GPRS/GSM 短信通信模块、ZigBee 网、6LoWPAN)。设备层没有统一的标准，根据需要配合感知层搜集平台所需信息。

②感知层：感知层由一系列的前置服务器组成，前置服务器是软件，即一台物理服务器上可以部署多个前置服务器，一个前置服务器可以部署在多个物理服务器上。感知

层负责将设备层的信息搜集、整理到平台，由于设备千差万别，产生的数据也各异，需要感知层能支持成千上万个设备的接入。

③服务层：平台的核心，平台的信息中心，感知层将信息搜集到服务层，同时服务层为应用层提供信息。服务层包括消息总线、SOA服务器、数据库服务器。由于系统支持分布式计算，计算单元之间的通信不能采用传统的面向过程、面向对象的通信方式，需要引入消息总线以支持计算单元之间的通信；SOA是一种粗粒度、松耦合服务架构，服务之间通过简单、精确定义接口进行通信，不涉及底层编程接口和通信模型。采用SOA服务器后，平台有以下优点：多语言支持(C/C++、Java、C# ......)、松耦合(界面与平台分离)、易扩展(服务即插即用)、动态发现(远程节点服务按需切换，零配置)、可管理(服务管理器、服务容器、服务组件、服务配置)。

④应用层：基于服务层提供的服务为用户提供各种应用，如Web应用、桌面应用、智能手机应用，即同一个平台支持各种设备终端的接入。

(2)矿山应急救援平台体系软件构架结构：矿山应急救援平台服务器中包含SQL Server数据库、Web表单、Web服务器、文件管理等工具，用户通过以太网访问服务器上的Web表单，登录应急救援管理系统，Web表单通过SOAP+XML访问Web Service，Web Service再通过OLE DB访问SQL Server数据库，Web表单还通过HTTP访问服务器上的文件管理系统，从而实现系统的数据和文件，矿山应急救援平台软件架构如图6.43所示。

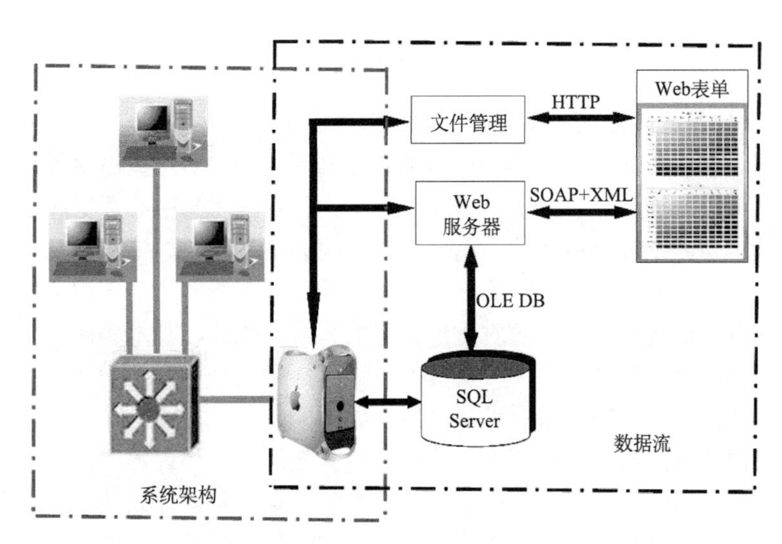

图6.43　矿山应急救援平台软件架构

3)矿山应急救援平台技术方案

(1)基于虚拟化技术的分布式数据库：基于虚拟化技术的分布式数据库由平台中心数据库、各矿山数据库、各救护队数据库组成，查询数据库采用“浏览器层/转发层/应用层/数据层”四层架构，见图6.44，通过矿山应急救援云平台搭建分布式数据库，各矿山调度中心、救护队指挥中心的服务器和中心数据库采用一致的规约的数据格式实现数据的共享和交换，同时通过云平台构建中心数据库的灾备存储，可防止数据丢失。数据库又通过 API 以 Web 服务器的形式提供给开发人员，面向第三方开发人员，为数据分析等开发更多预报预警应用提供数据支持。

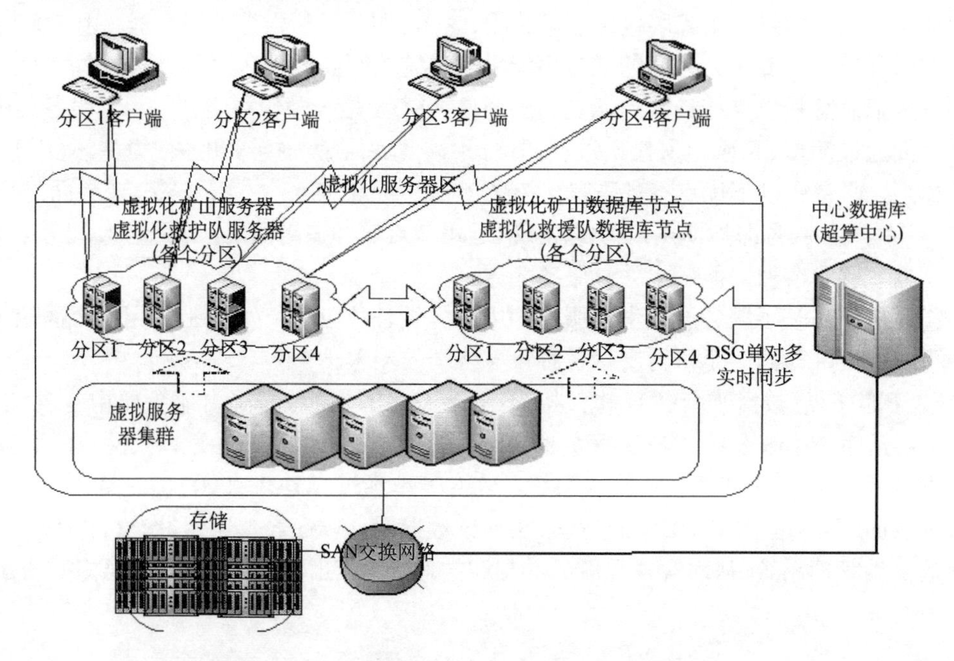

图 6.44　矿山应急救援私有云平台分布式数据库架构

(2)基于云计算服务器虚拟化分布式数据库的矿山应急救援平台：各矿山数据库、救护队终端信息数据库的交互，形成统一的中心数据库，避免信息孤岛现象，同时向外界提供接口共享中心数据库，各矿山数据库、各救护队数据库与中心数据库互联互通；运用数据挖掘技术从海量的终端信息中迅速挖掘危险源信息，合成信息池发往分析系统，解决以往速度慢的现象；通过开放的云平台强大的计算分析能力，支撑各参与方的数据调用、模型调试和应用开发，高效对接全社会的智力、数据、技术和计算资源，依托平台实现资源共享，对事故预报预警分析模型不断建立对比分析，能更加快速准确地对信息进行分析，达到快和准的双重要求，见图 6.45。

数据挖掘由数据规约、数据变换、数据分析算法组成，通过数学模型、经验公式、模糊算法、遗传算法等方法对来自终端设备的海量数据信息进行处理，实现从数据仓库获取对于矿山安全生产预报预警有用的信息，并进行整合以备分析系统使用。

预警预报分析由 Hadoop 分析系统、专家预报预警模型、仿真模型组成。通过基于 Hadoop 的 MapReduce 算法实现高效的并行数据分析，由分析系统分析第二部分数据挖掘系统得来的数据，通过仿真模型进一步分析推演可能出现的情况，并对现有的专家预报预警模板进行自适应的匹配和新增，从而实现自主分析预报预警，实现预报预警结果发布的功能。

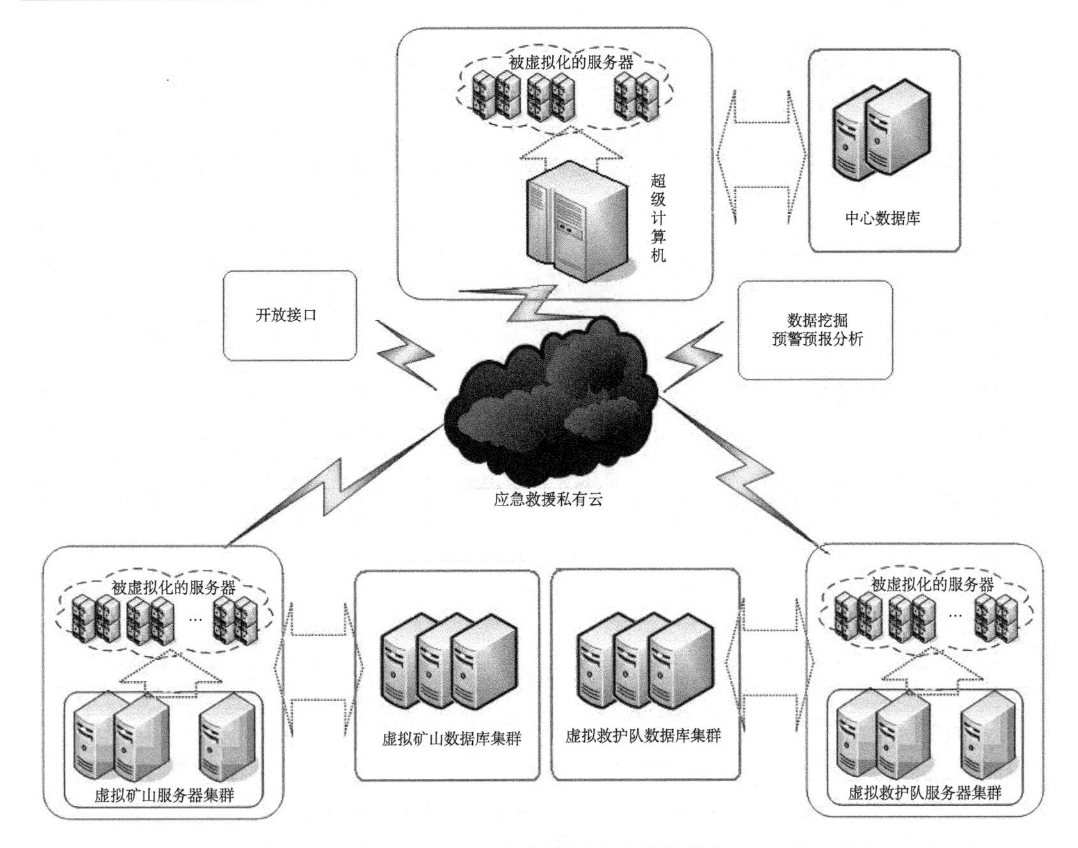

图 6.45　矿山应急救援平台整体构架

(3) 矿山应急救援车辆管理系统：将 GSM/GPRS 网络的数据通信和数据传送功能与全球卫星定位系统以及地理信息系统相结合的高科技产品，主要由客户端、车载终端、GSM/GPRS 网络和辅助子系统等四部分组成，救援车辆管理系统组成如图 6.46 所示。在监控中心电子地图上可以实时地显示救援车辆的当前精确位置以及运行轨迹，从而方便地实现对救援车辆的调度、监控、指挥等功能，同时也可以通过 GPRS 无线通信网络向指定的车载台发送控制指令，实现对车辆的信息查询服务和远程控制。

4) 应用案例

平台在山东兖矿集团得到应用，效果如下：业务系统涵盖办公、值班、接警、出警、学习、训练、考核、考试、救援等内容；数据库涵盖队伍、人员、装备、设备、服务企业、文档资料、网站等内容。应急救援行动预案专家系统 120s 内自动生成救援行动方案，为应急救援决策指挥提供参考；危险源辨识预警数据库每 60s 刷新一次，动态掌握其分布情况；平均救援响应时间提高 30%，采取应急救援后事故损失减少到不采取应急措施情况下的 40%。为提高事故救援效率和反应速度、最大限度地降低事故损失提供了新的技术和手段。

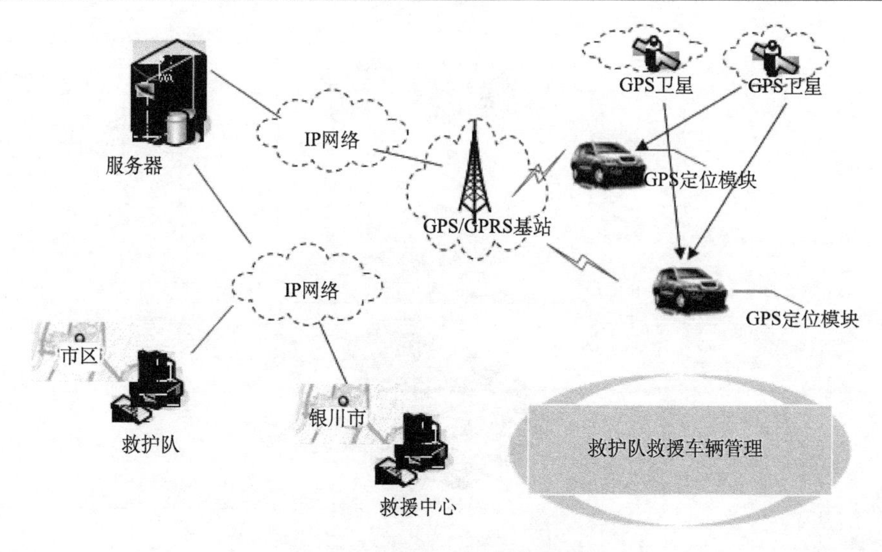

图 6.46　救援车辆管理系统组成

6.3　露天矿救援通信系统

露天矿与井工矿相比，具有自身的一些特点。

(1) 在生产环境上，设备主要在露天开采条件下使用，面临灰尘大、温差大、高温、严寒和雨雪等恶劣自然环境的影响，见图 6.47。

图 6.47　某露天煤矿矿区照片

(2) 在生产方式上，露天矿人员及设备分布零散且具有低速移动性，生产过程封闭性差，易受到自身不同部门和外来人员的干扰。

(3) 在安全环境上，露天矿边坡和排土场的稳定性直接关系到露天矿的安全生产与经济效益。

在我国，露天矿区大多坐落在人烟稀少、自然条件恶劣的偏远地区，信息化程度不高且从业人员信息化程度较低，技术力量比较薄弱。而露天矿既具有一般煤矿的特点，又具有自身的一些特点，所以露天矿的救援通信设计建设一般涵盖在通信系统中。

6.3.1 露天矿“最后一公里”无线通信网络

1. 几种应用于露天矿通信技术的比较

(1) 有线光纤：通信稳定、保证网络高带宽；铺线成本高、施工周期长、维护成本较高。适用于光纤骨干网。

(2) GPRS/CDMA 无线网络：低速、带宽较低；无法进行全方位的宽带视频监控，租用网络，在无信号覆盖区域没法实施。适用于工况数据采集、车辆定位信息。

(3) 3G 网络：覆盖远，容量大，移动性好，抗干扰能力强，支持多媒体通信；带宽仍显不足，384Kbit/s～2Mbit/s，维护成本高。

(4) 数传电台：低速、带宽较低；无法进行全方位的宽带视频监控，点对点通信，不能组成网络。

(5) WLAN：工作频率为 2.4GHz 开放频带，无须向无管会申请和注册，传输速率高，组网成本低；通信距离短(半径 100m 左右)，数据通信为主。适用于视频信号接入。

(6) 对讲机：工作在超短波频段(VHF 30～300MHz、UHF 300～3000MHz)，不受网络限制，提供一对一、一对多的通话方式，通话成本低；仅提供语音半双工通信。适用于生产调度电话。

综合上述，传统通信网络可以部分解决露天矿的通信问题，但无法避免如功能单一、成本高、带宽窄、施工难度大等缺陷。

无线网状网络(Wireless Mesh Networks，WMN)是一种基于多跳路由、对等网络技术的新型网络结构，具有速率高(最高数据传输速率 54Mbit/s)、传输距离远(基站最远覆盖半径 20km)、移动性强等特性(支持 280km/h 高速移动设备在多个 Mesh 基站之间无间断漫游和快速切换)，同时它可以不断地动态扩展，自组网、自管理、自动修复、自我平衡。无线 Mesh 网络兼容 WLAN IEEE 802.11a/b/g 标准特性，可以弥补 WLAN 覆盖范围不足的缺点，扩展其通信距离。因此 WMN 技术能较好地满足露天矿通信系统要求。

2. 露天矿“最后一公里”无线通信网络设计

1) 露天矿“最后一公里”无线通信网络组网架构

露天矿“最后一公里”无线通信网络拓扑如图 6.48 所示。

(1) 矿区移动无线宽带网络的核心网络：在中心机房架设 Mesh 根节点以及在矿坑边缘架设多个 Mesh 无线中继节点。中心机房采用最高容量的 OWS2400-30 设备作为根节点，设备提供 m 个 5.8GHz 11a 模块和 n 个 2.4GHz 11g 模块；其他通信杆上采用 OWS2400-20 设备作为中继节点，设备提供 c 个 5.8GHz 11a 模块和 d 个 2.4GHz 11g 模块。

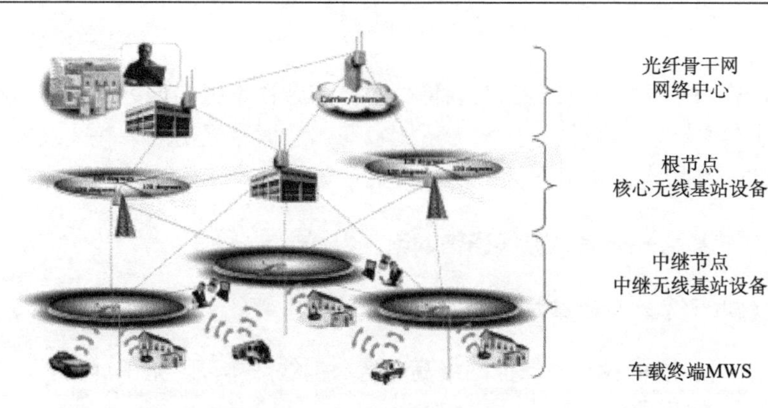

图 6.48　露天矿“最后一公里”无线通信网络拓扑图

(2)矿区无线 Mesh 网络的覆盖技术：Mesh 中继节点提供 2.4GHz/5.8GHz 的无线覆盖以及 5.8GHz 的无线设备互连。5.8GHz 802.11a 用于 Mesh 节点之间的互连；2.4GHz 802.11g 用于车载节点的覆盖。

(3)矿区无线 Mesh 网络覆盖范围：Mesh 中继节点的间距平均为 4km，分布覆盖周边 2km×2km 区域，即每台基站覆盖 2km×2km 区域。随着矿坑加深，可利用移动小车或架设固定杆，以增加 Mesh 中继节点扩大覆盖范围。

(4)车载无线 Mesh 网络子系统：车载节点采用 MWS100 设备，该设备在 280 公里时速高速移动的情况下能够在固定 Mesh 基站之间快速切换，漫游切换不会造成业务中断。

(5)矿区无线 Mesh 网络的跨区切换：移动 MWS 设备在多个基站之间可快速漫游切换。

2)固定 Mesh 基站配置

移动无线宽带网络中主要使用两种 Mesh 基站，配置如图 6.49 所示。

(1)1 个中心机房——根节点采用 OWS2400-30 基站。

(2)4 个固定式通信杆——中继无线节点采用 OWS2400-20 基站。

(3)20 个边缘可移动式通信杆——中继无线节点采用 OWS2400-20 基站。

3)露天矿“最后一公里”无线通信网络功能

(1)提供低时延无线话音业务：利用无线 Mesh 网络系统提供的采掘区域范围的无线信号覆盖，无线移动语音终端可以在网络内部自由地进行语音拨打和接听，快速地提供实时的语音服务。

(2)提供高速无线数据业务：无线 Mesh 网络可提供高达 54Mbit/s 的传输带宽，利用安装在车辆上的 Mesh 车载节点及摄像头、数据采集设备提供高清晰度的采区实时视频及数据信息，为生产调度提供直观的数据。

(3)提供高速无线覆盖：利用无线 Mesh 网络系统提供的采掘区域范围的无线信号覆盖，可实现无线上网、生产数据上传、现场应急调度、车辆定位、无线数据处理等业务，有效地补充有线网络的覆盖范围。

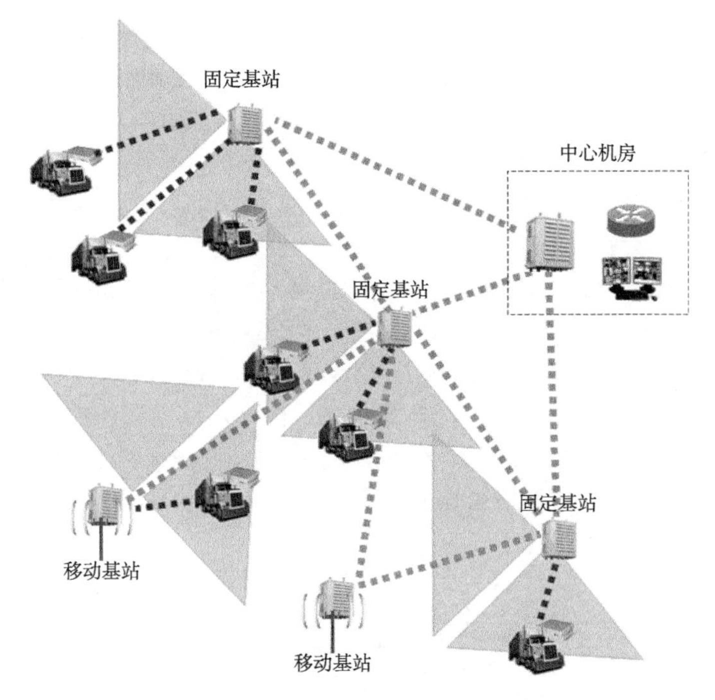

图 6.49　固定 Mesh 基站配置示意图

4) 基于无线 Mesh 网络的露天矿“最后一公里”无线通信网络特点

(1) 支持多种业务接入。无线 Mesh 网络作为多业务承载平台，不但支持低速数据的接入，还可以满足宽带、高速视频数据的接入需求；同时还可构建基于 IP 的多业务接入平台。

(2) WMN 无线覆盖频率 2.4GHz，回程频率 5.8GHz，ISM 工作频率也无须申请，自建网络，维护成本低。

(3) 自组织、自调节、自愈合通信网络。传输网络中任何一个节点 (CPE) 出现问题，都不会造成对网络传输的阻塞和影响，见图 6.50。

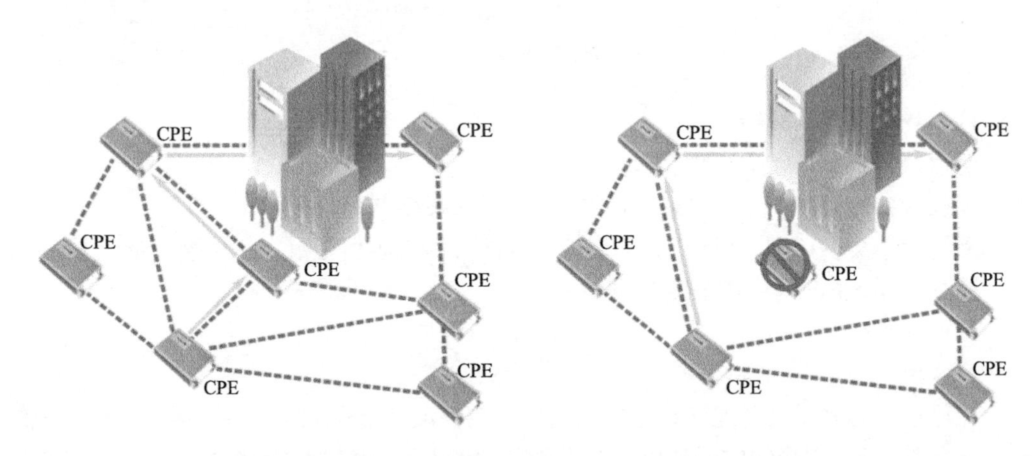

图 6.50　露天矿“最后一公里”WMN 自组网拓扑图

(4) 安装简便，组网快速，维护简单。不需要线缆工程，增加新的节点只需立杆加电即可，是完全无线化的、高覆盖率的网络系统。工程实施周期短、成本低。

6.3.2　露天矿救援通信系统的组成

在露天矿区内某处出现故障或者重大事故情况下，保证救援通信系统的畅通无阻，使救护队迅速赶往事故现场，并及时处理灾情，为企业的安全生产提供有力的通信保障。救护队赶往事发现场即可通过车载的无线基站、移动摄像头和 WiFi 手机接入露天矿“最后一公里”无线通信网络，获取事发现场的视频和数据信息。

露天矿救援通信系统充分体现了无线 Mesh 网络支持高速移动和快速切换的特性。在移动车辆上安装视频监视点和移动车载设备，两者用以太网线相连。当车辆在无线 Mesh 基站覆盖的沿线上高速移动时，车载的无线基站可以迅速进行切换，保证视频信息上传不间断[22]。露天矿救援通信系统组成见图 6.51。

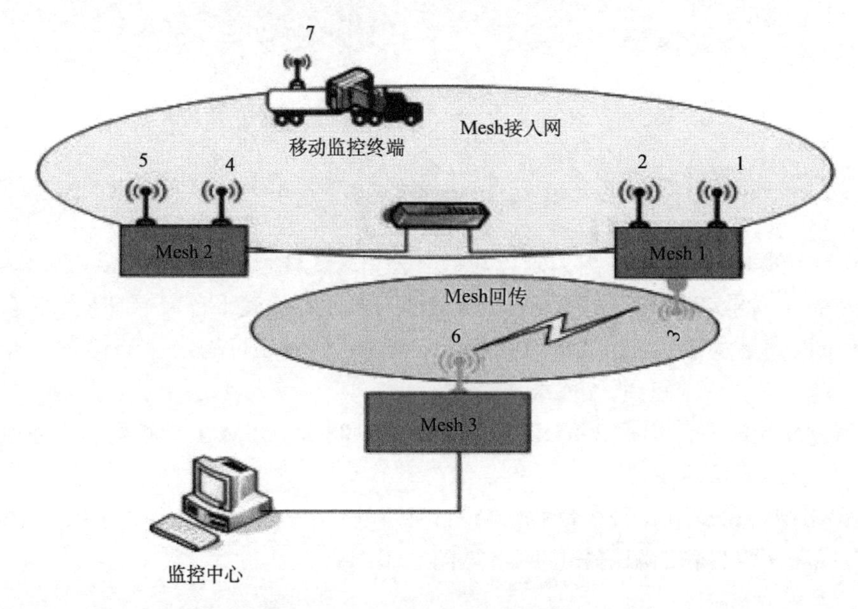

图 6.51　露天矿救援通信系统组成

1) 车载移动监控终端

巡逻救援车的顶端安装车载云台。

车载云台的视频信号及 RS-485 控制信号接入网络型车载 DVR。

网络型车载 DVR 将车载云台的模拟视频信号和控制信号数字化压缩，形成 IP 数据包，通过无线 Mesh 网络传至监控中心。

为保证车载设备的稳定性，需有车载稳压电源提供。

2) 监控中心

在监控中心采用主动连接设备代理服务器软件汇聚前端数字化的视频流，并转发给浏览客户端(进行图像的实时浏览和录像回放)和网络存储服务器(进行录像文件的集中存储)。

车载网络信号的上传采用主动发送方式。

3) 平台软件

主动连接设备代理服务器软件管理多用户接入不同设备，支持设备通过主动注册的方式连入代理服务器，管理多个设备并允许多个用户接入同一设备，可以把多个物理设备虚拟成一个设备。

第 7 章　“空天地井”一体化应急通信

7.1　高空移动驻留通信载体

高空移动通信载体主要指无人机，高空驻留通信载体主要以浮空器为主。

浮空器是指由充满轻质气体的囊体产生浮力、任务高度处于距离地球表面 20～100km、能执行长期驻留任务的飞行器。浮空器按有无动力推进可分为飞艇、系留气球和自由气球，具体分类如图 7.1 所示。

浮空器可以广泛应用于侦察、电子干扰、预警探测、通信中继、信号覆盖等领域。

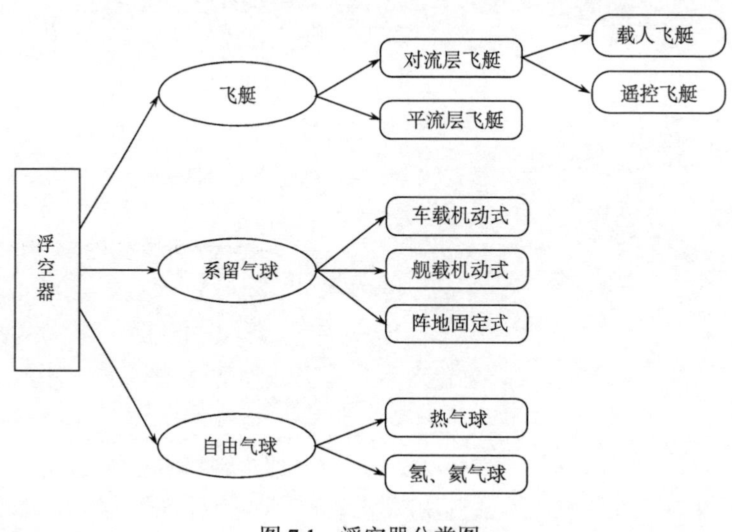

图 7.1　浮空器分类图

7.1.1　系留气球

1. 系留气球的发展

利用系留气球实现通信应用最早可以追溯到 18 世纪末期的 1794 年，法国陆军在比利时地区的战争中用载人系留气球进行了空中军事侦察；随后，在第一次世界大战和第二次世界大战期间，系留气球广泛应用于战场观测、炮弹弹着点校正观测、军队配备与运动情况观察等军事行动中。苏联在 20 世纪 30 年代开始利用氢气填充系留气球搭载长波天线，与远洋舰艇进行通信，但由于氢气极易引起爆炸，系留气球通信发展受到阻碍。20 世纪 60 年代，随着氦气开发技术的飞速发展，系留气球的安全性能得以大幅度提高，应用系留气球进行通信与中继转发越来越广泛。在越南战争期间，美军为适应越南南方丛林地带的特点，在系留气球上装备无线电调频装置，作为指挥所与前沿部队的无线电转发平台，当时使用的气球升空300m，在35km范围内传输无线电信号，同时能够监测对方军队的行动和通信信号。此后，美国的哥伦比亚TCDML.P公司、导弹防御局(MDA)、Westinghouse Electric公司等都致力于开发高空充氦飞艇以用于执行空中监视和通信中继。20世纪80年代以来，美国国防部将所研制的系留气球侦察系统根据不同部署的需要分别应用于TARS系留气球雷达系统、JLENS国土导弹防御网络传感系统、RAID系留气球快速布防系统、REAP系留气球快速升空系统、PTDS长期反恐监测系统、MARTS海军空中中继系统等。截至20世纪末，美国已经拥有体积几百万立方米的系留气球和飞艇，最高升限达到100km，载重量数以百吨。

除美国外，其他国家也成功研制开发了一系列充氦气球和飞艇。如前所述，法国是最早开发研制系留气球和飞艇的国家。20世纪90年代中期，法国就长期保持拥有35万立方米气球的水平，其军方配备使用的Rasit气球雷达系统能够升空1500m，覆盖半径55km范围。法国航空与空间研究院和航空公司还共同研制了一种由4个独立气球组成的重型飞艇，其有效载重为500t。以色列在系留气球方面的研究也十分活跃，其名为Elta的电子工业公司于2003年研制完成了配备雷达的系留气球；以色列还采购美国TCOM公司的气球装备其国产雷达用于海面监视和侦察。挪威的Tyra、英国的Allsopp Helikite公司等也提出了自己的系留气球ISR概念，即一种特殊的情报、监视、侦察与通信平台，该平台用于为特种部队提供敌方目标发现、确定和摧毁等态势感知能力的一种经济型解决方案。

我国在20世纪70年代末也开始对系留气球进行开发研制，当时中国科学院进行的第一期高空气球工程就建造了容积5万立方米，载荷250kg的气球，最高升限达到30km，后来又相继研制出容积20万立方米，载重1.5t的气球。但是，我国的系留气球主要用于大气物理、气象报告等方面的研究。

2. 系留气球组成结构

系留气球是一种依靠气球内部气体(一般为氦气)的浮力升空，并用缆绳进行收放、系泊固定的浮空器，借助于系留缆绳拖拽和气球浮力，它能在特定空域范围内长时间、定点系泊。系留气球系统一般可分为车载机动式、地面固定式和舰载机动式三大类。机动式系留气球系统主要包括任务设备、气球本体、锚泊平台(含绞车)、系留缆绳和综合控制等五大部分，车载机动式系留气球系统组成如图7.2所示。

车载机动式系留气球的体积一般为$(1\sim6)\times10^3\mathrm{m}^3$，升空高度在两三千米以内。其载体为可移动的大型车辆，可以根据需要快速布置到任何地方，具有高机动、灵活等特点。它适合搭载通信、侦察、干扰等电子设备。因此，这里选择车载机动式系留气球作为应急通信监测系统的空中搭载平台之一。车载机动式系留气球系统包括气球、系留缆绳、锚泊设施和任务系统4个部分。如图7.2所示。

1)气球

气球是任务设备的承载平台。它的任务是携带操纵舵面实现有控飞行；飞艇虽然也是靠空气浮力升空的，但它配置有发动机、空气螺旋桨(或其他类推进器)、操纵面，能实现由动力推进和可操纵、控制的飞行。

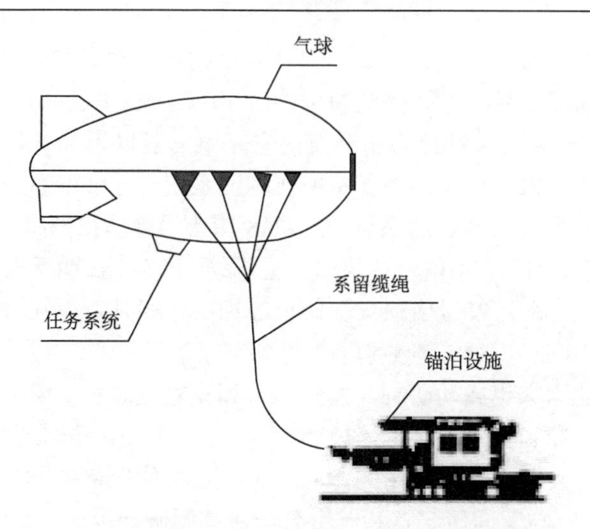

图 7.2　车载机动式系留气球系统组成示意图

2) 系留缆绳

系留缆绳主要用于气球的系泊和牵引，给球上的设备供电及通信。通过系留缆绳组件，实现气球与地面锚泊设施的物理连接、光信号和电力传输。

3) 锚泊设施

锚泊设施用于气球的地面停泊，对滞空后的气球进行操控。锚泊设施在运输状态下，采用由牵引车加半挂拖车的运输形式，能够方便地转移，拥有快速布置能力、快速转移能力。

4) 任务系统

任务系统为空中无线通信网络系统，具有超远视距的通信和图像传输功能以及“通信中继”功能。

3. 系留气球的优势

系留气球与其他飞行器相比，有它不可比拟的优势。

(1) 滞空时间长：一般飞行器执行任务以小时计算，而系留气球最长可连续滞空 30 天左右，在国外通常采用双站运行方式，一个处于空中工作状态；另一个作为补充，处于待升空状态，以提高效率，保证平台的不间断运行。

(2) 覆盖范围广：当升空高度到达 4000 多米时，可监测周边半径 350km 左右区域内的目标，若采用更为先进的设备，其监控范围还可进一步提高。

(3) 侦察功能强：由于能长时间连续工作，并且能在目标所在地域上空悬停，可充分发挥球载传感器和电子设备采集数据的能力。

(4) 生存能力强：气球的软体结构使其几乎没有雷达回波和红外特征信号，因此不易被发现。

(5) 机动性能好：车载移动式、舰载移动式系留气球可以机动灵活地完成任务。

(6) 使用成本低：制造一套系留气球的价格远低于同规模的无人机和卫星。据估算，系留气球的使用成本仅为飞机的 5%，使用时，它可以比飞机降低约 30%的能耗和飞行费用。

基于以上独有优势，系留气球受到了越来越多的关注，广泛地应用于各个领域。

4. 系留气球用于应急通信

在灾害发生后，根据受灾区域大小，在任务系统相对固定的情况下，选用功能满足要求的车载机动式系留气球系统。根据受灾区域的特点和救灾的需要，将车载机动式系留气球系统布置到受灾区域外围的合适位置，利用系留气球将任务系统携带至工作高度，系留气球上的任务设备将接收到的图像数据和通信数据通过微波链路或光纤传输到地面接收设备，进而接入地面移动通信网，在最短的时间内实现受灾区域无线通信正常化，并可以将灾区最前沿的第一手灾情信息传递出来，从而得以全面部署救灾行动，以挽救更多的生命和国家财产。

1) 系留气球应急通信系统组成

系留气球应急通信系统主要由前端信息采集设备(移动式地面无线电通信站)、车载系留气球通信平台、移动通信指挥车、地面通信指挥中心等设施设备组成。其中，根据实际需求配以相应的通信信息子系统作为系统支撑实现具体功能，如信息采集系统、数据处理系统、加密转发系统、导播切换系统以及远程传输系统等。图 7.3 所示为系留气球应急通信系统组成结构。

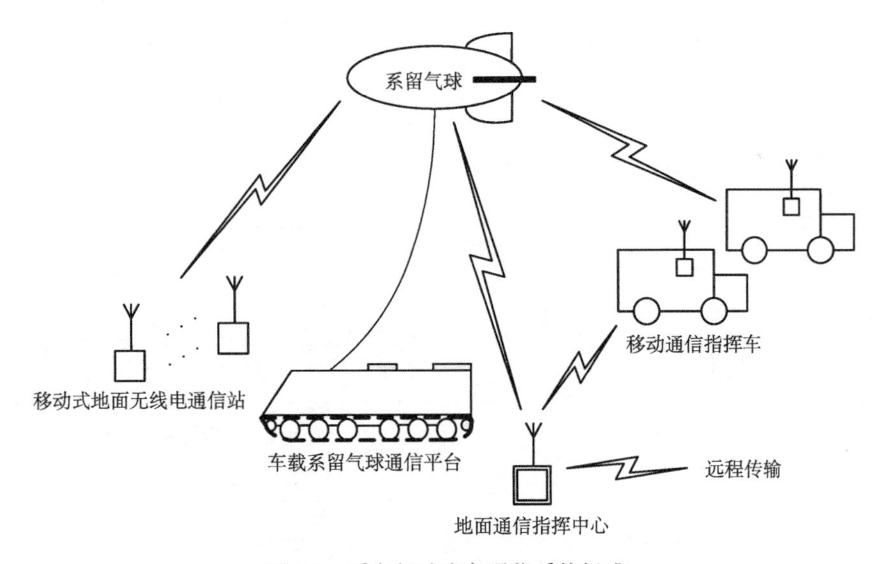

图 7.3 系留气球应急通信系统组成

(1) 前端信息采集设备：也可称为移动式地面无线电通信站，是基本信息采集单元，内置信息采集系统。布设 6～8 个信息采集点，通过小型背负式无线传输设备，将各采集节点的视频、音频信息和 GPS 定位信息统一编码、调制，经加密编码后，发送到 5～10km 半径内的车载系留气球通信平台。

(2) 车载系留气球通信平台：包括气球主体、系留缆绳、搭载在气球主体上的通信接收与转发设备、气球地面控制设施设备以及车载通信平台。系留气球接收和发射射频信号，并通过与之相连的光缆将信号传送至车载通信平台中的图像接收机、TS 流复用器、光纤射频转发系统、DVB-S 调制器、语音发射机等设备，实现数据与信息的处理、解调放大与发射转发。

(3) 移动通信指挥车：是一个中继转发平台，内置数据处理系统、加密转发系统等通信信息子系统，其主要作用就是延长系留气球通信距离，能相对减少车载系留气球通信平台上的设备，从而极大地减轻气球的重量，提高空中稳定性。如果地面指挥中心在系留气球平台覆盖范围内，移动通信指挥车可以不参与通信；如果车载系留气球通信平台无法将信号送至地面指挥中心，则可通过移动通信指挥车进行中继转发。

(4) 地面通信指挥中心：位于远端，通过导播切换系统、远程传输系统等通信信息子系统，接收并处理来自移动通信指挥车的语音与视频信号，将切换出的有效画面和声音进行解析、编码、加密等数据转换后，再通过光纤通道传送至其他通信节点。图 7.4 为车载系留气球通信信号收发原理示意图。

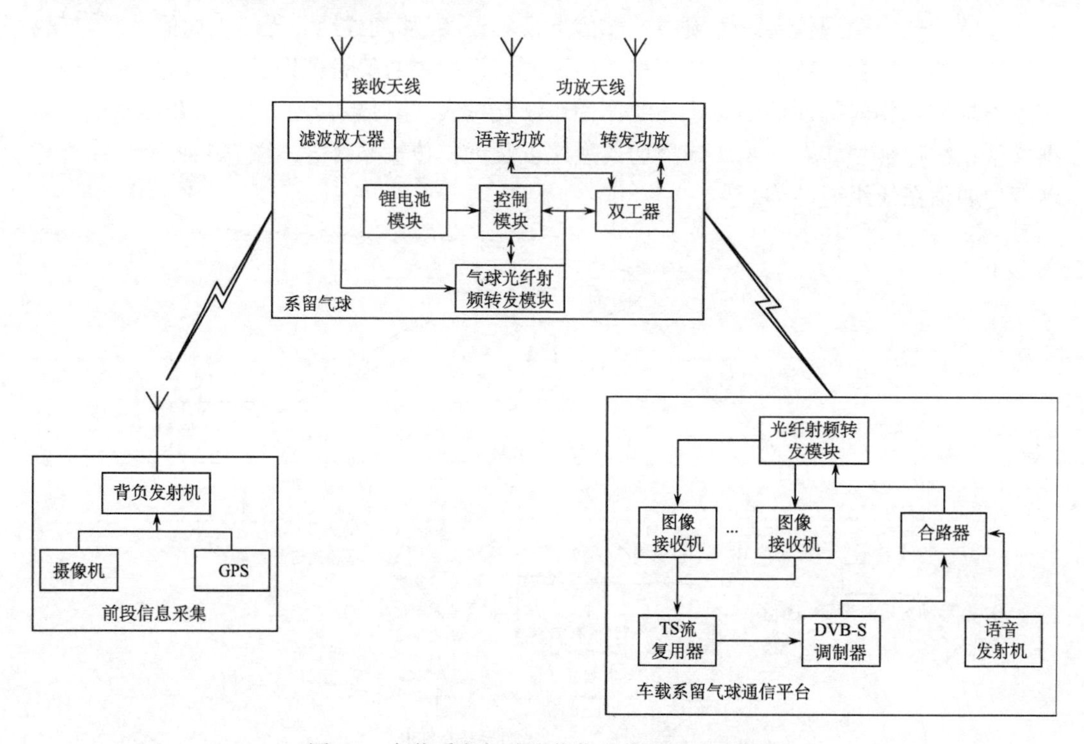

图 7.4　车载系留气球通信信号收发原理示意图

2) 系留气球应急通信系统工作原理

结合图 7.3 和图 7.4，系留气球应急通信系统的工作原理如下。

(1) 首先将系留气球升空至 500m 高度，当前端的多个信息采集设备将拍摄的图像通过调制的无线电信号发射出去时，该 $N(N\leqslant 8)$ 路调制信号波使用各自的 8MHz 带宽和载波频率，之间是相互正交的关系，即正交频分复用的信号，系留气球平台即可以通过接收天线将发射的多路图像信号通过同步检波分别解调出各路基带信号进行接收，然后通过滤波放大器处理后再由气球光纤射频转发模块转换为光信号。

(2) 光信号经由光缆送入指挥车并通过光纤射频转发模块转换成射频信号，然后将各路图像信号分路送入图像接收机，图像接收机将上述各路图像信号复用成一路输出。

(3) 合路后的信号通过光纤射频转发模块，经由光缆传送回系留气球平台，然后将光信号还原成射频信号，通过双工器，将射频信号与语音发射机的射频信号分离，射频信号送入转发功放通过转发功放天线发送，语音射频信号通过语音功放天线发送。

(4) 前端的地面无线电通信站接收音信号，远端的移动通信指挥车、地面通信指挥中心接收并处理语音信号和射频信号。

7.1.2　飞艇

飞艇是一种轻于空气的无人飞行器，以太阳能转化成的电能为主要能源，再生式燃料电池为辅助能源，采用电驱动螺旋桨或者新型离子推进器，能在 20～30km 的高空范围内长时间地定点悬停或低速机动飞行。飞艇具有长时定点能力，可长时间相对于地球准静止，这个特点使飞艇在完成任务时有其他飞行器无法替代的作用。

1. 飞艇的分类及组成

飞艇是具有推进装置的轻于空气(Lighter-Than-Air，LTA)的飞行器，它与系留气球最大的区别在于：气球没有动力装置实现飞行，也没有操纵舵实现有控飞行；飞艇虽然也靠空气浮力升空，但它配置有发动机、空气螺旋桨(或其他类推进器)、操纵舵，能实现由动力推进、可操纵、可控制的飞行。飞艇升降控制方法有多种，如抛掉水、沙袋等压舱物或冷却回收发动机尾气中的水分补充压舱物；经排气阀门放掉一些气体或用储气罐补充气体；操纵螺旋桨转向，改变推力矢量方向产生垂直方向升力。

1) 飞艇分类

飞艇按结构类型分为软式飞艇、半硬式飞艇和硬式飞艇；按升空高度和体积大小分为平流层飞艇和对流层飞艇。平流层飞艇由于技术难度大，尚处于研发阶段。对流层飞艇按照驾驶方式可分为载人飞艇和遥控飞艇。载人飞艇指由专业飞艇驾驶员全程操纵、驾驶的飞艇。遥控飞艇是一种能实现超视距动态实时监测遥控和程序控制的无人飞行器系统。它具有遥控飞行和自主控制飞行两种控制模式，遥控飞行主要用于起飞和降落，自主控制飞行主要用于巡航或任务飞行。它具有有效载重大、留空时间长、可在空中定点和悬停、使用成本低、无须专用机场和跑道、安全性高等特点，能够实现对飞艇的目测遥控飞行、超视距实时监控以及自主控制飞行并完成特定的任务。在空中预警、电子对抗、通信指挥、城市交通监控、环境监测和地质勘探等领域遥控飞艇都能发挥出重要的作用[23]。因此，无人遥控飞艇是应急通信系统空中平台的较佳选择。

2) 飞艇组成

遥控飞艇系统主要包括空中部分和地面部分。空中部分主要由囊体、尾翼、吊舱、头锥和任务系统等部件及必要的功能分系统组成，见图 7.5。地面部分为测控指挥车。

(1) 囊体：飞艇的囊体内部分隔为 1 个主气囊和 2 个副气囊，主气囊用于存储氦气，副气囊存储空气，用于维持飞艇内部的压差和重心调节。

(2) 尾翼：尾翼安装于囊体尾部，一般为 x 型布局，尾翼上设有舵面，用于维持飞艇的稳定性和操纵。

(3) 吊舱：吊舱一般设在囊体的下部，主要用于装载发动机、油箱、动力转向系统、电池、控制系统以及镇重等设备。

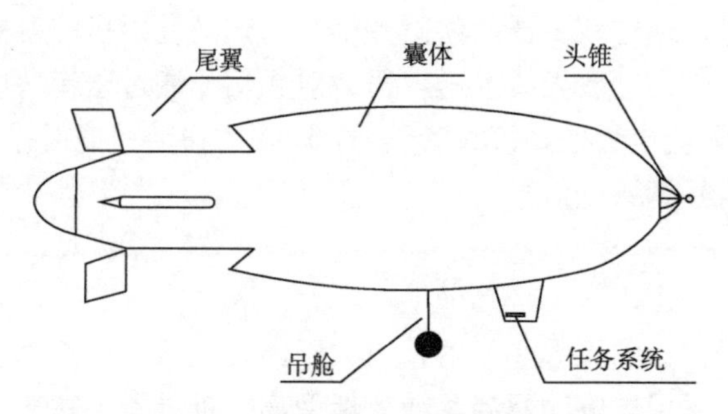

图 7.5　遥控飞艇系统组成结构图

(4) 头锥：头锥位于囊体前端，其主要作用是为满足地面牵引和地面系留的需要，将牵引和系留的集中载荷分散均匀地传递给囊体，避免囊体受损。

(5) 任务系统：任务系统主要由航拍系统和空中无线通信网络系统组成。航拍系统可以实时航拍突发事件地区的图像，并对重点区域进行长时间的立体监控。空中无线通信网络系统可以使受灾地区和外面能够正常通信，准确地把最前沿的灾情报告传递出来。

(6) 测控指挥车：测控指挥车为飞艇的地面移动测控指挥平台，集飞艇监测、飞艇遥控指挥、地面指挥调度、信息转换、汇报演示、商务办公及生活保障等多种功能为一体，强化了飞艇系统的实用功能，提高了整个系统的品质。

2. 飞艇的关键技术

由于高空环境条件特殊，飞艇研发生产技术除了要研制高性能的任务系统，还必须解决轻质、大跨度结构设计与特种材料、高效太阳能电池与储能系统、高效推进动力系统、自适应定点控制等方面的关键技术。其中自适应定点控制关键技术成为制约高空飞艇平台发展的核心关键技术，它涉及浮升气体控制、位置修正、姿态调整、推进动力控制、专家系统控制等方面的综合主动控制问题。总的来说，飞艇自适应控制要解决以下关键问题：浮力控制、位置修正、姿态调整、推进动力控制、专家系统控制。

1) 浮力控制

浮力控制要解决浮升气体的压力与温度控制问题。

(1) 浮升气体的压力控制：为了维持设计的低阻飞艇外形和飞艇具有足够的刚度，飞艇内部需要保持高于艇体外部一定的压力(3%～5%)。飞艇从地面升到高空，空气密度与气压越来越低，为了使氦气产生的浮力与气囊内外压差不变，氦气体积需要膨胀。在地面，氦气只占艇体体积的 7%左右，而到 20km 高空后氦气需要充满艇体体积的 96%以上，氦气体积要膨胀到地面的约 14 倍。如此大的氦气膨胀范围给浮升气体压力控制带来了很大的难度。另外，依据目前的技术水平，期望的设计速度为 30～40m/s，若要承受 1～2t 的任务载重，所需的艇体体积在 400000～1500000m^3，长度在 200m 左右，要实现均匀的压力控制难度很大。

(2)浮升气体的温度控制：平流层昼夜温差很大，引起大气压的变化。由于太阳能电池吸收效率较低，与太阳能电池接触的一面温度起伏范围在70～100℃与-70～-100℃，温差造成艇体内部气体温度、压力变化，继而影响到飞艇的外形和浮力，造成飞艇的高度漂移、姿态变化和抗风能量下降。高空空气密度低，使太阳能电池表面的余热不能被及时带走，不仅使艇体内部氦气温度升高，还降低了太阳能电池效率。由于浮升气体占很大的空间，温度控制变得十分困难。

2)位置修正

高空飞艇在执行任务时，由于环境变化，其位置发生漂移，位置修正是指由控制系统根据定点要求不断地修正环境变换所引起的飞艇漂移。位置修正是浮升气体控制、姿态调整、推进动力控制等方面的综合控制。影响高空飞艇位置精度的主要因素有高空的大气风和温度变化。季节和昼夜变化的温差引起飞艇浮力的扰动，使飞艇发生垂直方向的位置变化。水平方向的大气风是影响飞艇位置精度的关键因素，平流层的大气风随季节、区域会发生很大变化。一般来说，冬季风速较大，夏季风速较小；中高纬度风速较大，赤道附近风速较小。在日本稚内市，冬天最高风速达到59m/s，飞艇保持位置的能源需求达到850kW；风向在水平面内变化，基本上是层流，紊流度很小，中高纬度地区夏天是东风，其他时间是西风，在春夏之交与夏秋之交会发生逆变换，发生逆变换时风向会有剧烈的反复变化。因此，必须要解决大气风、大气温度对飞艇位置修正造成的影响问题。

3)姿态调整

飞艇在低速和低密度情况下，艇面气动效率降低，再加上飞艇体积庞大，表面为布纹结构，运动时会带动周围气团一起运动，产生附加质量和惯量，使飞艇动态飞行品质比一般航空飞行器变得更为复杂。当航向与风向夹角小于90°时，动态操纵响应时间增大，姿态调整能力变差，需要增加直接力控制，这样就要解决复杂的舵面与直接力混合控制问题。

作用在高空飞艇上的力有气动力、浮力和直接力等，所以在定点控制时姿态调整与飞机等有很大区别。飞艇在抗风时需要保证迎角与侧滑角为0°，这样就能使飞艇所受到的阻力最小，使动力需求降低。在风向发生变化后，飞艇要立即控制偏航操纵系统，使航向始终对准风向。由于风速与风向是随机变化的，使航向始终对准风向的这种姿态调整的复杂度明显增加。在冬季，飞艇驻空抗风时航向基本处于东西方向，中高纬度区域风速很大，由南向北斜射的太阳光无法照射到面北的太阳能电池，摄取的太阳能总量降低；飞艇推进动力系统无法获取足够的能量来抵御风力，导致飞艇可能被大风吹离执行任务区域。因此飞艇在冬天抗风过程中，除了要使航向与风向完全对准，还需要研究飞艇随纬度变化的姿态调整，使太阳能电池随着太阳偏转。

4)推进动力控制

在飞艇上采用了电动机带动螺旋桨，以抵消风力。由于风速、风向变化具有很大的随机性，推进动力控制系统需要根据当时飞艇的位置、姿态以及风向、风速大小调整电机转速大小，改变推力，使位置保持在预定的区域内。因此，需要研究动力系统的最佳控制策略和控制方案。

5）专家系统控制

平流层的大气环流虽然复杂，但研究表明，平流层大气环流变化是造成对流层季节变换的主要因素。由此可见，平流层的大气风宏观上呈现季节性周期变化，但微观上有很大的随机性，若不进行优化控制，必然会使飞艇的动态响应时间变长，推进动力负荷增加，能耗增加，还有可能造成飞艇漂移程度无法满足其完成任务的要求，所以需要研究使飞艇具有环境自适应能力的专家系统。

3. 飞艇用于应急通信

飞艇相对于飞机来说最大的优势就是它具有无与伦比的滞空时间。飞机在空中飞行的时间是以小时为基本单位来计算的，而飞艇则是以天来计算的。飞艇还可以悄无声息地在空中飞行，这一点在军事上的应用中同样重要。1957年3月，美国一艘ZPG-2型软式飞艇在一次飞行中创造了连续飞行264.2小时的世界纪录，其总里程长达15200km。军用飞艇一般都使用氦气保持浮力，因此能安静并且平稳地完成升降和飞行，这对其携带高科技监视设备至关重要。飞艇可以在其气囊中携带大型雷达天线，而后者的形状和尺寸几乎不受限制。与飞机相比，军用飞艇可降低约30%的能耗和飞行费用，其雷达反射面积也比现代飞机小许多。

现代飞艇的安全性已经有了质的提高。氦气是一种稀有气体，不可燃。由于飞艇气囊中的氦气压力并不是很大，仅仅只需要能保持其外形即可。所以即使被枪弹击中，如果弹孔不大，那么氦气的泄漏速度将是非常缓慢的，几乎可以暂时不用处理。如果枪洞很大，飞艇就不得不取消既定的行动计划，但仍然有足够的时间返回基地。另外，飞艇还可以在恶劣天气下照旧飞行，只要当时的风速不要超过30节即可。但其高昂的造价制约了其发展和普及。

飞艇在灾害救援中也提供了新思路。因为当自然灾害发生时，救援力量如何能够尽快到达灾区，提供应急电力、应急通信等服务，无疑是一项生死攸关的重要问题。

在灾害发生后，根据受灾区域大小，在任务系统相对固定的情况下，选用功能满足要求的飞艇系统。根据受灾区域的特点和救灾的需要，将飞艇系统布置到受灾区域外围的合适位置。飞艇在测控指挥车的遥控指挥下，从受灾区域外围的临时放飞场起飞，通过巡航机动和上下机动直接奔赴受灾区域内部，对重点区域进行监测，飞艇上的任务设备将接收到的图像数据和通信数据通过微波链路传输到地面接收设备，进而接入地面移动通信网，将灾区最前沿的第一手灾情信息传递出来。飞艇完成任务以后原路返回，并在原放飞场降落。

7.1.3　无人机

无人驾驶飞机简称无人机（Unmanned Aerial Vehicle，UAV），是利用无线电遥控设备和自备的程序控制装置操纵的不载人飞机，或者由车载计算机完全或间歇地自主操作。而系留式无人机作为一种近两年发展起来的无人机分支，克服了普通多轴无人机留空时间短、载重量小、飞行不稳定的缺点，非常适合各种专业领域应用。

临近空间是指“空”与“天”的结合部，普遍将其定义为海拔 20～100km 空域。该领域已成为世界大国战略博弈和角逐的新兴战略空间。临近空间超长航时无人机是支撑临近空间信息产业发展的重要基础设施之一。

美国外交学者网站 2017 年 7 月 18 日报道称，据中方媒体报道，中国航天科技集团最新研发、性能最强的攻击和侦察无人机“彩虹”-5 无人机已经量产。作为一款中空长航时无人机，据说“彩虹”-5 无人机的翼展长达 21m，最大航程为 6500km，实用升限超过 7000m，可承载高达 1200kg 的有效载荷，见图 7.6。

图 7.6　国产“彩虹”-5 查打一体无人机

1. 无人机分类及特点

目前无人机主要分为民用级无人机和专业级无人机两个领域，民用级无人机的代表为深圳市大疆创新科技有限公司出品的一系列无人机，如精灵系列、悟系列、御系列等航拍用无人机以及农业用的行业应用无人机，这些无人机因其主要面向民用，载荷都很小，自带蓄电池的设计在保证了机体轻便的同时也使得飞行时间都在 25min 左右，因此无法匹配高空基站的需求。

专业级无人机领域又主要分为旋转翼无人机、系留式无人机和固定翼无人机三种，如图 7.7 所示。

(a) 旋转翼无人机

(b) 系留式无人机

(c) 固定翼无人机

图 7.7　三种专业级无人机

(1)旋转翼无人机操控非常简单，它不需要跑道便可以垂直起降，起飞后可在空中长时间悬停；共轴双旋翼无人机的主要优点是结构紧凑，外形尺寸小。这种直升机因无尾桨，所以也就不需要装长长的尾梁，机身长度也可以大大缩短。有两副旋翼产生升力，每副旋翼的直径也可以缩短。机体部件可以紧凑地安排在直升机重心处，所以飞行稳定性好，也便于操纵。与单旋翼带尾桨直升机相比，其操纵效率明显有所提高。此外，共轴式直升机气动力对称，其悬停效率也比较高。代表型号有北京航空航天大学研制的F300和北京中航智科技有限公司的TD220等。可以在3000m高空悬停3h以上。电源系统、特定定制电缆供电及传输，可实现在一定载荷下长时间悬停(超过24h)在30～500m的空中，搭配不同的载荷，实现远距离通信覆盖。

(2)系留式无人机具有携带方便、开设迅速、操作简单的特点，可实现大范围通信覆盖。根据绞车的固定位置，可分为地面固定式、车载移动式和便携移动式三种工作方式以适应各种工作环境的需求；系留式无人机由于体型较小，负载非常有限，目前载荷为2～10kg，这一点限制了其应用范围。中国电子科技集团公司第七研究所、中国航天科工集团有限公司、北京大工科技有限公司等都开发了相应的产品。

(3)固定翼无人机尺寸相对较大(翼展几米到几十米)，操控距离较远(如果搭载卫星通信链路可实现超视距操控，几百上千公里都可以)，飞行高度较高(几千米到上万米)，负载相对较大(几百公斤)；固定翼无人机速度快(一般在150km/h以上)，航程远，航时长，但起降受场地限制比较多；由于固定翼无人机巡航速度快，对于无线通信的传输和基站设备要求较高；另外，固定翼无人机操作复杂，需要培训专业的人员操控；国内，成都飞机设计研究所的翼龙、中国航天动力院的云影等都是很优秀的产品。表7.1是三种无人机主要参数对比。

表7.1　三种无人机主要参数对比

	旋转翼无人机	系留式无人机	固定翼无人机
飞行高度	>3000m	>100m	>5000m
载荷重量	50～100kg	10kg左右	>100kg
供电方式	220V交流/48V直流	220V交流	—
滞空时间	3～6h	>8h	>20h

可以看出，固定翼无人机虽然载荷大，续航久，但是由于对各项设备要求较高，不适合用于高空基站的快速搭建，更适合做采集前端，主要的升空平台还是将从旋转翼无人机和系留式无人机中选取。

2. 无人机的关键技术

目前世界上研制生产无人机系统的国家至少有20多个，其中美国、中国和以色列处于领先地位。美国是世界上生产无人机系统品种最多、使用最广泛的国家，在发展长航时无人机系统方面占主导地位。无人机关键技术可以归纳为以下几方面。

1)跟踪、测控、通信一体化信道综合技术

早期无人机数据链大都采用分立体制，遥控、遥测、视频传输和跟踪定位用各自独立的信道，设备复杂。为了简化设备或节省频谱，20 世纪 80 年代后，大量采用先进的统一载波综合体制，根据需要和可能来进行不同程度的信道综合，构成不同形式的无人机综合数据链。无人机数据链常用的信道综合体制是“三合一”和“四合一”综合信道体制。

所谓“三合一”综合信道体制是指跟踪定位、遥测和遥控的统一载波体制，即利用遥测信号进行跟踪测角，利用遥控与遥测进行测距，而使用另外的单独下行信道进行视频信息传输。

所谓“四合一”综合信道体制是指跟踪定位、遥测、遥控和信息传输的统一载波体制，即视频信息传输与遥测共用一个信道，利用视频与遥测信号进行跟踪测角，利用遥控与遥测进行测距。视频与遥测共用信道的方式包括两种：一种是模拟视频信号与遥测数据副载波频分传输；另一种是数字视频数据与遥测复合数据传输。采用“四合一”综合信道体制，就要解决直接接收宽带调制信号的天线高精度自动跟踪问题。

“四合一”综合信道体制的信道综合程度最高，在现代无人机数据链中得到广泛应用，但“三合一”综合信道体制将宽带与窄带信道分开，从某种角度来说具有一定的灵活性。

2）通信数据抗干扰传输技术

在数据链的工作频段方面，为了适应数据传输能力和系统兼容能力增高的需求，除少数低成本、近距离或备用系统仍采用较低的 VHF(30～300MHz)、UHF(300～3000MHz)频段以及 L(1～2GHz)、S(1.55～3.4GHz)波段外，已大都采用较高的 C(4.0～8.0GHz)、X(8～12GHz)、Ku(10.7～18.1GHz)波段。

抗干扰能力是无人机测控系统性能的重要指标。无人机测控系统常用的抗干扰方法有抗干扰编码、直接序列扩频、跳频和扩频结合。既要不断提高上行窄带遥控信道的抗干扰能力，也要逐步解决好下行宽带图像/遥测信道的抗干扰问题。此外还要解决好低仰角条件下，以及山区或城市恶劣环境条件下的抗多径干扰问题。

3）超视距中继传输技术

当无人机超出地面测控站的无线电视距范围时，数据链必须采用中继方式。根据中继设备所处的空间位置，又分为地面中继、空中中继和卫星中继等。

地面中继方式的中继转发设备置于地面上，一般架设在地面测控站与无人机之间的制高点上。由于地面中继转发设备与地面测控站的高度差别有限，所以该中继方式主要用于克服地形阻挡，适用于近程无人机系统。

空中中继方式的中继转发设备置于某种合适的航空器(空中中继平台)上。空中中继平台和任务无人机间采用定向天线，并通过数字引导或自跟踪方式确保天线波束彼此对准。这种中继方式的作用距离受中继航空器高度的限制，适用于中程无人机系统。

卫星中继方式的中继转发设备是通信卫星(或数据中继卫星)上的转发器。无人机上要安装一定尺寸的跟踪天线，机载天线采用数字引导指向卫星，采用自跟踪方式实现对卫星的跟踪。这种中继方式可以实现远距离的中继测控，适用于大型的中程和远程无人机系统，其作用距离受卫星天线波束范围限制。

以色列 I/ELTA 公司的 EI/K-1850 数据链，经无人机空中中继作用距离从 200km 扩展到 370km。美国在“捕食者”和“全球鹰”长航时无人机使用 Ku 波段和 UHF 波段的卫星中继数据链，Ku 波段地面天线口径分别为 5.5m 和 6.25m，机上天线口径分别为 0.76m 和 1.22m，上行遥控数据速率可达 200Kbit/s，下行图像/遥测数据速率分别为 1.544Mbit/s 和 50Kbit/s，作用距离 3000km 以上。

4）一站多机数据链技术

在无人机任务传感器视频信息传输方面，从 20 世纪 90 年代起已开始应用图像数字传输技术，目前已在大部分无人机系统中使用。无人机动态图像压缩编码后，图像/遥测复合数据速率已减到最小为 1～2Mbit/s（例如，美国的 1.544Mbit/s，以色列的 2.2Mbit/s），对应的图像分辨率为 720 像素×576 像素。

一站多机数据链是指一个测控站（地面或空中）与多架无人机之间的数据链。测控站一般采用时分多址方式向各无人机发送控制指令，采用频分、时分或码分多址方式区分来自不同无人机的遥测参数和任务传感器信息。如果作用距离较远，测控站需要采用增益较高的定向跟踪天线，在天线波束不能同时覆盖多架无人机时，则要采用多个天线或多波束天线。在不需要任务传感器信息传输时，测控站一般采用全向天线或宽波束天线。当多架无人机超出视距范围以外时，需要采用中继方式。根据中继方式不同，又分为空中中继一站多机数据链和卫星中继一站多机数据链。

5）多信道多点频收发设备的电磁兼容技术

无人机数据链有上下行信道，又要考虑多机多系统兼容工作和必要时的中继转发，再加上由于安装空间的限制，多信道多点频收发设备的电磁兼容问题十分突出。要根据这些特点，在频段选择和频道设计上周密地考虑，并采取必要的滤波和隔离措施。

6）无人机任务规划与监控技术

无人机地面控制站要完成复杂的任务规划和监控功能，要根据处理数据量大和要求实时性强的特点，解决好多任务数据处理、组合定位、综合显示和大容量记录等问题，做到显示清晰、操作方便、人机友好。

7）机载设备的耐温、抗振、小型化结构设计技术

无人机机载设备小型化一直是无人机系统始终追求的目标。随着无人机测控系统性能的提高，设备小型化的要求越来越高。应根据无人机的使用特点，解决好机载设备耐温和抗振问题，不断研究机载设备小型化综合设计技术，使高性能的复杂设备的规模控制在允许范围内，使具有基本功能的设备能在微小型无人机上安装。

8）地面设备的机动、便携结构设计和装车技术

为了发挥无人机系统使用机动灵活的优势，一般要求地面测控站能车载机动，某些简单小型测控站还能便携使用。这就要求地面设备也尽量小型化，既要符合车载或便携设备的相关规范，又要根据无人机地面控制站和地面数据终端的设备特点，解决好设备的材料、结构和工艺问题，满足耐温、抗振、防雨和防盐雾等环境适应性要求，并便于操作、使用和维修。

3. 无人机用于应急通信

我国的无人机测控技术经过 20 多年的发展，已突破了综合信道、图像数字化压缩、

宽带信号跟踪、上行扩频、低仰角抗多径传输、多信道电磁兼容、空中中继、卫星中继、组合定位、综合显示和机载设备小型化等一系列关键技术，已成功研制生产多种型号的数据链和地面控制站，采用视距数据链、空中中继数据链或卫星中继数据链，分别实现对近程、短程、中程和远程无人机的遥控、遥测、跟踪定位和视频信息传输。产品已与多种无人机型号配套，小批量生产，装备使用。

无人机一方面比卫星更便宜、更灵活；另一方面，相比执行监视侦察的飞机和船只，它们飞得更高，更加远离战场。因此，在应急通信应用中，无人机既可以做前端采集设备，又可以做空中通信平台；既可以用于无线信号覆盖，又可以用于信号传输中继。

7.1.4 高空移动驻留应急平台

高空移动驻留应急平台是将基站通过无人机、飞艇、气球等作为通信载体，从空中向下覆盖目标区域的通信系统。高空移动驻留应急平台与地面之间以及平台之间的传输链路可以是卫星，也可以是电台。高空移动驻留应急平台主要优点如下：具有很强的灵活性，可快速部署；部署不受道路条件限制，在地震、近海类抢险中优势明显；可进行大范围覆盖，更加方便与地面受灾人员进行语音、视频通信联系。

1. 高空移动驻留应急平台构成

高空移动驻留应急平台构成如图 7.8 所示，无人机、飞艇或气球迅速飞到受灾区域上空，对应急区域进行覆盖。应急平台可以通过地面电台或卫星与核心网进行连接。

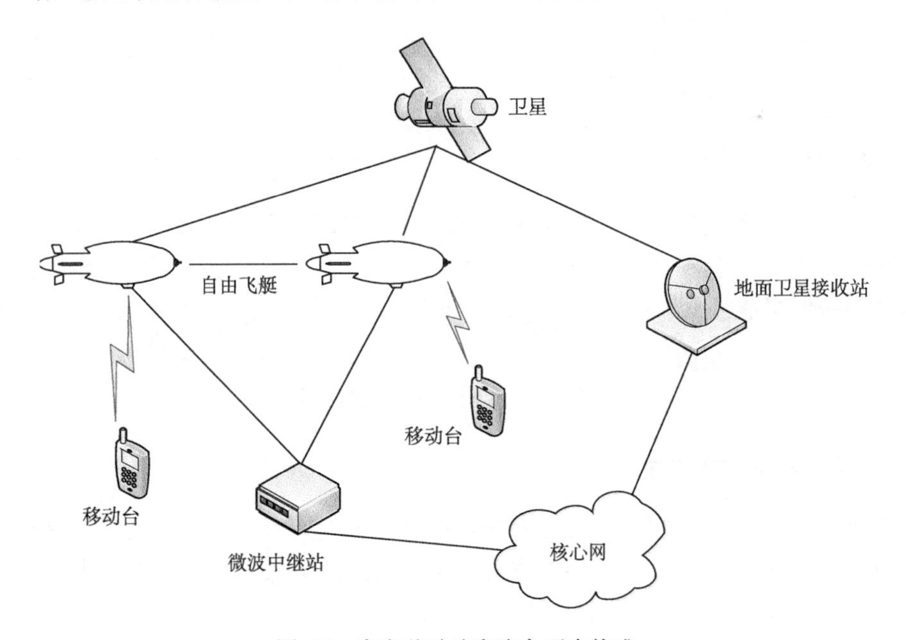

图 7.8 高空移动驻留应急平台构成

2. 高空移动驻留应急平台配置

高空移动驻留应急平台一般在1000～3000m的高空工作，主要设备除无人机、飞艇、气球等通信载体，还包含主基站设备、天线、传输设备、电源设备、监控设备等。

主基站设备：中国有超过90%的移动用户使用GSM网络，高空移动驻留应急平台可以选择宏蜂窝设备，也可以选择无线Mesh基站设备。

天线：最好选择覆盖和传输双频段天线，这样干扰小。以覆盖为目的，选择方向性较好的近似半球形的天线。

传输设备：以点对多点的微波、卫星为传输手段，同一场景下的应急平台仅考虑使用一种传输手段。

电源设备：通常使用高空移动驻留通信载体自备电源，如系留气球的系留供电缆绳、飞艇的发电机以及无人机的锂电池、太阳能电池等。

监控设备：对设备、环境进行监控。

表7.2为某高空移动驻留应急平台各设备相关参数。

表7.2 某高空移动驻留应急平台设备配置和参数

序号	设备	重量/kg	尺寸	功耗/kW
1	GSM主设备	150	600mm×600mm×1800mm	3.5
2	G网天线	75	2500mm×600mm×150mm	—
3	微波天线	7	直径1500mm	—
4	传输设备	25	500mm×300mm×300mm	1
5	监控设备	10	600mm×300mm×300mm	1
6	电源设备	10	600mm×600mm×50mm	—

按照上述对天线的选择，模拟天线增益约为3dBi，天线挂高1km。以自由空间模型加上20dB的穿透损耗，手机接收电平设为–95dBm，则覆盖半径可达到30km，几乎逼近GSM系统的覆盖极限。

7.2 卫星应急通信车

7.2.1 卫星应急通信车概述

卫星通信不依赖于地面传输设施，非常适合于重大灾害的通信要求，为抢险救灾提供可靠的、不间断的、主体的、多方位的、全功能的通信保障，并越来越成为应急通信技术的主要选择。

卫星应急通信车就是一个移动式应急通信系统，通过开赴应急现场的车载平台，搭建通信网络，实时处理现场传输过来的语音、视频、图片等信息，实现现场各种不同制式、不同频段的通信网络的互联互通，以及与远方指挥中心之间的通信，构成统一的应急指挥平台，进行全方位高效有序的指挥和调度。

卫星应急通信车具有开通快速、机动性高、运用灵活、调度方便、与现有通信网络接入便捷、自备电源等特点，因此，在大多数突发公共事件、军事行动中，卫星应急通信车是实现现场应急通信的首选方式之一。在 2008 年的四川地震、奥运保障等一系列重大事件的现场，都能看到它的身影，见图 7.9。

图 7.9　执行汶川地震抗震救灾任务的卫星应急通信车

1. 卫星应急通信车组成

卫星应急通信车一般由现有车辆根据需要改装而成，包括车辆部分、车载部分和监控部分。

(1) 车辆部分通常是指用于改装成为应急通信车的车辆，是应急通信车的基础，其功能主要是承载和运输。

(2) 车载部分通常是指改装后车辆上增加的设备，一般包括电源设备、通信设备、传输设备(天线)、天线桅杆(塔)、空调设备、接地系统(防雷)、多媒体设备、灯光设备等，是构成应急通信平台、实现应急通信功能的核心设备和辅助设备的总和。

(3) 监控部分通常是指改装后的各项监测和控制系统，一般由车内监控系统、通信监控系统和车外环境监控系统等三部分组成。

2. 卫星应急通信车功能

卫星应急通信车具有如下功能。

(1) 应急平台综合应用功能。

(2) 卫星通信功能。

(3) 语音调度指挥功能。

(4) 视频会议功能。

(5) 现场无线组网覆盖功能。

(6) 信号接入功能：图像接入、语音综合接入、光纤接入、无线网络接入等。

(7) 导航定位功能。

(8) 野外供电功能。

(9)现场照明广播功能。

从功能上看，卫星应急通信车的主体还是通信系统，另外还有安全支撑系统、导航定位系统等辅助系统。通信系统包括卫星通信子系统、无线公网通信子系统、现场覆盖无线网状网子系统、光纤通信子系统、语音调度指挥子系统、语音综合接入调度指挥子系统、计算机网络系统、视频会议系统、图像接入系统等。卫星通信子系统按照天线的移动性可划分为“动中通”卫星通信系统和“静中通”卫星通信系统；现场覆盖无线网状网子系统通过自组织等技术在现场快速建立网络；光纤通信子系统是有线通信系统，在应急中作为无线通信的互补；语音综合接入调度指挥子系统能够提供语音通信业务并实现多种制式的通信系统的互联互通；计算机网络系统能够构建车载局域网；视频会议系统是现场与上级指挥中心之间进行视频会商、处置决策的基础支撑；图像接入系统依托于通信网络将现场图像采集回传。安全支撑系统实现保护网络安全和信息安全的功能，防止非法入侵。导航定位系统主要由卫星定位装置、导航软件及显示终端组成，实现导航定位。

7.2.2 “静中通”卫星应急通信车

车载卫星通信地面站主要是将较小口径卫星天线固定安装在适当的车辆上进行通信，俗称“静中通”。

“静中通”卫星应急通信车为公安、武警、部队、机场、林业等部门处理紧急事件的需要而设计，理论上具有在任何地区、任何天气条件下，实现实时的图像、语音、数据的远距离传输功能，此外还配备指挥、会议等设施，具有反应快速，操作方便，使用可靠、灵活等特点。

“静中通”的车载卫星天线可自动跟踪卫星功能。自动跟踪是指预先给天线伺服跟踪系统输入预定卫星的位置参数，车辆在停放后，系统加电。天线在没有专业人员和专用仪器的情况下完成快速准确的对星工作。在车辆行驶时，天线处于收藏位置，即扣在车顶。由于卫星与地球的转速是同步的，因此传统的卫星通信系统在固定的地点，当设备安装完毕、卫星天线一次性对准卫星后，不需要再进行任何操作。车载卫星站由于地址不固定，每到一个地点需要重新对卫星建立信道链接，加上目前车载卫星站为了实现天线小型化一般使用 Ku 波段通信，天线方向图比较尖锐，对星难度比 C 波段大，同时车载卫星站所担负的又常常是对时效性要求较高的通信任务，因此，快速、准确地对星就成为衡量车载卫星站应用性能的重要指标之一。通常要求系统卫星天线展开时间少于 5min，自动对星时间少于 3min。

自动对星原理：普通固定地球卫星站，天线底座一般保持水平，天线的对星操作基本上就是使天线转动到需要的俯仰角和方位角，而俯仰角和方位角基本上可以由星下点位置、地球站位置确定，使天线对准卫星没有太大难度。此外一般固定对准一颗卫星后就不会再频繁改变，即使要调整也可借助专用仪器和专业人员来完成。自动对星是指在没有专用仪器和专业人员参与的情况下，根据使用者输入的对星需求信息，自动采集对星需要的如天线姿态、天线所在点地理位置等信息，然后通过对星软件制定出合理的实现过程，最终控制并驱动执行机构完成对星操作建立通信信道。在需要撤收天线时，控制系统根据相关参数按照相反的过程自动完成天线收起的过程。对于车载卫星站自动对星的过程，主要存在两个方面的问题：一是车载站需要经常运动到新的地点，确定天线俯仰角和方位角所需要的地理位置信息必须在建站点现场采集；二是由于车载站车体不易保持在水平面内，单纯控制天线的转角按照计算出来的方位和俯仰角难以准确对上卫星，必须依照天线实际姿态来实现对星。

地面接收系统与“静中通”卫星通信指挥车配套使用，主要针对矿井井下、城市地铁、铁路隧道、洞穴等灾害救灾现场，通过卫星通信系统实现地面接收系统与卫星通信指挥车之间的视频、语音和数据及图片信息的双向通信，通信指挥车与指挥中心之间的有线电话和专线的连接，以及与中心综合信息网 Internet 的计算机联网，为指挥现场救灾和抢险决策提供实时信息与科学依据。

由卫星、“静中通”卫星应急通信车、现场指挥车、卫星地面中心站构成的应急通信系统见图 7.10。

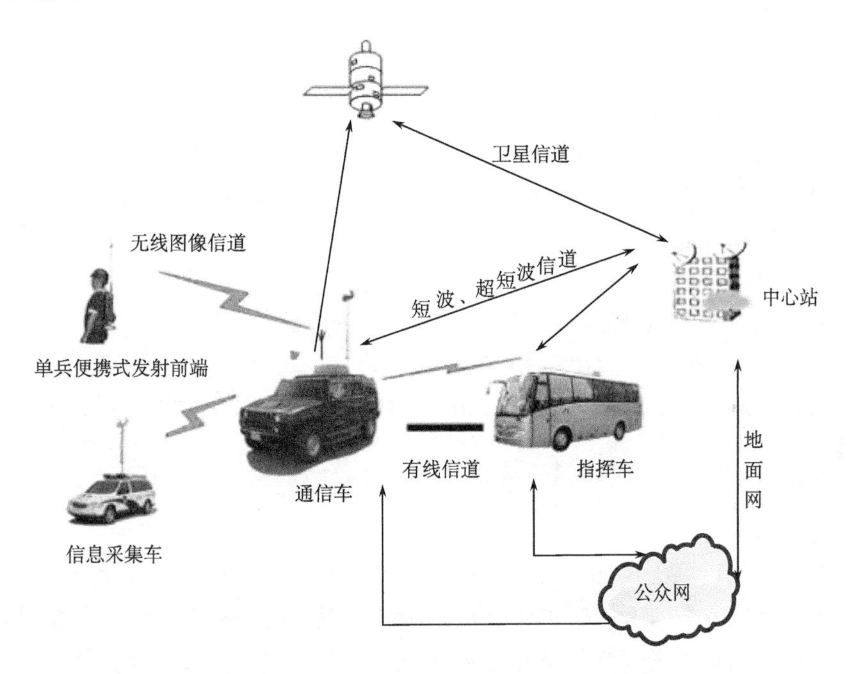

图 7.10　“静中通”卫星应急通信车系统应用示意图

7.2.3　“动中通”卫星应急通信车

“动中通”卫星应急通信车集成了动中通卫星通信以及超短波通信、语音通信等多种通信手段，可通过当前世界上先进的动中通卫星天线——TracStar 450SP 及相关卫星系统在运动中实现音视频传输、卫星电话和有线网向现场的延伸；通过集中控制系统实现智能化控制；通过加装发电机设备实现任何状态的持续供电；通过音视频系统实现音视频的采集和处理。

1.“动中通”通信原理

“动中通”卫星应急通信系统主要是指小口径卫星通信系统，将卫星天线安装在防风罩内，便于运动中进行卫星通信链路的建立。卫星通信车载“动中通”天线馈电系统的主要特点体现在以下三个方面。

(1)单脉冲跟踪技术，主要优点是闭环跟踪、能够准确实时地对准卫星，性价比较高，缺点是在卫星信号阴影区进入覆盖区系统再捕获时间较长。

(2)陀螺跟踪技术，主要特点是开环跟踪、能够准确实时地对准卫星，在卫星信号阴影区进入覆盖区系统再捕获时间较短。

(3)开环与闭环相结合是卫星通信天线馈点系统跟踪方式中最好的运用方式，它主要解决了系统大范围运动通信和遮挡后快速建立链路的问题。

2.“动中通”应急通信车基本组成

(1)“动中通”卫星通信系统：主要包括“动中通”卫星天线、数字微波 IDU 和 ODU 通信设备、加密机等设备。

(2)网络设备：路由器，路由、语音网关等职能一体。

(3)视频通信：主要包括高清视频会议终端、超短波图像传输系统(单兵发射两套)等。

(4)无线通信：包括车载短波电台、超短波电台。

(5)切换控制：包括智能综控系统、视音频矩阵等。

(6)供电系统：发电机、UPS 及外接市电等。

(7)接口：预留网络 RJ-45、专网 VoIP RJ-11、视频、音频、电源等接口。

3.“动中通”卫星应急通信车功能

1)视音频传输

卫星通信系统可共提供 2MHz 带宽的数据流，通过网络交换机进行分配，可根据实际使用需求，提供 0.5～1.8MHz 的带宽数据来传输双向视音频各 1 路，通过视频会议终端进行编解码，通过加密传输到卫星，再到卫星地面站的复用器进行解复，编解码器进行解码还原，并可以反向传输。实现与指挥车 1 路视音频信号的无线互传。

2)数据传输

通信指挥车上的网络交换机和地面站上的网络交换机形成了一个网桥，形成“动中通”通信车与地面的连接，可提供共 16 个网络 IP 接入，可用于传输各种数据，也可通过地面站网络交换机与公安专网、Internet 进行网络连接。

3)语音传输

通过语音网关的电话接口，提供语音数据，可同时提供四路语音电话的服务，可实现与公安电话专网、政府专网、普通电话网之间的交互，实现与上述三个网络内电话间的语音传输。

4) 图像采集

利用车顶前后两个可调速的车载专用高速摄像机，可在车辆行驶或静止状态，对周边的情况进行拍摄，摄像头既可通过中控系统触屏控制，又可通过专用操作摇杆进行调速、高速控制或定位控制，其图像可通过矩阵在任意显示器上观察，并可以传输给指挥中心。

5) 无线集群、常规语音通信

配备集群手持台，在有集群专网覆盖的地区，可实现集群语音通信；当到达没有集群专网覆盖的地区，可利用集群手持台中预先设定的常规信道，通过卫星车上配备的音频转接器和鞭状天线，组建 2km 半径范围内的战地网，实现应急常规电台语音通信的要求；如果驻车，可采用高增益的棒状天线，还可以大大增加覆盖距离。

6) 视频会议系统

通过车上配备的会议用摄像头、麦克风和显示器音箱及指挥中心会议室内录像、录音和播放系统，可以实现通信车与指挥中心的视频会议功能；领导可看到、听到要求的画面和语音，领导的语音和图像也可通过通信车上的各种通信手段传输给要求到达的地方。

7) GPS 定位和导航

在执行任务时，本车操作人员可通过 GPS 辅助行车系统，知道目前的时间、位置并根据出发地和目标地选择最佳的行进路线。

8) 移动办公功能

利用车载平台，可再配备笔记本电脑和打印机，通过卫星系统的 IP 数据，可实现文字处理、打印、网络等办公功能的远距离化和移动化的要求。

9) “静中通”功能

通过“动中通”上各设备和相关接口，在车辆静止状态下连接地面各有线网络，实现“静中通”的功能。

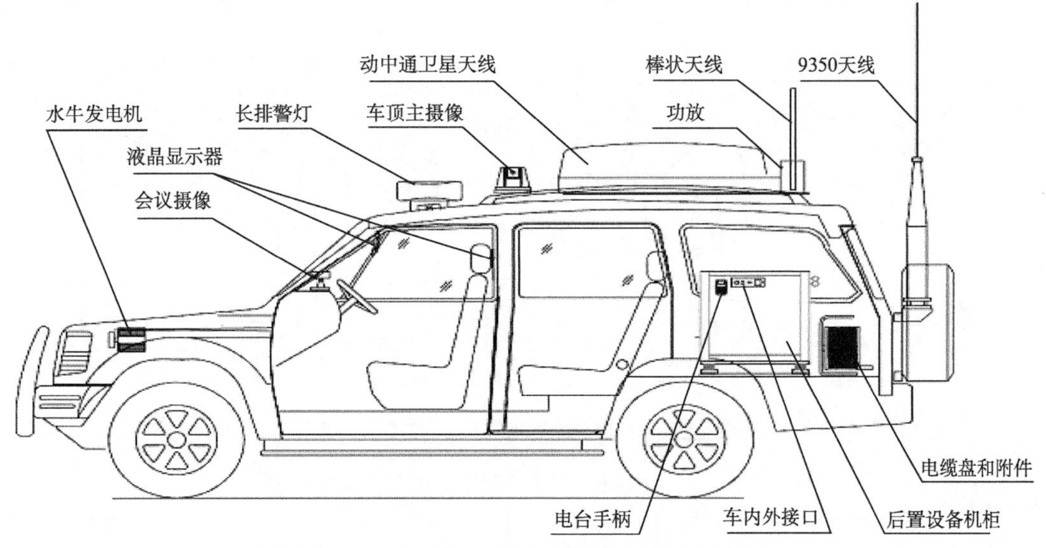

图 7.11 “动中通”卫星应急通信车整车布局方案

10)集中控制

利用全车集成的无线触屏的控制系统，对车内的音视频系统进行集中控制，可提供个性化界面，方便操作。

4.“动中通”卫星应急通信车设计案例

1)“动中通”卫星应急通信车整车布局方案

“动中通”卫星应急通信车整车布局方案见图 7.11。

2)“动中通”卫星应急通信车车顶布局方案

“动中通”卫星应急通信车车顶布局方案见图 7.12。

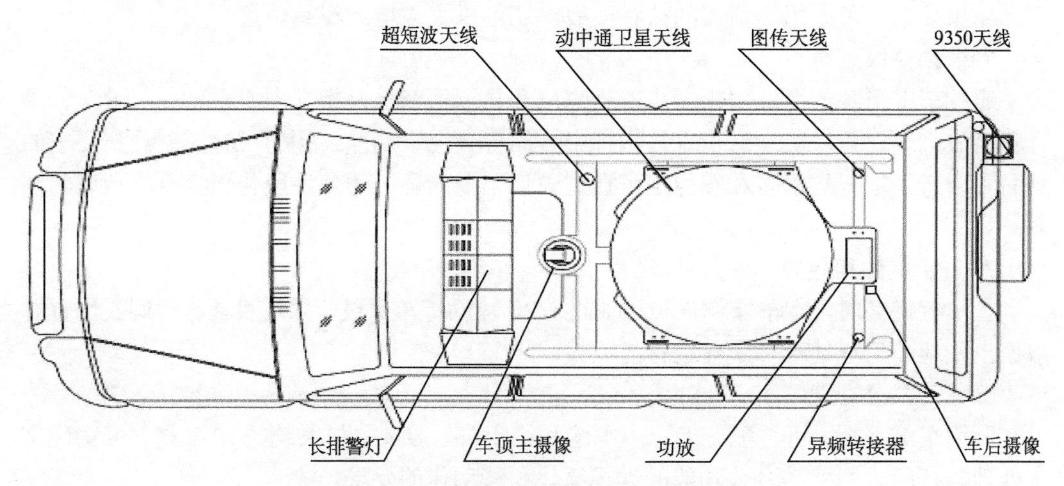

图 7.12 “动中通”卫星应急通信车车顶布局方案

3)“动中通”卫星应急通信车车内布局方案

“动中通”卫星应急通信车车内布局方案见图 7.13。

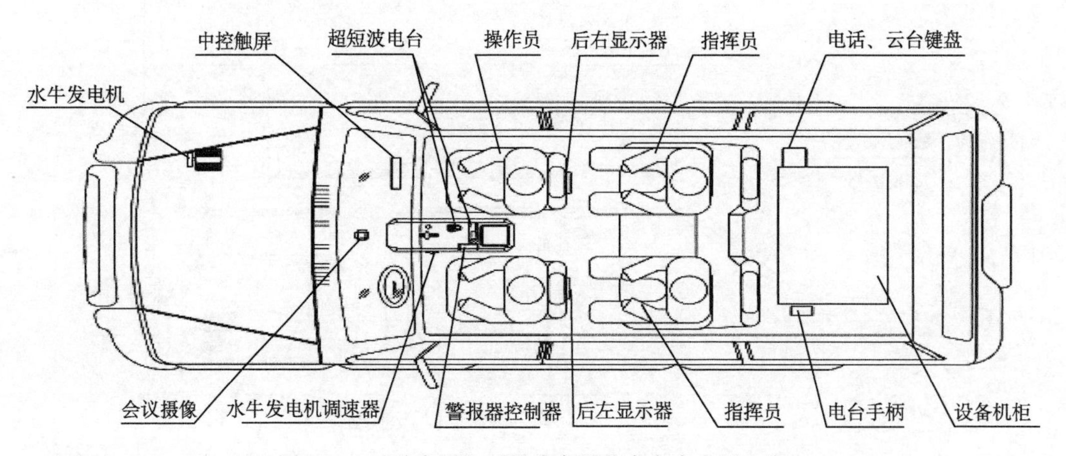

图 7.13 “动中通”卫星应急通信车车内布局方案

4) “动中通”卫星应急通信车机柜布局方案

“动中通”卫星应急通信车机柜布局方案见图 7.14。

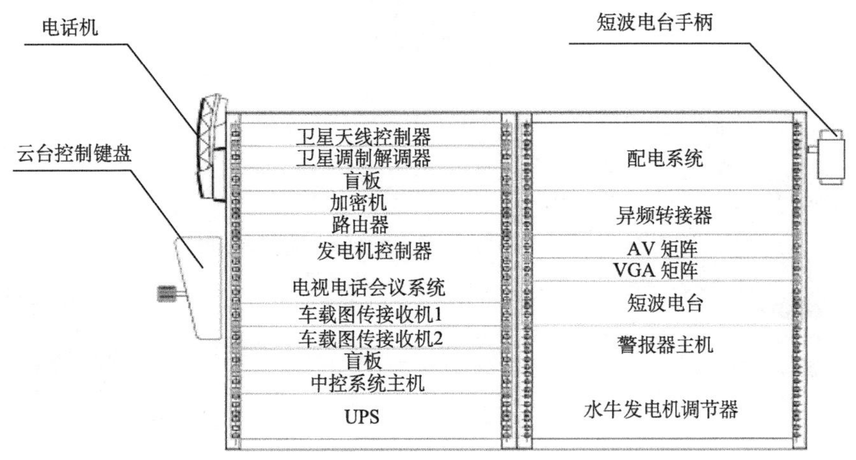

图 7.14 “动中通”卫星应急通信车机柜布局方案

5. “动中通”与“静中通”的比较

“动中通”与“静中通”选用相同的通信方式，因此，具有相同的网络拓扑。“动中通”与“静中通”的区别主要在于以下几个方面。

(1) “动中通”卫星应急通信车可为陆上的移动用户提供可靠的通信服务。在车辆运动过程中实时、大容量、不间断地传递语音、数据、动态图像、传真等多媒体信息。它具有机动性强、抗干扰能力强、接收信号能力强、保密性强的优点，可广泛用于移动多媒体卫星通信系统、运动中不间断网络中心等。“静中通”卫星应急通信车可根据需要在指定地点通过通信卫星接入主网络，建立与网络主站或其他卫星通信站点之间的通信连接。能够保证容纳多人进行车内会议讨论，实现语音、视频、数据的实时传输，为用户提供可靠的通信服务。

(2) “动中通”能够在卫星信号覆盖区运动中进行实时通信；“静中通”只能在静止时通信。

(3) “动中通”所选的移动站天线为 0.8m、0.9m 或 1.2m；“静中通”选用 1.2m 或 1.8m 天线，“静中通”的车载系统天线口径可以做大一点，能更好地接收发射信号。

(4) “动中通”所需功放的功率比“静中通”的功放功率大。

(5) “动中通”的建设成本比“静中通”要高。

(6) “动中通”的机动性能大大优于“静中通”。

(7) “动中通”的隐蔽性优于“静中通”。

6. “动中通”卫星应急通信车功能实现技术方案

1) 卫星通信功能的实现

卫星通信车卫星通信功能技术方案见图 7.15。

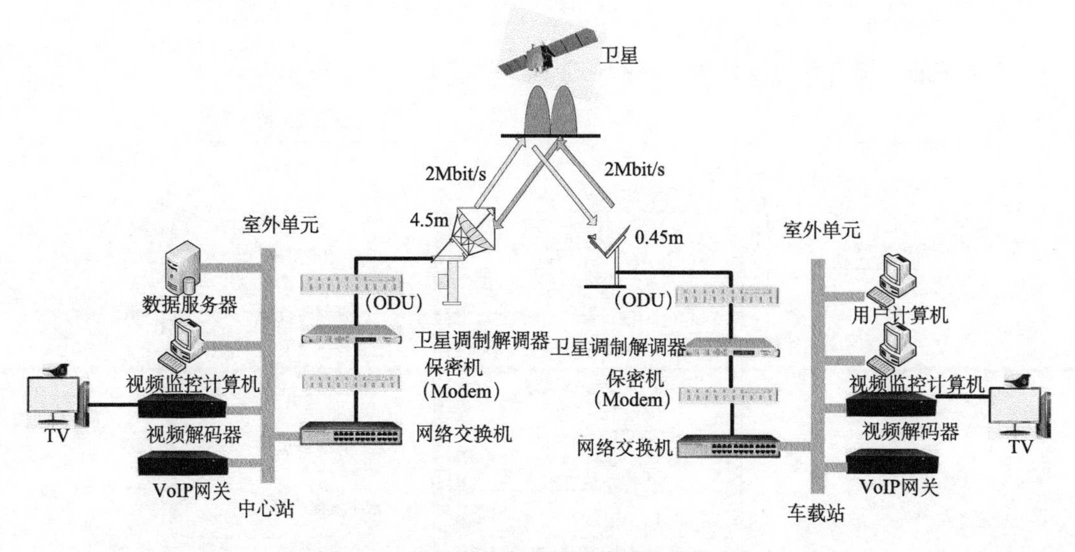

图 7.15　卫星通信车卫星通信功能技术方案

2) 短波和超短波通信功能的实现

卫星通信车短波和超短波通信功能技术方案见图 7.16。

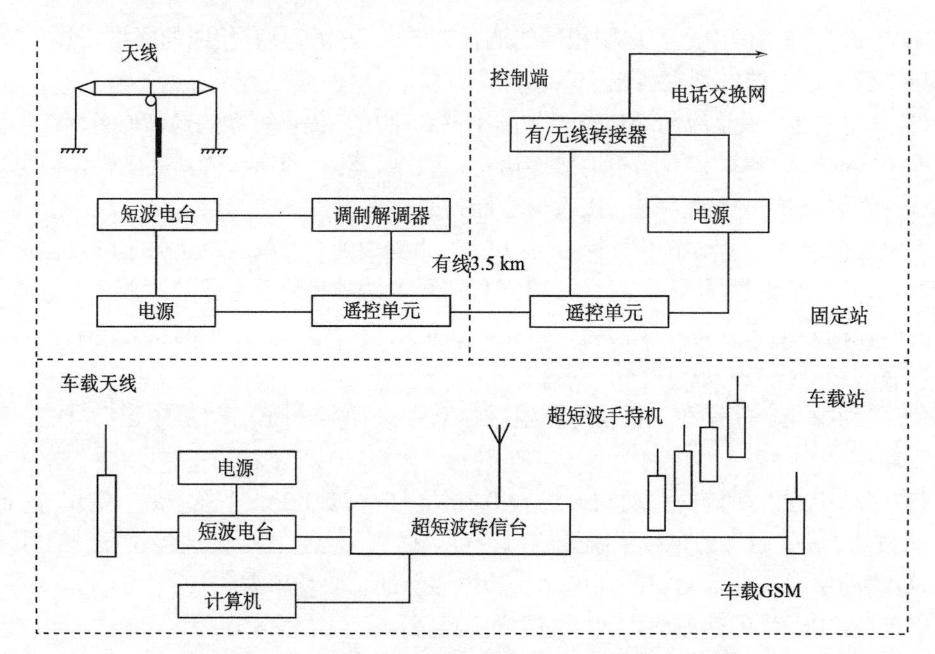

图 7.16　卫星通信车短波和超短波通信功能技术方案

3) 无线单兵图传功能的实现

卫星通信车无线单兵图传功能技术方案见图 7.17。

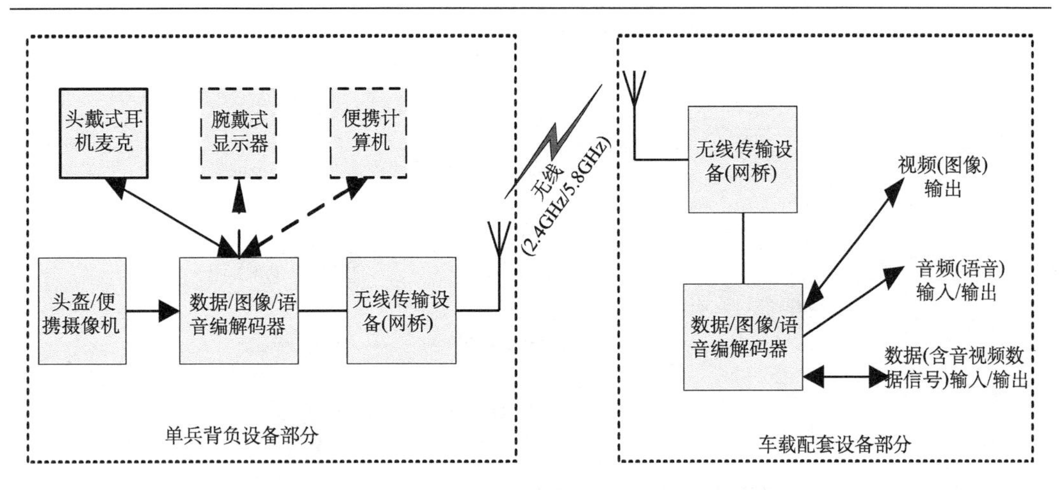

图 7.17 卫星通信车无线单兵图传功能技术方案

4) 图像采集处理功能的实现

卫星通信车图像采集处理功能技术方案见图 7.18。

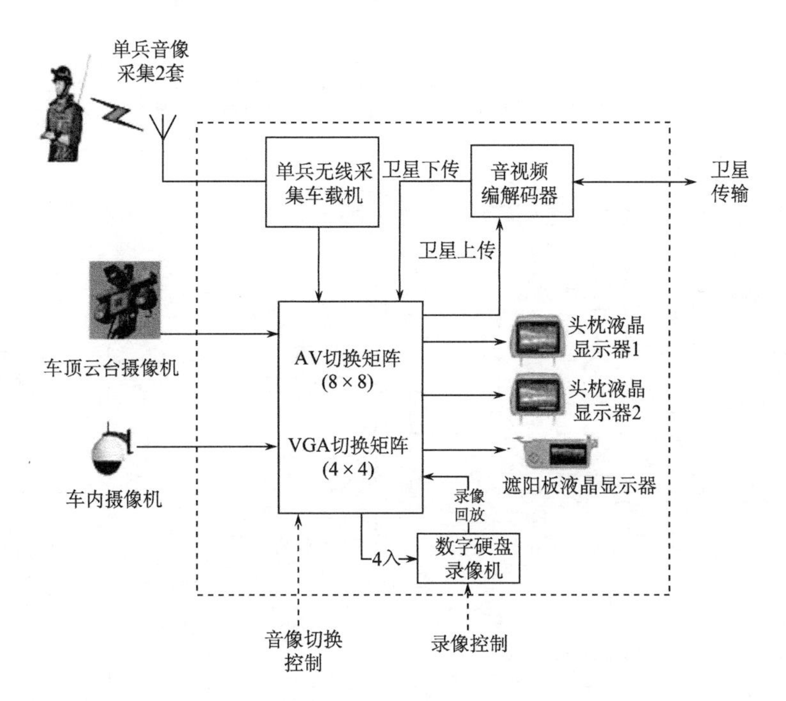

图 7.18 卫星通信车图像采集处理功能技术方案

5) 车内集中监控功能的实现

卫星通信车车内集中监控功能技术方案见图 7.19。

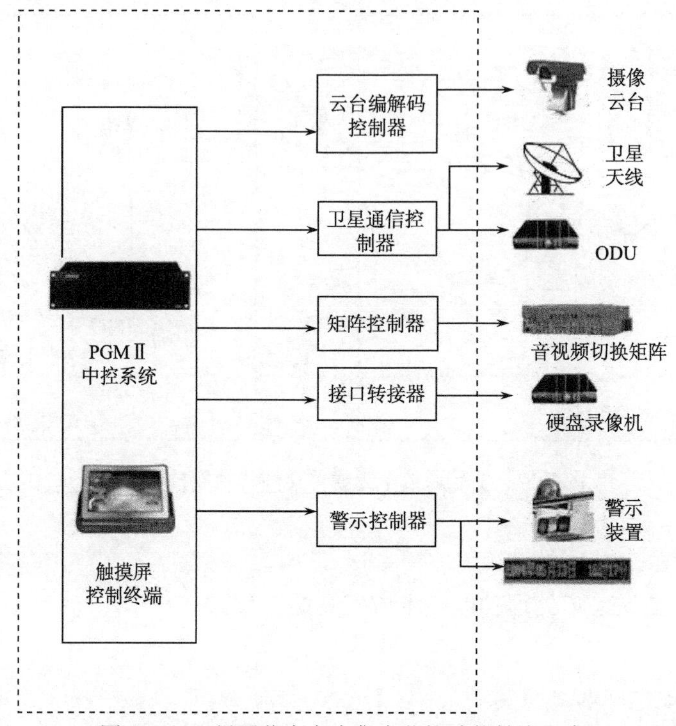

图 7.19　卫星通信车车内集中监控功能技术方案

6) 车内供电系统的实现

卫星通信车车内供电系统技术方案见图 7.20。

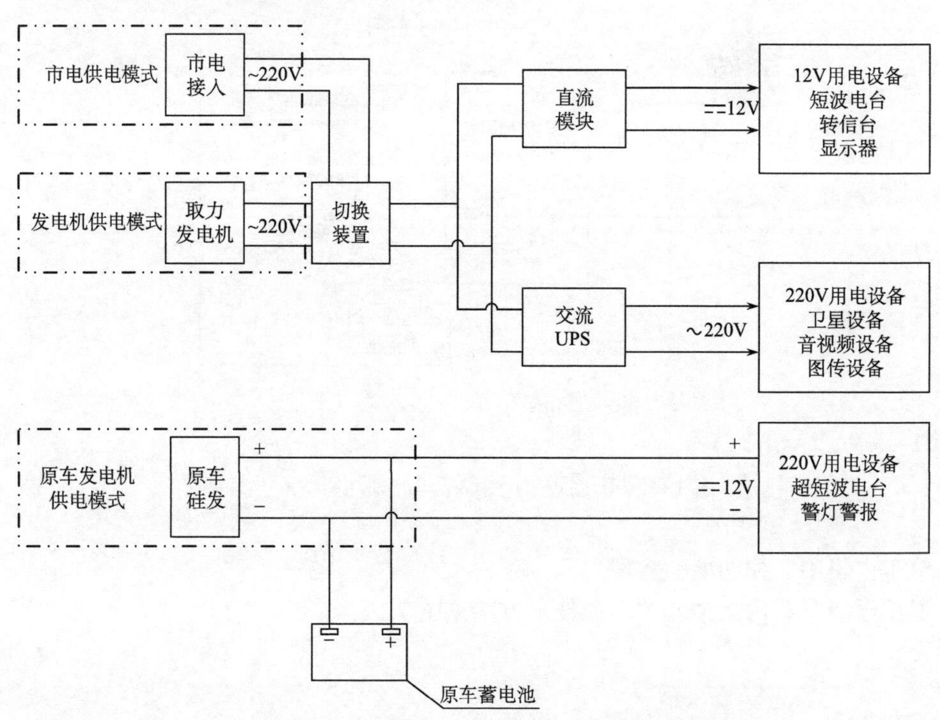

图 7.20　卫星通信车车内供电系统技术方案

7) 与现有网络的融合

卫星通信车与现有网络的融合技术方案见图 7.21。

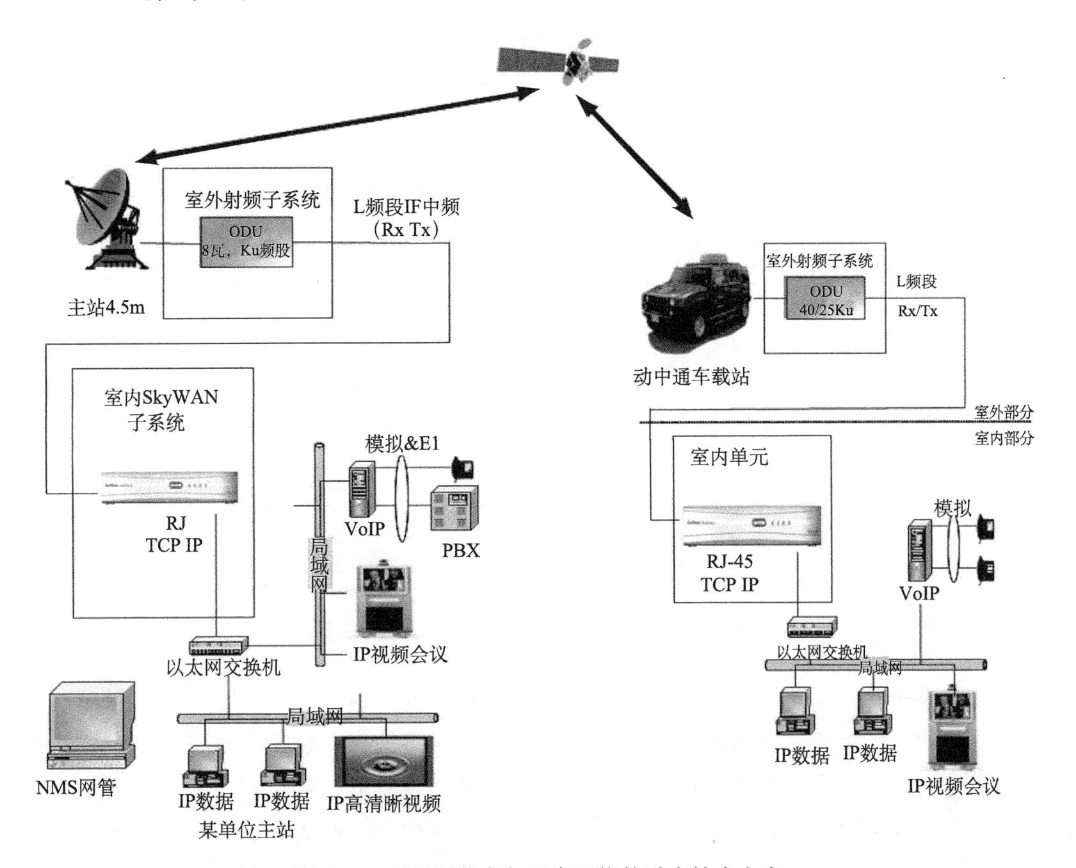

图 7.21　卫星通信车与现有网络的融合技术方案

7.3 “空天地井”一体化应急通信平台

“空天地井”一体化应急通信指通信领域涵盖外太空、大气层、地面、井下甚至水下等各个层面的紧急通信。

7.3.1 “空天地井”一体化应急通信平台体系结构

根据应急救援工作的时空特点，“空天地井”一体化应急通信平台主要分为如下四层体系结构，即感知层、通信层、数据层和应用层，见图 7.22，其功能如下。

1. 感知层

感知层是应急平台运作的基础，主要包括现场各种分布式数据采集传感器、无线传感器网络(WSN)、位置传感器、语音终端(电话机、手机、对讲机、电台等)、视频终端等数据终端，采用有线+无线的数据接入方式和基于 IP 技术的通信控制。

终端设备位于整个应急平台的最外围，如同平台的手脚，在四个平面中担负着最基础的工作。

图 7.22　“空天地井”一体化应急通信平台体系结构

数据库数据的采集一直是困扰应急指挥的一个问题。很多专业业务系统，如 GIS、车辆/人员 GPS 跟踪、视频数据、语音数据等，有些是结构化数据，有些是非结构化数据。结构化数据在数据整合方面缺乏统一标准，实施难度大，难以基于数据层面在应急指挥中心进行呈现；非结构化数据质量高，传统视频接入不能满足要求。关于应急数据中心的建设以及配套的管理规范实施，将逐步实现与应急相关的信息采集、备份，数据库采用中间件方式或者虚拟存储方式。

2. 通信层

通信层又分为主干网和接入网，采用有线+无线的数据传输模式和 C/S+B/S 的数据访问方式，接口实现规范化和标准化，主要作用为信息的汇集、水平信息的整合与共享、通信指挥，必须有充分冗余及可靠性设计。

主干网主要由城域/广域和有线网络组成，包括交换机、路由器、线路和信道(光纤、电缆等)等网络设施；公用交换电话网、移动通信网络，包括 2G/2.5G/3G/4G，以及卫星、无线电台和语音集群系统等。

接入网主要有 WLAN、无线 Mesh 网络、蓝牙等无线接入，以及窄带综合业务数字网(N-ISDN)、Cable Modem 与混合光纤同轴电缆(HFC)、高速数字用户环路(HDSL)与对称数字用户环路(SDSL)、不对称数字用户环路(ADSL)、甚高速数字用户环路(VDSL)、同步数字序列(SDH)、Passive 无源光网络(PON)与 ATM 无源光网络(APON)等有线接入等。

在有条件的情况下，应急数据尽可能在专网上运行，且应该采用类似 RPR 等的链路保护技术；在无法提供专网的情况下，应尽可能采用专线类的运营链路。卫星链路和无线通信方式作为有线链路必备的备份传送手段，要尽可能地作用于每一个网络节点。各种不同制式之间的切换与保护也是应急网络平台管理最具挑战性的需求。通过提供适合不同场景、各种带宽、可靠性、各种成本的无线通信链路保障实现应急网络“高可靠”。

3. 数据层

包括服务器、数据库、显示器、大屏幕、调度台、视频会议终端、UPS等，在整个应急平台中，数据层是最靠近决策中枢的环节，也是最直接支撑上层软件应用的环节。数据层存在两个特征，一是数据类型多样，尤其是多媒体类数据占有大量比例；二是包含集中通信控制和集中显示控制两个功能。基于以太网的统一交换架构数据层对于满足上述两个特征最为适合。一方面统一的以太网底层通道为集中控制、集中通信、集中显示提供了物理上的通道技术基础，只要在需要的环节和位置引入相应的控制设备即可，甚至还可以做到设备级的各种集成；另一方面，统一交换架构数据层打通了前、后层的网络平面，统一了互联网、服务器和存储器，这就为不同类型数据的不同管理方式带来了灵活性。此外，统一交换架构数据层在容灾方面的实现手段多样化、易于部署，对整个应急平台的高可靠性也是一个很大的支撑。

4. 应用层

应用层实现应急平台的设备管理、网络管理、业务管理(通信、会议、图像、数据等)、用户管理、接口管理等各种管理功能，为应急业务提供高效的资源管理，并且它的持续优化整合最终体现在应急平台的易用性上。同时也为综合应用系统提供良好的业务接口(软件)。综合应用系统的效能最终体现在接口丰富性和管理层对下面各个平面管理的紧密度上。

7.3.2　“空天地井”一体化应急通信网络

1. 天地网络

卫星通信距离远，且不受地面条件的限制。灾难突发时，具有独立通信能力和抗毁能力优势，不依赖地面通信网络和电力系统而独立工作，能够以优异的性能及迅捷的速度实现在地面传输手段无法满足的地点之间的通信，非常适合应急通信的需求[24]。目前，国内成熟的可应用于卫星的应急通信系统有：VSAT卫星通信系统、Inmarsat国际海事卫星、中国高通量通信卫星(HTS)、中国北斗卫星导航系统(BDS)等。

2. 空地网络

微波、超短波、短波依靠表面波和天波传播，由于频带较宽，被广泛应用于应急通信领域。目前，国内成熟的技术产品有国产烽火系列无线短波电台、武警FH2327系列微波电台、超短波对讲机等。

高空移动驻留平台有无人机、飞艇、系留气球等，既可以从空中向下覆盖目标区域，又可以通过电台或卫星与核心网进行连接。

3. 地面井下网络

地面应急通信车、互联网、移动通信网络、无线 Mesh 网、WLAN、公用交换电话网等都是可以充分利用的应急通信手段。

井下有赖于“即铺即用”的矿山救援通信系统。

4. “空天地井”通信网络

通信网络是应急平台的物理基础，平台上的搭载业务(通信、视频监视、视频会议系统、车辆定位等)的数据传输、调用均依赖于它，见图 7.23。通信网络提供专业通道，具有高可靠、低时延、多业务承载和多种链路备份的特点，应该自建专网，光纤直连，组网形式以 RPR 为佳。对于有线链路受到严重损毁的地区则通过直播卫星快速建立起临时数据通道，实时传递音视频信息。而在应急传输网之上的应急数据共享，图像接入的方案最为成熟。由此也带来结构化数据共享的一个新思路，即远程呈现。

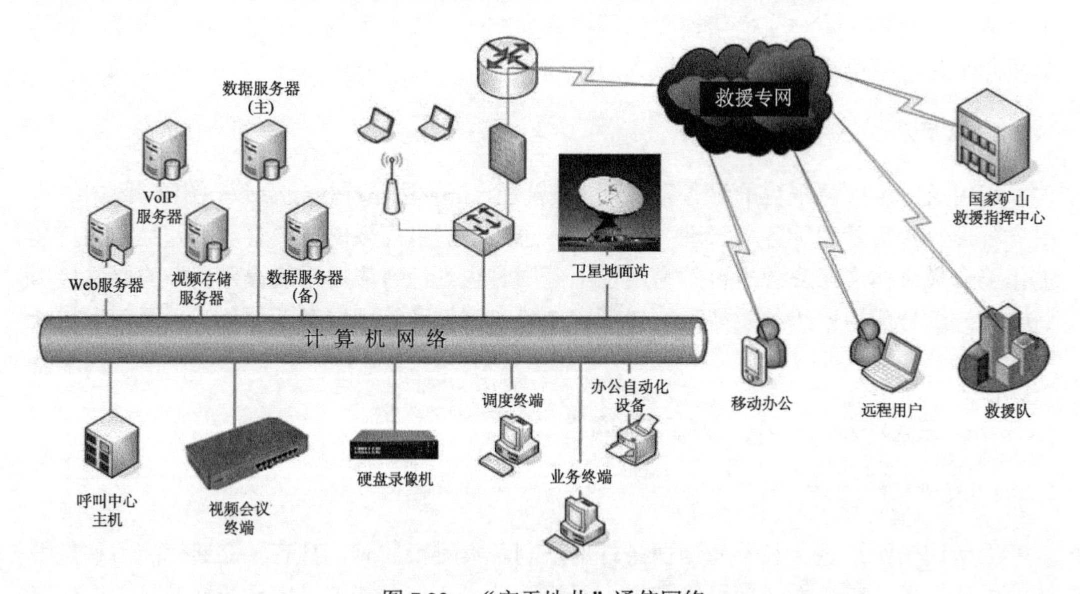

图 7.23　“空天地井”通信网络

7.3.3　“空天地井”一体化应急通信方案

1. “空天地井”一体化应急通信系统方案一

此方案在救援现场建设一个稳定、高效的网络传输平台来支撑各种业务传输的需求，彻底解决卫星应急通信车下车后的“最后一公里”网络通信问题，见图 7.24。方案以卫星通信作为回程链路，网络采用开放式构架，现场快速组织若干个高性能的移动通信基站，在灾害现场部署数十至上百个前端 CPE 用户设备，便于多个信息采集点接入，实现文件传输、指挥调度和视频实时采集上传。全部采用 FH2327 系列自适应网络跳频电台作为基站和 CPE 网络接入设备，解决方案的应用要点包括以下几个方面。

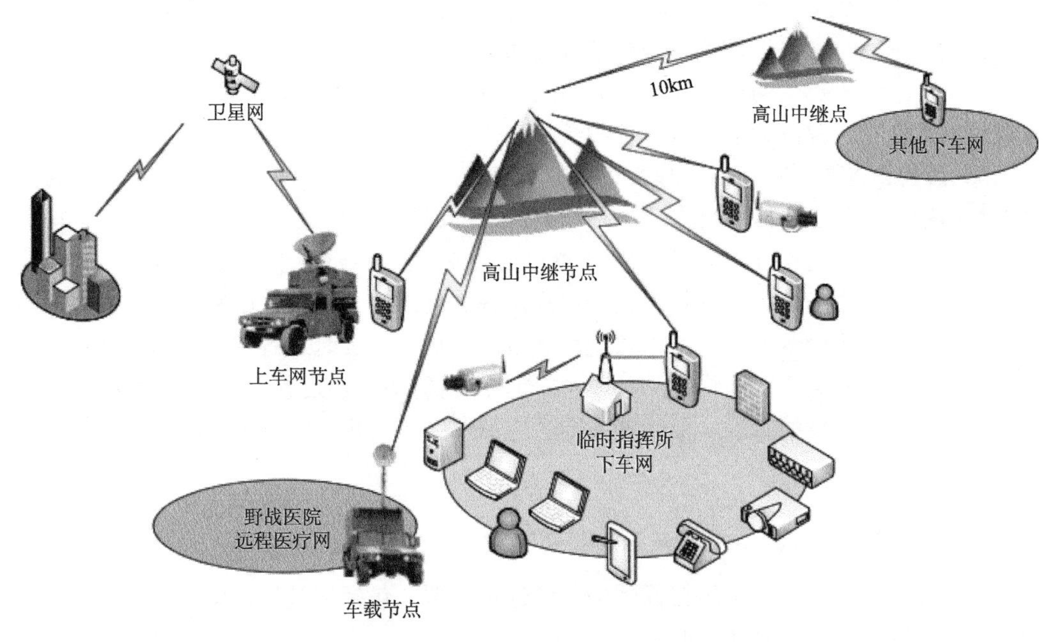

图 7.24 “空天地井”一体化应急通信系统方案一示意图

(1) 考虑是在野外救援现场，电磁环境相对简单，并且有充足的频谱资源，因此工作模式建议改成定频宽带模式，调制带宽全部由默认的 5MHz 扩展为 20MHz，这样单基站的网络吞吐量，理论上可以由原来的 16.5Mbit/s 扩展为 65Mbit/s 甚至 150Mbit/s 的能力，为多业务承载提供充足的带宽资源。

(2) 依托卫星车等设施作为上车回传，与后方指挥中心远程互连，将一个“点”扩展为救援现场的一个“面”，全面拓展业务和覆盖范围。通过良好的网络 QoS 能力，可进一步划分 VLAN，将语音网、视频网、远程医疗网等众多逻辑网络合并到同一主干回传，并且在带宽控制和业务实时性方面有较好的控制。

(3) 充分利用地形进行网络覆盖拓展，在现场建立制高点核心基站，可以利用高山、山坡的高度优势，使覆盖范围在视距条件下，使用全向天线达到 3km 的水平，外接定向天线时达到 10km 以上；同时配合基站内置的 DC-UPS 电源，并外接野战太阳能供电器等实现长时间的续航能力。基站的整体功耗小于 6W，经过特殊优化的基站甚至小于 3W，轻松满足 72h 的要求。

(4) CPE 终端采用内置电源的单兵型电台，可以随时开启和关闭，并且可以迅速转换角色作为 WiFi 使用，为现场的各种智能终端、便携式计算机、无线 IP 网络摄像机等接入创造了即插即用的条件。

(5) 位于网络的任何位置都可以部署提前预置的基本服务，如 IP-PBX、视频会议系统等。用户只需要在其 PAD 或计算机终端上安装 APP 服务，甚至直接利用 Web 网页即可实现数据资料的上传、召开电话会议、开启现场视频监控等业务。而这些业务几乎与位置无关，更多的高级业务可能位于远程的后方指挥中心，因为现场可以提供足够的带宽服务，使各种应用变得更加灵活。甚至通过系统可以获得远程服务器提供的未来 24 小时云图和天气预报等以前不敢奢望的高级服务。充足的带宽使远程医疗会诊也成为可能，利用野战医院提供的 X 射线、CT、B 超等高级诊断设备，配合远程专家会诊系统，对及时救助伤员、提高存活率有十分积极的作用。

(6)需要积极更新和拓展与救援相关的 APP 应用，同步进行“一体化”应急平台的开发与利用，不能等到网络部署完毕后数据滞后的尴尬局面。由于救援现场通过下车网实现了点对面的覆盖，通过 WiFi 二次中继以后，各类用户终端能大量接入网络，具备了非常强大的即时通信能力。这样，进一步开发救援信息共享系统，既能有效提高现场后勤保障和物资使用的效率，又可以将现场急需的救援需求及时通过回传网络向社会面发布，方便发动各级政府部分和社会响应救援行动，有针对性地进行资助或捐赠物资器材，并提供医疗信息等增援行动。而这些能力全部需要在进一步的需求分析基础上有针对性地进行软件开发。

2.“空天地井”一体化应急通信系统方案二

此方案解决井下救援现场多媒体信号的远传问题。包括卫星通信单元和井下灾区应急通信单元两大部分，见图 7.25。

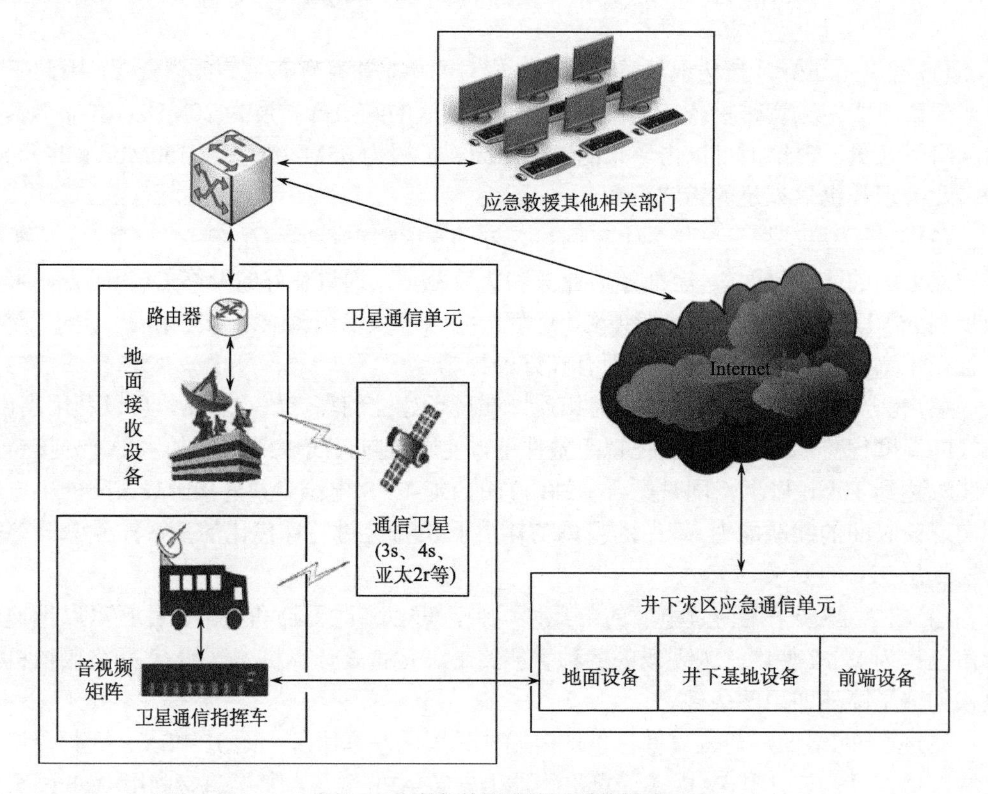

图 7.25　应急救援通信子系统组成

(1)卫星通信单元：实现现场指挥功能，具有覆盖范围最广、快速组网、易于扩展、支持大容量高速率多媒体业务等优点，可以满足抢险救灾、新闻采访、公安和军事领域的应急通信需要；同时还可以和任何已有的应急救援通信子系统配合使用，可应用于多种情况，具有很强的实用性和重大的社会、经济效应。

卫星通信单元由支撑网络、卫星通信指挥车、通信卫星、卫星地面接收设备、图像接入设备、应急语音调度设备等组成。支撑网络主要包括上传线路、核心交换和现场无线接入。

上传线路以卫星线路为主。卫星通信单元需要与应急救援各级指挥中心进行多媒体交互，对带宽的需求较高，目前采用 VSAT 卫星通信系统方式较多，同时可通过 3G/4G 方式进行线路备份，满足平时和战时的不同场景的应用。

核心交换包括图像接入管理、应急通信调度系统和应急应用系统等的互连接入。现场无线接入主要实现井下灾区应急通信单元的接入，主要是语音调度和现场图像等业务的承载，经现场指挥员综合研判和决策后将关键信息通过核心交换上传，传输到指挥中心；指挥中心再将相关指令和指示传达到卫星通信单元，从而实现应急联合协调处置。

卫星通信指挥车基于 VSAT 卫星通信系统和海事卫星 BGAN 传输，包括天线、车载摄像机、视频服务器、音视频矩阵、卫星电话等。卫星电话以海事卫星 BGAN 业务为例，该业务支持 64Kbit/s、256Kbit/s、432Kbit/s 速率的 IP 数据业务。

(2)井下灾区应急通信单元：采用有线与无线相结合方式，地面指挥中心与井下救护基地之间(10～20km 不等)采取有线(电话线/光缆)通信方式；井下救护基地与灾区现场之间(通常在 1000m 左右)采用无线方式。救援终端主要由应急救援黑匣子(图 7.26)和无线 Mesh 网组成，将客户端与无线路由器连接到一起。应急救援黑匣子完成井下现场的视频、音频、环境参数(氧气、一氧化碳、瓦斯浓度和环境温度)等多媒体信息的实时采集，并具有存储、显示、报警等功能，无线 Mesh 网将多媒体信号以多跳的方式，通过若干 Mesh 路由器的路由转发功能将信号送至井下基地设备，设备电源采用本安型锂电池，实现“即铺即用”的矿山救援通信服务。

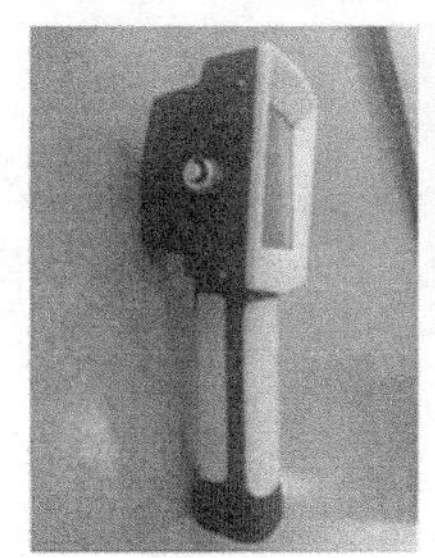

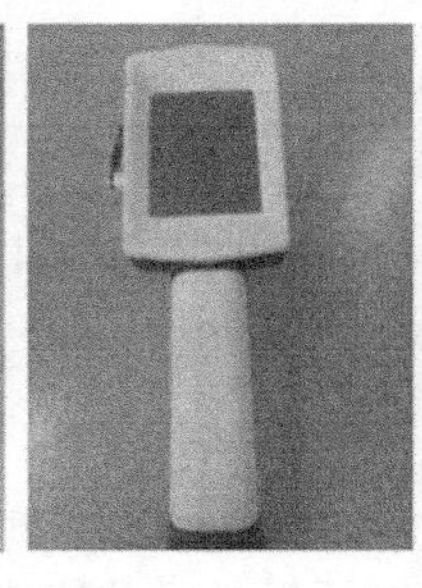

图 7.26 应急救援黑匣子照片

第 8 章　水下应急通信

8.1　水下通信概述

水下通信一般是指水上实体与水下目标(潜艇、无人潜航器、水下观测系统等)的通信或水下目标之间的通信，通常指在海水或淡水中的通信，是相对于陆地或空间通信而言的。水下通信分为水下有线通信和水下无线通信。水下无线通信又可分为水下无线电磁波通信和水下非电磁波通信(水声通信、水下光通信、水下量子通信、水下中微子通信、引力波通信等)两种。

8.1.1　水下无线电磁波通信

水下无线电磁波通信是指用水作为传输介质，把不同频率的电磁波作为载波传输数据、语言、文字、图像、指令等信息的通信技术。电磁波是横波，在有电阻的导体中的穿透深度与其频率直接相关，频率越高，衰减越大，穿透深度越小；频率越低，衰减相对越小，穿透深度越大。海水是良性的导体，趋肤效应较强，电磁波在海水中传输时会造成严重的影响，原本在陆地上传输良好的短波、中波、微波等无线电磁波在水下由于衰减得厉害，几乎无法传播。目前，各国发展的水下无线电磁波通信主要使用甚低频、超低频和极低频三个低频波段以及无线射频通信。低频波段的电磁波从发射端到接收的海区之间的传播路径处于大气层中，衰减较小，可靠性高，受昼夜、季节、气候条件影响也较小。从大气层进入海面再到海面以下一定深度接收点的过程中，电磁波的场强将急剧下降，衰减较大，但受水文条件影响甚微，在水下进行通信相当稳定。因此，水下无线电磁波通信主要用于远距离的小深度的水下通信场景。

1. 甚低频通信

甚低频通信频率范围为 3～30kHz，波长为 10～100km(甚长波)，甚低频电磁波能穿透 10～20m 深的海水。但信号强度很弱，水下目标(潜艇等)难以持续接收。用于潜艇与岸上通信时，潜艇必须减速航行并上浮到收信深度，容易被第三方发现。甚低频通信的发射设备造价昂贵，需要超大功率的发射机和大尺寸的天线。潜艇只能单方接收岸上的通信，如果要向岸上发报，必须上浮或释放通信浮标。当浮标贴近水面时，也易被敌人从空中观测到。尽管如此，甚低频仍是目前比较好的对潜通信手段。此外，甚低频的发射天线庞大，易遭受攻击。目前，正在发展具有较高生存能力的机载甚低频通信系统。

2. 超低频通信

超低频频率范围为 30～300Hz，波长为 1000～10000km(超长波)。超低频电磁波可穿透约 100m 深的海水，信号在海水中的传播衰减比甚低频小一个数量级。超低频水下通信是一种低数据率、单向、高可靠性的通信系统。如果使用先进的接收天线和检测设备，能让水下目标(潜艇)在水下 400m 深处收到岸上发出的信号，通信距离可达几千海里，但潜艇接收用的拖曳天线也要比接收甚低频信号长。1986 年，美国建成超低频电台，系统总跨度达 258km，天线总长达 135km。超低频通信的频带很窄，传输速率很低，并且只能由岸基向水下目标(潜艇)发送信号。超低频通信一般只能用事先约定的几个字母的组合进行简单的通信，并且发送一封 3 个字母组合的电报需要十几分钟。但超低频通信系统的抗干扰能力强，核爆炸产生的电磁脉冲对其影响比较小，适用于对核潜艇的通信。

3. 极低频通信

极低频的频率范围为 3～30Hz，波长为 10000～100000km(极长波)。极低频信号在海水中的衰减远比甚低频或超低频低得多，穿透海水的能力比超低频深很多，能够满足潜艇潜航时的安全深度。此外，极低频对传播条件要求不敏感，受电离层的扰动干扰小，传播稳定可靠，相较于甚低频或超低频，在水中更容易传送。但是极低频每分钟可以传送的数据相对较少，目前只用于向潜艇下达进入/离开海底的简短命令。极低频通信是目前技术上唯一可实现潜艇水下安全收信的通信手段，不受核爆炸和电磁脉冲的影响，信号传播稳定，是对潜指挥通信的重要手段。

4. 无线射频通信

射频是对频率高于 10kHz，能够辐射到空间中的交流变化的高频电磁波的简称。射频系统的通信质量在很大程度上取决于调制方式的选取。前期的电磁通信通常采用模拟调制技术，极大地限制了系统的性能。近年来，数字通信日益发展。相比于模拟传输系统，数字调制解调具有更强的抗噪声性能、更高的信道损耗容忍度、更直接的处理形式(数字图像等)、更高的安全性，可以支持信源编码与数据压缩、加密等技术，并使用差错控制编码纠正传输误差。使用数字技术可将–120dBm 以下的弱信号从存在严重噪声的调制信号中解调出来，在衰减允许的情况下，能够采用更高的工作频率，因此射频技术应用于浅水近距离通信能满足快速增长的近距离高速信息交换的需求，具有重要的意义。

对比其他近距离水下通信技术，射频技术具有多项优势。

(1) 通信速率高。可以实现水下近距离、高速率的无线双工通信。近距离无线射频通信可采用远高于水声通信(50kHz 以下)和甚低频通信(30kHz 以下)的载波频率。若利用 500kHz 以上的工作频率，配合正交幅度调制或多载波调制技术，将使 100Kbit/s 以上的数据的高速传输成为可能。

(2) 抗噪声能力强，不受近水水域海浪噪声、工业噪声以及自然光辐射等干扰，在浑浊、低可见度的恶劣水下环境中，水下高速电磁通信的优势尤其明显。

(3) 水下电磁波的传播速度快，传输延迟低。频率高于 10kHz 的电磁波，其传播速度比声波高 100 倍以上，且随着频率的增加，水下电磁波的传播速度迅速增加。由此可知，电磁通信将具有较低的延迟，受多径效应和多普勒展宽的影响远远小于水声通信。

(4) 低的界面及障碍物影响。可轻易穿透水与空气分界面，甚至油层与浮冰层，实现水下与岸上通信。对于随机的自然与人为遮挡，采用电磁技术都可与阴影区内单元顺利建立通信连接。

(5) 无须精确对准，系统结构简单。与激光通信相比，电磁通信的对准要求明显降低，无须精确对准与跟踪环节，省去复杂的机械调节与转动单元，因此电磁系统体积小，利于安装与维护。

(6) 功耗低，供电方便。电磁通信的高传输比特率使得单位数据量的传输时间减少，功耗降低。同时，若采用磁耦合天线，可实现无硬连接的高效电磁能量传输，大大增加了水下封闭单元的工作时间，有利于分布式传感网络应用。

(7) 安全性高，对于军事上已广泛采用水声对抗干扰免疫。除此之外，电磁波较高的水下衰减，能够提高水下通信的安全性。

(8) 对水生生物无影响，更加有利于生态保护。

5. 中长波通信

中长波通信是指利用中长波波段的电磁波为传输媒介，把信息从一个地方传送到另一个地方的一种无线电通信，中长波的频率范围是 30～3000kHz (中、低频)。水下无线中长波通信，是指利用中长波波段的电磁波作为载波进行的水下无线通信。

相比其他水下无线通信技术，具有如下优点。

(1) 通信频率高。远高于水声通信 (50kHz 以下)，也高于甚低频通信 (30kHz 以下)，能实现大约 100Kbit/s 的数据传输速率。

(2) 抗干扰能力强。应用扩频技术可以将淹没于噪声中的信息解扩出来，完成通信过程。同时不受水质优劣和海浪等动态因素的影响，不被海水吸收衰减，优于水下光通信。

(3) 传输速度快，传输时延小。发射机在水下可采用密封方式，数据通过传输线传到发射机上通过天线发射到水中。电磁波频率越高，水下传播速率越快。

(4) 功耗低，供电方便。高数据传输率降低了单位数据量的传输时间，减小了功率的损耗，提高了工作效率。在通信所需的传感器的耗电量方面，5～10mW 即可进行一次水中通信。

(5) 安全系数高，对水中的环境无影响。

(6) 中长波主要以表面波的形式沿地球表面传播，波长很长，受地形地物影响小，衰减慢，传输距离远，通信稳定，数据传输速率较高。

8.1.2 水声通信

水声通信是指利用声波在水下传播进行信息的传送，是目前实现水下目标之间进行水下无线中、远距离通信的唯一手段。声波在海面附近的传播速率为 1520m/s，比电磁波在真空中的传播速率低 5 个数量级。与电磁波相比较，声波是一种机械振动产生的波，是纵波，在海水中衰减较小，只是电磁波的千分之一，在海水中通信距离可达数十公里。

在非常低的频率 (200Hz 以下) 下，声波在水下能传播数百公里，即使 20kHz 的频率，在海水中的衰减也只是 2～3dB/km。另外，在海平面下 600～2000m 存在一个声道窗口，声波可以传输数千公里之外，并且传播方式和光波在光波导内的传播方式相似，目前世界各国潜艇的下潜深度一般是 250～400m，未来潜深将会达到 1000m。因此，水声通信是目前最成熟也是很有发展前景的水下无线通信手段。

1. 水声通信的工作原理

水声通信的工作原理是将语音、文字或图像等信息转换成电信号，再由编码器进行数字化处理，然后通过水声换能器将数字化电信号转换为声信号。声信号通过海水介质传输，将携带的信息传递到接收端的水声换能器，换能器再将声信号转换为电信号，解码器再将数字信息解译后，还原出声音、文字及图片信息。图 8.1 给出了水声通信系统的基本框架。水声换能器是将电信号与声信号进行互相转换的仪器，是水声通信的关键技术之一。

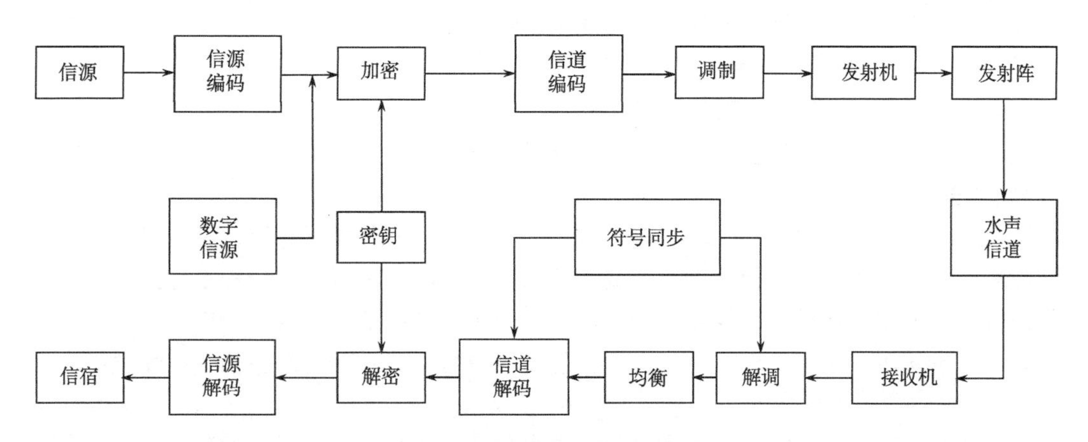

图 8.1　水声通信系统的基本框架

2. 水声信道的特性

水声通信系统的性能受复杂的水声信道的影响较大。水声信道是由海洋及其边界构成的一个非常复杂的介质空间，它具有内部结构和独特的上下表面，能对声波产生许多不同的影响。

(1) 多径效应严重。当传输距离大于水深时，同一波束内从不同路径传输的声波会由于路径长度的差异，产生能量的差异和时间的延迟使信号展宽，导致波形的码间干扰。当带宽为 4kHz 时，路径差即会造成 10ms 的时延，使每个信号并发 40 个干扰信号。这是限制数据传输速度并增加误码率的主要因素。

(2) 环境噪声影响大。干扰水声通信的噪声包括沿岸工业、水面作业、水下动力、水生生物产生的活动噪声，以及海面波浪、波涛拍岸、暴风雨、气泡带来的自然噪声。这些噪声会严重影响信号的信噪比。

(3) 通信速率低。水声信道的随机变化特性，导致水下通信带宽十分有限。短距离、无多径效应下的带宽很难超过 50kHz，即使采用 16QAM 等多载波调制技术，通信速率只有 1～20Kbit/s。当工作于复杂的环境中时，通信速率可能会低于 1Kbit/s。

(4) 多普勒效应、起伏效应等。由发送与接收节点间的相对位移产生的多普勒效应会导致载波偏移及信号幅度的降低，与多径效应并发的多普勒频展将影响信息解码。水媒质内部的随机性不平整，会使声信号产生随机起伏，严重影响系统性能。

(5) 声波几乎无法跨越水与空气的界面传播；声波受温度、盐度等参数影响较大；隐蔽性差；声波影响水下生物，导致生态破坏。

3. 水声通信技术

水声信道是一个十分复杂的多径传输的信道，而且环境噪声高、带宽窄、可适用的载波频率低以及传输的时延大。为了克服这些不利因素，并尽可能地提高带宽利用效率，已经提出了多种水声通信技术。

(1) 单边带调制技术。世界上第一个水声通信系统是美国海军研究实验室于 1945 年研制的水下电话，主要用于潜艇之间的通信。该模拟通信系统使用单边带调制技术，载波频段为 8～15kHz，工作距离可达几公里。

(2) 频移键控技术。频移键控的通信系统从 20 世纪 70 年代后期开始出现，到目前，在技术上逐渐提高，频移键控需要较宽的频带宽度，单位带宽的通信速率低，并要求有较高的信噪比。

(3) 相移键控技术。20 世纪 80 年代初，水声通信中开始使用相移键控调制方式。相移键控系统大多使用差分相移键控方式进行调制，接收端可以用差分相干方式解调。采用差分相干的差分调相不需要相干载波，而且在抗频漂、抗多径效应及抗相位慢抖动方面，都优于采用非相干解调的绝对调相。但由于参考相位中噪声的影响，抗噪声能力有所下降。

水声通信技术发展得已经较为成熟，国内外都已研制出水声通信调制器，通信方式主要有 OFDM、扩频、多载波调制技术、多输入多输出技术以及其他的一些调制方式。此外，水声通信技术已发展到网络化的阶段，将无线电中的网络技术（Ad Hoc）应用到水声通信网络中，可以在海洋中实现全方位、立体化通信。

8.1.3 水下光通信

水下光通信，是指利用蓝绿波长的光进行的水下无线光通信，和水声通信及水下无线电磁波通信相比，具有如下优势。

(1) 光波工作频率高（10^{12}～10^{14}Hz），信息承载能力强，可以组建大容量无线通信链路。

(2) 数据传输能力强，可提供超过 1Gbit/s 量级的数据速率，能传输语音、图像和数据等信号。

(3) 水下无线光通信不受海水的盐度、温度、电磁和核辐射等影响，抗干扰、抗截获和抗毁能力强。

(4) 光波的波束宽度窄，方向性好，能够避免敌方的侦测，例如，如果敌方想拦截，就必须用另一部接收设备在视距内对准光发射源，必然会造成通信中断，引起发射端警觉。

(5) 光波的波长短，收发天线尺寸小，可以大幅度减少光通信的设备重量。

(6) 对海水的穿透能力强，能实现与水下 300m 以上深度的潜艇进行通信。

水下蓝绿激光通信技术也是一种常用的水下通信技术，其通信速率往往较高，但是其缺陷在于通信的距离是十分有限的，而且在对水下蓝绿激光通信技术加以应用的过程中，还需要精确的对准系统以及实时对准。由于海水对于波长 450～530nm 的蓝绿激光的吸收较弱，所以在进行水下通信的时候，常常都会将蓝绿激光作为窗口波段来用于水下激光通信。而水下蓝绿激光通信技术主要是通过对水下激光通信系统的应用，并且以激光作为信息的载体，使其具有较高的通信传输速率，而且激光通信具有方向性较好、接收天线较小的优势。但是在将水下蓝绿激光通信技术应用于浅水区域时，往往存在着散射影响、吸收效果严重、自然辐射干扰、高精度瞄准要求等问题。

8.1.4　水下中微子通信

中微子通信是指利用中微子基石粒子携带信息进行通信的传输技术。中微子是原子核内的质子或中子发生衰变时产生的，大量存在于光、宇宙射线、地球大气层的撞击以及岩石中。中微子的质量极小，几乎为零，比电子的质量还要小近 10 个数量级。同时，中微子不带电荷，是一种体积极小且稳定的中性基本粒子。中微子粒子束具有两个特点，一是只参与原子核衰变时的弱相互作用力，并不参与电磁力、重力以及中子和质子结合的强相互作用力，与其他粒子之间没有什么牵制的作用力，在固体中运动不受阻挡，损耗非常小，具有极强的穿透力，能够以近似光的速度直线传播，在传播过程中不会发生折射、反射和散射等现象，几乎不产生衰减，极易穿透钢铁、海水乃至整个地球，而不会停止、减速以及改变方向，方向性极强。二是中微子粒子束穿越海水时，会产生光电效应，发出微弱的蓝色光，并且衰减很小。

中微子具有极强的穿透能力，非常适合水下通信的需求，完成岸上与水下任意深处的通信联络。并且不易被侦察、干扰、截获和摧毁，不会污染环境，不受电磁干扰和核爆炸辐射的影响，具有通信容量大、保密性好、抗干扰能力强等优点。1933 年，奥地利物理学家泡利提出了“中微子”假说。1956 年，欧美科学家证明了中微子的存在。1968 年，美国在地下金矿中建造了一个大型中微子探测器，探测到来自太阳的中微子。1984 年美国一艘核潜艇进行水下环球潜行时，正是采用中微子通信保证了联系。1998 年 6 月 5 日，日本科学家首次发现了中微子振荡的确切证据。2012 年 3 月，美国科学家首次利用中微子穿过大地成功传送了信息。2013 年 11 月 21 日，多国研究人员利用埋在南极冰下的粒子探测器，首次捕捉到源自太阳系外的高能中微子。据科学测定，高能中微子束在穿透地球后，衰减也不足千分之一，利用中微子进行水下通信，可使潜艇在深海任意深度实时不间断地接收报文。近年来，人们对中微子探测器和中微子振荡进行了大量的实验研究，为水下中微子通信提供了理论基础。

8.1.5　水下量子通信

量子通信是利用量子相干叠加、量子纠缠效应进行信息传递的一种新型通信技术，具有时效性高、抗干扰性能强、保密性和隐蔽性能好等优点。量子通信技术在实际应用中已经取得了一些成果，在陆地通信中已经可以实现 144km 的传输。随着量子中继设备的不断发展，量子通信的传输距离将有更大的突破。2014 年 4 月，我国开始建设世界上最远距离的光纤量子通信干线——连接北京和上海，光纤距离达到 2000km。量子通信的天然安全性，满足了水下军事通信的基本要求，量子隐形传态通信与传输介质无关是水下通信的安全保证。相比于传统水下经典通信，量子通信具有抗毁性强、安全性好、传输效率高的优势。2014 年 4 月，中国海洋大学史鹏及其团队发表报告，认为水下量子通信在短距离内是可能的，并计算出光子在保存其携带的量子信息的同时，进行水下量子通信能最远传输 125m。因此，将量子通信技术用于水下目标的通信，对于提高信息传输的准确性、保证信息安全性具有较高的价值。

8.1.6 引力波通信

引力波是指时空曲率中以波的形式从辐射源向外传播的扰动，会以引力辐射的形式传递能量。引力波的频率为 10～32Hz，极其微弱。

引力波通信是指利用引力波来传播信号，完全不同于电磁波通信。电磁波是由于电荷的振动产生的，而引力波则是由物质的振动而产生的，是一种以光速传播的横波，具有很强的穿透力，没有任何物质能阻挡引力波的传播[25]。引力波在通过介质时，能量被介质损耗一半的距离很大，在水中是 10^{29}km，在铁中是 10^{30}km，即使整个宇宙中充满了铁，利用引力波也可进行贯通宇宙通信，可见引力波将是一种极好的极远距离通信载波。另外，引力波的能量与振动频率的 6 次方成正比，加快物质的振动频率可提高发射能量，进而扩大引力波的通信距离。

8.2 水下应急通信的应用——潜艇应急通信

随着通信技术与人类开发的进一步增强，水下通信在进行水下监测、水下开发和开展水下军事斗争等领域占领了越来越重要的地位，特别是从舰艇出现以来，世界各国潜艇失事事故频发，造成了严重的经济损失和人员伤亡，需要紧急开展对潜救援。可以说，从潜艇诞生之初开始，潜艇遇险和对潜救援就一直伴随着潜艇的发展。高效的对潜救援需要强有力的应急通信手段作为保障，以便快速定位遇险潜艇以及与艇上人员取得联系。

8.2.1 潜艇通信概述

潜艇执行任务必须要与外界有安全可靠的通信方式，短波在水中不能使用，因为短波在水中衰减得太快，为了解决此问题，可以采用浮标天线或浮力天线，即把天线通过一根长长的绳索施放到水面，这样潜艇在水下也可发射信号。实际上，潜艇在远距离用短波通信，其信号本身就不保密，可能被敌方截获破译，并测出潜艇的位置，而且露出水面的浮标天线也有被敌方雷达探测到的可能。

目前潜艇在水下若不使用通信浮标，是无法主动与岸上联络的，所以潜艇只能被动地单方面接收岸上的无线电超长波信号或极长波信号，这是岸上向潜艇通信的主要方式。超长波的波长为 10^4～10^5m，它能从空中钻入水里，在水中的衰耗比较小，穿透海水的深度最大可达 30m，使水下的潜艇接收到岸上发来的电波。极长波的波长大于 10^5m，几乎可以在全球范围内实现对潜通信，穿透水层的深度达200m以上，即使在最大距离上也可达到水下80m左右。美国海军威斯康星州极长波通信试验基地于1972年做发射试验，一艘远在4600km以外的大西洋水下120m处的美国黑鲹号核潜艇接收到了该台的信号。由于超长波和极长波发射设施非常庞大，占地达数平方千米，在潜艇上不可能安装，所以只能建在陆地，对潜艇来说，超长波通信和极长波通信只是单向广播式的通信，如果潜艇要接收岸上指挥机构的指令，必须按规定的时间和频率接收。潜艇在水下接收这种长波信号的深度是依据岸上长波发射台的发射功率大小决定的。由于极长波在单位时间内传送的信息量少，所以通信速度很慢。据试验，发送20个英文字母需用几十分钟时间，只能给核潜艇发送一些预先规定好的简单易懂的信号，如给弹道导弹核潜艇发送发射核弹的命令等。

随着激光技术的发展，人们又把目光投向卫星对潜激光通信。激光是极高频、频段在10kHz以上(波长3～30μm)的电磁波，通过卫星将信息发送或反射至潜艇。激光通信传输速率快，比极长波系统快几十万倍，具有方向性好、亮度高、能量集中、保密性强和有很强的抗核破坏能力等特性。激光通信设备可以做得轻便而经济，尤其天线小，一般天线仅几十厘米，重量不过几千克。激光通信的这些特点，可使潜艇在水下最佳安全巡航状态完成通信任务。

1. *潜艇通信类型*

不同类型的潜艇其通信系统都不例外地由综合内部通信系统和综合外部通信系统以及控制它们的中心分配控制系统组成，潜艇通信包括以下几个方面。

(1)岸对潜通信。岸对潜的通信联络主要是用于从岸基广播站到潜入水中的各型潜艇的信息交换，这类通信联络由ELF/VLF/LF和舰队卫星通信系统提供。

(2)潜对岸通信。潜艇对岸基台站的通信联络电路是为支持潜艇到岸上指挥节点间的信息交换而建立的。通常使用附和卫星通信手段，并且均需采用突发方式。

(3)舰对潜通信。舰艇对潜艇的通信联络，主要是为支持战斗群中的某一舰艇与直接支援战斗群作战的潜艇间的信息交换，较常使用潜艇数据链。因其基本上在近程线路上进行，所以可采用HF/VHF/UHF无线电路和卫星通信。

(4)潜对舰通信。潜艇对舰艇的通信联络通常使用近程通信线路，支援潜艇到战斗群中某一舰艇间的信息交换，主要使用HF/VHF/UHF无线通信线路以及卫星通信。

(5)飞机对潜通信。飞机对潜艇的通信联络，主要是为舰载机与直接支援战斗群作战的潜艇之间提供信息交换线路以确保其间的战术协同。

(6)潜艇对飞机通信。潜艇对飞机的通信联络是为战斗群中的直接支援潜艇与舰载战斗巡逻机和观察监视飞机间提供信息交换，它类似于潜艇对舰艇的通信联络。使用HF/VHF/UHF近程、低截获率的通信线路。

(7)潜艇对潜艇通信。潜艇对潜艇的通信联络，是通过HF/VHF/UHF无线电线路、卫星通信和声学电话直接为两艘潜艇之间提供信息交换线路。

(8)潜艇作战及遇险网。这个通信网主要用于在作战指挥机关、潜艇和有关舰艇之间交换作战信息，它主要使用HF和UHF频段。

2. 潜艇通信主要方式

潜艇的通信方式主要有无线电通信、浮标通信、激光通信、SSB 水声通信等。

1) 无线电通信

潜艇的生存能力取决于自身的隐蔽性，一旦潜艇被敌方的水面舰艇或者空中飞行的飞机发现，就容易遭受到攻击，所以潜艇通常采用无线电波这种隐蔽的方式来进行通信。在平时航行的过程中，潜艇要尽量避免发送无线电波，在不得不进行信息传输的时候，要尽可能地缩短通信的时间，提高信息传输的速度。潜艇发射出的无线电波经过通信电线发送给卫星，再由卫星传达到舰艇或者飞机当中，加大敌方截获信息情报的难度。

(1) VLF 无线电通信：VLF 频段通常规定在 3～30kHz，一般认为这个频段的无线电信号可以在水下 15m 以内的深度接收到。大多数潜艇常装有两种天线来接收 VLF 信号。第一种是使用很长的拖曳天线，如美国海军使用的拖曳天线长度为 500m 左右。第二种天线是装在塑料浮标上的环状天线，塑料浮标由低速航行的潜艇在其工作深度放出。虽然这样做可减小潜艇被无线电侦察设备探测到的概率，但是这种天线在水中移动时会产生振动而发出声信号，会被声呐设备探测到；若塑料浮标非常贴近水面，也易被敌人从空中观测到。岸基 VLF 发射天线非常庞大，按四分之一波长计算其长度也在 2.5～25km 范围内。显然体积十分庞大，造价极为昂贵，而且易遭受攻击而损坏，但它仍不失为当前比较好的对潜通信手段之一。因此，一些军事大国都不惜花费巨额资金建立这类 VLF 发射台。

(2) ELF 无线电通信：ELF 频段被定义在 30Hz 以下的频率范围内，潜艇能在 100m 的深度上接收 ELF 无线电信号。据悉，若采用先进接收设备和天线，还可使潜艇在 400m 的深度上接收到该频段信号。使用 ELF 频段进行对潜通信还有抗干扰能力较强和受核爆炸影响小的优点，因此它比较适合于弹道导弹核潜艇通信。使用这个频段进行对潜通信存在两个主要问题。第一是信息传输能力低。美国海军在 20 世纪 70 年代建立的“海员”系统，其信息传输速率每分钟只能传送 10bit 左右的信息。以后提出的“紧缩”ELF 系统，据说需要 15min 才能传送一个三字符组。但是采用高度压缩的代码后，可用三字符码组发送更多的报文。第二问题是陆基天线占地面积大，长度最短也要数十公里。

(3) 机载对潜中继通信系统：上述两种对潜通信系统均属于陆基固定通信设施，它们体积庞大，特别是天线系统，极难采用隐蔽措施，极易被敌人发现和遭到攻击摧毁。为了保证与战略核潜艇的联络，还可以使用一种具有较高生存能力的机载 VLF 通信系统。例如，美国所谓的“塔卡木(TACAMO)”机载中继通信系统就属于此类。该系统全套设备装在大型运输机 EC-130Q 的无线电设备舱内，基本组成有 VLF、LF、HF 和 SHF 通信设备。VLF 通信采用一台 200kW 发信机和一根约 10km 的拖曳天线，天线端部带一具稳定伞。需要发射信号时，飞机沿小半径圆圈连续飞行，使天线的垂直方向有效长度达到实际长度的 70%。当陆基固定 VLF 通信发射台被摧毁时，则保证在任何时候都能有一架或多架这种飞机处于巡航状态和时刻准备转发发往战略核潜艇的报文。

(4) 潜艇 HF/VHF/UHF 通信：潜艇的生存能力完全维系于自身的隐蔽性上，潜艇在海上一旦被敌方水面舰艇或飞机发现便很难逃脱被攻击的厄运。为了安全，潜艇原则上要尽量少发射或不发射任何无线电波。目前比较有效的办法是尽量缩短通信时间和提高信息传输速率，无线电波在空中总的发射时间限制在无线电侦察定位系统的反应时间内。例如，完成一次通信时间只有 0.08s，这使敌方的定位系统来不及对无线电波信号的存在作出反应。

(5) UHF/SHF/EHF 卫星通信：卫星通信的许多优点，特别是它的全天候通信能力，使它成为潜艇通信的一种主要手段。现在，大多数潜艇都在升降桅杆上装有卫星通信天线，这种天线能在潜艇贴近水面或在潜望镜深度航行时使用，在一定程度上增加了敌方的侦察探测难度。

2) 浮标通信

浮标通信，就是通过发射通信浮标来进行信息传输。尤其是发送的信息在实时性上没有太高要求的情况下，舰艇和潜艇之间就可以通过发送浮标的方式来进行信息传输，浮标当中装有盒式录音机和无线电发动机，能够提供军事行动所需要的情报信息。在潜艇出现危险的情况下，也可以通过应急浮标向水面舰艇发送报警信号。应急浮标当中安装有短波信标、氖灯信号器和水声定位信号发生器，能够帮助水面舰艇快速确定潜艇的方位，方便第一时间展开救援。

对潜通信浮标是指在与潜艇进行通信时，可利用飞机或水面舰艇向潜艇投放的通信浮标。例如，为了向水下潜艇发送电报，可将通信浮标装在标准声呐浮标内由飞机投放或从水面舰艇投入水中。预先拟好的报文(最多由四组三字符电码组成)利用一个按钮开关输入浮标中。浮标入水时，在水面附近完成第一次发送电报工作，然后下降到预定深度第二次发送电报，在同一深度停留 5min 后再发送一次电报，然后从浮标入水到沉没全部过程约持续 17min。

潜艇向外(岸基、水面舰艇或飞机)通信时，可由潜艇发射通信浮标，如需发送的信息对实时性要求不高，可使用一种装有盒式录音机和无线电发射机的浮标从水下潜艇发射出去。在其上浮到水面后，经过 15～60min 的设定时延将预先拟好的电文(最长 4min)发射出去，经 1h 的延迟后再重发一次。设定这样的时间是为了潜艇的隐蔽。

3) 激光通信

激光通信，主要是运用蓝绿光波长比较长、在海水中传输损耗低的特点来进行潜艇与外界环境的通信。早在 20 世纪 70 年代初，美国海军就开始利用海水的这个所谓蓝绿光“窗口”为潜艇通信开辟新的途径。

对潜蓝绿激光通信是指利用在海水低损耗窗口波长上的蓝绿激光，通过卫星或飞机与深水中潜行潜艇的通信，也包括水面舰只与潜艇之间的通信。一般来讲，蓝绿激光对潜通信系统可分为陆基、天基和空基三种方案。

(1) 陆基系统。由陆上基地台发出强脉冲激光束，经卫星上的反射镜，将激光束反射至所需照射的海域，实现与水下潜艇的通信。这种方式可通过星载反射镜扩束成宽光束，实现一个相当大范围内的通信；也可以控制成窄光束，以扫描方式通信。这种方案灵活，通信距离远，可用于全球范围内光束所能照射到的海域，通信速率也高，不容易被敌人截获，安全、隐蔽性好，但实现难度大。

(2) 天基系统。与陆基方案不同的是，把大功率激光器置于卫星上完成上述通信功能，地面通过电通信系统对星上设备实施控制和联络。还可以借助一颗卫星与另一颗卫星的星际之间的通信，让位置最佳的一颗卫星实现与指定海域的潜艇通信。这种方式不论隐蔽性还是有效性都是不容置疑的，应该说它是激光对潜通信的最佳体制，当然实现的难度也很大。

(3)空基系统。将大功率激光器置于飞机上，飞机飞越预定海域时，激光束以一定形状的波束(如 15km 长、1km 宽的矩形)扫过目标海域，完成对水下潜艇的广播式通信。

如果飞机高度为 1km，以 300m/s 速度飞过潜艇上空，激光束将在海面上扫过一条 15km 宽的照射带。在飞机一次飞过潜艇上空约 3s 的时间内，可完成 40～80 个汉字符号的信息量的通信。这种方法实现起来较为容易，在条件成熟时，这种办法很容易升级至天基系统中。

激光通信的优点是：穿透海水能力强，可实现与下潜 400m 以上的潜艇通信；工作频率高(10^{-14}Hz)，通信频带宽，数据传输能力强；波束宽度窄，方向性好；设备轻小；抗截获、抗干扰、抗毁能力强；不受电磁以及核辐射的影响。但是，由于这种通信方式使用经大气传播的光波，在大气中会引起光散射，造成信号的衰减。

4) SSB 水声通信

现代(SSB)调幅水声通信的技术核心是：水声通信信号(话音、电报)的传输采用单边带(SSB)调幅技术。水声通信往往都是单程传输信号，传播损失比主动声呐小得多，最大通信距离可达约 100nm。发信机把从用户终端送来的话音或电报信号(300～3000Hz 或 800Hz 单音)和一个 8.078kHz 的载波混频后，只留下上边声带经换能器送出。

水声通信是很重要的对潜通信手段。在海下 600～2000m 有一声道，声波在该声道中可传输到数千公里之外，其传播方式与光波在光波导内的传播类似。现代潜艇的下潜深度一般为 250～400m，而未来潜艇的潜深达 1000m 将是普遍的。因此，这种通信方式将成为一种有前途的对潜通信方式。

3. 对潜艇通信常用的几种通信浮标附加介绍

1) 综合通信浮标

这是一种用玻璃钢做的新型通信浮标，可由潜艇遥控。浮标内装有四通道的短波发信机和超短波发信机，用来向指挥中心发送信息，报告有关军事情报；另外还装备超长波前置放大器，用来放大指挥部门发给潜艇的微弱信号；在浮标上还装有与海水绝缘的各波段收、发天线，以提高通信性能。这种浮标通常用几百米长的电缆和潜艇的控制台连接，潜艇的通信控制台可以通过电缆遥控浮标上的各种通信设备。潜艇内装有电缆绞盘，通信时把浮标放出海面，不用时用绞盘快速收回浮标。

2) 高速曳航浮标

当潜艇在水下高速航行时，一般通信浮标受到海水的阻力很大，稳定性也比较差，只能在潜艇处于潜伏状态下使用。这不仅影响了潜艇的机动性，而且容易被敌方发现。为此，设计出了适应潜艇高速潜航时使用的曳航通信浮标。这种浮标由一个流线型玻璃钢外壳和可以折叠的天线组成。浮标尾部带有昆翼，它包括一个水平舵和一个垂直舵，形似一架倒悬的飞机，有很好的水动力特性和拖曳航行性能。它可以贴近水面随潜艇高速航行，能保障潜艇在快速潜航时实现对外通信。

3）应急通信浮标

这是一种用于潜艇遇险救生、发射报警信号的通信浮标。当潜艇一旦遇难而陷入危险状态时，可以立即放出这种浮标，向水面舰艇发出求救信号。通常，浮标内装有短波信标、氖灯信号器和水声定位信号发生器等各种报警通信装置。水面舰艇收到应急浮标发出的各种求救报警信号后，即可根据水声定位信号迅速确定遇难潜艇方位，立即快速前往抢救。

4）消耗型无线电浮标

为了使潜艇不必到浅水处进行通信，有时还使用被称为消耗型的无线电浮标，浮标内装有一部无线电发射机和预编好程序的报文。在潜艇下潜时它可以弹出并浮至水面，天线能马上或在设定的延迟时间之后竖立起来进行通信。通信结束后，浮标自动引爆并下沉。这种装置可向潜艇提供有效的发射手段而不限制潜艇作战的机动性，可用于除 VLF 和 LF 以外的任一频段。虽然在其发射信号时有可能被敌方的测向系统探测到，但是发射前的设定延时使潜艇可以在浮标位置被测出之前就已远离这一地点。

5）潜艇卫星终端浮标

现代新型潜艇都尽量配备卫星通信设备，潜艇卫星终端可装在一个特殊的浮标内。潜艇通过浮标天线，向通信卫星定向发射信息，通信卫星再把信息放大转发给地面站、水面舰艇或飞机。同样，这种浮标也可以接收通信卫星转发来的信息，然后由潜艇计算机进行信息处理。这种通信方式速度快、容量大、方向性强、保密性能好，敌方难以察觉潜艇的行踪。

8.2.2　潜艇应急通信

潜艇应急通信分为对外和对内两部分：对外部分主要是完成遇险报警通信以及与救援人员的现场协调通信；对内部分主要是实现艇内人员应急情况下的信息互通。本节主要对潜艇对外救生通信进行讲述。

1. 潜艇浮标应急通信

潜艇通常于首尾位置装备应急救生浮标，遇险后由艇员操作释放。应急救生浮标由浮标体和相应报警通信设备组成，浮标可带有电缆与潜艇相连，也可采用无缆形式。浮标体浮力较大且能耐较大水压，出水后浮标体内设备对外进行报警通信。根据应急救生浮标实现的功能不同，主要有无线电信浮标和应急通信浮标两种。

1）无线电信浮标

无线电信浮标与救援力量的导航、定位、雷达系统配合构成寻位系统，实现对遇险潜艇的快速定位，通常仅具有报警和定位功能，并无双向通信能力。浮标采用被动和主动两种方式报警示位。被动方式通常结合雷达系统实现，浮标内设备对雷达扫描信号进行应答，从而使救援舰船或飞机发现和定位遇险潜艇。当浮标与潜艇有缆连接时，雷达扫描信号还可传递至潜艇舱内终端，告知艇内人员等待救援。

主动方式则通常结合卫星定位和通信网络实现，采用无缆形式，浮标出水后通过全球卫星搜救系统(COSPAS-SARSAT)报警，报警消息包括其发射时间、标号和初始位置；报警消息发出 6h 后，作为卫星报警的后备方法，浮标于 121.5MHz 发送报警信标，附近舰船或飞机可根据信标对其定位。

2)应急通信浮标

应急通信浮标不但具有报警定位功能，还具有双向通信功能。为了实现双向通信功能，这种浮标一般采用有缆形式，即潜艇与浮标间通过电缆连接。救生通信设备由潜艇舱内终端设备和浮标内设备组成。舱内终端是人机接口，艇员通过人机界面完成报警和船名代码的输入、遇险经纬度和时间的输入、报警呼叫的编码、频率更换以及对浮标内设备的收发控制等。浮标内设备主要是接收舱内信息处理单元的指令，完成信息收发。目前，浮标内通常装备超短波救生电台，通过发送数字选择性呼叫实现对外报警，通过多个频点上的话音通信实现与救援舰船和飞机的通信，还可装备有线电话实现与艇外救援人员的通信。

另外，应急救生浮标还可具备灯光闪烁报警、兼容艇体供电、自备电池供电和向潜艇提供反向供电线路等功能。但需注意的是，艇体供电和提供反向供电线路需要浮标采用有缆形式。目前，英国、俄国的潜艇应急救生浮标普遍采用有缆形式，而美国、德国、荷兰等国则主要采用无缆浮标。

2. 潜艇水声应急通信

除了应急救生浮标，世界各国也普遍利用水声通信手段实现水下遇险潜艇应急通信。美国在水声通信应用方面处于前列，研制装备有水声电话、紧急水声电话和紧急声呐信标。但水声通信设备受海况、水文等条件制约，通信距离有限、传输速率较低。美国潜艇水声应急通信设备参数如表 8.1 所示。

表 8.1　美国潜艇水声应急通信设备参数表

通信设备	模式	工作频率/kHz	
		低	高
水声电话	声波	1.45～3.1	8.3～11.1
	连续波	2.85	8.84
紧急水声电话	声波	8.2875	11.0875
紧急声呐信标	声波	3.5	无

3. 便携式应急电台

便携式应急电台可由艇员携带，在潜艇处于水面状态时使用，实现对外报警通信，同时也可在潜艇状态不适宜艇员继续滞留的情况下，由艇员携带离艇使用。考虑到便携式应急电台的使用特点，对其进行了水密和储存浮力处理，使其可漂浮于水面工作。目前，便携式应急电台上一般搭载短波、超短波应急通信设备，可实现对周边区域的数字选择性呼叫报警和多个频点上的话音通信。

与对外应急通信设备相比，潜艇内部应急通信设备相对简单。目前，世界各国潜艇基本装配了网络化综合内部通信系统，实现日常艇内通信功能。当潜艇遇险时，若艇内供电和网络正常，可利用综合内部通信系统实现应急情况下的艇内联络互通。当险情导致艇内供电或网络故障时，潜艇上装配有声能电话，在无须供电的情况下，依靠话音声能传递信息，且与综合内部通信系统相隔离，保证艇内主要部位间的应急通信。

参考文献

[1] 李文峰, 韩晓冰, 汪仁, 等. 现代应急通信技术[M]. 西安: 西安电子科技大学出版社, 2007.
[2] 陈树新, 王锋, 周义建, 等. 空天信息工程概论[M]. 北京: 国防工业出版社, 2010.
[3] 中国人民解放军总装备部军事训练教材编辑工作委员会. 天地通信技术[M]. 北京: 国防工业出版社, 2002.
[4] 李欣, 张海军. 浅析应急通信发展现状和技术手段[J]. 统计与管理, 2014(3): 113-114.
[5] 陈山枝, 郑林会, 毛旭, 等. 应急通信指挥: 技术、系统与应用[M]. 北京: 电子工业出版社, 2013.
[6] 张雪丽. 应急通信新技术与系统应用[M]. 北京: 机械工业出版社, 2010.
[7] 王太军. 应急无线通信系统的体系结构研究[A]//四川省通信学会 2009 年学术年会论文集[C]. 四川省通信学会, 2009: 6.
[8] 陈兆海. 应急通信系统[M]. 北京: 电子工业出版社, 2012.
[9] 秦熠. 设备到设备无线通信的关键技术研究[D]. 上海: 上海交通大学, 2015.
[10] Bermúdez-Montaña M, Lemus R. A study of vibrational excitations of ozone in the framework of a polyad preserving model of interacting Morse oscillators[J]. Journal of Molecular Spectroscopy, 2017, 331: 89-105.
[11] 黄庆. 基于 DMR 协议数字对讲机的研究与设计[D]. 厦门: 厦门大学, 2014.
[12] 武冬平. 数字对讲机测试仪器与对讲机之间通信技术的研究[D]. 西安: 西安电子科技大学, 2014.
[13] 张祥林. 数字集群与应急通信终端的现状和发展[J]. 电信网技术, 2005(2): 48-50.
[14] 郭云梯, 邬国扬, 张厥盛. 移动通信[M]. 西安: 西安电子科技大学出版社, 1993.
[15] 曹达仲, 侯春萍. 移动通信原理、系统及技术[M]. 北京: 清华大学出版社, 2004.
[16] 姚国章, 陈建明. 应急通信新思维: 从理念到行动[M]. 北京: 电子工业出版社, 2014.
[17] 陈昌胜, 赵攀峰. 系留气球载雷达系统分析[J]. 雷达科学与技术, 2007, 5(6): 410-414.
[18] 甘晓华, 郭颖. 飞艇技术概论[M]. 北京: 国防工业出版社, 2005.
[19] 吴平, 唐文照, 沙飞. 无人机在抗震救灾应急通信中的新应用模式[J]. 空间电子技术, 2014, 11(4): 48-50.
[20] 王毅, 刘询询. 基于车载动中通的应急通信平台[J]. 电信工程技术与标准化, 2008(6): 16-20.
[21] 王海涛, 陈晖, 张祯松. 一体化应急通信网络体系框架构建[J]. 信息通信技术, 2012, 6(3): 46-50.
[22] 李春友, 李雪. 高空浮空器发展现状及趋势[J]. 硅谷, 2011(5): 3.
[23] 胡楠, 周双波. 浅析高空应急通信体系的关键技术与系统架构[J]. 电信工程技术与标准化, 2014, 27(1): 57-60.
[24] 孙卫华, 费礼, 叶发新. 潜艇应急救生通信现状及发展趋势[J]. 舰船科学技术, 2016, 38(23): 16-19.
[25] 刘洋. 基于声波的潜艇应急通信技术分析[J]. 中国新通信, 2016, 18(21): 23.